蛋与乳制品

- 蛋
  - 鸡蛋
    1 个 50 ~ 60 克
  - 鹌鹑蛋
    1 个 10 ~ 15 克
- 牛奶
  200 毫升 1 瓶
  210 克
- 奶酪
  1 小块 10 克
- 奶酪片
  1 片 20 克

豆类制品

- 豆腐
  1 块 200 ~ 400 克
- 油豆腐
  1 片 120 ~ 140 克
- 纳豆
  1 盒 30 ~ 50 克
- 豆皮
  1 片 25 ~ 35 克

食品重量的基准

蔬 菜

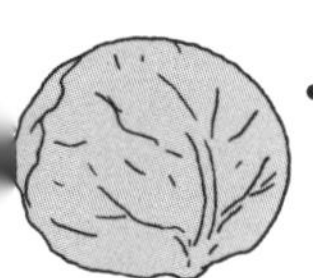

- 卷心菜
  1 颗 700 ~ 1000 克
  1 片 50 ~ 60 克

- 鲜香菇
  1 个
  10 ~ 30 克

- 西红柿（中）
  1 个
  100 ~ 150 克

- 菜花
  一颗
  300 ~ 500 克
- 洋葱（中）
  1 个
  200 克

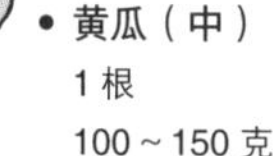

- 黄瓜（中）
  1 根
  100 ~ 150 克

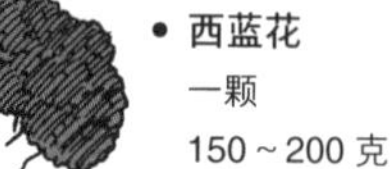

- 西蓝花
  一颗
  150 ~ 200 克

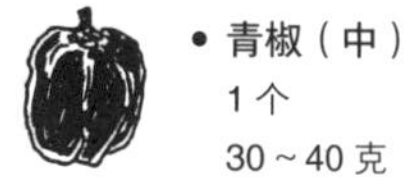

- 青椒（中）
  1 个
  30 ~ 40 克
- 马铃薯（中）
  1 个
  150 ~ 200 克

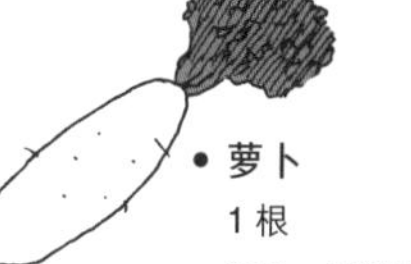

- 萝卜
  1 根
  800 ~ 1000 克

- 胡萝卜
  中 1 根
  200 ~ 250 克

后浪出版公司

料理图鉴

[日]越智登代子 著 [日]平野惠理子 绘 杨晓婷 译

CNS 湖南美术出版社

前　言

培养“生存”的基本能力！

刚出生的婴儿还没睁开双眼，没看到妈妈的脸，就会自己靠近母亲的怀抱用力吸吮着母乳。

这是因为连婴儿都知道“吃”是生命最基本的需求。

从母乳中获得营养，然后慢慢开始添加副食品，慢慢减少母乳，最后完全断奶。

你不也是这样长大的吗？就算爸爸妈妈不发出“啊”的声音叫你张开嘴，你也知道肚子饿了要吃东西。既然民以食为天，煮东西给自己吃当然是每个人都应该具备的本事。

但是，很多人肚子饿了就只会说：“好饿啊！有没有饭吃？”大部分的人都要依赖别人才能填饱肚子，这样不是很奇怪吗？

“做菜好像很麻烦”“不知道该怎么做……”，一开始或许有人会这么想，但是只要具备基本的常识并且养成良好的烹饪习惯，任何人都可以在自己肚子饿的时候，做自己喜欢的食物，填饱自己的肚子。

对于不擅长做菜或是认为做菜很麻烦的人来说，这本书就是最好的帮手。透过简单的说明与有趣的插画，它轻松引领你进入烹饪的世界。

想动手做菜的时候就动手做做看，也可以和家人一起做自己喜欢吃的食物，就算刚开始的时候做得不够好，还是可以充分享受到做菜的乐趣。从享受做菜的乐趣开始，你慢慢就会成为厨艺高手。

肚子饿的时候或是嘴馋的时候，自己动手做出自己想吃的东西，这可以说是自力更生的第一步。

所以说，做菜是生活中必备的基本能力。

妈妈今天休假吗？！

星期天的早上——

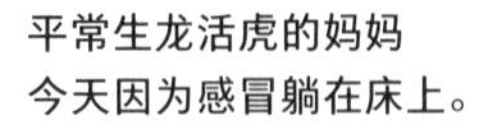

平常生龙活虎的妈妈
今天因为感冒躺在床上。

早！
今天就让我们三个人一起做顿早餐吧！

什么，妈妈呢？

怎么会这样…

你们两个喜欢吃什么？

我要吃意大利面。

我要吃咖喱、拉面和炒面……

小孩子果然喜欢妈妈不在呀！
那么，今天早餐做什么好呢？

蛋包饭

咖喱

三明治

炒面

意大利面

拉面

那就选
三明治好了！

那么，就来做三明治好了！

→ P.120 “冰箱”

＜材料＞ 4 人份

吐司（薄片）…1 袋

→ P.150 “面包”

黄油（麦淇淋）…适量

→ P.302 “油”

沙拉酱…适量

→ P.303 “沙拉酱”

无法全部备齐也没关系

黄芥末酱…1 大匙
（与沙拉酱搅拌在一起）

火腿…3 ～ 4 片 → P.168 “加工肉制品”

水煮蛋…1 ～ 2 个 → P.204（做法）

马铃薯沙拉…适量 → P.240（做法）

鲔鱼罐头…1 罐 → P.286 “罐头”

蔬菜（黄瓜、番茄、生菜等）

→ P.213 “蔬菜类”

果酱…适量 → P.358 “果酱与酱汁”

开始前请先洗手！ → P.128 “正确的洗手方法”

1. 把黄油（麦淇淋）涂在吐司上

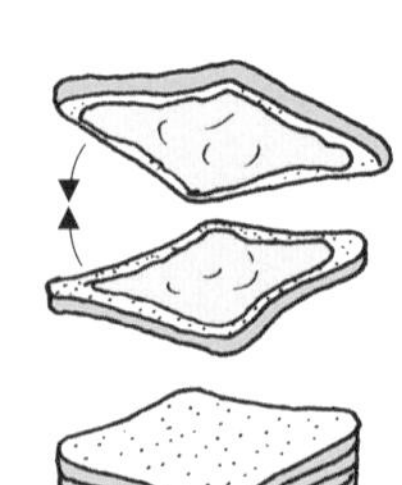

全部涂完以后
再涂沙拉酱

2. 放在自己喜欢的器皿上

火腿

火腿三明治
烤过也很好吃

蛋

切三明治时要把
手指张开按紧，
这样才会切得漂亮。

马铃薯
沙拉

+

面包夹紧，
把里面的
材料压紧

切开

啊，妈妈要
好好休息
才行！

做好了！

好吃！

这个是
我做的！

妈妈多
吃一点！

谢谢！
好好吃啊！

以后每个星期天，就是
小朋友的烹饪教室时间！

太棒了！
下个星期要做蛋包饭！

下一个星期天——

哦！今天是要做蛋包饭的日子……

好困

可是，我还想睡……

好困

对啊！对啊！

好困

各位起床、起床了！开始烹饪教室咯！

大家一起做蛋包饭！

<材料> 4人份

火腿（鸡肉）…100 ~ 200克

洋葱…1个 ➡ P.222“洋葱”

蛋…1人2个 ➡ P.202“蛋”

菇类（现成的最好） ➡ P.248“菇类”

冷饭…4碗

➡ P.34“炊煮”、P.138“米”

番茄酱…适量 ➡ P.304“酱汁”

鸡高汤…适量 ➡ P.82“高汤”

盐…少许 ➡ P.296“盐”

色拉油…适量 ➡ P.302“油”

1. 炒在饭里的材料 ➡ P.58“炒”

※ ①~④的顺序

平底锅热锅后加入油和材料

材料切成1厘米大小的块状

①色拉油 3大匙

②洋葱 炒到透明状

③火腿或鸡肉

鸡肉炒到熟透

④菇类

2. 加饭

秘诀是炒冷饭之前先用微波炉加热

➡ P.110“微波炉”

3. 调味

4. 装盘

➡ P.88“装盘”

将 1 人份的量整理成山丘的形状。

5. 制作蛋皮

1 人份

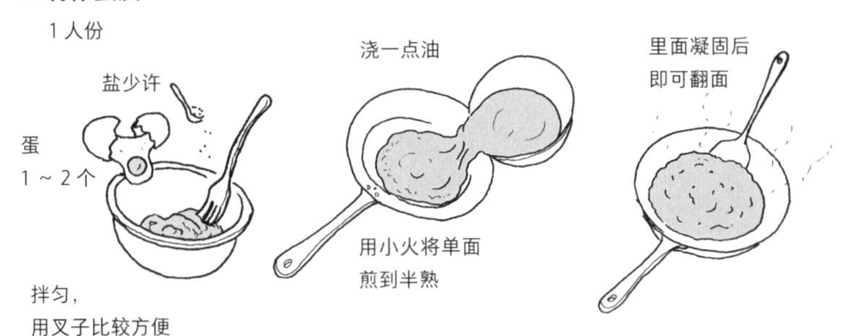

6. 盛起蛋皮

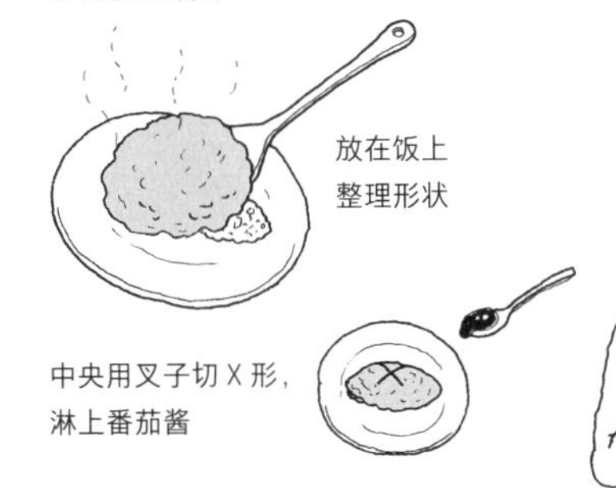

做好了！
做得真棒！

下一个星期天——

那，
今天是咖喱饭！

这是爸爸最拿手的了，太简单了，我会告诉你们怎么做才最好吃。

真的？

爸爸真的没问题吗？

做咖喱了！

<材料> 4 人份

猪肉…400 ~ 500 克 ➡ P.156“猪肉”
洋葱…2 ~ 3 个
胡萝卜…1 ~ 2 根 ➡ P.216“胡萝卜”
马铃薯…3 ~ 4 个 ➡ P.240“马铃薯”
市售的咖喱块（2 种）
蘑菇罐头…1 罐
色拉油…适量
盐…少许
胡椒…少许 ➡ P.308“辛香料”
使用家里现有的材料就可以了
肉豆蔻、酒（红酒）、香料包（P.236）

1. 切蔬菜 ➡ P.76“切”

不要切到手！ ➡ P.124“菜刀”

洋葱

切细丝

胡萝卜

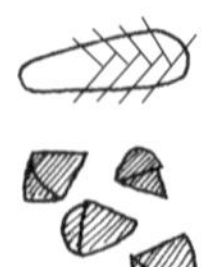

随意切

马铃薯

8 等分

切好了！

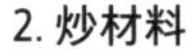

2. 炒材料

※ ①～⑥的顺序

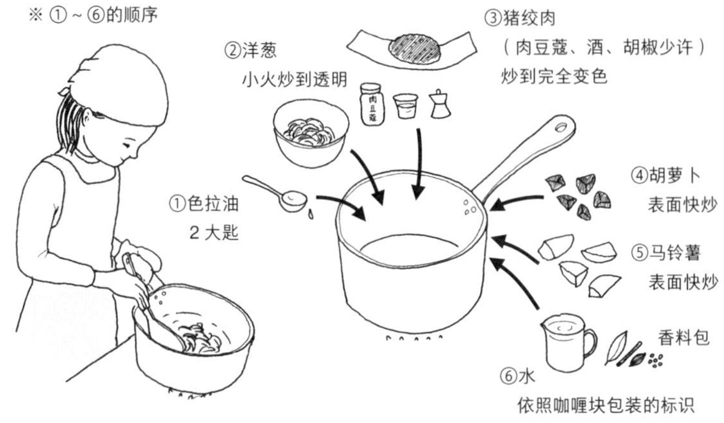

3. 煮

➡ P.30“炖煮”

①一面用中火煮，一面捞起浮起的汤渣

➡ P.44“去除汤渣”

②放入咖喱块。这时一定要关火，充分搅拌

秘诀是中辣与甜味各放入一半！

咖喱块溶化之后，关小火煮到变成膏状

不断地从锅底搅拌

4. 装盘

最后把蛋黄打在上面

这就是爸爸做的咖喱

➡ P.203“将蛋白与蛋黄分开的技巧”

小心烫哦！

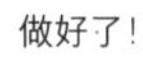

再下一个星期天——

一起做炒面！

<材料> 4 人份

中华面（蒸面）…4 份　→ P.142“中华面”
猪肉（薄片）…约 200 克
卷心菜…1/2 颗（小颗的 1 颗）　→ P.225“卷心菜”
色拉油…1 大匙
酱汁…适量　→ P.304“酱汁”
浓缩鸡汤…1 包
盐、胡椒…少许
配料依个人喜好
青椒　→ P.220“青椒”
豆芽　→ P.238“豆科的蔬菜”
洋葱 胡萝卜
红姜 柴鱼片

1. 切配料　P.76“切”

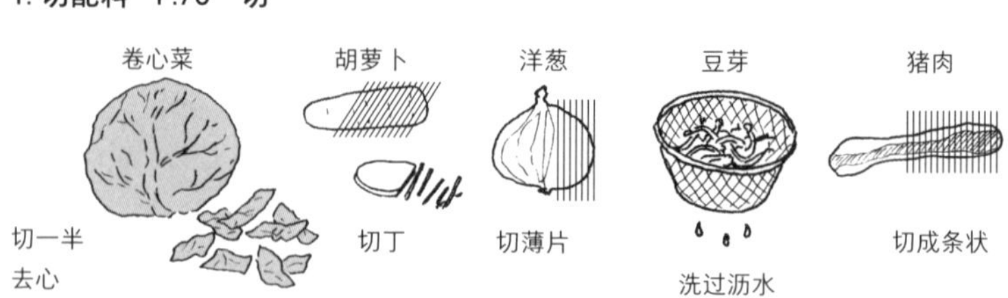

2. 炒配料
猪肉炒到颜色变白！
※ ①～⑧的顺序
①色拉油
1 大匙
②猪肉
③卷心菜
卷心菜炒到变软之后，
堆成小山状！
④其他蔬菜、盐、胡椒少许
⑤面
散开同时加入
从冰箱里拿出来的冷冻面，
可以直接放进锅里。
⑦面炒开，和配料炒匀
⑥水 1/4 杯
淋在面上
⑧加入鸡汤与酱汁
依喜好加上红姜和
柴鱼片等
3. 装盘
盛在大盘里
就是一道佳肴。
要吃多少盛多少
请用！
好吃吗？
好吃！
嗯！
哦！
还满重的呢！

又到了下一个星期天——

我们来做爸爸喜欢的

番茄肉酱意大利面！

赞成！

<材料> 4 人份

意大利面…300 ~ 400 克

➡ P.148“意大利面”

牛绞肉（或是混合绞肉）…500 克

➡ P.164“牛肉”

洋葱…1 ~ 2 个

番茄罐头…1 罐

干燥月桂叶、肉豆蔻、盐、胡椒…少许

橄榄油（黄油）…适量 ➡ P.302“油”

大蒜…1 ~ 2 瓣 ➡ P.308“辛香料”

奶酪粉…适量 ➡ P.210“奶酪”

1. 制作酱汁

④压碎马铃薯，再用小火煮到烂
（加入黄油，拌匀）

2. 煮意大利面

➡ P.149“煮意大利面的方法”

（酱汁先煮好）

①加入足够的热水，加盐 1 ~ 2 大匙，
滴入 2 ~ 3 滴的橄榄油
（注意意大利面不能黏在一起，水不要溢出锅子）

嗯！
煮得差不多了。

②意大利面转一转
放进锅里
③还没有到袋子标
识的时间前先咬
一根面试看看

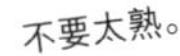
不要太熟。

3. 装盘

意大利面装在盘子里，最后撒奶酪粉。
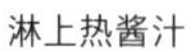
淋上热酱汁

又到了星期天——

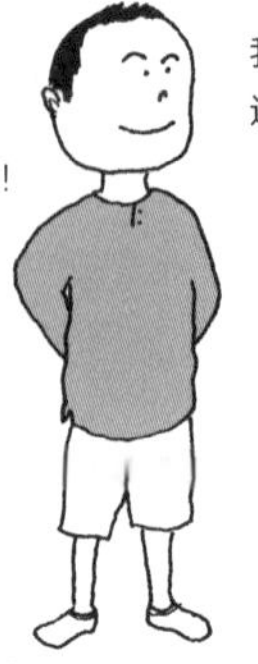

拉面的做法！

＜材料＞ 4 人份

中华面…4 份
高汤…6 ～ 7 杯
酱油…4 ～ 5 大匙 → P.299 "酱油"
酒…1 ～ 2 大匙 → P.306 "味淋、料理酒"
芝麻油…1 ～ 2 大匙 → P.302 "油"
盐…少许
（配料依喜好）
叉烧 → P.158（做法）
葱 → P.230 "葱"
鱼板卷 → P.198 "炼制的食品"
水煮蛋
竹笋干

1. 制作高汤

①在水中加入高汤

②放入调味料

③汤滚以后先试味道，适度调味后，关火

2. 煮面

在煮沸的热水里加入 2 ~ 3 小匙的盐

①一面将面搓开，一面把面放进沸水里，未到包装标示的煮沸时间之前先试吃一条

视面在锅里煮的状况调整火力。

②煮好了以后，把水沥干

汤很烫，要小心哦！

➡ P.115“烫伤该怎么办？”

3. 盛面

①在碗中加入热汤约七分满

②面放进碗里

③加配料。葱切成条状（P.231），用剩下的热汤烫一下

把剩下的汤加进碗里拉面做好了

做好了！

小心碗很烫！

我要放两个蛋！

到了爷爷生日这天……

锵！锵！

好了！大家来吃火锅咯！

汤里可以加馄饨，
也可以加饺子

➡ P.143“简单的锅烧面”
➡ P.294“皮的包法”

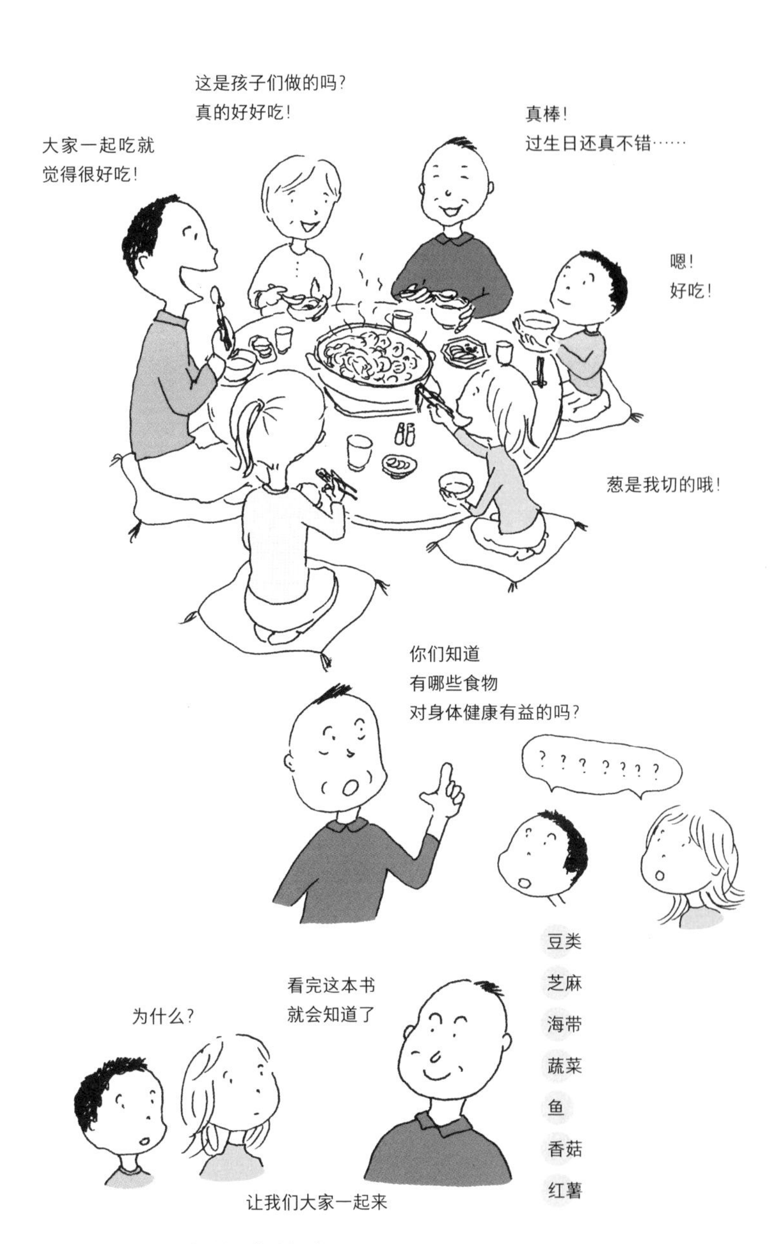
这是孩子们做的吗？
真的好好吃！
大家一起吃就
觉得很好吃！
真棒！
过生日还真不错……
嗯！
好吃！
葱是我切的哦！
你们知道
有哪些食物
对身体健康有益的吗？
？？？？？？？
豆类
芝麻
海带
蔬菜
鱼
香菇
红薯
看完这本书
就会知道了
为什么？
让我们大家一起来

认识更多饮食的常识！

目 录

烹饪术语

烹饪用具

食材入门

<食材入门>谷类

<食材入门>肉类

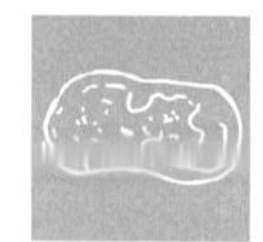

<食材入门>鱼贝类

<食材入门>蛋及乳制品

<食材入门>蔬菜类

<食材入门>干货类

<食材入门>豆类及豆类加工品

<食材入门>水果

<食材入门>加工食品

调味料

饮料

饮食的安全与健康

快乐的烹饪时间

资料篇

烹饪术语 110

相信许多人都有这样的经验，翻开食谱想做些什么的时候，书上全都是自己看不懂的名词，于是打消念头，合上食谱，再也不碰它。这里就先告诉大家一些食谱上常用的术语及菜名，了解这些基本常识之后，相信以后看到食谱，就不会因为看不懂而不想跨出第一步了。

分量的估算方法——目测法与手测法

除了可以使用测量器具正确度量出分量之外，没有器具的时候也可使用手、眼睛，或是身边的东西来估算，甚至可以用直觉判断出适当的分量。

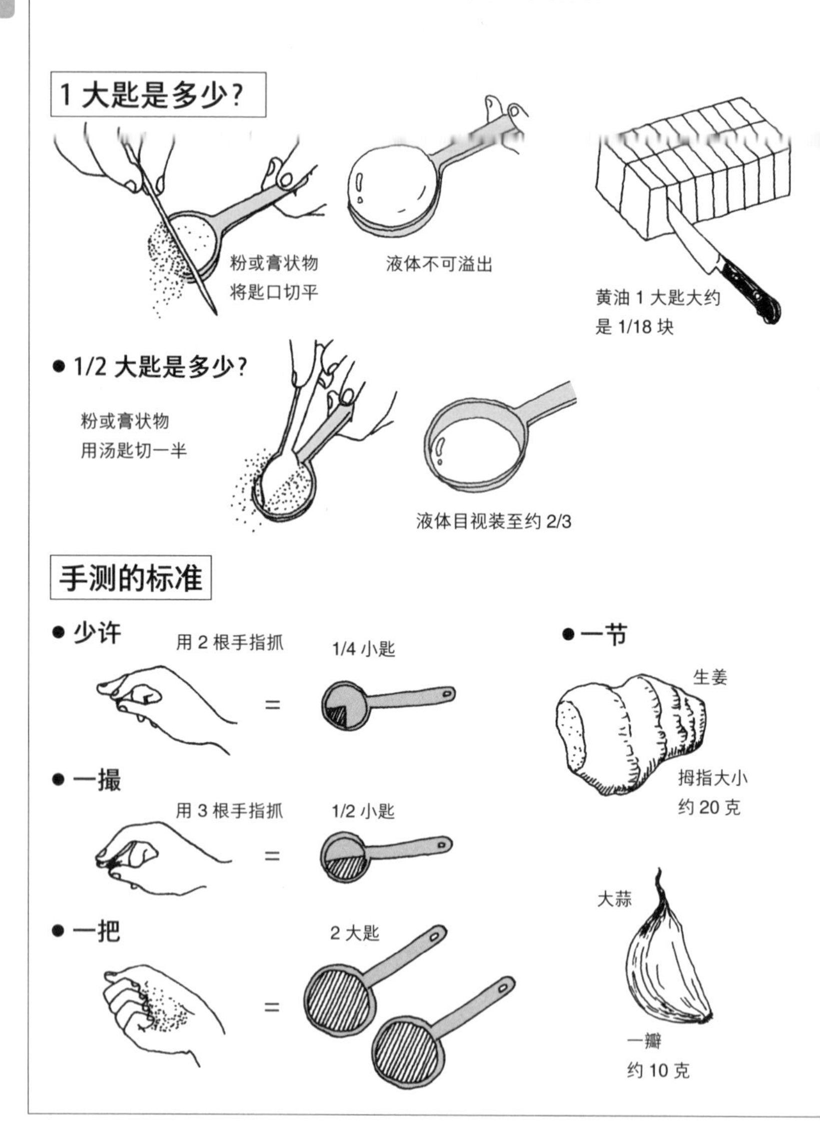

善用测量器具

食谱中写的重量是
去皮以后的重量
● 称重（测量物至少要 5 克以上）
食材放在秤的中央
从正面读取刻度
0
0.5
1.5
1kg
● 量匙（至少有 5ml 与 15ml）
● 量杯（有把手的比较方便）
15ml
10ml
5ml
200ml
抹子
● 牛奶瓶
180ml
MILK
● 小酒瓶
140ml
● 杯子
180ml
● 咖啡杯
200ml
● 汤勺
50 ~ 60ml
● 味噌
手指围一圈
1 碗的分量
● 剁碎的蔬菜
1 日所需的量：黄绿色蔬菜 200 克，淡色蔬菜 100 克
单手掌
约 100 克
双手掌
约 300 克
你家使用的锅勺几勺
是 1 杯的分量吗？
动手试试看
记住自己的手掌与
手指的长度。
测量材料的时候
随时可以使用。

火候的控制——基本与要诀

烹饪时一定要用到的就是火，火候控制得好不好关系着菜肴是否美味。“小心用火”是很重要的一件事，做菜的基本原则当然是安全第一。

用火前的注意事项

1. 火是靠氧气燃烧的，一定要保持空气流通。
2. 别忘了打开换气扇等设备保持空气流通。
3. 火源的周围不要放置多余的物品。仔细检查上下左右。
4. 小心烫伤！烹调器具或火源附近温度会变高。
5. 握住锅子把手时，请使用干布或是隔热手套。
6. 湿毛巾会传热，容易造成烫伤。
7. 注意避免衣服等易燃物品靠近火源。

※ 万一烫伤请参阅 P.115 的处理方法

控制火候的基本

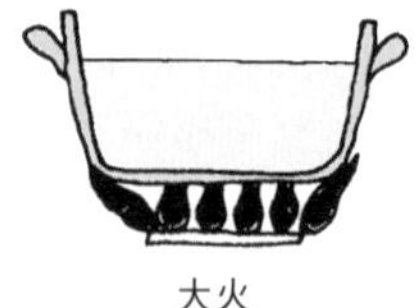

大火
火焰超出锅底

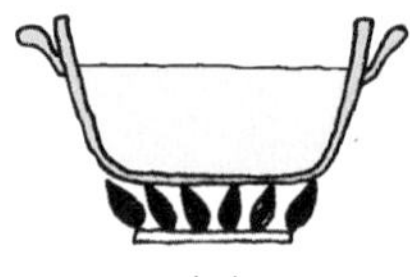

中火
大火与小火之间

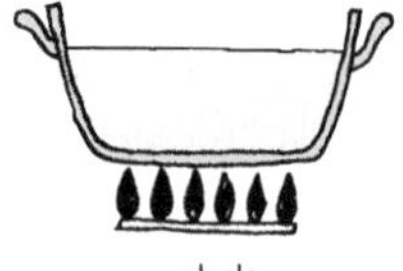

小火
火焰小到不熄灭

“文火”指的是长时间加热也不会烧焦或熄灭的小火。煤气器具没有文火功能时，可以使用小火。

烹饪术语

● 余热

关掉火源之后
剩下的热度

● 保温

温度较低，不冒烟的程度

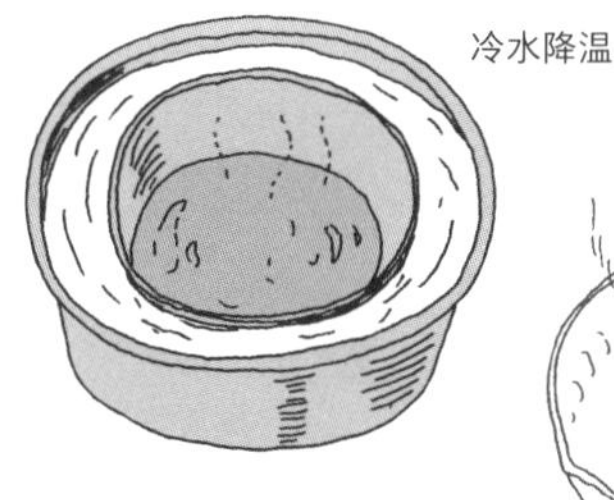

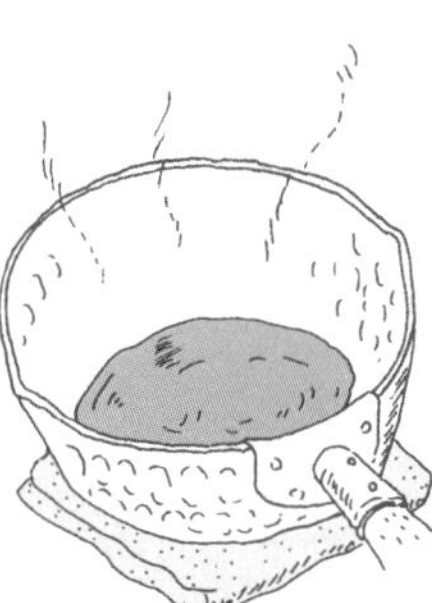

● 开火

加热

● 烧烤

表面加热，火不进入食材内部

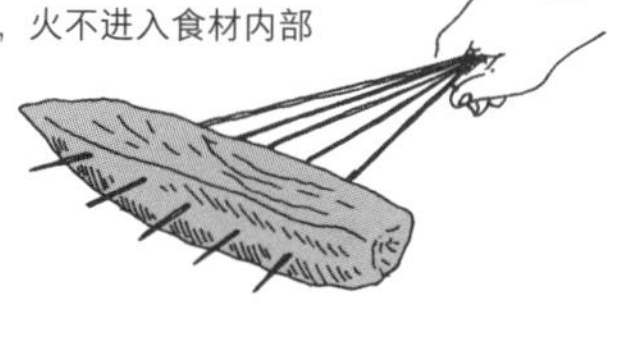

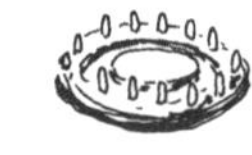

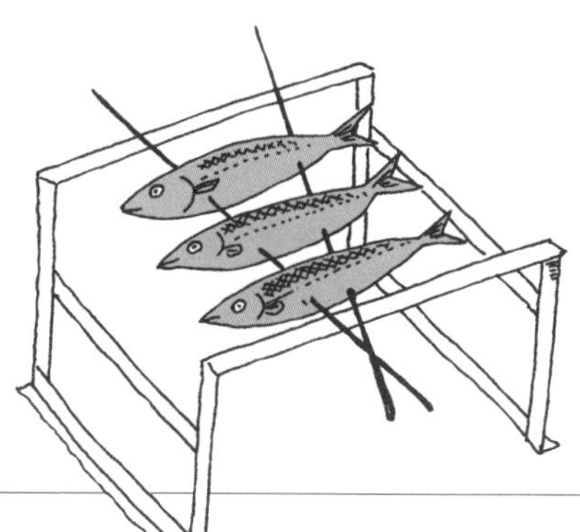

● 大火的远火

（烤鱼时最好的火候控制方式）

为了让食材表面颜色保持适度的焦黄的同时内部烤熟，整个食材都必须有热空气通过，所以使用大火但远离的方式烧烤。
烤网与叉子先抹过热油比较不容易沾连。
叉子最好先热过再使用

炖煮——基本与要诀

术语

将食物装在锅子里咕噜咕噜地炖煮，是利用水传热的特性烹调食物，和水煮不一样。炖煮是烹调最基本的方法之一。

“炖煮”和“水煮”有什么不同？

● **炖煮** 把食材煮到软，同时调味

用锅盖

主要是调味过的汤汁

● **水煮** 让食材变软，同时去除涩味与苦味的预备动作

主要是使用清水

※ 详细请参阅 P.32

锅子的种类与煮的量

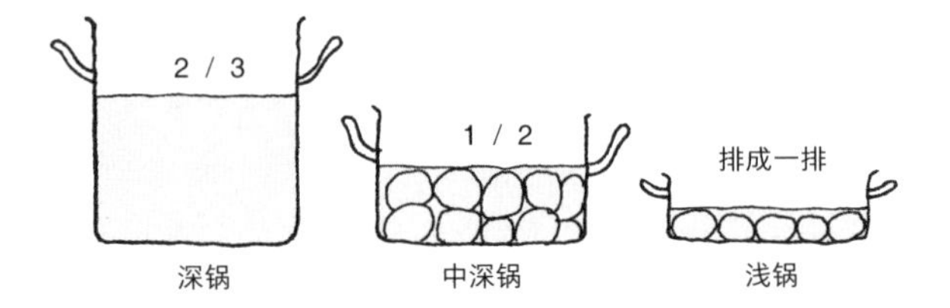

煮食的基本

1. 为了保留食物本身的美味，鱼贝类海鲜等到汤汁煮滚之后再放食材。
2. 根茎蔬菜类可以直接水煮，或是切成薄片用氽烫的方式。
3. 叶菜类使用氽烫。

煮鱼的要诀

下面铺竹叶或是铝箔纸，鱼不容易碎

- 煮鱼时，鱼肉易碎，所以不要叠在一起煮。
- 煮好盛盘时，鱼皮面朝上。
- 水滚之后再放鱼。

烹调术语

●炖

以足够的汤汁长时间熬煮食物

牛肉、关东煮

●熬煮

汤汁加热，煮出食材美味的汤汁

海鲜浓汤

●酱烧

以足够的酱汁烧煮，将酱汁的美味煮入食材里

豆腐锅

●快煮

煮沸的瞬间就关火，味噌汤就是这种煮法

●红烧

以酱油提味

●干烧

煮到汤汁收干

煮马铃薯

●煮成肉冻

鱼肉或猪肉煮后，放置等待结成肉冻状

●烧酒

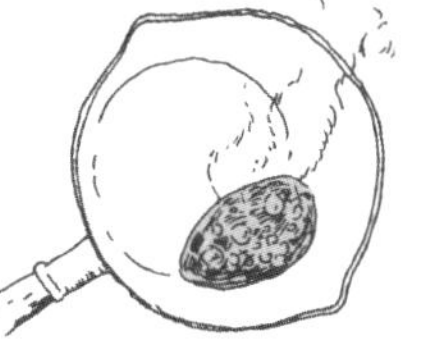

将酒或味淋等放在锅里，煮到酒精成分挥发

●熬煮高汤

将柴鱼或小鱼干的味道煮进汤里

水煮——基本与要诀

水煮是将食材放进足够的水或汤汁中加热的烹饪法，大多不调味，仅做为食物烹调时的预备动作。

水煮的目的

1. 去除苦涩味

2. 增加色泽

3. 预煮

山菜等

叶菜类

不易煮熟的食材先预煮

水煮蔬菜的方法——冷水放入？还是热水放入？

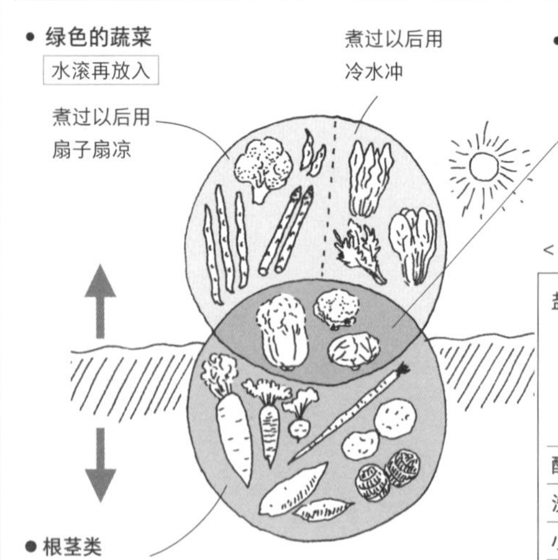

<煮的时候要添加的调味料>

盐	可以让蔬菜的色泽更加鲜艳，让鱼贝类的蛋白质凝固，消除食材的苦味，保持食材表面的黏性。
醋与小麦	让菜花更白。
洗米水	减少竹笋的苦味。
小苏打	中和食材中的灰汁。
粗茶	保持章鱼鲜艳颜色。

烹饪术语

● **汆烫**

在滚水中烫一下

让食材表面凝固，防止味道或营养流失，还可以杀菌

● **煮沸后去水**

煮后将汤汁倒掉

去除污泥或是汤渣

● **隔水加热**

把装食材的容器放到热水中加热

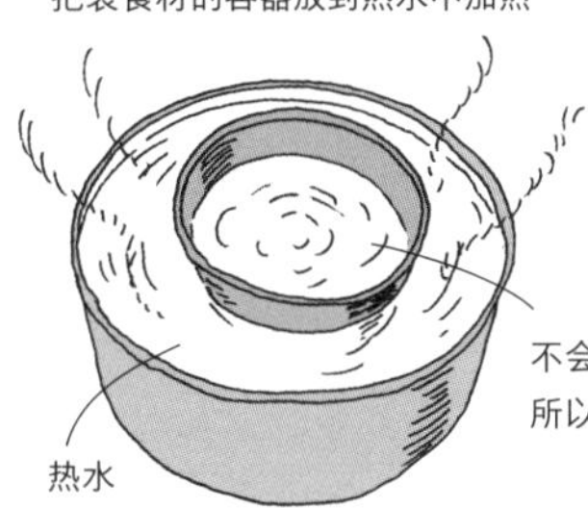

不会超过 100℃，所以不会烧焦

● **焖烧**

保留汤汁，盖上盖子焖烧

可以保持食材光泽、美味与膨松感

● **涮锅**

生鱼或生肉在热汤锅中涮一下

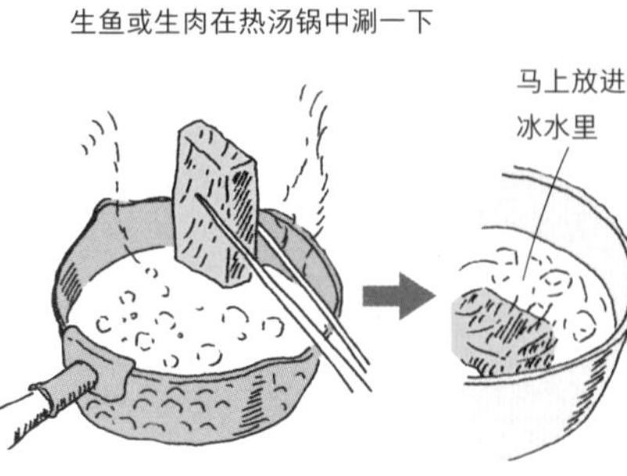

只有表面凝固或是颜色变白

炊煮——米饭的炊煮方法、基本与要诀

说到“炊煮”我们马上就会联想到米饭。一样是用水加热，为什么不叫做“煮”呢？这是因为“炊”包括了煮与蒸。只要知道技巧，不使用电锅也可以煮出美味的米饭。

炊煮米饭的基本方法

1. 洗米。现洗米只要冲一下就可以了。
2. 煮饭前米先泡过水，夏天约 30 分钟，冬天约 1 小时，让米充分地吸水。
3. 因为是“煮”与“蒸”同时进行，所以重点在于水量火候的控制。

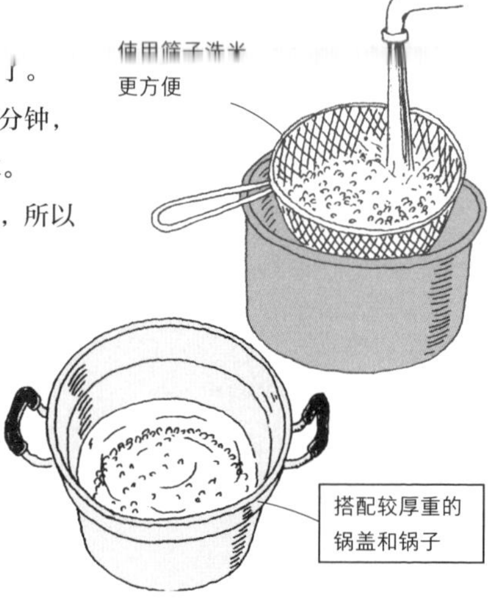

● 水量控制

旧米　水 1.3 倍
（新米出产前一年的米）

普通米　水 1.2 倍

新米　水 1.1 倍
（刚收获的米）

● 稀饭的炊煮方法 ●

<米与水的比例>

全稀饭…………水 5 倍
七分粥…………水 7 倍
五分粥…………水 10 倍
三分粥…………水 15 倍
（水较多的稀饭）

大火将水煮开之后，再用小火煮 30 分钟，注意汤汁不要溢出来。

● 用锅子煮好吃的米饭

①大火煮到沸腾

②沸腾之后再用小火煮大约 20 分钟

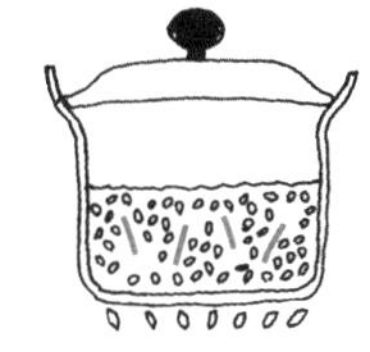

③煮到水分剩下刚好时，关火焖 10 ~ 20 分钟

④从底部慢慢翻起，让水分散出

用电锅煮饭时也别忘了最后要焖

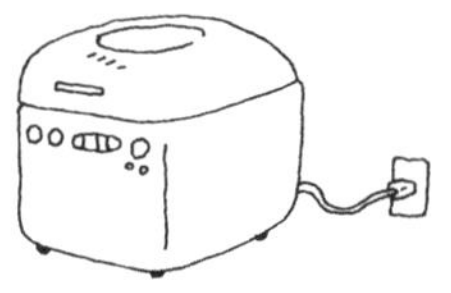

量米杯 1 杯 =180ml
（使用200ml 水杯量米时，注意水量的多寡）

● 赶时间就用温水煮饭

煮饭的时间不够时，用温水煮饭可以加速米的水分吸收。一次煮 7 杯以上的米时，在米里加入煮沸的水，搅拌均匀后再煮，这样就可以煮出美味的米饭

● 煮菜饭（加入配料）的重点

水量是米的 1.3 ~ 1.4 倍。火候控制的重点是延长小火时间，蒸的时间延长 5 分钟

动手做做看

● 用电锅同时煮“饭”与“稀饭”

在深碗中装入煮稀饭的米与水，水量依浓稠度的喜好。这样就可以一次煮出饭与稀饭。

锅盖——灵活运用的方法

锅盖的用途并不只是为了掩盖味道，烹饪时巧妙运用锅盖也是一项非常重要的技巧。

锅盖的种类与使用方法

木锅盖

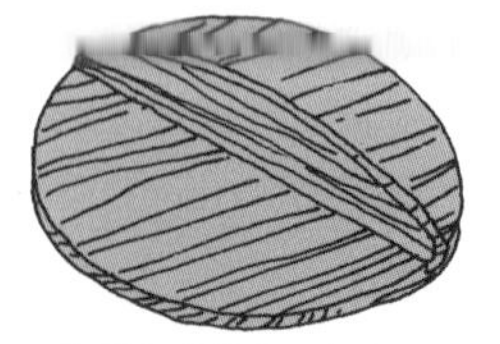

为避免味道或是食材残留，锅盖先弄湿再使用

纸锅盖

用过即可抛弃，可以用来去除杂质

金属锅盖

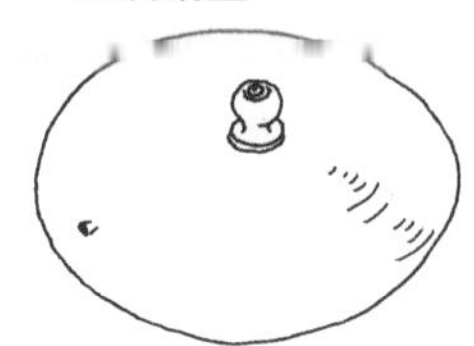

平底锅等高温烹调时使用

万能锅盖

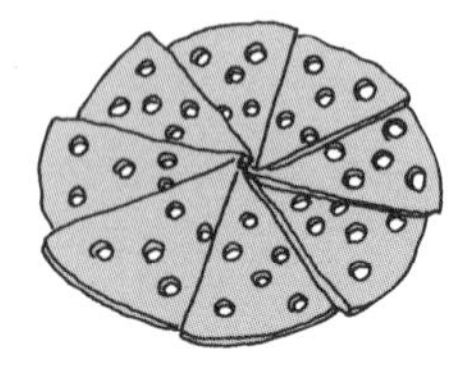

锅盖可以伸缩，可依锅子大小改变锅盖大小

玻璃锅盖

可以看见内容物，烹调时非常方便

铝箔纸

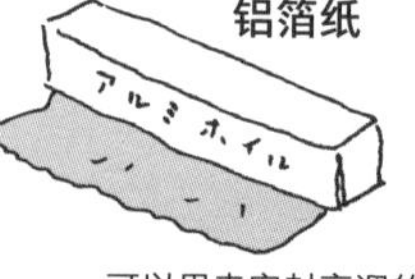

可以用来密封烹调的食物

盘子

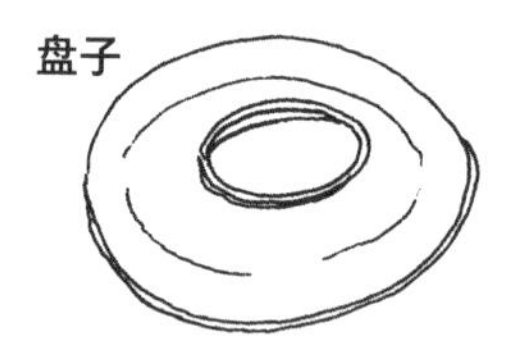

可以当成锅盖使用

锅盖使用的技巧

● 锅盖完全盖密

炖肉块、煮关东煮或煮稀饭时，锅里的食材要全部熟透，锅盖就要完全盖密

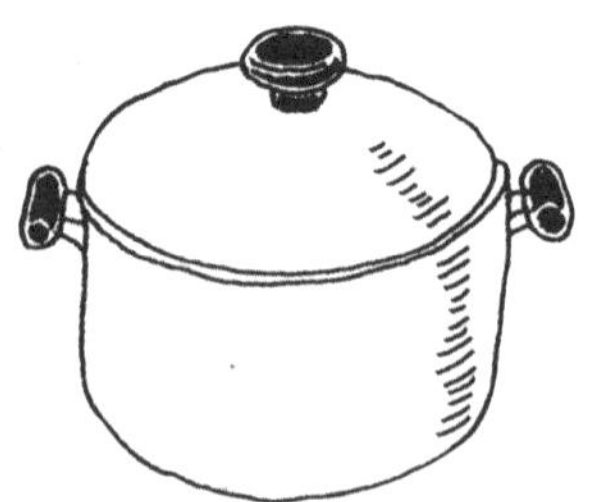

“煮饭时不能掀锅盖”

这是妈妈经常挂在嘴边的话，还没煮好不可以掀开锅盖偷看

● 开一点锅盖

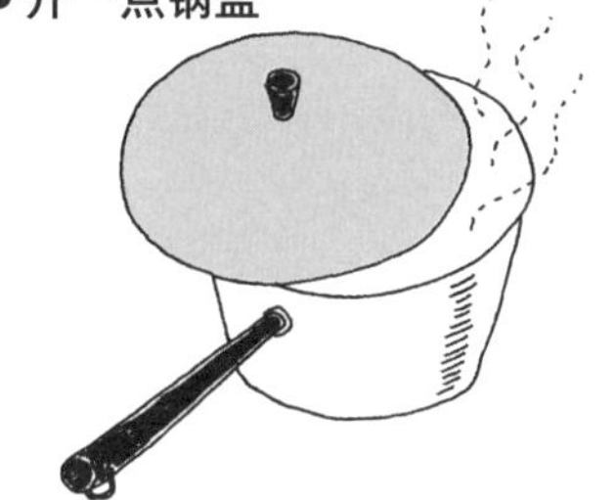

- 避免汤汁冒出来时
- 烹调鱼肉等容易残留腥味的食材时

● 不要盖锅盖

- 要让汤汁等水分散发出来时
- 汤汁容易溢出时，如煮面

● 下盖式锅盖的功效

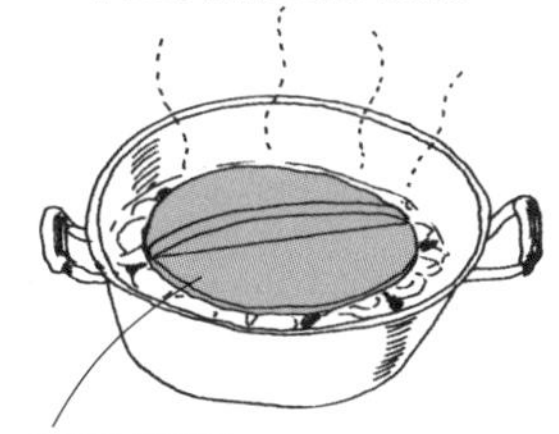

下盖式锅盖

锅盖直接盖在锅里的食材上

- 所有食材都可以浸泡到少量的汤汁
- 防止食材煮破
- 防止豆类或是较轻的食材浮起

● 用铝箔纸做的锅盖 ●

中间要挖个洞

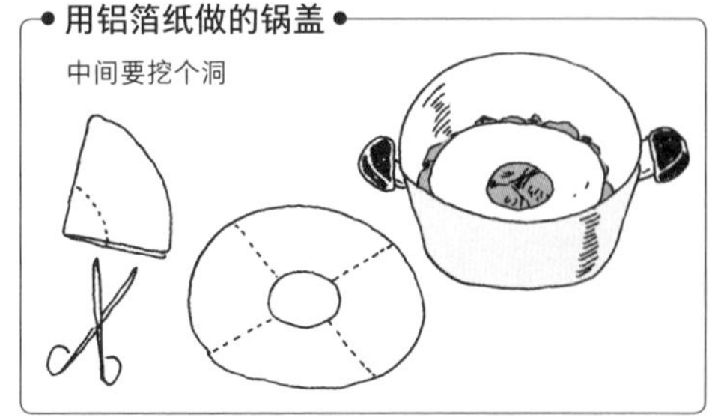

● 盖双重盖子

双重锅盖

先盖一个下盖式锅盖，再盖上锅盖

- 不但可以防止食材浮起，还可以让全部的食材均匀受热

动手做做看

● **两种不同的荷包蛋**

荷包蛋的做法有使用锅盖和不使用锅盖两种。使用锅盖的话，可以让热更快地传递到每一处。要让蛋黄表面看起来比较白时，可以加 1 ～ 2 大匙的水再盖上锅盖

剥除——基本与要诀

蔬菜的皮与种子应该怎么处理呢？直接食用比较简单方便，但也有些必须剥皮或去籽。

哪些部分是皮？

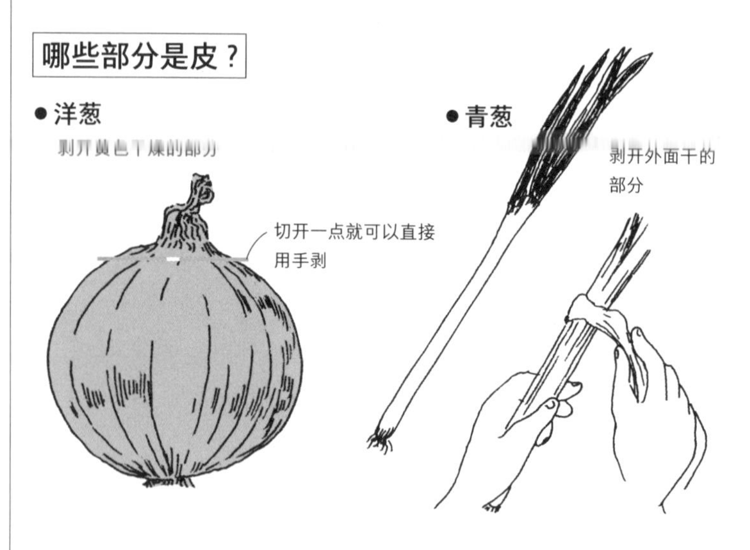

非去除不可的马铃薯芽！

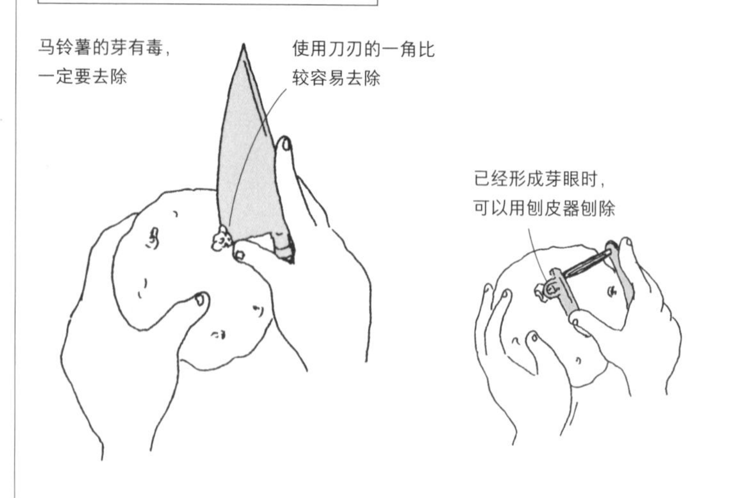

剥皮、去籽的方法

● **新摘的马铃薯**

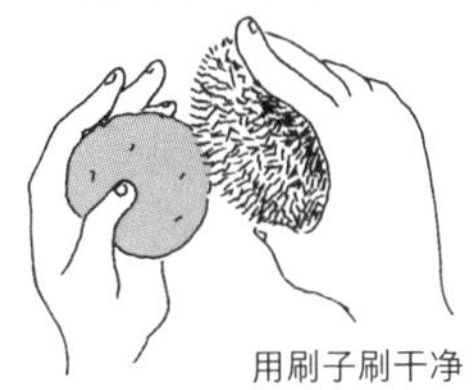

用刷子刷干净

● **牛蒡**

● **番茄**

用热水剥皮

（参阅 P.221）

● **芦笋**

只要把根部硬皮削掉即可

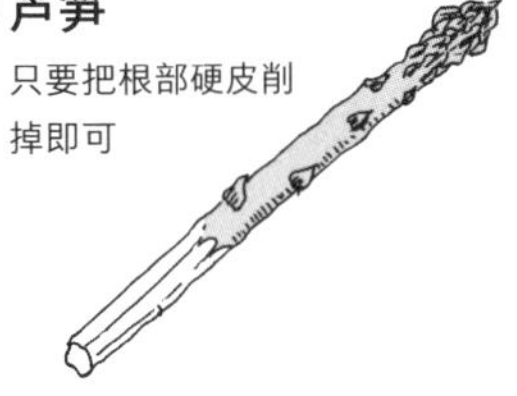

● **南瓜**

煮过的南瓜从斑纹处剥皮

用汤匙挖出籽来

● **蜂斗菜**

煮过之后在水中剥皮

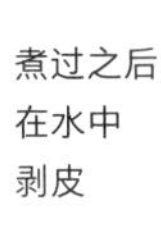

● **卷心菜或莴苣**

剥除外侧损坏的叶子，切取要炒的部分

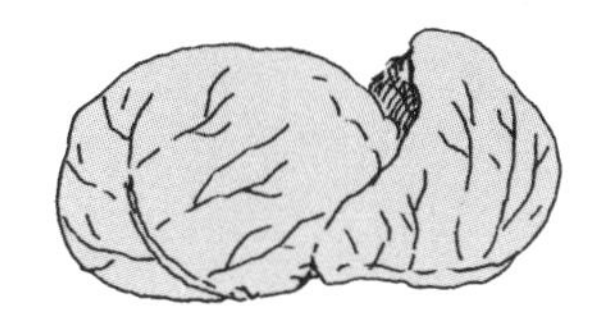

● **带荚豌豆**

去除筋

● **萝卜、胡萝卜及红薯**

皮太硬时要刮除

烤红薯时连皮一起烤

● **山药**

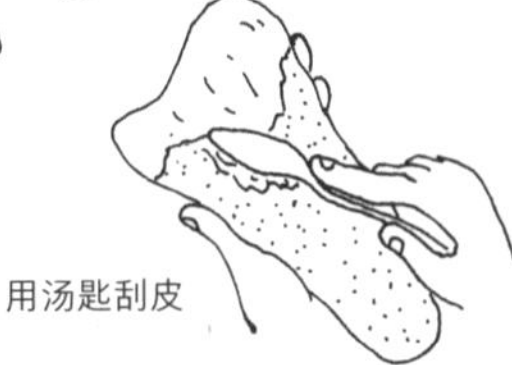

用汤匙刮皮

清洗——食材的洗涤方法

术语

烹饪的第一步就是洗菜。一般的食谱或是烹饪节目都会省去洗菜的步骤，其实洗菜是件非常重要的事。有些食材是一定要经过清洗的，有些则是不洗比较好。

清洗的目的

1. 去除表面污垢。
2. 去除细土。
3. 冲去表面的农药。
4. 去除霉菌。
5. 增进口感。

清洗的基本方法

● 放在容器里洗

要诀

多换几次水比一次用多一点水更重要

● 用水冲洗

形状容易被破坏的食材可以用冲洗的方式

不要洗的食材

● 生香菇

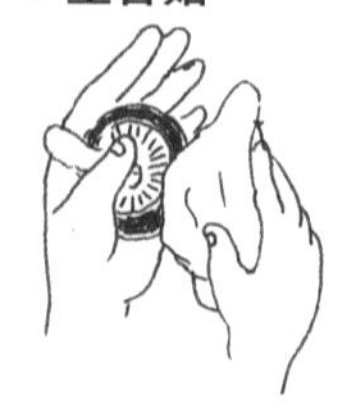

用拧干的布擦拭菇伞的内侧

● 鱼片、肉

会洗去肉质的美味，用纸巾吸去水分即可

● 蛋

清洗时水会从蛋壳缝隙渗进里面，导致鸡蛋变质

如果太脏，烹调前洗一下

各种食材清洗的方法

●青菜

①将菜梗插进水里，分成数等分。这样不但较易清洗根部，蔬菜的口感也较好

②根部切成十字状

③冲洗干净

●莴苣

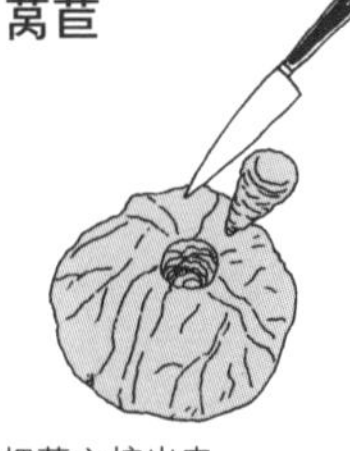

①把菜心挖出来

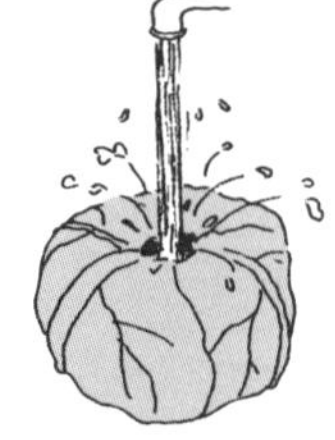

②从挖出菜心的孔冲洗

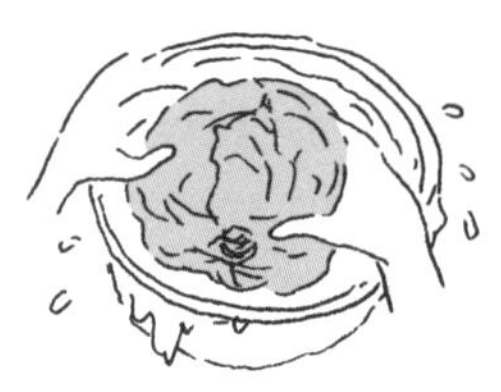

③把叶子剥在盆子里，用水洗干净

●卷心菜

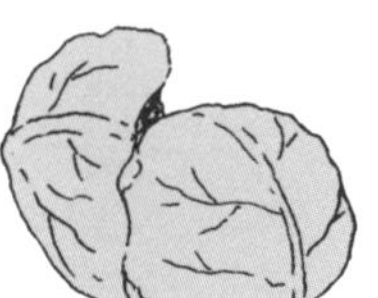

剥下要用的菜叶，然后冲洗干净

●沾了泥巴的蔬菜

用刷子清洗

●装袋的蔬菜

大多有漂白水，所以要浸泡 10 ~ 15 分钟

●滑子菇

用热水烫过

●去壳贝类

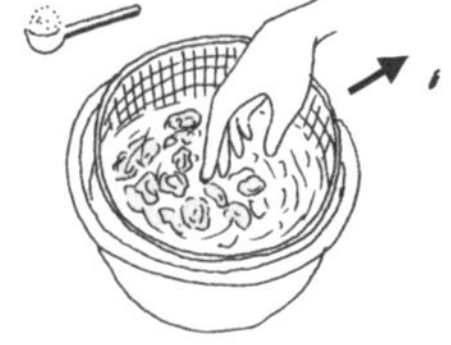

用 3% 的盐水搓洗后，再用清水冲洗干净

●蛤蜊

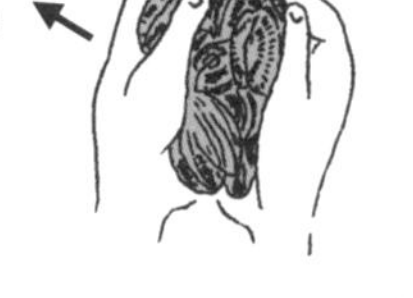

吐过沙以后搓洗贝壳去除污垢

●细面

烫过以后用水洗一下

脱水、冲水——基本与要诀

术语

烹调食物不可或缺的就是水。除了炊煮时要用水之外，还有脱水或冲水等很多水的使用方法。

冲水的目的

1. 让烫过的青菜色泽更鲜美。
   （保持蔬菜的色泽）
2. 防止烫得太熟。
3. 去除浮沫、汤渣等不要的成分。
4. 增加水分、增加美味。

要冲水？还是不要冲水？

食材有些烫过后要冲水，

有些不必冲水

● 要冲水的　青菜类

迅速冷却，趁着食物美味还没流失时赶快捞起

● 不要冲水的　固体蔬菜类

放在筛子上放冷

动手做做看

• 美味凉拌洋葱

①将洋葱切丝，用少许盐搓过，包在布里，用手挤出多余汁液

②用水冲洗干净，用手拧干

加醋、柴鱼、酱油。这样做出来的凉拌洋葱一点都不辣，非常美味

去除汤渣——基本与要诀

术语

汤滚了以后，表面会浮起一层残渣，经过一段时间之后仍然不会消失，这就是汤渣（灰汁、浮沫）。

汤渣是怎么产生的？

汤渣是因为水沸腾时，食材中的苦味、涩味与异味溶解在水中形成的。主要的成分是钾，大量摄取对人体健康并不好。

去除汤渣的方法

● **煮出**

一煮就会浮在表面，用勺子捞起

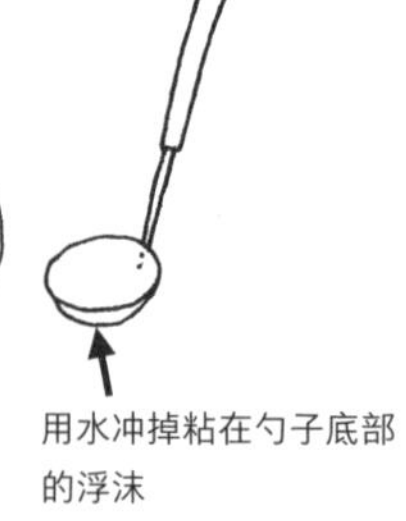

用水冲掉粘在勺子底部的浮沫

● **烫煮**

烫煮几分钟后将汤汁倒掉

蒟蒻、芋头、青菜、豆类等

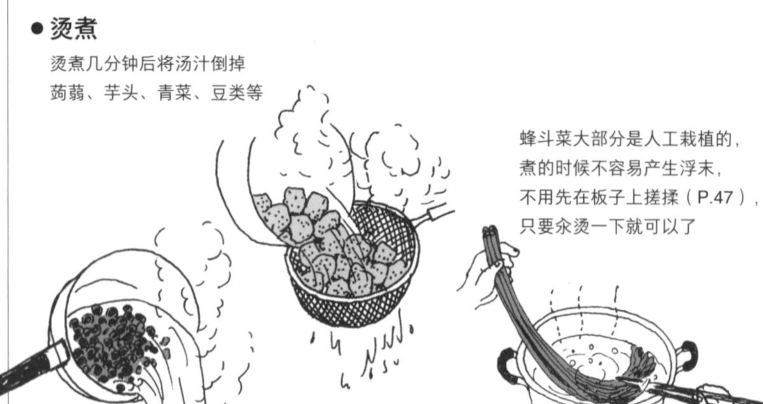

蜂斗菜大部分是人工栽植的，煮的时候不容易产生浮末，不用先在板子上搓揉（P.47），只要汆烫一下就可以了

●浸泡

• 浸泡

涩味的成分一与空气接触就会氧化变黑。
食材一切开马上就会在水中溶解出涩味，
如红薯、马铃薯、茄子等

要诀 浸泡太久也会影响口感，
大约 10 分钟即可捞起

• 浸泡醋水

牛蒡、莲藕与独活等就要浸泡醋水

醋水的做法

每 1 升的水加入
1 ～ 2 大匙的醋

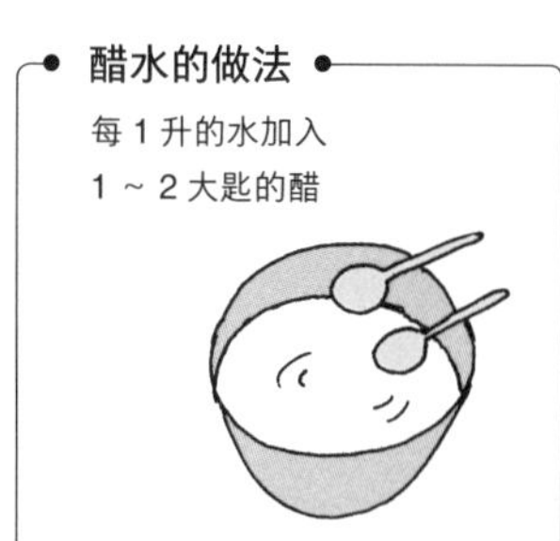

• 洗米水

竹笋或菜花用洗米水烫一下

可以在每 1 升的水里加入
15 克的米代替

预备工作——基本与要诀

会不会做菜就看预备工作做得好不好。只要运用一些小技巧就可以让菜色更加美味。

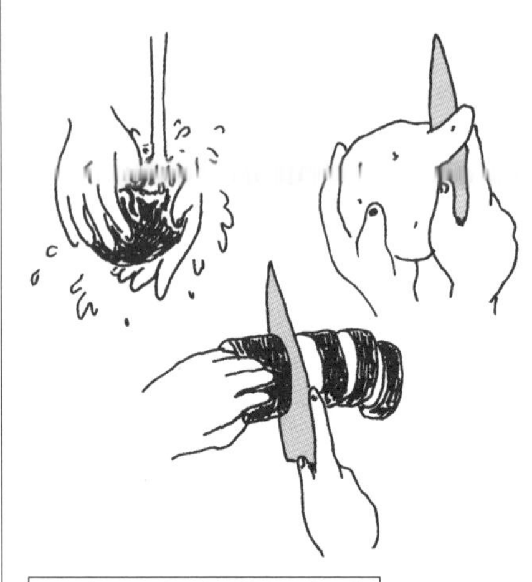

预备工作有哪些？

做菜之前的预备工作

1. 洗。
2. 切。
3. 剥皮。
4. 去除不要的部分与去除杂质。
5. 浸泡。
6. 预腌。
7. 汆烫（预烫）。

预备工作的进行方法

● 预烫

芋头

用盐搓一下再烫。不但可以去除泥土，还可让味道更棒

水煮竹笋

用水烫 1 ~ 2 分钟，去除包装液体的味道

舞茸

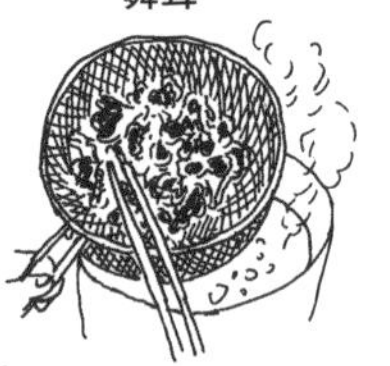

作为火锅料时，使用前汆烫一下，这样火锅汤汁才不会变黑

● 去除多余油脂

油炸、煎煮物、豆饼等

浇一下热水可以冲出多余的油脂，去除油腥味，让味道更爽口

● 切筋骨

厚切肉片

烹调前先用刀子或
是叉子将筋切掉比
较容易食用

● 脱盐水

盐渍的裙带菜等

使用前用水洗数次，
然后泡水泡到试吃
不咸为止

● 吐砂（P.189）

贝类

使用前用清水或盐水浸泡
吐砂

蛤蜊　3% 盐水

蚬　清水

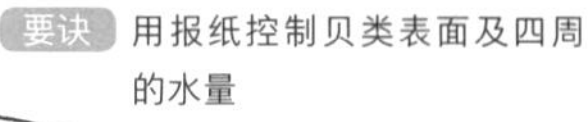

要诀　用报纸控制贝类表面及四周的水量

● 蒟蒻

①水淹过蒟蒻，用微波炉加热，不用保鲜膜，每盘加热 4 ～ 5 分钟

②去水后用纸巾覆盖，加热约 2 分钟

● 在板子上搓揉

黄瓜

加点盐在砧板上搓揉。这样可以让
色泽鲜艳并且去掉表皮的粗糙
最后再洗
盐的量大概是每条 1/2 小匙

● 秋葵

用盐搓揉去除表面的细毛
并且保持鲜艳色泽，直接
下锅烫

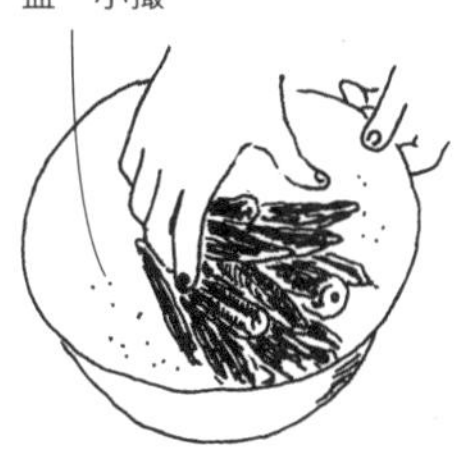

动手做做看

● **腌肉 照烧猪排**

放置 10 分钟

①把肉片与生姜、味淋、酱油一起放进塑料袋中，放置 10 分钟。

②油倒入平底锅加热，塑料袋里的肉片和调味料一起倒进锅中煎煮。

消除腥味——基本与要诀

对于味道的喜好每个人都不相同，有些人不喜欢某些食材特殊的味道，一闻到就无法下咽。减少或消除食材特有的腥味，也是烹饪时很重要的一环。

各种食材消除味道的方法

● **鸡肉**

热水里撒一小撮盐，将鸡肉放进热水里滚煮到鸡肉变成白色

● **猪肝**

猪肝的腥味来自于残留在肝脏中的血液与胆汁，所以重点在于将残留的血液与胆汁逼出

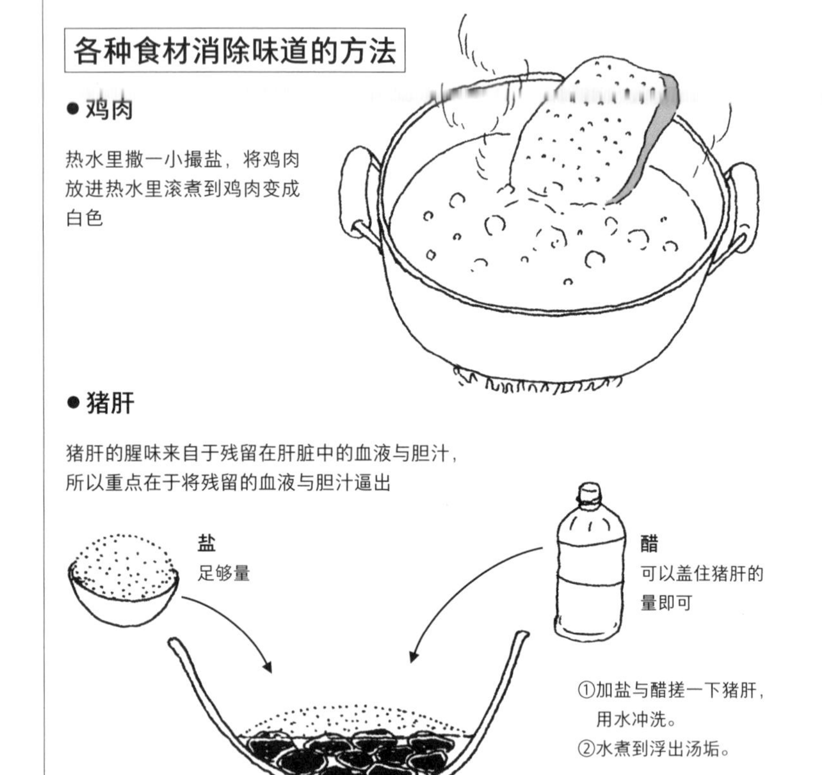

用水冲洗之后浸泡在牛奶里约 30 分钟至1 小时，再用纸巾吸去杂质

● 鱼的头骨

①泡在稍浓的盐水约 10 分钟，
用水冲洗

②放在筛子上撒
点盐，放置约
15 分钟

③把盐洗去后用热
水氽烫至肉色呈
现白色

● 青椒

用已经泡过几次的茶水浸泡

● 洋葱

用乌龙茶浸泡

● 胡萝卜

用红酒浸泡

● 芹菜

用牛奶浸泡

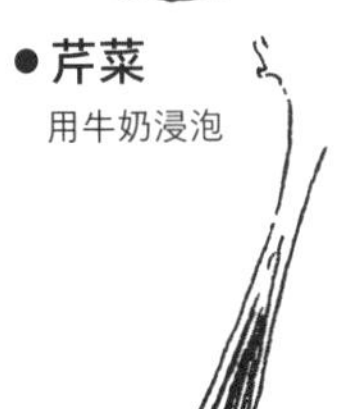

● 大蒜

臭味来自于大蒜素的物质，一接触到空气就散发出味道。

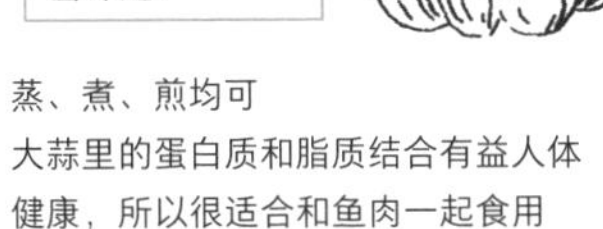

蒸、煮、煎均可
大蒜里的蛋白质和脂质结合有益人体健康，所以很适合和鱼肉一起食用

动手做做看

• 热腾腾的大蒜

大蒜用保鲜膜包起来，
放在微波炉加热约 2 分钟，
剥皮后即可食用，
也可随喜好加糖或酱油

还原——干货还原的方法、基本与要诀

还原并不是回复到干货原来生长的样子，而是把为了延长保存期限而制成干货的食品变成方便烹调的状态。

※ 干货还原用量的基准参阅 P.258

各种食材的还原方法

● 干香菇

水里加点糖更容易还原

使用 40℃以下的温水

泡过香菇的水味道很香，可以用来煮汤或是调味

用手指掐掉菇蒂

● 冬粉

干货还原之后的体积可能变大几倍，还原时请特别注意。（参阅 P.258）

● 羊栖菜

完全浸泡在温水中大约 10 分钟

用手搓揉拧挤

沉在碗底的砂倒掉

● 虾米

用温水浸泡约 10 分钟

泡过的温水可以用来做菜

热水

冷水

生食可以用热水烫过以后，再用冷水冲洗

● 裙带菜

完全浸泡在温水中 5 ~ 15 分钟

较厚的地方完全变软即可

急着用时，先切碎再煮就可以还原了。变软以后就非常美味

● 萝卜干

洗过以后，用水泡个 20 ~ 30 分钟，水量淹过萝卜干即可

● 豆类

泡水一个晚上

急着用时把热水倒进保温瓶中，把豆子倒进去，放个 2 ~ 3 小时

● 冻豆腐

①冻豆腐泡在足够的热水中

②膨松以后用双手按几次，换几次水，按到白汁全部被挤出来

冻豆腐不要还原时，直接放进蘸酱里

火锅技法——火锅烹调的基本方法

火锅有很多种，了解做火锅的技巧、学会几道火锅菜，这样就可以在必要的时候让餐桌增色不少。

汤汁量的基准

少量

食材略露出水面

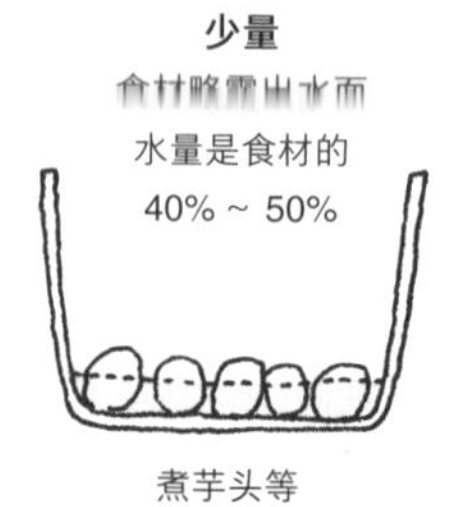

煮芋头等

淹过材料

水淹过食材

水量是食材的
100%

素烧小鱼干等

加满

食材在水中漂动

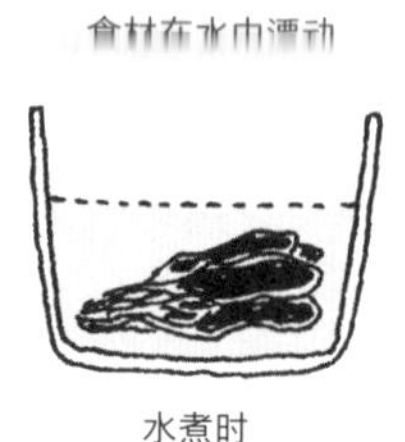

水煮时

烹饪术语

● 炒过再煮

先用油炒过再煮的意思
牛蒡丝等

● 颠锅（翻炒）

摇动锅子，将食材抛出再回炒

● 蒸煮

煮好以后关火，盖上
盖子继续以小火加热
水煮蛋等

● 素烧

用略加调味的汤汁
短时间烧煮
青菜与油豆腐等

● 从锅边淋下酱汁

酱油等调味料从锅子边缘浇下。
炒菜类等

● 干煎

将油或汤汁倒进锅中，开火加热。
一边烧干食材水分，一边煎。
银杏、蒟蒻等

● 什锦火锅

不易熟的食材放在锅子中间
不同时间放入各种不同食材。

● 锅烧

食物煮好以后关火，让汤汁渗到食材
中再食用
锅烧面等

动手做做看

● 煮马铃薯块

①马铃薯削皮切块，水煮

②煮到可以用筷子插穿，水倒掉

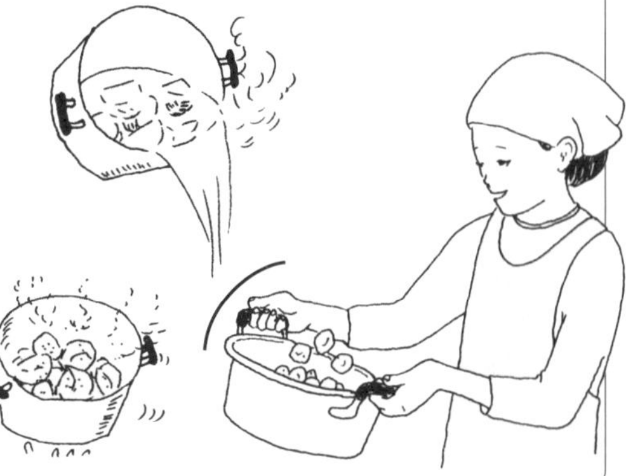

③一面翻动锅子让水分释出，一面用小火将马铃薯煮到表面结成粉状。依喜好用酱油或盐调味

油炸——基本与要诀

术语

将食材放进大量的油中加热的油炸烹调方式，新手都会觉得可怕。只要学会安全的油炸方法，小朋友也可以和家长一起动手做做看。

油炸的基本

1. 使用新油
2. 依各种不同食材，保持适当的油温。
3. 食材要充分沥干。
4. 食材不要一次放太多进到锅里。温度太低容易粘黏。
5. 一次将锅中的食材全部炸好捞起之后，再接着放进下一锅。
6. 将油渣清干净。
7. 炸好的食材会浮到油的表面，变成金黄色。

确认油温的方法

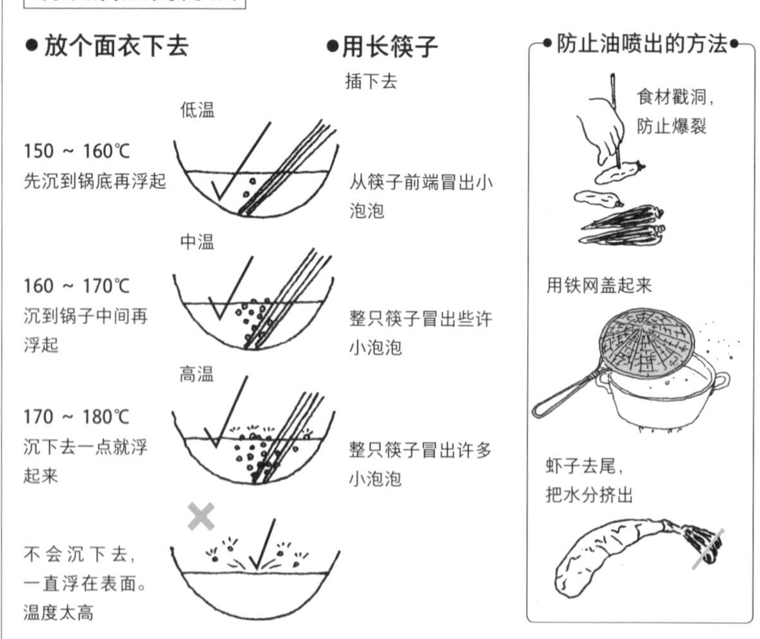

油的重复使用

放入食材以后泡泡不会消失、或是鼻子闻得到味道的油就不要再用了。

素炸
食材直接放进
锅里油炸

炸天妇罗
裹面粉做的面衣再油炸

炸洋葱圈、可乐饼
沾面包粉再油炸

炸鸡腿
鸡腿先腌过之后，
沾面粉或淀粉再
油炸

最后用来炒
其他食材等

天妇罗面衣的做法

●材料
面粉⋯⋯⋯1 杯
蛋⋯⋯⋯⋯1 个
水⋯⋯⋯3/4 杯

①蛋预先打进水里搅拌。
（放进冰箱预冷才适合油炸）
②加入面粉后，用筷子交叉快速搅拌。

用过的油怎么办？

要用就要趁热用

不再用的油，冷却后倒进空牛奶瓶，当成可燃垃圾丢掉

不要倒进
排水管！

油炸的小创意

- **替代面衣**
  把薯片或是炒面、冬粉等放进袋中压碎即可替代面衣使用

- **不弄脏就可以做炸鸡**
  把调味料放进塑料袋中，与食材混合后再加入淀粉

- **均匀地沾上面包粉**
  将面包粉放进瓶中，边摇边撒

烧烤——基本与要诀

直接火烤，食材就会逐渐出现烧烤的颜色与香味。这是一种简单、方便又美味的烹调方法。

烧烤的基本

1. 不论是烤网还是烤盘、烤箱，都要先预热。
2. 从装盘时要面对食客的那一面开始烤。
3. 要让外表看起来焦一点时用大火烤，要烤到里面都熟透就用小火烤。
4. 要烤干一点就不要加盖，要烤湿一点就加盖。

烧烤的方式

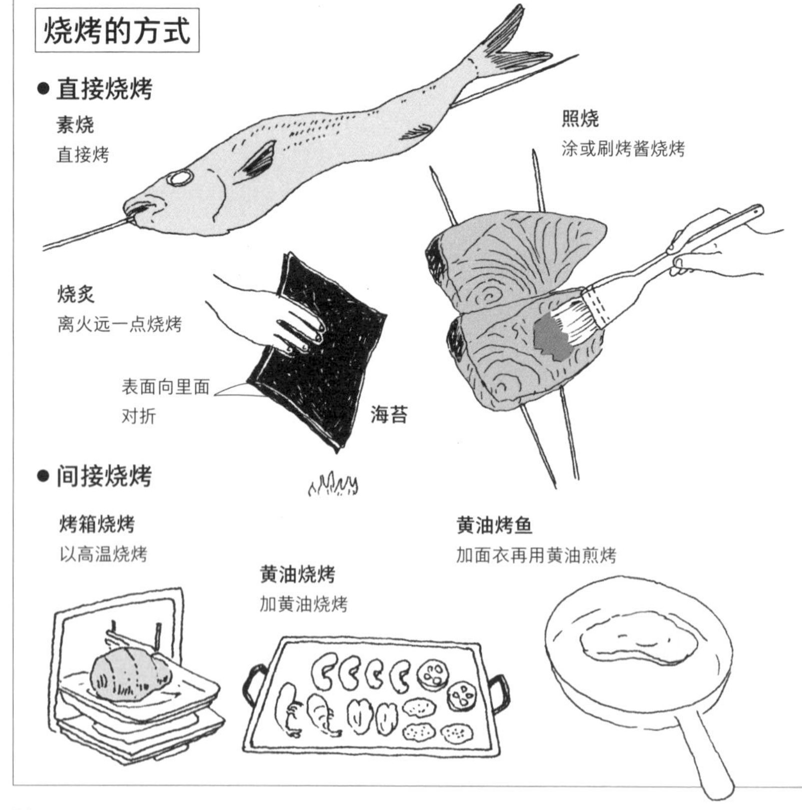

如何让烧烤食物的颜色更漂亮

锅一定要进行充分预热

盛盘时要放在表面的那一面先烤

最后再加黄油

烧烤时的要诀

● 鱼或肉

撒点盐就可以让肉块的表面更结实，保留鱼、肉的美味。

空中撒盐：距离鱼或肉 20 ~ 30 厘米，从上向下撒盐

- 鱼在距离 15 ~ 20 厘米处，整体均匀撒盐
- 肉则直接在上方撒约一撮盐

● 烤糯米饼

把糯米饼放到网子上，盖上铝箔纸，小心控制火候。

● 鳕鱼

用铝箔纸包起来，勤于翻面。

● 小卷

用烤箱烧烤。

动手做做看

- **用铝箔纸烧烤**

①铝箔纸涂油。

②将香菇或是白肉鱼类、蔬菜等食材包起来，从四个角开始将铝箔纸折起。

③放进烤箱里，材料烤熟了即可食用。

食用时可以蘸酱油或醋。

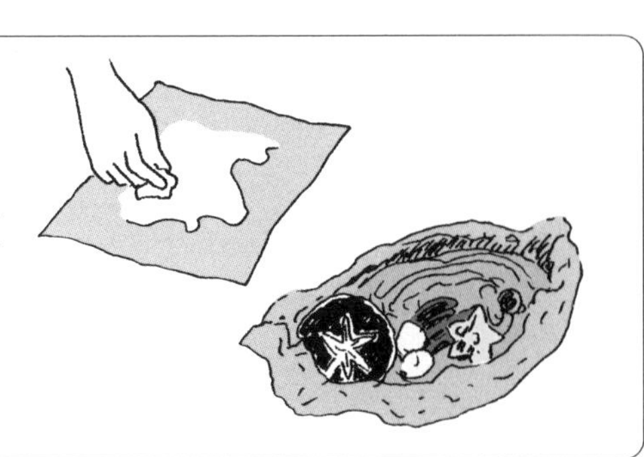

炒——基本与要诀

术语

“炒”是指炒菜锅或平底锅热锅以后，加入少许油烹调食物的方法。依照食材或菜色控制快炒的时间是美味的要诀。

炒的基本

1. 油要先预热。
2. 食材要先洗好切好，快炒是一下锅就要一次炒好。油温不够或炒的时间太长都会影响口感。
3. 火候保持一致，所以一开始就要控制好火候。不容易熟的食材可以先烫一下或是先过一下油。
4. 不要一次炒太大量，这样会让油温降低，让食材变软。
5. 从不容易熟的食材开始炒。先炒鱼或肉，再炒蔬菜，最后是鸡蛋。

炒的要诀

● 爆香

生姜、大蒜、葱等切碎之后，先爆炒，等到香味出来以后再加入其他食材

要诀 油温还没升高时就要加入香料

● 炒的分量

大约是炒菜锅或是平底锅一半的量

● 别忘了要先热锅！

炒之前，锅子先空烧到冒烟，在锅里加入一勺油，整个锅子都要先用油淋一圈。锅先热过以后，快炒时才不易粘锅

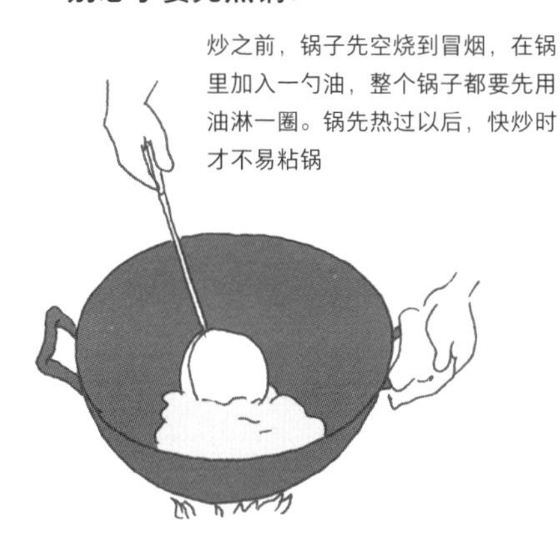

● 要先炒再煮的情况

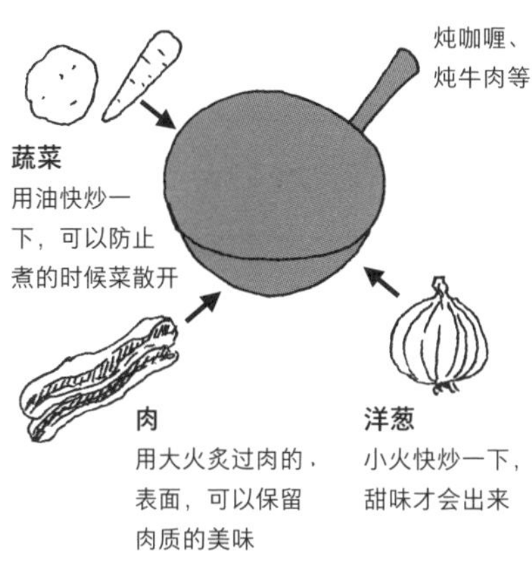

蔬菜
用油快炒一下，可以防止煮的时候菜散开

肉
用大火炙过肉的，表面，可以保留肉质的美味

洋葱
小火快炒一下，甜味才会出来

● 过油

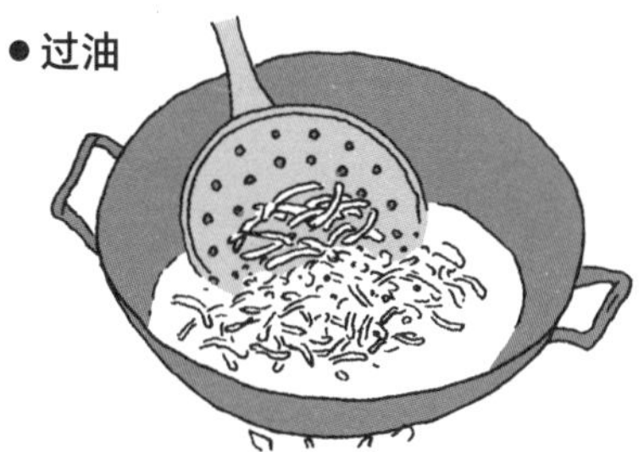

鱼贝类或是肉块、蔬菜等洗好切好之后，先用低温油过一下

动手做做看

● 实验！炒洋葱

试看看洋葱切丝快炒的味道。
时间不同，口感和甜味也不同。

火候的标准

清脆的口感
形状完整，表面充满光泽
预炒用

透明状
形状完整，连中间都是透明的
快炒用

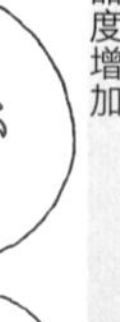

松软
连中间都炒熟

金黄色
慢炖
酱汁配料

透明黄褐色
洋葱焗烤
浓汤等

● 过油的目的 ●

1. 锁住食材的美味。
2. 去除水分、增加口感。
3. 增加食材的色泽。

蒸——基本与要诀

“蒸”就是利用水沸腾产生的热气加热的烹调法。没有蒸锅也可以蒸煮食物。

蒸的基本

1. 热要均匀地包裹整个食材才能保留食材的香味与美味。蒸的时候不能再调味了，所以要在蒸以前就完成调味。
2. 水加到隔板的七分满，这样才能够让蒸气完全流动到上面，进入食材里。
3. 除了烹饪蛋，其他都是大火，让蒸气不断冒出，蒸熟食材。

火候的控制

肉、鱼	大火
蛋	小火
谷物	大火
蔬菜	大火

蒸的要诀

● 使用盖布！

一定要使用盖布，这样才能够防止蒸气的水滴到食材

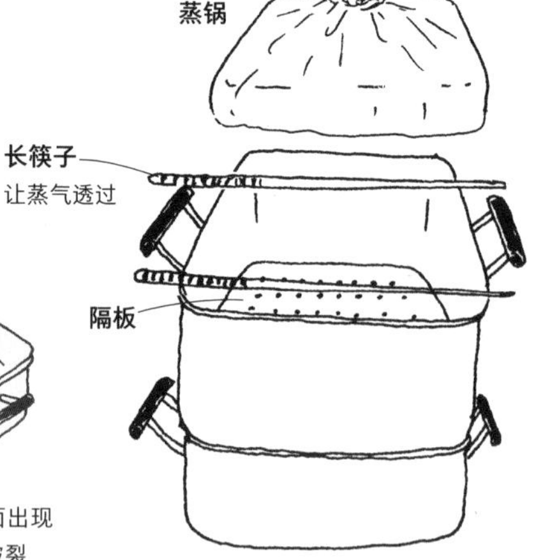

● 加热水

蒸到一半要加水时，一定要加热水

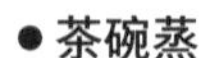

● 茶碗蒸

蛋开始凝固的温度是60℃以上。锅盖挪开一点保持60 ~ 80℃的温度，不要沸腾慢慢加热，这样蛋的表面就不会有洞了

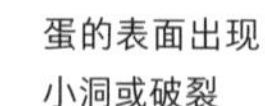
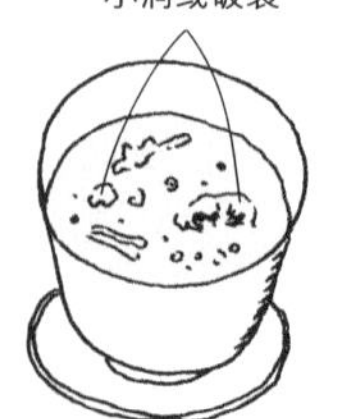

● 蒸蛋为什么会出现小洞？●

一口气加热到100℃时，蛋中间的水分沸腾产生气泡，在蛋凝固时形成气孔，留在蛋的表面。

● 水煎

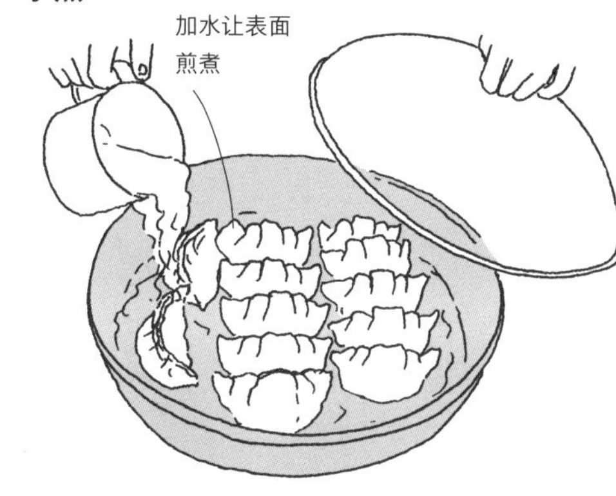

煎饺

一开始用大火煎到表面变色，加水，用中火将中间蒸熟。水中加一点醋，表皮就不易粘锅，口味也更清爽

● 铝箔蒸煮法（鱼肉切片等）

将食材用铝箔纸包起来，放进锅里开火蒸，不加水，光靠食材蒸发出的水分即可蒸熟

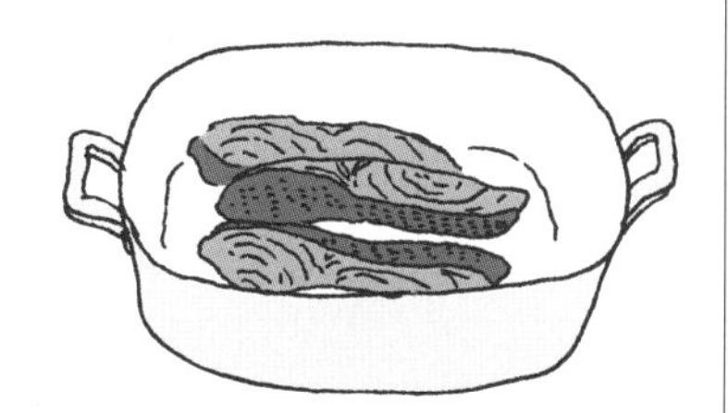

● 蒸煮（鱼或卷心菜卷等）

食材放在煮开的汤汁中，盖上盖子煮沸腾之后转小火蒸煮

动手做做看

用不同的锅具蒸煮!

• 蒸薯类

在电饭锅中加入一杯水与洗干净的马铃薯或是红薯，按下电饭锅开关

• 蒸冷冻烧卖

①加水不超过网子，让水沸腾。

②筛子上放入烧卖，放进锅里，盖上锅盖。烧卖膨胀，中间熟了就可以吃了。

煎焙、搅拌、研磨——基本与要诀

料理中经常使用的芝麻酱、味噌等，都有其特殊的制作方式。菜要做得好，就一定要学会煎焙、搅拌和研磨的功夫。

煎焙的基本

空锅或只加一点油，再加入食材进行加热的方法。

● 煎芝麻的做法

①土瓶或是平底锅先空烧预热。
②加进芝麻，煎的时候要摇动避免焦黑。
③有 2、3 粒芝麻跳起就算煎好了。

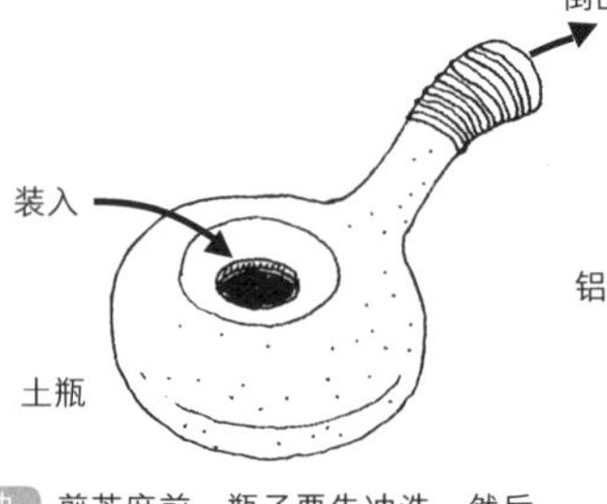

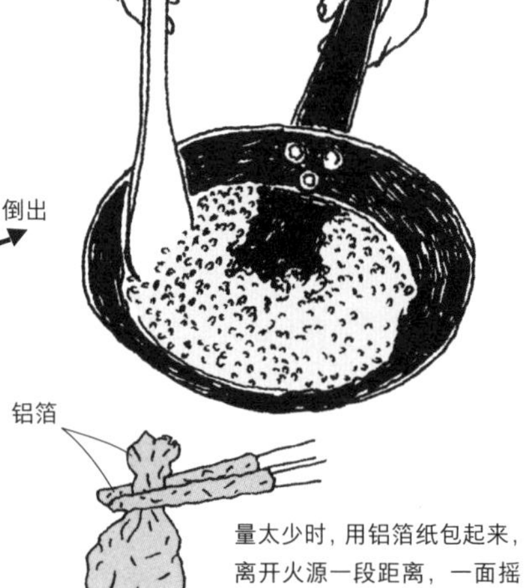

量太少时，用铝箔纸包起来，离开火源一段距离，一面摇动一面煎

要诀　煎芝麻前，瓶子要先冲洗，然后沥干。瓶子冲过再煎，水气会进入芝麻里面，味道更香

● 煎蛋的做法

日式煎蛋

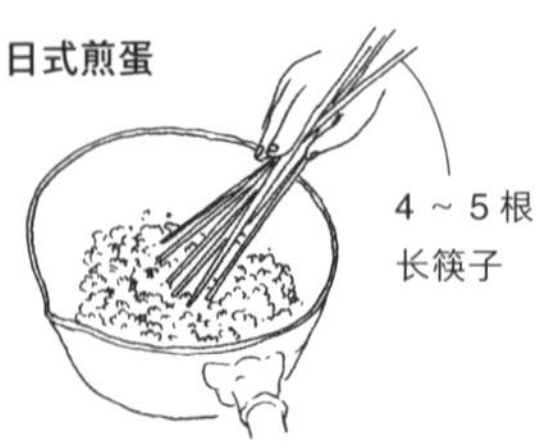

蛋打进空锅里，用 4 ~ 5 根长筷子快速搅动，半熟时即可关火，用余热煎熟

西式煎蛋

在平底锅中加入少许黄油，黄油溶化以后，加蛋，快速搅拌
打蛋时加入沙拉酱可以让蛋不容易烧焦，且较滑嫩

要诀　偶尔离开火源搅拌一下

搅拌的基本

在锅中加入味噌或馅料，用木勺等搅拌，用小火煮熟。

●味噌的做法

①把味噌、糖、味淋、高汤放进锅里。
②关小火搅拌，避免焦掉。
③煮滚，煮到出现光泽就算煮好了。

硬度用高汤调整。一冷了就会凝固，趁软的时候调整软硬度

研磨的基本

1．使用钵与棒研磨食材。
2．钵子下面铺湿布保持稳定。

●磨芝麻的方法

把刚煎好热的芝麻放进钵子里
半研磨…颗粒状较粗的状态（糕饼上的芝麻）
粗研磨…还未到达半研磨的状态
细研磨…磨到出油的状态（芝麻酱的原料）

动手做做看

• 煎豆腐

①豆腐去水后，用手压碎。
②下锅，开火，用木勺煎。
③水分出来以后，加糖、酱油、味淋，一面调味一面煎。
味道随个人喜好调整。

豆腐和绞肉一起煎
也很美味

●材料
豆腐…………1 块
糖…………2 大匙
调味酱油 1 ～ 2 大匙
味淋………1 大匙

凉拌——基本与要诀

鱼、肉或蔬菜和不同的调味料拌在一起，或是浸在酱汁里，就可以产生另一种不同的风味。

凉拌菜的基本

1. 青菜不可以烫太久，还有清脆口感的时候就要马上浸冷水。
2. 食材要分成小份，将水分完全拧干。
3. 用酱油等调味。
4. 食材要尽早洗切、放凉。
5. 凉拌菜上桌前才放酱料。

拌酱的基本做法

●芝麻酱

●材料

芝麻………3 大匙
糖…………1 大匙
酱油………1/2 大匙
高汤………1 ~ 2 大匙
豌豆、小松菜、菠菜等

①芝麻煎过之后在钵子里研磨，加入调味料。

②烫过的豌豆切好后放进拌料里。

要诀 食材先烫好，除去水分，切好放冷。要吃以前再调味！

●日式白酱

●材料

豆腐………1 块
白芝麻……2 大匙
糖…………1 大匙
酱油………1 小匙
胡萝卜、蒟蒻、香菇等

①热水中加少许的盐，豆腐烫一下，用布挤出水分。

②用钵子研磨芝麻，加入豆腐，让芝麻更滑顺。

③加入糖、酱油。白酱完成。

④将食材切成薄片煮熟。以调味酱油 1 大匙与味淋 2 大匙调味后放冷。

⑤食材与日式白酱拌在一起。

要诀 豆腐不要挤得太碎。

●凉拌烫青菜

①菠菜烫过之后，沥水挤干。
②用酱油搓。
③菠菜上加柴鱼片，要食用之前
再淋上适量的调味酱油。

凉拌青菜
在食材中拌入水或汤及调味汁

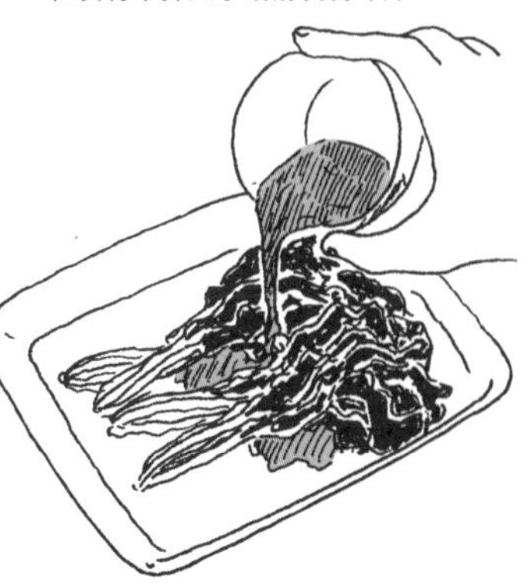

用酱油搓
去除水分的菠菜淋上约
1 大匙酱油，再拧干。
去除多余水分与杂质后
再调味

动手做做看

• 梅子鸡胸肉

①鸡胸肉淋一点酒，用保鲜膜包起
来，放进微波炉里微波 1 ~ 2 分
钟至鸡肉变白色

②用手撕成鸡丝，
白色的筋丢掉

④鸡胸肉与③和在一起

③用刀子将去核的梅干
切碎，加酱油搅拌

勾芡——基本与要诀

中式烩饭中将饭弄成黏糊状的烹饪方式就是勾芡。另外像是将果冻、粉米果类制成凝胶状的烹调技巧也是。

用来凝固的材料有许多种

●淀粉（片栗粉）

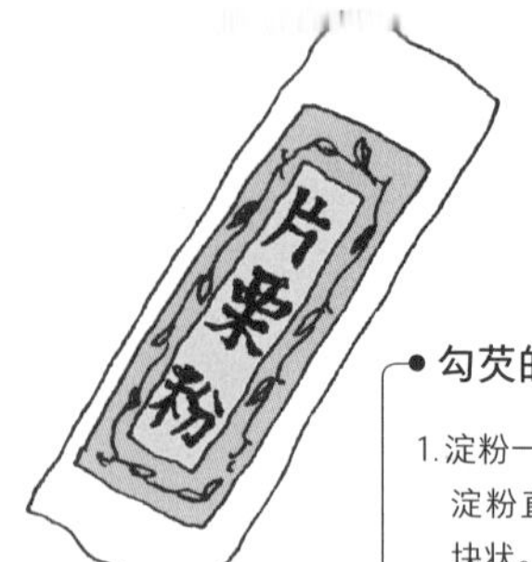

以前用一种名为片栗的植物根部制成的粉末做为勾芡的材料，现在大部分是使用木薯或马铃薯淀粉为原料将食物勾芡成膏状。调味之后，淀粉加水调合后从锅边淋下，煮成透明状即可。

●勾芡的要诀●

1. 淀粉一定要加2倍水调合。淀粉直接加进菜里会变成块状。
2. 加水调合的淀粉一定要在加热的过程中加入。
3. 搅拌的速度要快。

水与淀粉的比例

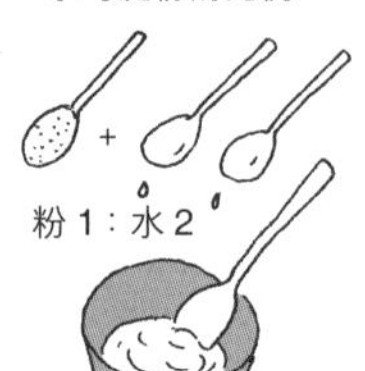

●玉米粉

以玉米为原料

蛋拭或是其他西式点心中半凝固状的点心，就是加入玉米粉做成的

要诀 玉米粉的调制温度比淀粉更高，所以要食物煮滚的时候加入，再继续煮熟。

●葛粉

利用葛根制成的原料

日式和果子、粉粿、葛根汤等都是以葛粉为原料制成的

●寒天

寒天是使用红藻为原料制成的一种天然食品。使用寒天棒时，先用手剥开，每条寒天棒加 2 杯水浸泡 30 分钟以上后会在煮制的过程中逐渐溶解。表面浮起薄膜时捞出薄膜。

可以用来做羊羹、蜜豆冻、琼脂等点心，室温（28 ～ 30℃）即可凝结，是无热量的健康食品。

●吉利丁（胶原蛋白）

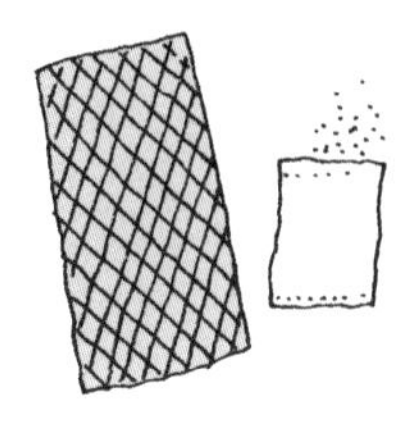

吉利丁以动物的皮或骨抽出的蛋白质为原料。使用吉利丁粉时加 4 倍水膨胀约 10 分钟后，再与要用的食材混合。吉利丁在室温下不会凝固，所以做好要放进冰箱里。适合用来做果冻或是巴伐利亚布丁。

要诀 新鲜菠萝中含有蛋白质分解酶，会破坏胶原蛋白的凝固，制作含菠萝果冻时要选择罐头菠萝。

动手做做看

• 粉粿

①将葛粉、水、糖等放入锅中，充分搅拌之后再开火。
②变成透明且有点凝固时，关火。
③倒进内侧已经用水浇湿的便当盒中，放进冰箱里冷藏。
④凝固后切成小块状，加上豆粉或是黑糖就可以吃了。

●材料
葛粉……1/2 杯
水………2/3 杯
糖………1 大匙

• 100% 果汁的果冻

①将果汁 200ml 与寒天粉放进锅中，煮开。
②沸腾之后加入 1 大匙糖，关火。
③加入剩下的冷果汁，倒入杯中，等待凝固。

●材料
寒天粉……1/3 小匙
果汁………300ml
（果汁 100%）
糖…………1 大匙

磨碎、拍碎、挤碎——基本与要诀

将萝卜磨碎或将马铃薯压碎并稍加处理之后，食材的味道就完全不同了。这里要告诉大家磨碎、拍碎、挤碎食材的要诀。

磨碎的基本方法

● 萝卜

使用靠近叶子有甜味的部分。与切口保持垂直顶住磨碎，这样就能切断萝卜的纤维，让磨碎后的萝卜泥充满水分且甜美可口

● 山葵（芥末）

山葵的辣味来自于山葵中一种被称为异硫氰酸烯丙酯的物质。磨碎之后，细胞遭到破坏，辣味就会跑出来。最好使用细的鲛皮磨子磨碎。沾点糖再磨，有助于分解酶，更可以增加辣味

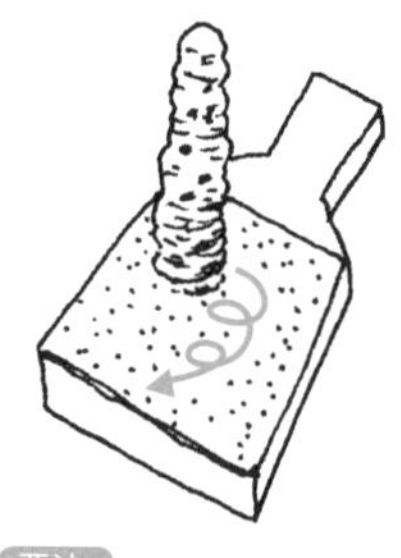

要诀

以绕圈圈的方式磨碎，要使用前再磨

● 香橙

将有香味的橙皮磨碎使用。放太久会变色，所以要用之前再磨

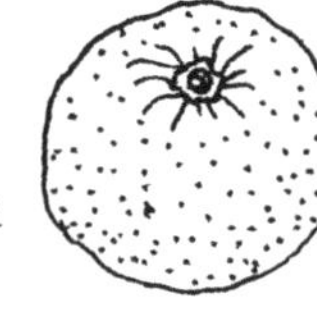

● 山药等

加一点醋再磨不容易变色。

● 生姜

皮的辣味及姜味较浓，所以磨的时候保留一点皮。加热后仍然有辣味，所以很适合烹煮

拍碎的基本方法

● 马铃薯

整颗马铃薯煮过以后剥皮，趁热装进塑料袋中，用空酒瓶等拍碎

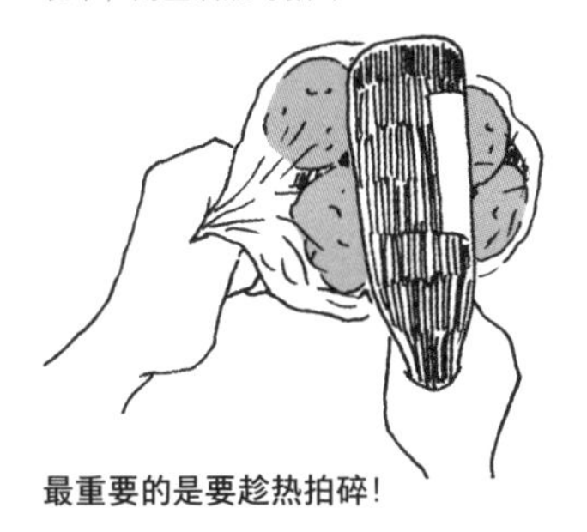

最重要的是要趁热拍碎！

调理耙也要趁热时使用

南瓜或红薯的处理方式也是一样

● 花生

将两个布丁杯重叠，在布丁杯之间一次放几颗花生，夹起来压碎

● 大蒜

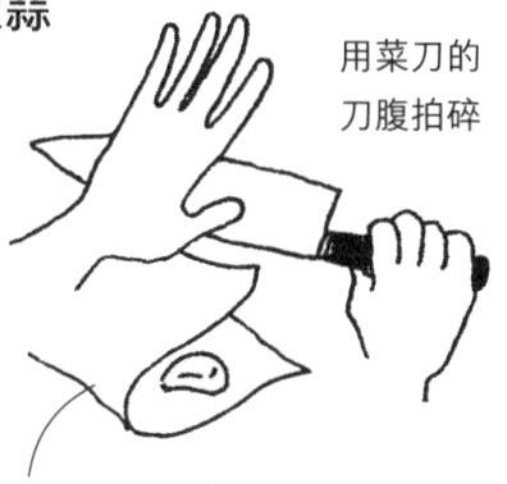

用菜刀的刀腹拍碎

用铝箔或保鲜膜包起来，可以避免味道留在砧板上

挤碎的基本方法

较软的食材利用筛子就更容易挤碎了

● 马铃薯

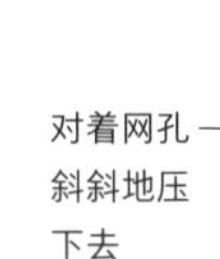

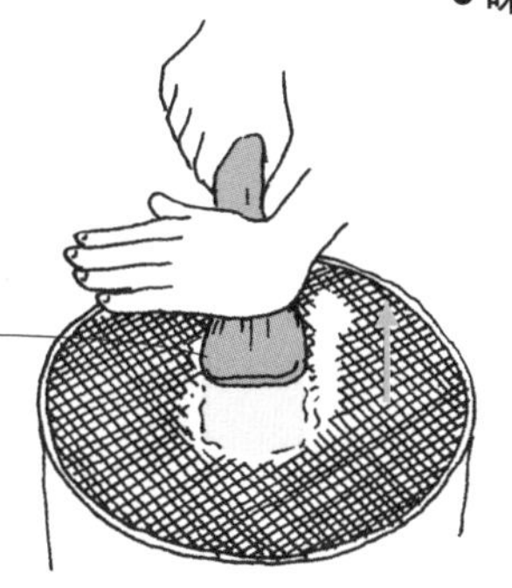

对着网孔斜斜地压下去

● 味噌

用竹筛过滤

味噌用竹筛过滤

冷冻 I ——家庭冷冻的基本常识

大家都会使用冰箱冷冻食品，但是如果方法不正确就会破坏食物的味道与品质。这里就告诉大家制作冷冻食品的方法。

什么是冷冻？

冷冻的原理就是将食材中的水分冷冻起来。短时间内快速冷冻水分会变成细冰的结晶，这样就不会影响食物的风味。

商业用的冷冻室可以在零下 40℃以下快速冷冻，一般家用冰箱无法达到这么低的温度，冷冻时就要注意掌握一些要诀。

家用冰箱冷冻的要诀

1. 尽量减少食物的水分

煮过或使用盐、酱油、糖、醋达到脱水的目的

2. 注意在最短的时间内达到冷冻的效果

3. 冷冻室调整到强冷，至少 1 个小时不要打开冰箱

各种食材的冷冻方法

● 蔬菜

基本上是先烫过再冷冻。
保存期限不超过 1 个月。
烫到稍微有点变硬，叶菜类要沥干水分后，充分脱水。萝卜或生姜等可以先磨碎再冷冻

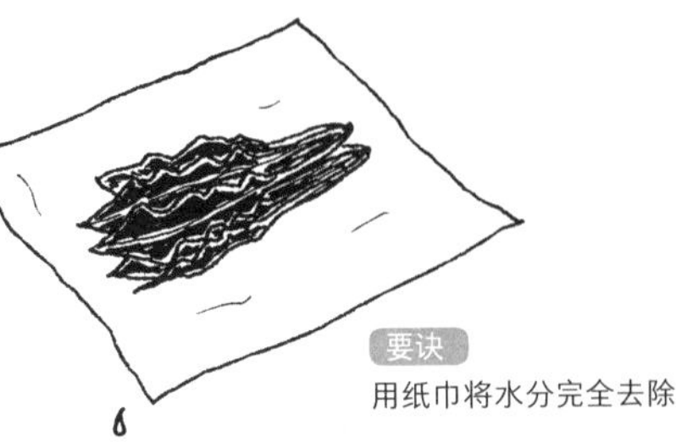

要诀
用纸巾将水分完全去除

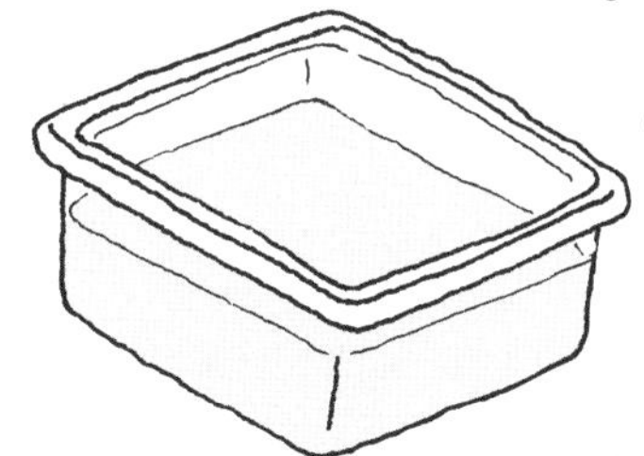

● 汤汁类

冷冻之后会稍微膨胀，
使用大一点的容器

● 肉类

可以直接冷冻生肉，但是先调味更不容易坏。
容易坏的绞肉或鸡肉，先加热再冷冻比较好

别忘了贴保存日期！

动手做做看

● **和果子与茶叶的冷冻**

加了糖的和果子，冷冻之后风味依然不变。
一个个用保鲜膜包起来再放进冷冻室中，要吃的时候自然解冻。
新茶也可以密封之后冷冻，这样可以让香味更加持久。

冷冻Ⅱ——避免失败的诀窍与小智慧

学会冷冻的技巧，可以应对不同状况。利用冷冻除了可以达到保存食材的目的，也可以节省食材处理的工夫。

不能冷冻与不适合冷冻的食材

● **纤维多的蔬菜**

会让纤维变硬

● **生鲜蔬菜**

会变得黏答答的

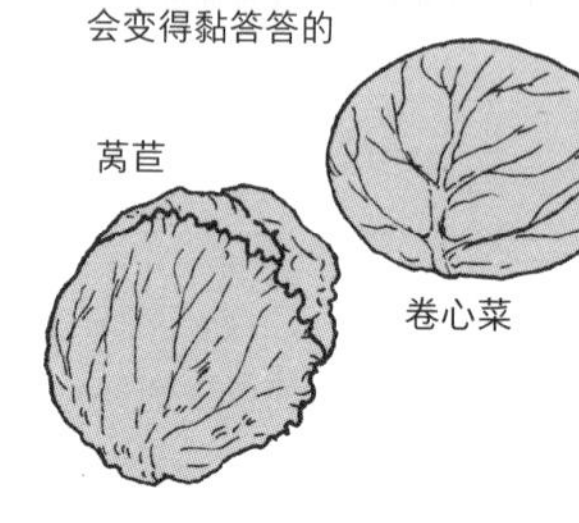

● **水分多膨润的食材**

变质成为海绵状

● **脂肪多的鱼或肉**

脂肪会氧化让味道变差

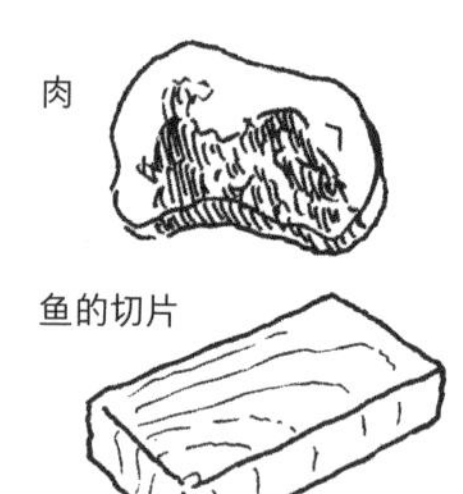

● **牛奶等乳制品**

会让脂肪与水分分离

● **蛋类**

蛋壳会破

● **瓶装饮料**

瓶子会破

冷冻与营养

维生素 C 非常耐低温，蛋白质与糖类低温下也不会产生太大的变化。只是脂肪较多的鱼类等，大概 1 个星期脂肪就会氧化（脂肪分解）。食用氧化以后的脂肪，有些人会出现下痢的症状。

冷冻的小智慧

● **冰** 用报纸或纸袋包起来比较持久

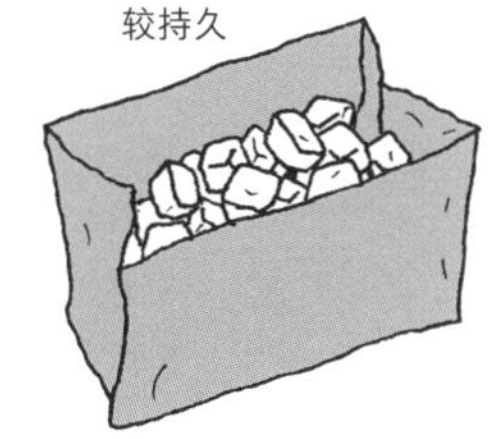

● **香料植物**（山葵、大蒜、生姜或葱等）

磨碎或切碎之后，放在制冰盒中冷冻保存

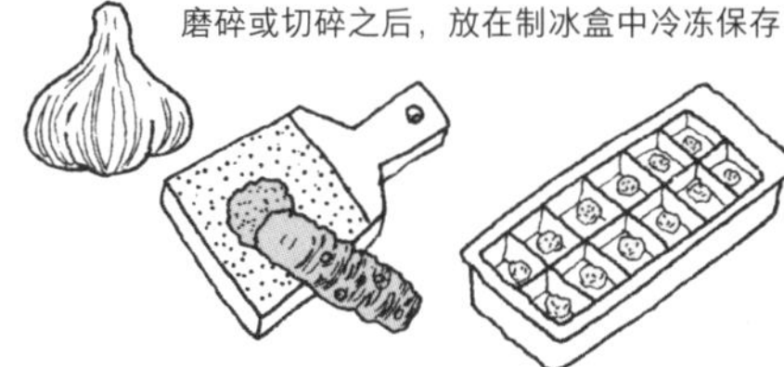

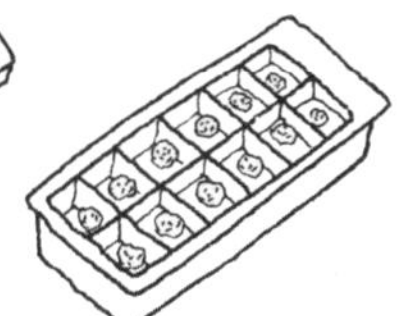

● **高汤**

做浓一点，用制冰盒冷冻成每一人份的量

● **豆腐**

冷冻的豆腐就是冻豆腐。可以半解冻食用

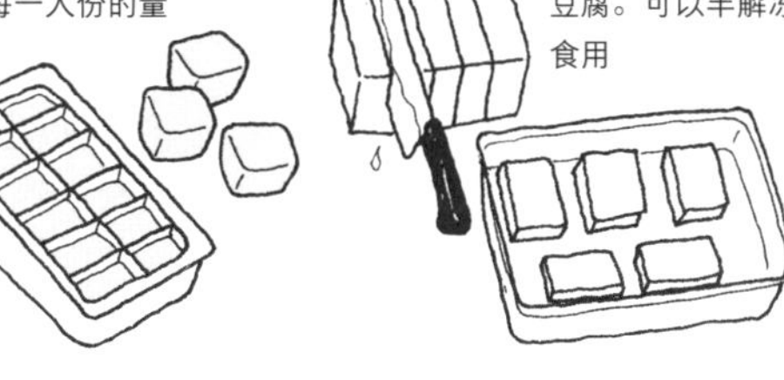

● **荷兰芹**

冷冻成一团，要用时再用手搓开

● **面类** 烫煮之后分成小份放进密封袋冷冻。解冻时使用热水烫约 7 ～ 8 分钟

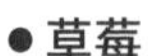

● **蛋糕**

放进金属制的饼干盒中

倒过来，盖子在下面

● **草莓**

洗好去蒂，蘸果糖之后再冷冻。结冰以后装进袋子保存

● **鲜奶油**

加糖打发后，挤在金属盘中放进冰箱冷冻

解冻——基本与要诀

方便快速的冷冻食品，解冻也是有要诀的。而且，有些冷冻食品不解冻也可以食用。这里就告诉大家如何正确地解冻。

解冻的基本方法

●自然解冻

移到冷藏室放置约5～8小时，
然后在室温下放2～3小时，
慢慢解冻是最好的方法

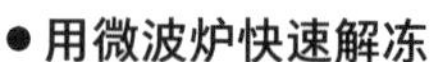

●冲水解冻

时间不够的时候，使用双层塑料袋密封以避免食物泡水，然后用水冲20分钟即可解冻

●用微波炉快速解冻

生鲜食品解冻的要诀是尽快回到0～5℃之间，以避免食物变质。可以使用微波炉快速解冻。但是，半解冻品或是解冻以后，就不要再放回冷冻，否则食物会变质

●微波炉解冻的要诀●

1. 拆除保鲜膜

微波解冻是最快的，但是如果用保鲜膜包住，表面水分聚集就会造成只有外面解冻，里面没有解冻的情况

2. 减少接触面

使用解冻网或是利用长筷子减少食材与微波盘的接触面，这样就可以均匀解冻了

3. 从冷冻室取出后直接解冻

经过一段时间，有些部分已经自然解冻，这样就会造成解冻不均匀的现象

从冰箱拿出来以后
立即放到微波炉！

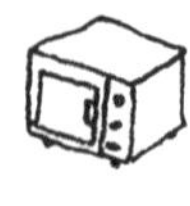

冷冻食品的调理

●煮

冷冻蔬菜等

●炸

冷冻可乐饼、薯条

炸的东西不要解冻，直接烹调！

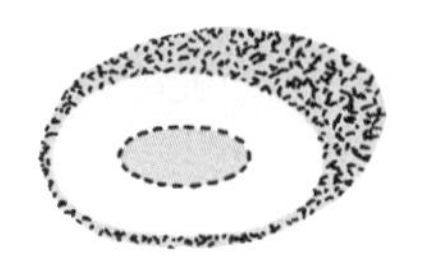

若表面已经解冻，就会造成只有外面炸熟，里面还没有熟的情况

●隔水加热（参阅 P.33）

牛肉或是咖喱

●煎

已经调理好的冷冻食品

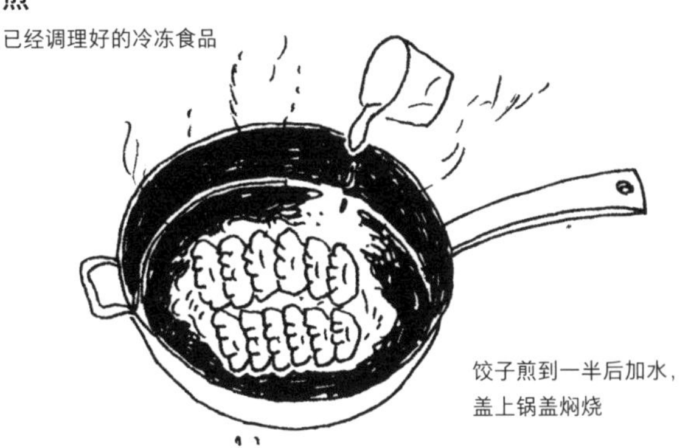

切 I ——基本切法

切功好不好关系到是否方便食用、是否容易煮熟、味道是否容易渗透食物。这里告诉大家适合各种食材与烹调方法的切菜方式。

※ 刀子的使用方法参阅 P.124

基本的切菜方式

● **切成圆的**

从圆形食材的上面向下切

● **切成半月形**

先将圆形食材对半切，再从上面向下切

● **切成 1/4 圆**

先将圆形食材对半切，一半再对半切，再从上面向下切

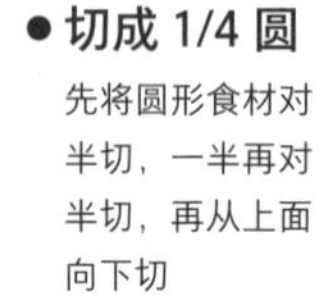

● **圆柱形食材切成条状**

将食材切成四角的棒形

● **切成片状**

将食材切成长方形的薄片

● **球形食材切片**

将食材竖立切成放射状

● **切成块状**

先切成条状，再切成块状

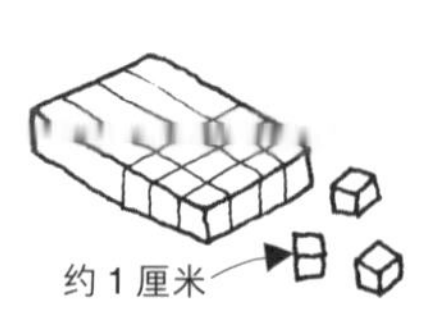

● **切成小块状**

约 0.5 厘米

● **切丝**

先将食材切成薄片状，再切成条状

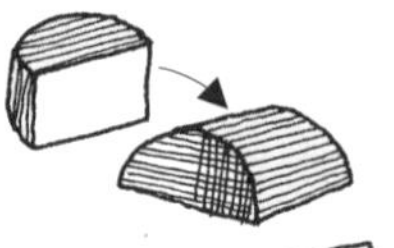

● **切成颗粒状**

比切丝切得更细

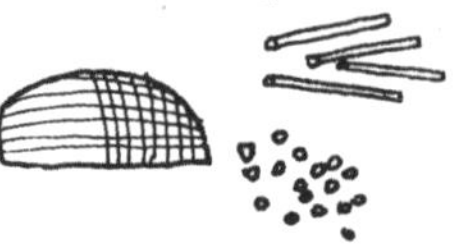

● **乱切**（滚刀式）

边转动圆形食材，边下刀斜切

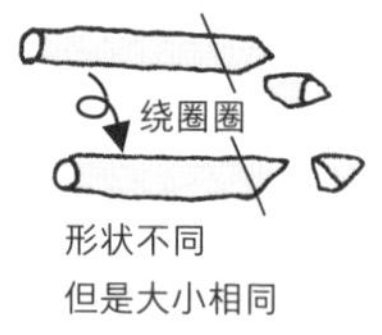

● **切段**

什么形状都可以，切成适当大小即可

● **斜切**

菜刀斜向下刀

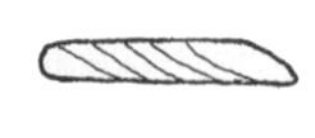

● **削**

就像削铅笔那样切削

让食材更方便使用的切法

● 洋葱切成颗粒状

①先对半切

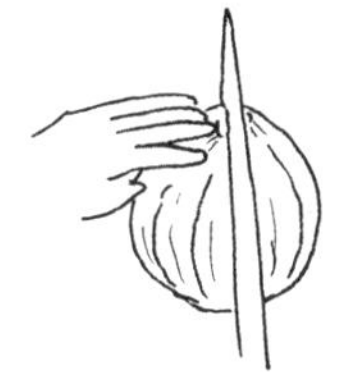

②保留根部，纵向切成细条状

③转个方向，再切成细粒状

④按住刀背，刀刃以扇状移动，这样就可以切得更细

● 青葱切碎

①先从葱的中间切入，切成一条条

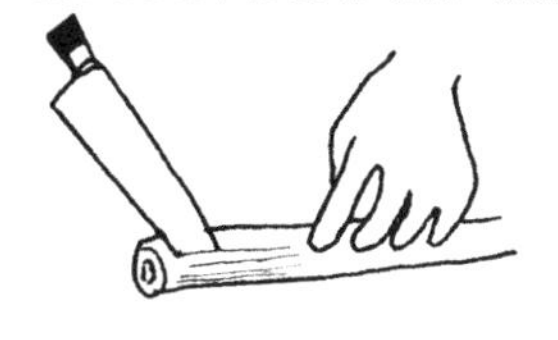

②然后再从前端开始切碎

● 切牛肉

与纤维保持垂直切成条状

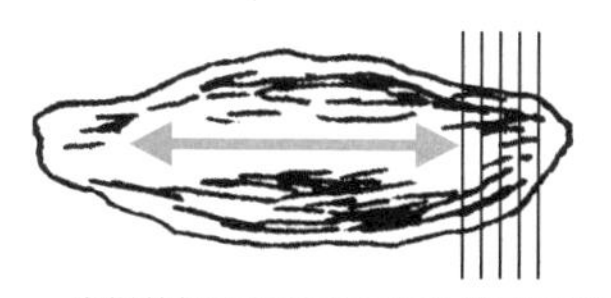

这样的切法加热之后不会缩成圆形

● 把筋切掉

在肥肉与瘦肉之间切出较深的刀痕

这样加热之后较不容易缩成一团

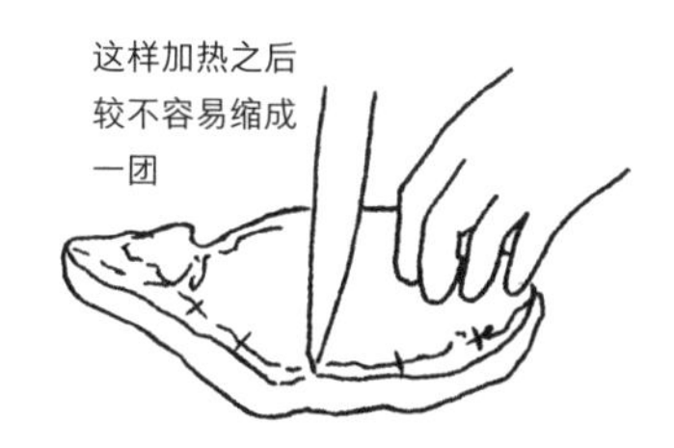

● 切成圆角

蔬果切好后将斜边切薄，让斜边呈现圆形的角度

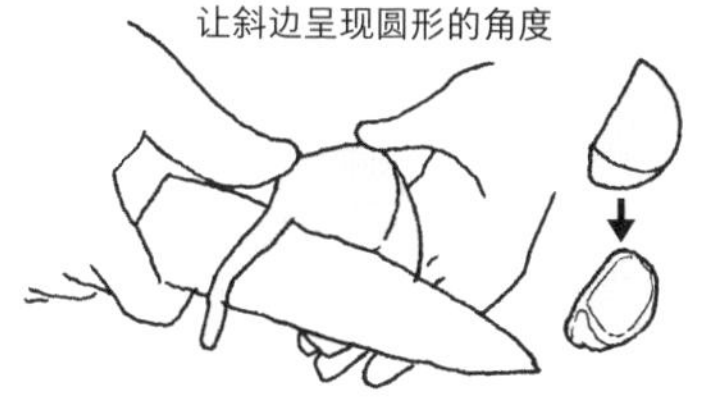

这样煮的时候不容易散开

● 青椒切成圆圈状

前面相对不容易切，保留蒂部，从较圆的一端开始切

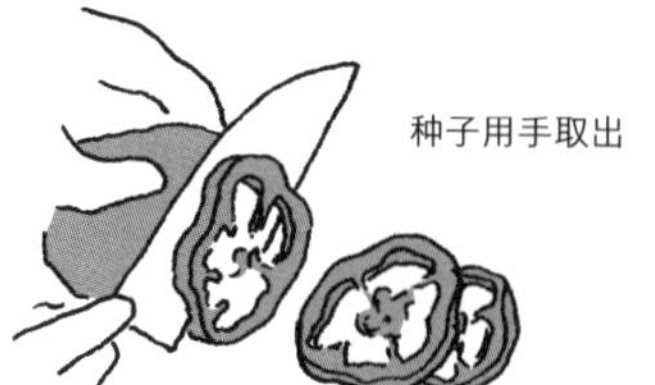

切Ⅱ——雕花

基本的切法学会以后，就可以试试看较复杂的雕花。拿不同的蔬果，练习切成各种有趣的形状和花样。

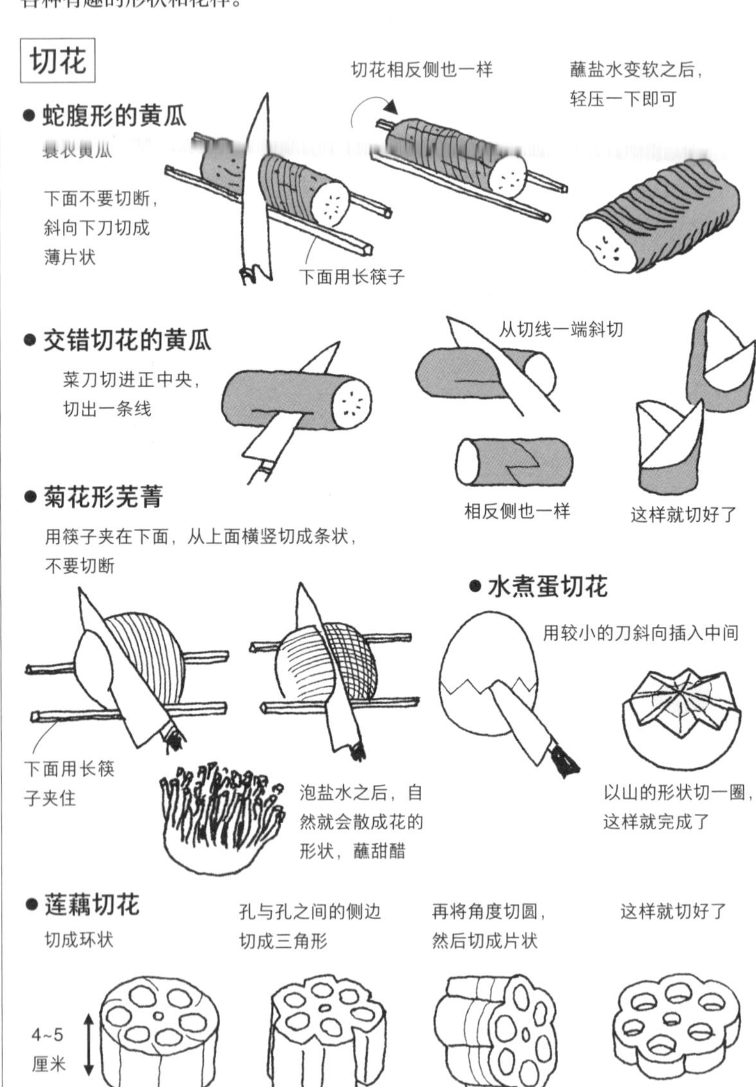

●香菇切花

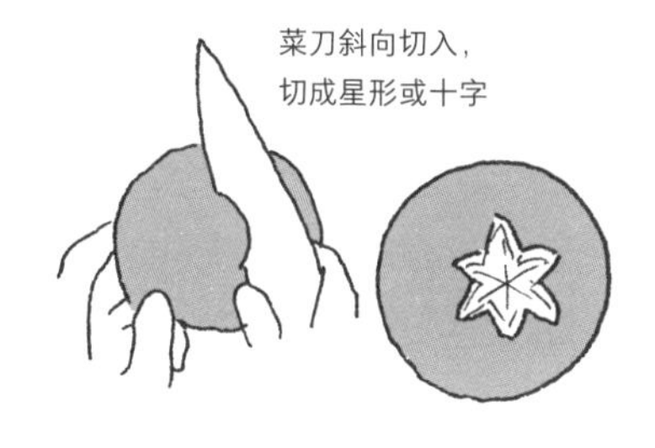

菜刀斜向切入，
切成星形或十字

●章鱼香肠

从一端交叉
切到一半的
位置

再切成 8 等分

用牙签做出
眼睛和嘴

●黄瓜花

黄瓜切成薄片之后，两个薄片切
一个口，从切口将两片组在一起

●蒟蒻麻花

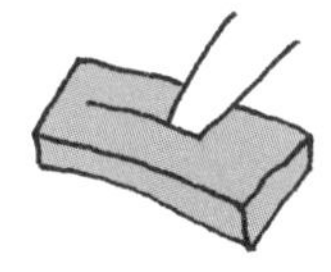

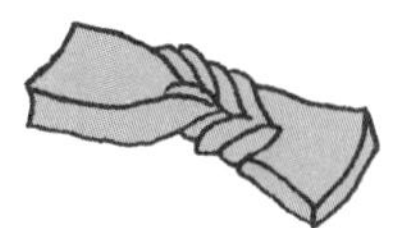

将蒟蒻切成片状，中间切一直条的缝
隙，用筷子插进中间，翻转成麻花状

●橘子桶

①果蒂侧切下 1/3

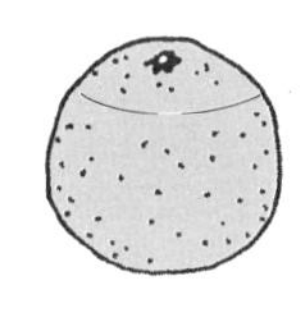

②取出中间的果肉

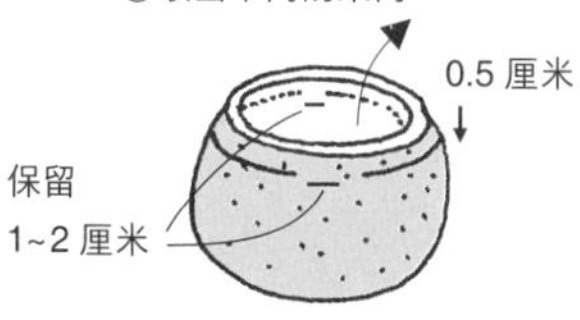

③距离上面约 0.5 厘米处，
从左右两端切入

④果肉切好再装回来，
用缎带绑一个蝴蝶结

●火腿花

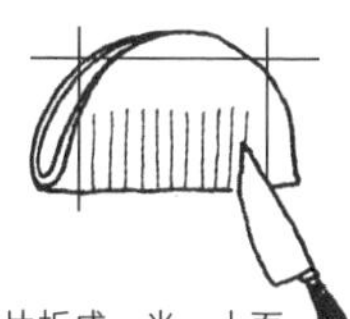

将火腿片折成一半，上面
为圆形，从下面向中间一
半的位置切成条状

卷起来

再卷一圈

用牙签固定就完成了

术语

调味——顺序与要诀

浓一点、淡一点、妈妈的味道……每一个人熟悉的味道都不完全一样，然而稍微运用一点调味的小技巧就可以让美味加分。当然，心意也是很重要的调味料。

调味的目的有两个

1. 加强食材本身的味道。
2. 加入新的味道。

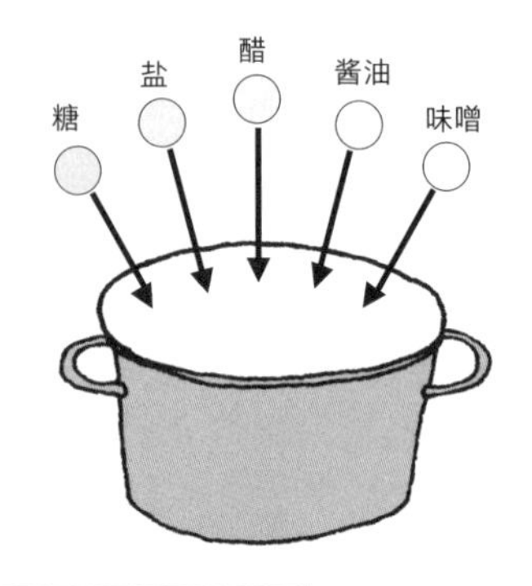

调味的顺序

●调味料基本有

“糖、盐、醋、酱油、味噌”

盐分子比糖分子小，味道比较容易渗进食材里，所以调味的时候，先加不易溶解的糖。

醋如果太早加进去，容易发生变味的情况，所以最后再加。酱油与味噌等都是为了提味用的，调味时依序加入。

尝味道的方法

舌头感受酸甜苦辣的位置各不相同，尝味道的要诀是要整口都能品尝到味道

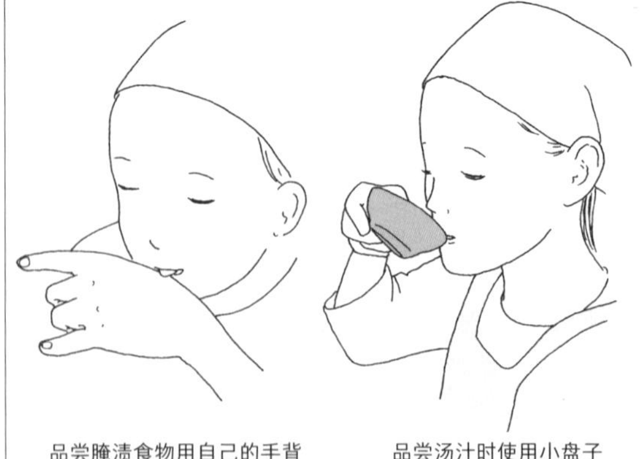

品尝腌渍食物用自己的手背

品尝汤汁时使用小盘子

品尝味道一次，再确认一次。

尝味道之前别忘了漱口！

调味的要诀

决定基本味道的关键在于盐。

鱼 鱼放在筛子上面，在整个鱼身搓。

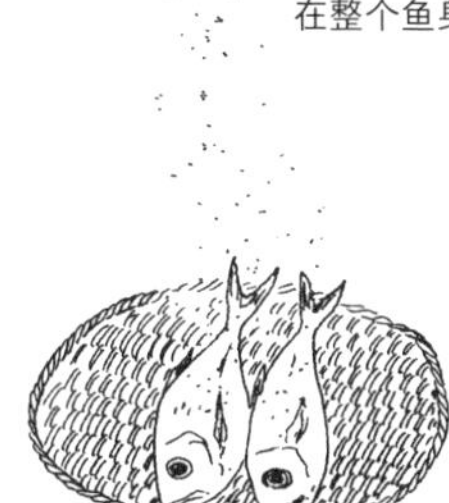

肉

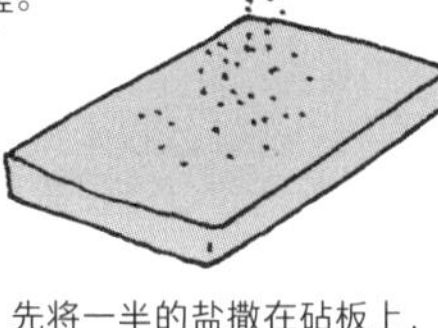

先将一半的盐撒在砧板上，将肉放上去，再将另一半的盐撒上去。
用手将盐块搓开

蔬菜 用盆子翻的方式更容易渗透

烹调的适当温度

（度）

刻度	温度	食物
60	60 ~ 65℃	汤豆腐、浓汤或汤汁类、茶碗蒸、咖啡或红茶等
50	50 ~ 60℃	温酒
40	36 ~ 40℃	稀饭、温牛奶
30		
20	20 ~ 25℃	醋类
10	6 ~ 10℃	冷饮类
0		

味觉容易受到温度的影响。
接近体温时最容易感受到甜味。
盐味或苦味则是低温时较容易感受。

（味觉会受到温度与年龄的影响）

不可思议的味觉

不同的组合方式也会影响味觉的感受。

盐 + 醋	减少咸味
糖 + 盐	增加甜味
醋 + 糖	减少酸味

动手做做看

- 冰淇淋

相同的冰淇淋，溶化后比较甜

高汤——日式、西式、中式的基本

烹调时使用适当的高汤可以增添食物的美味，这里会说明哪些食材适合制作高汤。

日式高汤的基本

日式料理经常使用的高汤有 3 种。

1. 混合高汤（昆布 + 柴鱼）

适合煮菜，或是作为透明高汤使用

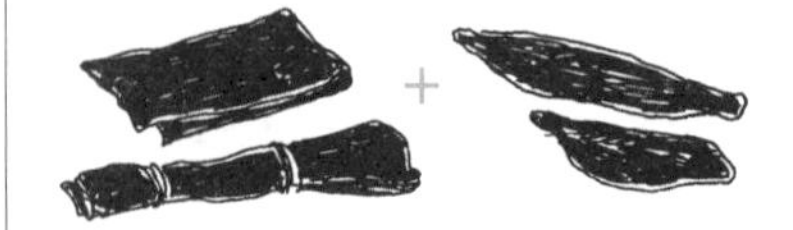

• 柴鱼的制作过程 •

鲣鱼熏烤、曝晒之后，再经过长霉的过程，制成本枯柴鱼。

不论是袋装柴鱼还是本枯柴鱼，风味都不错。

①将昆布加进水中，快沸腾之前取出

昆布剪出约 10 厘米的条状

②加入柴鱼片

1 升水加 30 克的柴鱼

※ 只取第一次煮出的高汤。袋装的柴鱼只取第一次煮出的高汤，不使用之后再加水煮的汤。

③沸腾后转小火煮 1 ~ 2 分钟

过滤柴鱼片，可以使用滤茶网过滤

头道高汤

2. 昆布高汤

适合用在浓汤、味噌汤或是鱼贝类汤

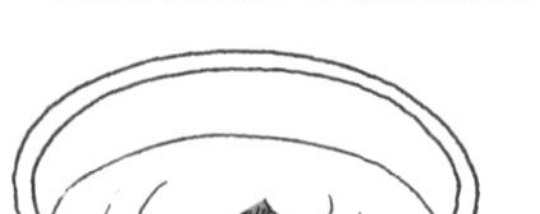

①昆布下面剪成条状，泡水 30 分钟以上再开火煮

②煮到浮出汤渣以后、快沸腾前关火，取出昆布

3. 鱼干高汤

适合用于味噌汤、煮的食物，具有独特风味

泡水 30 分钟以上，直接开火，沸腾约 7 ~ 8 分钟，捞出白色的汤渣

先浸泡一夜较省事

西式高汤

配料蔬菜

月桂、芹菜、洋葱、西洋芹、胡萝卜、胡椒等

①鸡肉约一只的量用热水烫过后洗干净，去除血水与脏污

②水中加入鸡块与配料蔬菜，不盖锅盖加热

③沸腾后捞出汤渣，小火煮 1 小时

④过滤即可

简单的中式高汤

①青葱、大蒜、生姜切碎，炒成金黄色。

②干香菇、虾米、干贝、鱿鱼干等，再炒过。

③加足量的温水，泡 2 ~ 3 小时。

速食高汤

尽量选添加物较少的产品！

水沸腾之后再依规定量添加。
烹调过程中与调味分开添加，增添菜的风味。

制作西式高汤时，牛肉汤可以使用鸡汤块，鸡高汤可以使用牛肉汤块。

动手做做看

- 简单的日式高汤

干香菇与昆布加入足量的水浸泡，放进冰箱里，大约半天的时间就可以做成天然美味的日式高汤。鲜香菇也可以做为配料使用。

汤品——日、西式的基本

术语

用餐时搭配汤品可以增加食欲，但是甜汤会造成反效果。汤品最好配合主菜才能达到促进食欲的目的。

味噌汤的做法

味噌汤是日式料理中最具代表性的汤品。味噌汤有简单速成的做法，也有地道的做法。

清汤

用盐和酱油调味的清汤。

清汤
在汤料中加入头道高汤，
盖上盖子

淡清汤
高汤添加量较少的清汤

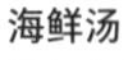

海鲜汤
添加鱼贝类的高汤

羹汤
在清汤中加淀粉做成的
羹汤，也可以加入蛋液

< 做汤使用的材料 >

汤料 （汤里的配料）	鱼肉、蛤蜊、虾子、鱼板、鱼板烧、鸡肉、蛋、豆腐、豆皮及麸等

小菜 （搭配汤料使用）	菠菜、小松菜、鸭儿芹、香菇、松茸菇、裙带菜、海苔
香料 （增加气味）	山椒或山椒的嫩芽、柚子皮、柠檬、香菜等

西式浓汤

用西式高汤制作的浓汤。常见的有玉米浓汤、马铃薯浓汤。

玉米浓汤
水状的浓汤

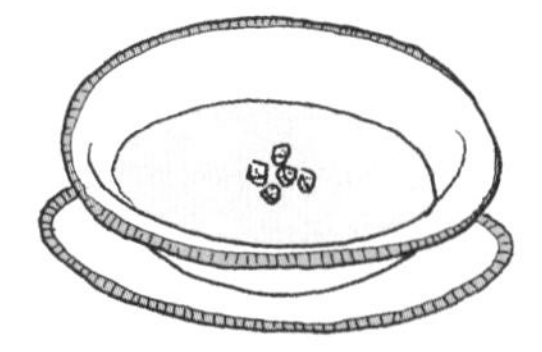

马铃薯浓汤
泥状的浓汤

动手做做看

- 简单的浓汤

玉米浓汤
在锅里加水，沸腾后加入玉米汤料。
加一点白酒煮沸，让酒精成分蒸发出来。

黄油玉米浓汤
锅里加入与玉米汤等量的牛奶，
小火加温。
用盐与鸡汤块调味。

调味的标准——调味料的比例与搭配

调味料添加的比率除了依各种食材而定之外，各地方或个人的喜好也不尽相同。这里提供的调味料比率与搭配只是做为一般参考。

● 蛋与高汤的比率

< 一个蛋（50ml）的高汤比率 >

厚片煎蛋	15 ~ 16ml（蛋的 1/3）
蛋豆腐	50 ~ 70ml（蛋的 1 ~ 1.5 倍）
茶碗蒸	150 ~ 200ml（蛋的 3 ~ 4 倍）
鸡蛋布丁	牛奶 130 ~ 150ml（蛋的 2.5 ~ 3 倍）

● 调味料与盐分的比率

< 以 1 克盐为准 >

盐	1/5 小匙
酱油	1 小匙以上
红味噌	1/2 大匙以上
白味噌	1 大匙以下
番茄酱	1 又 1/2 大匙
磨菇酱	1 大匙
沙拉酱	3 大匙

● 搭配的调味料（醋、蘸酱、腌料、调味酱汁类）

		调味料						
		醋	盐	酱油	糖	高汤	味噌	其他
醋	二杯醋	大 3		大 1				
	三杯醋	大 3	小 1/3	小 2	大 1			
	甜醋	大 4	小 1/3	2~3 滴	大 2			
	甜醋浓缩	大 5		大 5	大 5	水大 5		淀粉大 1
	黄芥末醋	大 2	小 1/5	大 1/2	小 1	大 1/2		黄芥末小 1 味淋小 1
蘸酱	味噌酱（淋）			1/8 杯		1 杯		味淋 1/8 杯
	味噌酱（蘸）			1/3 杯		1 杯		味淋 1/4 杯
	炸蘸酱			1/4 杯		1 杯		味淋 1/4 杯
	火锅蘸酱			1 杯	大 2	1/2 杯	白味噌大 1	味淋 3/4 杯
	芝麻酱			1/2 杯	大 3	1 ~ 3 杯		研磨芝麻大 4
	浓缩味噌酱				1/2 杯	1 杯	1 杯	
拌酱	芝麻酱			小 3	小 3	大 1		芝麻大 3
	芝麻味噌酱	大 1~2	小 1/5	大 1	大 1	大 1	大 2~3	芝麻大 3
	日式白酱			小 1	大 1			芝麻大 2 豆腐 1 块
	梅子酱					大 1~2		梅干大 2 个 味淋小 1
	鱼子酱				大 1	大 2~3	大 5	鱼子 1/2 副 酒大 1/2
	黄芥末味噌				大 1	大 1	大 3	黄芥末小 1

		黄油	面粉	牛奶	盐	胡椒	其 他
调味酱汁类	白酱	大 2	大 2	2 杯	少许	少许	
	番茄酱	大 2	大 1	水 2 杯	小 1	少许	番茄罐头 1 杯 胡萝卜、洋葱 50 克
		醋	油	黄芥末	盐	胡椒	其 他
	沙拉酱	大 1	3/4~1 杯	小 1	小 1/4	少许	蛋黄 1 个
	法式沙拉酱	大 4	1/2~1 杯	小 1	小 2/3	少许	油与醋的比例是 2:1 或 3:1

小 = 小匙（5 ml）　大 = 大匙（15 ml）　杯 =1 杯（200 ml）

装盘——基本与要诀

术语

做好的菜要怎么装盘才会看起来美味可口？其实只要用一点小技巧就可以让食物增色不少。

装盘的基本

1．注重色香味，并且要表现出季节感。

2．鱼或肉要表面朝上。

●哪一面在上面？

整尾鱼

基本上头在左、鱼腹在前面。（鲽鱼是头在右、皮在上）

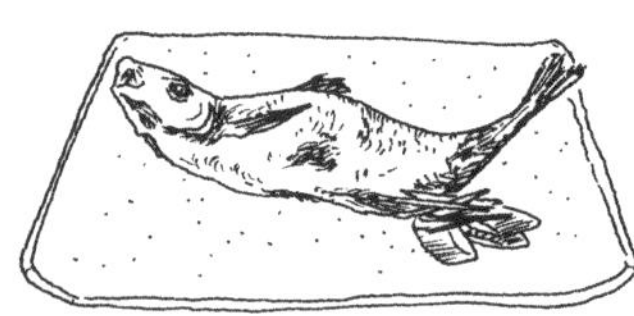

生鱼片

皮或皮切下来的那一侧是表面

鱼切片是接触菜刀右侧的那一面是表面

鱼切片

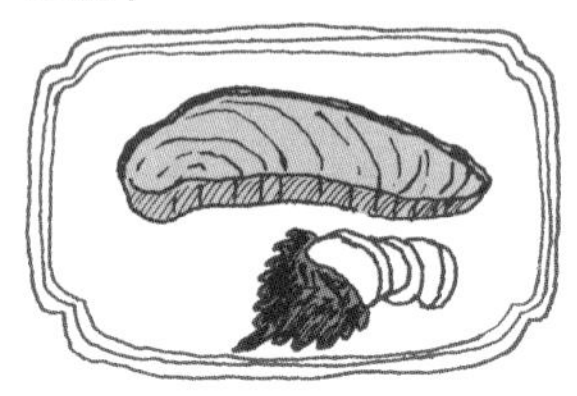

有皮的一面是上面或是后侧

肉

较宽的一侧靠左，脂肪靠后侧

3．日、西式餐点中主菜、配菜的位置并不相同。

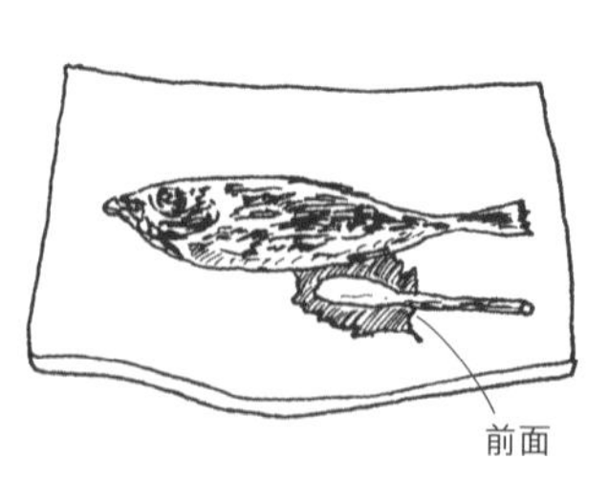

日式

西式

装盘的要诀

醋渍类或是煮食

用筷子夹起，堆积式装盘

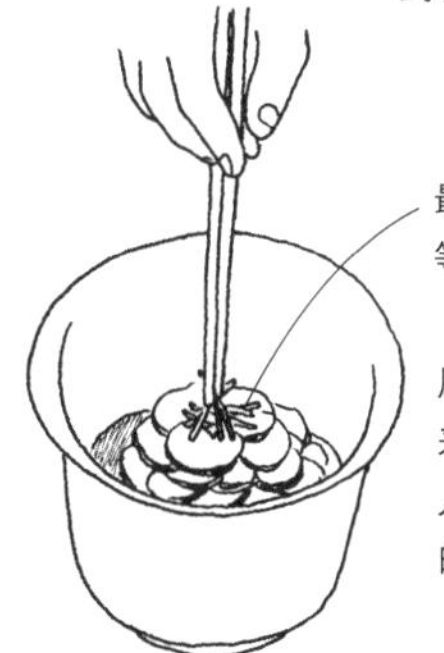

最后再将生姜或香菜等放在上面

原则就是看起来像“还没有人动过筷子”的样子

生鱼片

用配菜为底，放在后侧，高高叠起，前面较低。

香料菜在前面

前菜

用大盘子装 3、4 种前菜，稍微分开一点

保留盘子白色的部分，增添美感

炸天妇罗

面积较大的在后面

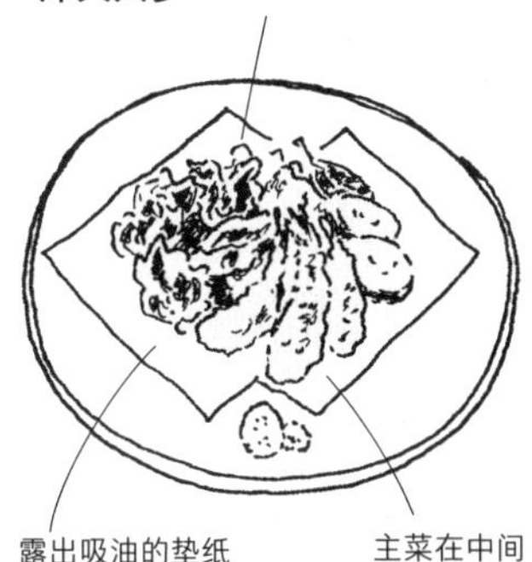

露出吸油的垫纸

主菜在中间

沙拉

盘中间堆高一点，装饰用的菜要吃之前再放

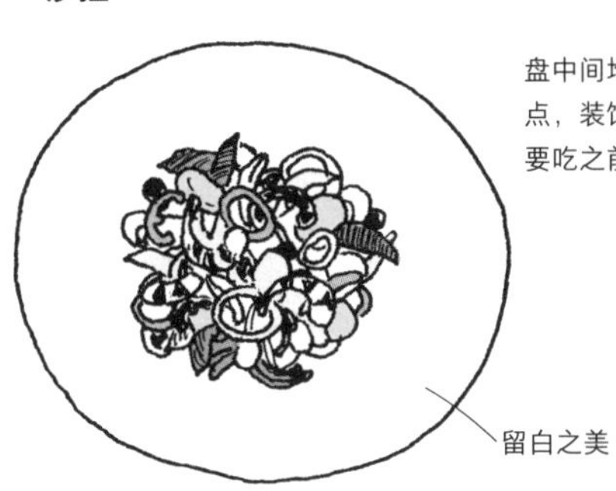

留白之美

腌渍小菜

较大的在后面，前面是细丝状的或深色的菜

日式料理名辞典

你听到或看到一道日式料理的菜名时，是否知道那是什么样的食物呢？这里就介绍大家认识一些日式料理的名称。

红味噌汤

用红色味噌做的味噌汤

安倍川饼

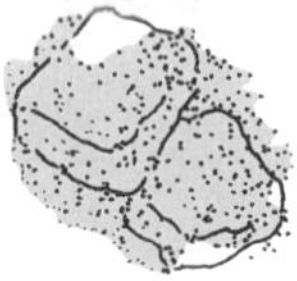

豆粉饼

新卷

取出鱼的内脏后盐渍做成的腌鱼

石烧

在热石头上加热的料理

稻荷寿司

豆皮寿司

江户前

用东京湾捕获的鱼做成的生鱼片或是握寿司

尾头鱼

一整尾有头有尾的鱼

小仓

用红豆做的食品

大阪烧

用水和面粉，搭配自己喜欢的食材做成的煎饼

箱寿司

用箱子模型做出的寿司

节庆料理

节日或是新年的料理，又称为“御节供”

鬼瓦烧

带壳虾用照烧的方式烧烤

胧

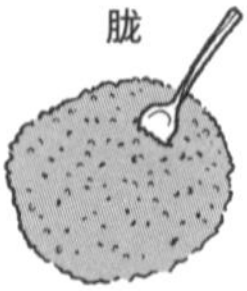

用鱼或是豆腐等做成的、将食材和成泥状煎煮的料理

怀石料理

宴客时整套的正式料理

角煮

将食材切成方形烹煮的料理

煮鱼头

和中式的砂锅鱼头一样，鱼头煮成一道菜

火药饭

加入各种配菜煮出来的米饭

关东煮

也称熬点或杂煮

生地烧

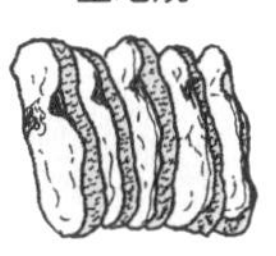

用鱼片等浸泡酱油烤出来的烧烤鱼

金平

将牛蒡等炒过，再用酱油或糖调味而成的料理

串烧

将青菜与肉串起来烧烤

卷织汤

以炒好的豆腐及蔬菜为汤料的清汤

源平

以红色及白色的食材做成的料理

五目什锦饭

加入各种食材的醋饭

西京烧

使用西京醋、酒、味淋浸泡的料理

酒蒸

撒上盐的鱼贝类使用酒蒸煮的料理

樱花肉

马肉料理，因为马肉的颜色和樱花的颜色相似

樱花饭

用酱油调味的饭，也称为茶饭

泽煮

材料多，汤也多的什锦汤

鸭烧

茄子涂上油之后烧烤，再涂上味噌的料理

时雨煮

用酱油和糖熬煮食材的料理

精进料理

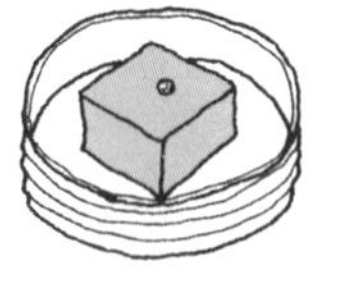

素食料理

常夜锅

只有猪肉和菠菜的火锅

新薯丸

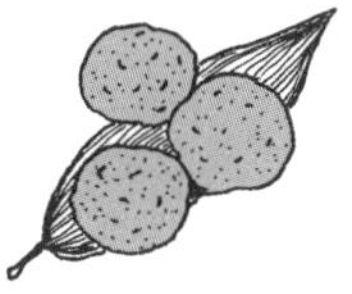

使用白肉鱼和山药做成的丸子

伊达卷

使用鱼绞肉为馅料，以厚蛋片卷起来的鱼肉蛋卷

粽子

将糯米包在粽叶里再煮

散寿司

将各种不同配料
搅拌在寿司饭

月见

将整颗蛋打在上面的
各种料理
蛋黄 = 月 蛋白 = 云

捏丸子

将鸡肉或鱼肉的绞肉用
手捏成丸子状

鱼丸团子

将鱼绞肉用手抓起
放进锅里煮熟

铁砲锅

就是河豚锅的意思
（河豚生气张刺，就
像铁砲一样）

田乐烧

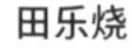

将味噌酱涂在
豆腐上烧烤

土佐煮

用柴鱼熬煮成高汤
制作的菜肴

土手锅

将味噌涂在锅边的
一种火锅料理

土瓶蒸

以松茸为主菜的蒸食

盖饭

将饭盛在碗里再将
配料浇在饭上

菜冻

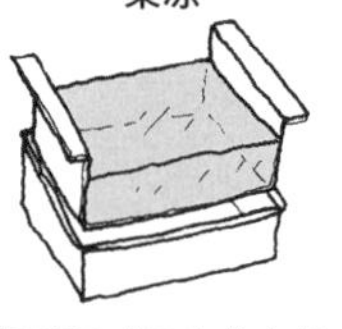

用寒天或果冻将食材
做成菜冻

鱼脍

生鲜的鱼贝类等用醋调
味制成的小菜

南蛮

用辣椒或青葱烹调的
葱烧或辣味菜

馒

鱼贝类或蔬菜用黄芥
末醋味噌腌拌

葱鳗

用葱和鳗鱼烹调
而成的

能平汤

加入多种食材
做成的浓汤

八宝菜

各种食材炒过之后勾芡
做成的中式羹菜

滨烧

现场烧烤的现捞活鱼

春卷

用薄面皮将馅料
包起来油炸

风味烧

用香料植物烹调出的
烧烤类料理

深川

蛤蜊肉烹调出的料理

拼盘

将个别烹调好的食材拼凑在一起装盘

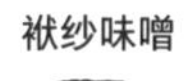

袱纱味噌

双料味噌。袱纱指的是双面的纱布

风吕吹

将厚片萝卜煮到变软，再蘸味噌酱

奉书卷

用和纸或是白色食材包卷其他食材

朴叶味噌

在干朴叶上涂味噌与青葱烧烤制成

牡丹肉

山猪肉

松风烧

淋上芥子果实烧烤的食物

松前渍

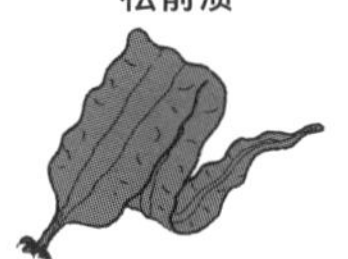

用酱油或味淋腌渍昆布或鱼干等制成的小菜

水炊

水煮的火锅料理，最常见的是鸡肉火锅

霙（溶雪）

将磨碎的萝卜装饰成像溶雪般的料理

木头面包

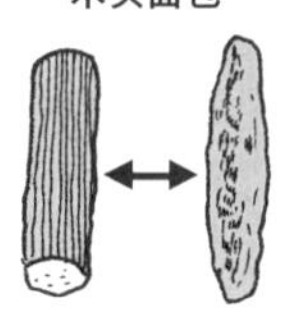

长得像木头的面包

红叶肉

鹿肉

柳川锅

小溪鱼与牛蒡再加上蛋花

山挂

金枪鱼块淋上山药泥

八幡卷

用鳗鱼或鳝鱼包卷调味牛蒡

紫苏粉

红色的紫苏叶干燥制成的紫苏粉

吉野

使用葛粉制成的菜肴

什锦锅

将食材放进已经调味的高汤中烹煮

若竹

用嫩笋与裙带菜烹调出的菜肴

世界各地料理·用语辞典

除了日式料理之外，还有许多世界各地知名的料理经过改良之后，制成符合日本人口味的料理。或许其中有些是你还不知道的料理用语。
这里就介绍各国的常见料理用语。

A la mode

法语是"流行"的意思，类似"××风"

Al dente

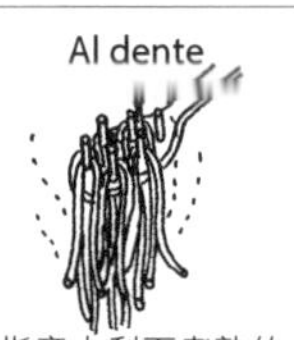

是指意大利面煮熟的程度，表示刚刚好，面有韧劲而弹牙

Anchovy

盐渍发酵后的小沙丁鱼，用橄榄油腌渍制成的

Yeast

面包发酵用的酵母

Vichyssoise

马铃薯与牛奶制成的冷浓汤

Well done

肉类烤熟的程度，全熟

Escabeche

炸过的小鱼用香料蔬菜与醋及油腌渍

Ethnic

具有民族风味的料理

Espresso

意大利语是"快速"的意思，指高压蒸气在短时间内蒸馏出的浓缩咖啡

Edible Flower

可食用的花

Oil Sardine

用油腌渍、盐渍或水煮的小鱼

Entree

法文"前菜"的意思，意大利文是"Appetizer"

Onion glatan

汤中加入炒过的洋葱、葱、面包、茄子等增加烧烤的颜色

Omelet

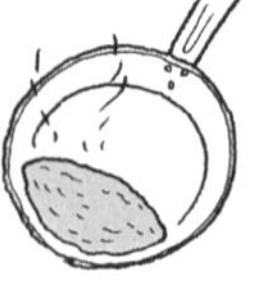

奶油蛋卷

Gazpacho

加入面包的冷汤，西班牙菜

Cutlet

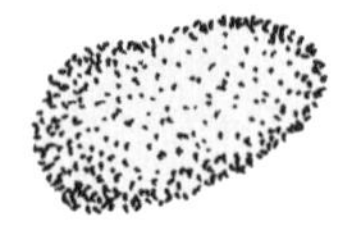

肉切薄片，裹面粉、鸡蛋、面包粉后做成的炸猪排

Canape

面包切成薄片放上食材后做成的前菜

Canneloni

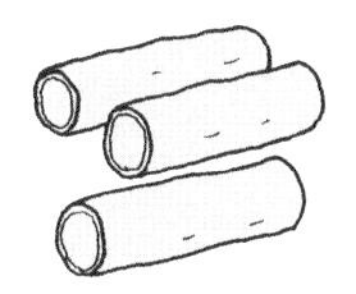

圆筒状的意大利面

Kebabi

土耳其炙烤，“剑烧”就是烤羊肉串

Carpaccio

生的薄片牛肉或是鱼贝类淋上橄榄油、酱汁、香草等

Quiche

加入培根、奶酪、火腿等的派

韩国泡菜

蔬菜加大蒜、辣椒等腌渍成的韩国小菜

饺子

把绞肉与蔬菜包在面皮里或煎或煮或蒸做成的

Cuscus

小麦的小颗粒状意大利面，淋酱汁或牛肉汤后食用

韩式粥

热腾腾的蔬菜猪肉汤加入米饭做成的韩式稀饭

Gratin

为了让汤或食材呈现出烧烤的颜色，把食物放进烤箱里烧烤

Glace

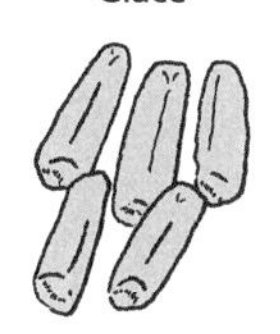

用黄油与糖熬煮蔬菜

Clubhouse Sandwiches

烤过的面包夹肉、火腿、蔬菜后做成三层的三明治

Grill

铁板烤肉

Cole Slaw

卷心菜切丝，加上装饰用的配料做成的沙拉

Cocotte

把食材放进小的耐热容器里，用烤箱等烧烤后制成

可乐饼

先烹调好的食材沾上一层面衣后再炸过

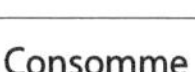

Consomme

清汤，与之相反的就是浓汤

Compote

水果糖浆

Salad

以生菜为主的配菜。源自拉丁语的“盐”

Salsa

酱汁。墨西哥式加入辣椒的酱汁等

Sauerkraut	Stew	炸酱面	Chaliapin Steak
卷心菜经过盐渍发酵后制成的德式腌渍蔬菜	炖鱼、肉、蔬菜等	干面淋上炸酱	添加磨碎的洋葱的日式创作牛排
Cereals	**成吉思汗**	**Soup**	**Squash**
谷物片	日式蒙古烤羊肉	汤品的总称	果汁汽水
Scramble Egg	**Stuffed**	**Souffle**	**Spain Omelet**
炒蛋	填塞料理	加上蛋白烤发的甜点	加马铃薯的蛋卷
Sauce	**Saute**	**Tacos**	**Taramasalata**
酱汁	用油烧烤肉或蔬菜	墨西哥薄饼（P.312）中加入馅料	加入鳕鱼卵的马铃薯泥沙拉
Tartar Steak	**Tata Sauce**	**Tart**	**汤**
汉堡肉牛排	拌入切碎水煮蛋或腌蔬菜的沙拉酱酱汁	水果派	中式汤品

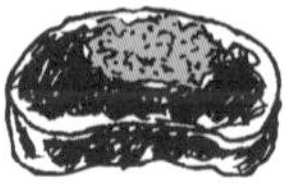

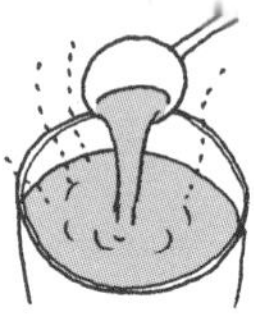

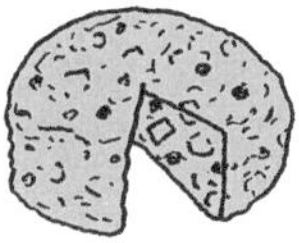

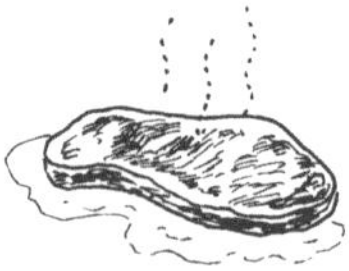

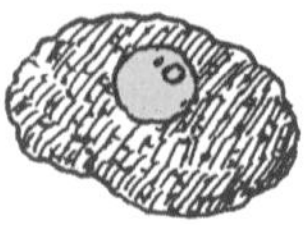

Tandoori

炉烤辛香料腌渍的鸡肉

Cheese Fondue

奶酪火锅

芝麻酱

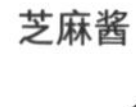

芝麻做成的酱

Chip

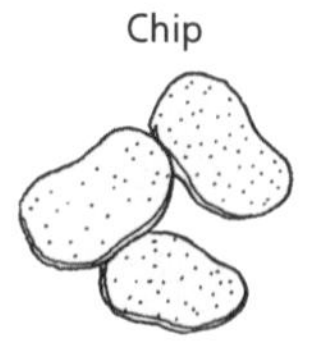

蔬菜切薄片油炸

Chowder

熬煮鱼贝与蔬菜类。奶油巧达汤

炒

中式炒菜

蒸

中式蒸菜

Chilli Con

四季豆、牛绞肉、墨西哥辣椒粉炖的菜

Chilled Beef

冷藏牛肉

Dip

蘸

蘸食物的蘸酱

Decoration

装饰

例如蛋糕装饰

Dessert

甜点

Terrine

放入模型用烤箱烧烤

Delikatessen

已经烹调好的食品

Demi Glace

牛排或是汉堡烹调时使用的酱汁

Tom yum kung

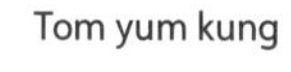

泰式辣虾汤

Dragee

花生或巧克力加糖的甜点

Doria

肉酱饭淋上白酱再用烤箱烧烤

Dressing

沙拉的调味酱

Namul

韩式腌蔬菜

Gnocchi

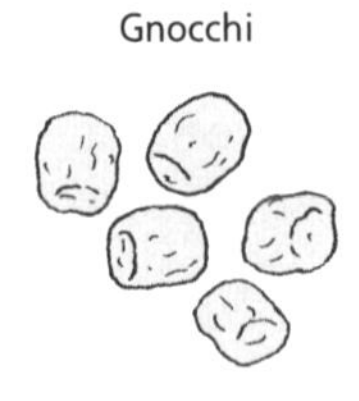

意大利面的一种

Herb

香草或是药草

Barbecue

户外的烧烤

Paella

将米、鱼贝类、香料混合后用汤熬煮的西班牙海鲜饭

Bavarois

鲜奶油与蛋黄混合成的果冻甜点

Papillote

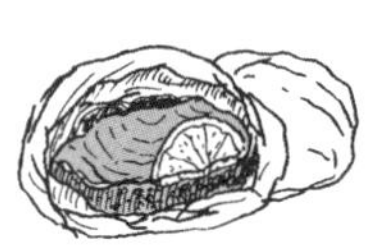

包纸烧烤

Parfait

冰淇淋、水果、鲜奶油及糖水做成的甜点

棒棒鸡

鸡肉煮熟后做成鸡丝再用芝麻酱腌渍

Stroganoff

炖牛肉

Pilaf

炒过的米加入高汤与配料炊煮

Piroshki

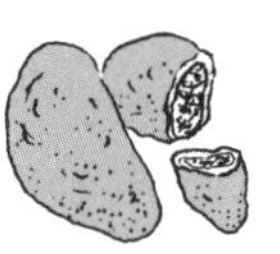

食材用面粉包裹后油炸（烧烤）的俄国料理

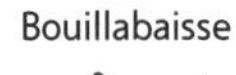

Bouillabaisse

煮鱼贝类的汤料理

Bouillon

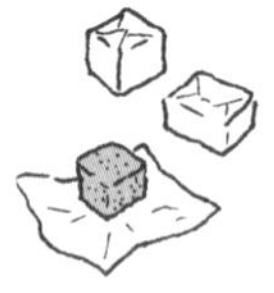

西式高汤块

Filling

填料式的菜肴或是夹馅式的菜肴

Fond De Veau

用牛骨或小牛肉炖煮的棕色酱汁

Petit Four

小的杯子蛋糕

Flambe

食材中加酒后点火烧掉酒精成分的料理

韩国烤肉

韩式烤肉

Flake

小碎片，例如金枪鱼碎片

Paste

膏状食材

Whip

打发，例如鲜奶油

Boil

煮，例如煮香肠或是煮蛋

Poached Egg

蛋打进加醋的热水中，煮到半熟状态

Potage

浓汤

Pot-Au-Feu

牛肉蔬菜汤

Borshch

用牛肉或甜菜等蔬菜煮的俄式汤品

Polonaise

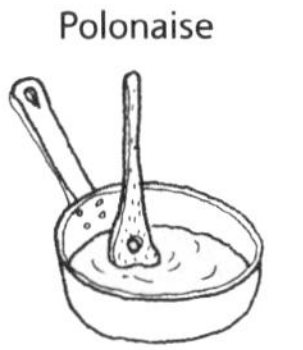

在大量黄油里加入面包粉制成的汤品

Poale

将黄油或油放入平底锅里煎煮

Marmalade

柑橘类的果皮与果肉制成的果酱

Marinade

将鱼或肉用腌酱腌渍

Meat Loaf

将绞肉、蛋、蔬菜搅拌在一起，放到模型里烧烤

Minute Steak

短时间烧烤的薄片牛排

Minestrone

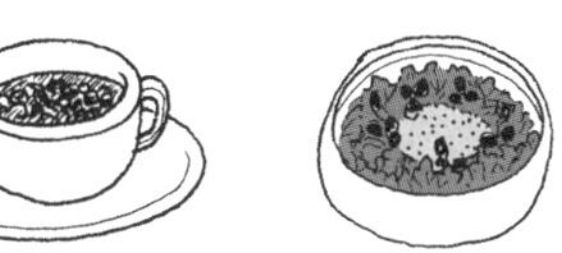

添加蔬菜或意大利面等多种食材的汤品

Mimoza Salad

将煮好的蛋取出蛋黄放在沙拉上

Mousse

鲜奶油中加上蛋白打发泡的甜点或正菜

Meuniere

鱼裹上面粉用黄油烧烤

Lasagna

长条状的意大利面加上肉酱与奶酪等烧烤

Ratatouille

法国南部的蔬菜炖品

Ravioli

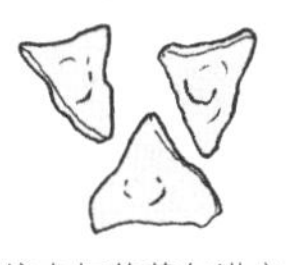

将绞肉与蔬菜包进义大利面皮里，煮熟后淋上酱汁食用

Roast

用烤箱烧烤肉类

用量杯、量匙衡量重量的基准

● 调味料的重量

（单位：克）

调味料	小匙（5ml）	大匙（15ml）	杯（200ml）	调味料	小匙（5ml）	大匙（15ml）	杯（200ml）
水	5	15	200	面粉（低筋）	3	8	100
醋	5	15	200	面粉（高筋）	3	8	110
酒	5	15	200	面包粉（干燥）	1	4	45
酱油	6	18	230	生面包粉	1	3	40
味淋	6	18	230	玉米粉	3	10	120
味噌	6	18	230	淀粉	3	10	120
盐（精制盐）	5	15	200	发粉	4	12	150
盐（粗盐）	4	12	150	果冻粉	3	10	130
砂糖（白糖）	3	9	120	脱脂奶粉	2	10	100
粗糖	4	12	170	番茄酱	6	18	230
冰糖	4	12	170	番茄罐头	5	16	210
蜂蜜	7	22	290	伍斯特酱	5	16	200
色拉油	4	13	180	沙拉酱	5	14	170
黄油	4	13	180	芝麻	3	10	120
麦淇淋	4	13	180	芝麻粒	5	15	200
猪油	4	13	180	辣粉、芥末粉	2	6	80

● 杯子 200ml 的食品重量

白米	160 克	蛤蜊肉	180 克
煮好的米饭	120 克	虾肉	150 克
大豆	130 克	虾蛄	60 克
红豆	150 克	小鱼干	50 克
煮毛豆	140 克	柴鱼	10 克

烹饪用具

大家已经认识了烹饪用语、各国的菜名，接着就一起来认识厨房里的各种烹饪器具，以及它们的使用方法。善于使用烹饪用具，才能达到事半功倍的效果。

烹饪用具——必需品清单与选用方法

烹饪用具包罗万象，不可能全部都备齐。刚开始学习烹饪的时候，只要使用基本的用具即可，这里先介绍基本必备的用具。

必需品清单

（★必需品 ○最好具备的用具）

● 小器具

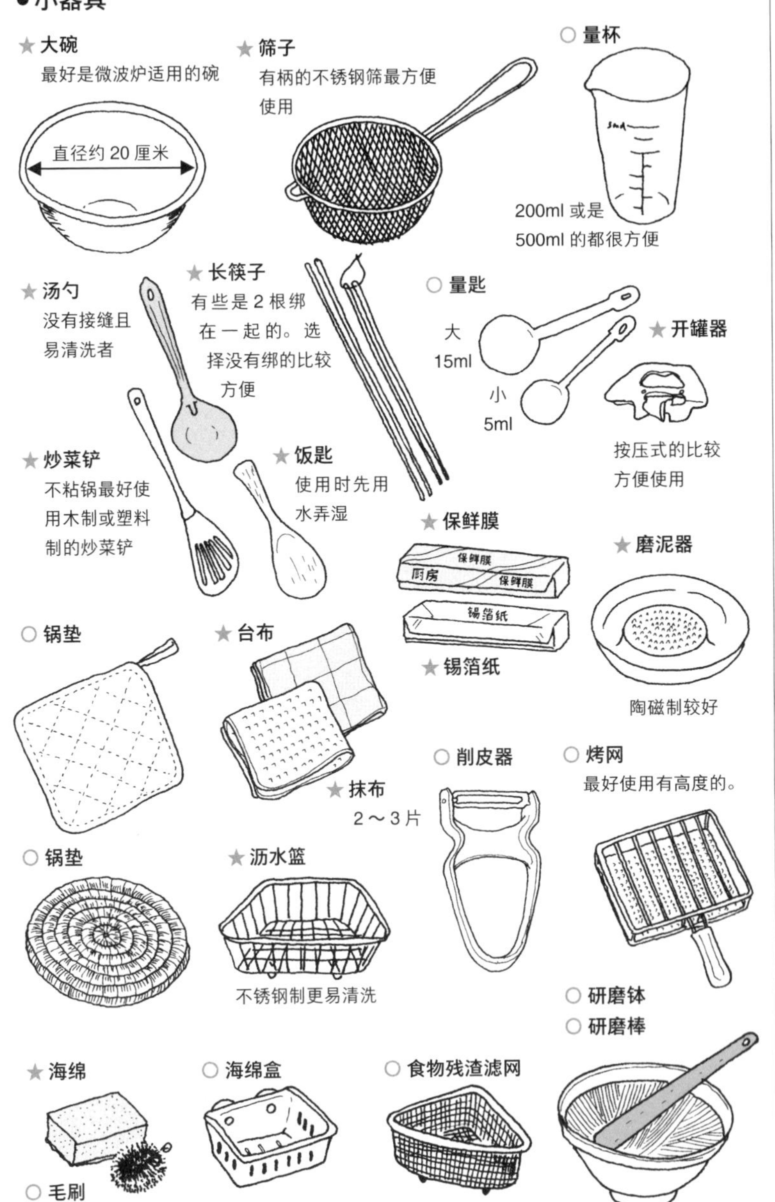
★ 大碗
最好是微波炉适用的碗
直径约 20 厘米
★ 筛子
有柄的不锈钢筛最方便使用
○ 量杯
200ml 或是 500ml 的都很方便
★ 汤勺
没有接缝且易清洗者
★ 长筷子
有些是 2 根绑在一起的。选择没有绑的比较方便
○ 量匙
大 15ml
小 5ml
★ 开罐器
按压式的比较方便使用
★ 炒菜铲
不粘锅最好使用木制或塑料制的炒菜铲
★ 饭匙
使用时先用水弄湿
★ 保鲜膜
保鲜膜
厨房
保鲜膜
锡箔纸
★ 锡箔纸
★ 磨泥器
陶磁制较好
○ 锅垫
★ 台布
★ 抹布
2～3 片
○ 削皮器
○ 烤网
最好使用有高度的。
○ 锅垫
★ 沥水篮
不锈钢制更易清洗
○ 研磨钵
○ 研磨棒
★ 海绵
○ 毛刷
○ 海绵盒
○ 食物残渣滤网

烹饪小器具——使用方法与便利小器具

认识一些方便使用的烹饪小道具，可以让做菜更方便容易。这里就告诉大家一些使用上的基本与要诀。

基本的使用方法

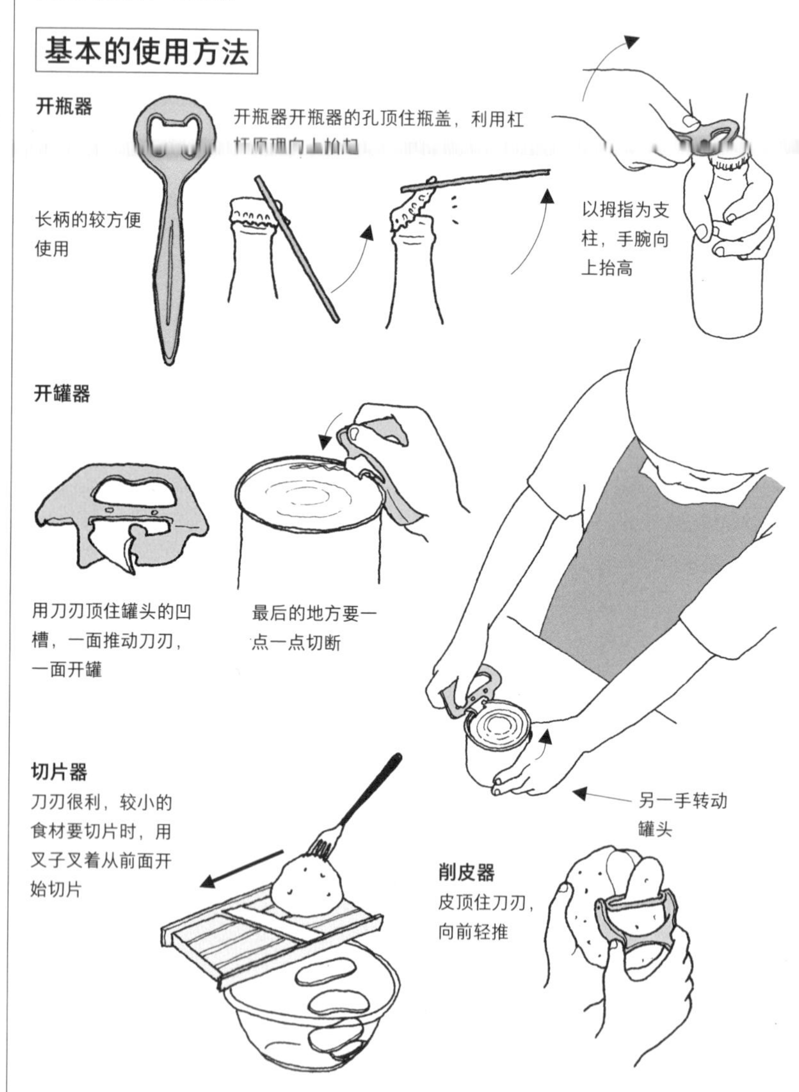

方便使用的小器具
秤
人口不多的家庭，1 千克的秤就够用了。
沙拉脱水器
夹子
方便取出热食
木铲
定时器
电子的较好，最好有磁铁可以吸在冰箱上
抹布架
橡皮刮刀
木塞拔取器
厨房用剪刀
有孔勺子
打蛋器
切板
可以在餐桌切面包或奶酪
橡胶制开瓶盖器
开瓶盖时使用

开始使用与清洁——更方便的使用方法

凡事开始的时候都是最重要的。烹饪用具在开始使用时，只要加入一些小诀窍就能用得更得心应手。使用后仔细清洁，随时都可以更轻松方便地使用。

开始使用时的重点

●陶锅

因为是素烧制成的，所以容易产生裂缝，第一次使用时用洗米水或稀饭熬煮，或是用 3 倍水煮面粉，这样就可以达到防止陶锅龟裂的目的

●铝锅

铝锅容易粘附黑垢，刚开始使用时可以加入柠檬、苹果皮、醋水、蔬菜屑、洗米水等，可以预防黑垢附着

●铁制平底锅

用去污粉洗掉防锈膜之后，涂一层使用过的食用油

形成黑膜之后就不要使用清洁剂，可以用刷子等加热水清洗

清洁保养与解决问题的小技巧

● 珐琅锅

一旦碰撞就容易造成珐琅剥落及生锈，也不耐剧烈的温度差异

一旦附着黑垢就要在碳酸氢钠（小苏打）或中性清洁剂中加入少量的水，用海绵或布用力洗干净

● 氟涂层不粘锅

空烧或用金属刷容易造成损伤

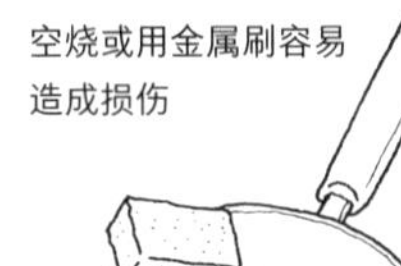

用海绵加厨房清洁剂清洗

● 烤网

使用时请先预温
使用过后，产生的焦垢加温去除

● 长筷子与饭匙

使用前先沾湿比较不易附着污垢与味道

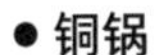

● 粘附在铝锅上的黑垢

用热水加一点醋或厨房清洁剂，浸泡一下再用木铲清除

● 铜锅

严禁空烧！
原则上使用小火烹煮，大火加热会造成保护电镀层剥落生锈

● 不锈钢锅

不易生锈 ↓
13 号不锈钢（13% 铬 + 铁）
18 号不锈钢（18% 铬 + 铁）
18 ~ 8 号不锈钢（18% 铬 + 8% 镍 + 铁）

• 附着牛奶的锅垢

将四分之一个洋葱加水放进锅里煮

● 残留在锅里的鱼腥味

水中加入橘子皮煮

动手做做看

• 用一个平底锅做早餐

①全部食材放进平底锅，开火。
②除了蛋以外全部翻面加一点水，盖上锅盖。
③用中火烤到好。加盐、胡椒、番茄酱，依自己喜好加调味料，“开动”。

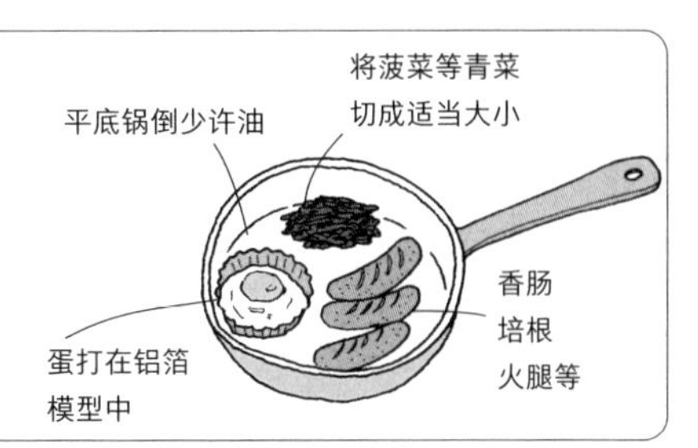

餐具——预备方法与清洗方法

餐具是做菜时不可或缺的用具，一般家庭至少应该准备的餐具有哪些？

必备的餐具清单

（★必需品 ○最好具备的用具）

重点

- 容易重叠的形状
- 中西式都可使用的餐具
- 容易清洗的餐具

○大盘子（或是深盘子）

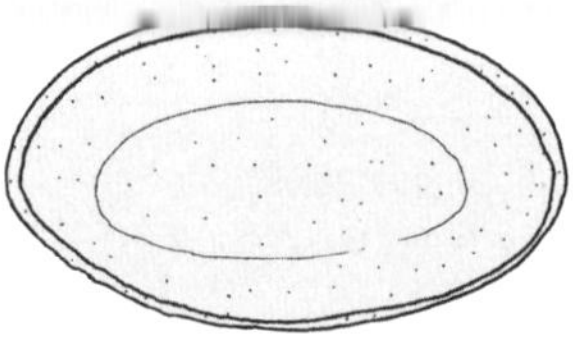

○酱油碟

○小钵

★中盘子

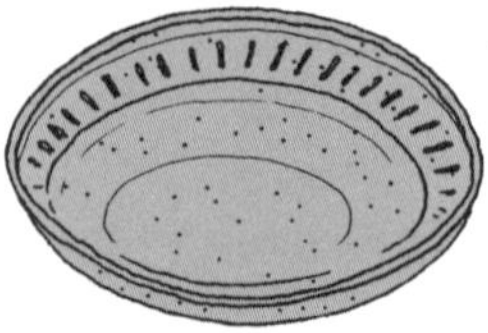

22～27厘米

★小盘子（个人用盘子）

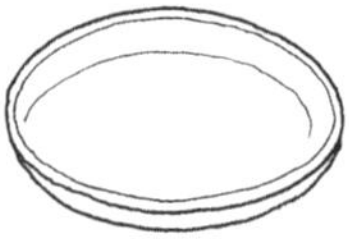

15厘米左右

★大碗

○中碗

直径约12厘米

高约6厘米

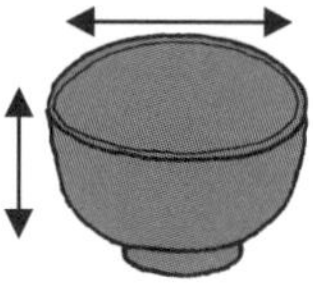

★饭碗

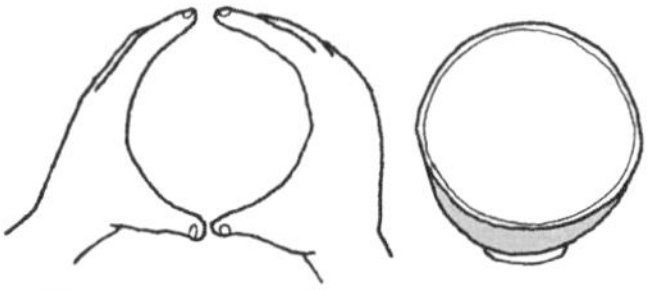

大约是双手围一圈的大小，重量是100～120克

★马克杯（咖啡杯）

○玻璃杯

★茶杯

直径约6厘米

好拿，边缘较薄、平滑

★小茶壶

★托盘

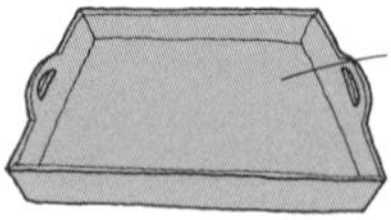

中间铺上布或纸巾，端东西时不容易滑动

★叉子

★汤匙

○刀

不锈钢制，易拿取者

★筷子

易拿取者，前面细的较易夹取

清洗的重点

● 漆器

漆器味道较重时，使用前先放进米桶 2 ~ 3 天，放在通风良好，但是无日照的地方。使用前用醋擦过，去漆味的效果也很好

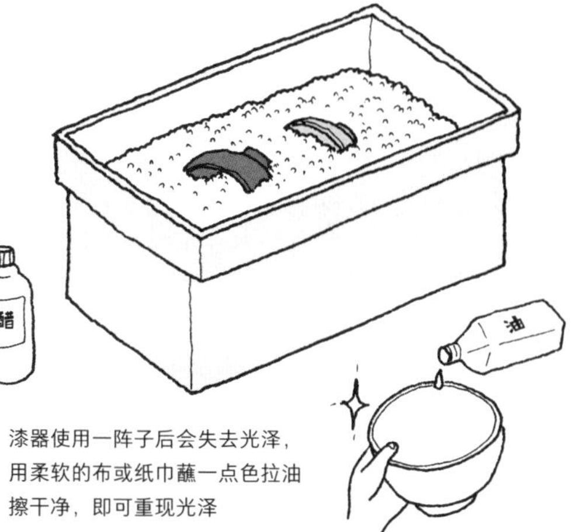

漆器使用一阵子后会失去光泽，用柔软的布或纸巾蘸一点色拉油擦干净，即可重现光泽

● 陶器

刚开始使用时煮一煮，可以消除泥土的味道

● 茶壶中的茶垢

使用酶类的漂白剂

● 彩绘或是金银花纹餐具

使用海绵蘸厨房用清洁剂即可洗净

去污粉
金属刷子

● 玻璃餐具

要去除雾蒙蒙的状态时，用海绵蘸醋（或柠檬汁）与盐擦拭。也可以使用漂白剂

洗的时候与其他餐具分开清洗，以免打破

叠在一起的玻璃餐具无法分开时，外面加温水，里面加冷水，浸泡约 2 ~ 3 分钟后再分开。

● 汤匙与叉子

要恢复光亮时，用布蘸牙膏擦拭

DENTAL

微波炉 I ——基本的使用方法

对初学者来说，微波炉是最安全方便的烹饪工具。了解微波炉加热的原理，才能正确使用微波炉。

为什么没有火但是可以煮熟呢？

其中的秘密就在于一种名为微波的极短波。微波炉的频率与水分子转动的频率（每秒24亿5000万次）相近，可以与食物内的水分子产生作用，使食物中的水立刻超热，再将热传导到食物。微波炉的特征是：

1．让水分子震动。

2．可穿透玻璃与陶磁器。

3．热量只能达到距含有水分的材料表面6～7厘米处。
（所以体积较大的食物会发生受热不均匀的现象）

基本的使用方法

（各机型的使用方法不尽相同，请参阅微波炉的说明书）

1. 加热时间随分量而不同

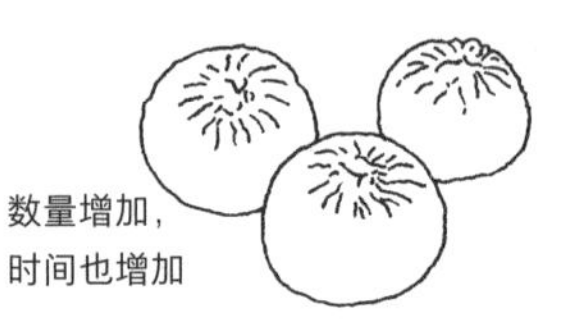

数量增加，
时间也增加

2. 等距离摆放

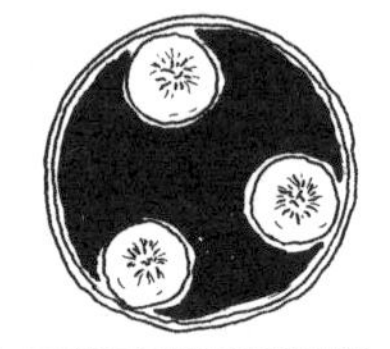

3. 用保鲜膜防止食物弹跳

要保留食物水分时使用保鲜膜，
要让食物干又脆时不使用保鲜膜。
加热时容易弹跳的食物，请使用
保鲜膜

4. 不能随时调整温度

最适合一次完成加热的烹调方式
或是解冻

小火　中火

加热时间的基准

（每100克）

叶菜类	根茎类	鱼、肉类	虾、乌贼类
约1分钟	约2分钟	约1.5～2分钟	约1分钟

微波炉烹调时要注意的事项

● 温度容易过高

肉类、油炸类或糖含量较高的食物直接使用保鲜膜时，保鲜膜可能被高温溶解

（一定要使用时，请使用可耐 140℃高温的产品）

● 要戳洞的食品

蛋黄或香肠、鱼卵等微波前，先用叉子戳几个洞

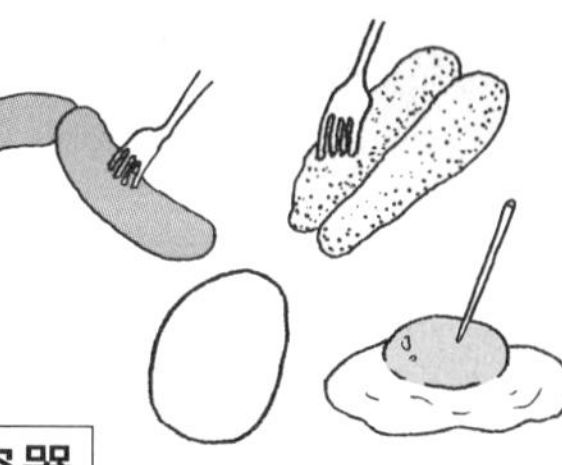

可以使用的容器与不能使用的容器

<table>
<tr><td rowspan="2">陶磁器</td><td>○</td><td>耐热容器</td><td>陶锅等。</td></tr>
<tr><td>○</td><td>普通容器</td><td>彩绘或是金银花纹餐具。</td></tr>
<tr><td rowspan="2">玻璃容器</td><td>○</td><td>耐热容器</td><td>康宁餐具等。</td></tr>
<tr><td>△</td><td>普通容器</td><td>长时间加热就会破裂。
水晶玻璃与强化玻璃会破裂。</td></tr>
<tr><td rowspan="2">塑料容器</td><td>○</td><td>聚丙制品</td><td>产品标识耐热温度达 120℃以上的容器。</td></tr>
<tr><td>×</td><td>其他</td><td>聚乙烯制品、苯酚制品、美耐皿制等餐具都不耐热。</td></tr>
<tr><td>金属容器</td><td>×</td><td></td><td>会产生火花。</td></tr>
<tr><td>保鲜膜、塑料袋</td><td>○</td><td></td><td>油炸类食品及含糖量高的食品直接包覆时会溶解，必须特别注意。</td></tr>
<tr><td>木、竹、纸等</td><td>△</td><td></td><td>放有食品或是湿的就可以。
漆器或是仿漆器都会变质。</td></tr>
</table>

动手做做看

要温热一杯牛奶时，哪一种比较方便？

直接加热

锅边会烧焦，要小火慢慢加热

微波炉加热 约 1 分钟即可

少量加热时，微波炉更方便

微波炉Ⅱ——使用的要诀

了解微波炉的特性并且善用微波炉的特性，这是使用微波炉最重要的要诀。

※ 微波炉的解冻要诀请参阅 P.74

烹调的要诀

微波炉最适合烫青菜或少量烹调。

（大量烹调时容易发生加热不均匀的现象）

● 汤青菜

洗干净之后不要沥干，用保鲜膜包起来加热

菠菜

半把约 1 分 30 秒

豌豆荚

半包（50 克）约 1 分钟，去筋后用保鲜膜包起来

● 蜜汁胡萝卜

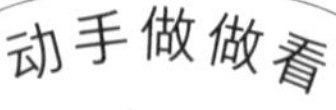

用保鲜膜包起来，微波 6 ~ 7 分钟就好了

● 香脆培根

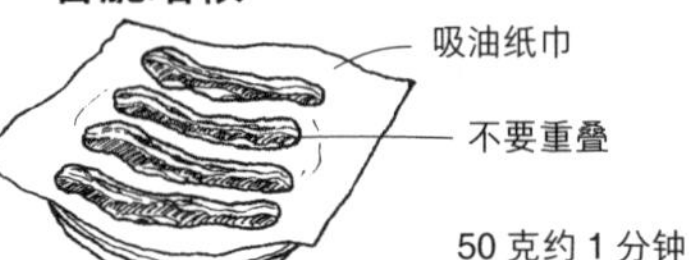

50 克约 1 分钟

视状况决定要不要重复微波

● 要让食物的颜色呈焦黄时

涂多一点酱油或味噌

动手做做看

• 蔬果片

①苹果或马铃薯切成薄片。
用切片器切片。

②充分沥干之后，一字排开，微波 4 ~ 5 分钟。

③观察微波完的样子，视状况再微波 2 ~ 3 分钟。
变脆就好了。依个人喜好撒上适量盐即可食用。

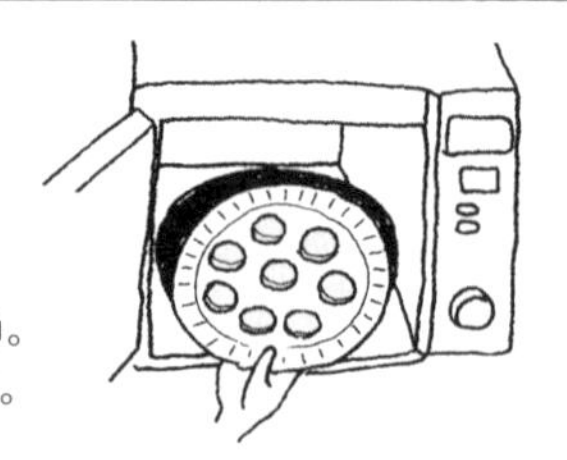

加热饭菜的要诀

● 热饭的 3 种方式

1. 常温保存

直接用保鲜膜包起来，
微波 1 分钟即可

2. 冷藏保存

先喷水之后再用保鲜膜
包起来，微波 1 分多钟

3. 冷冻保存

保鲜膜穿孔或不加保鲜膜
微波 2 ～ 3 分钟

● 炒菜

不用保鲜膜。
水分较少时，加一
点色拉油拌一下。

● 油炸食品

原则上不用保鲜膜。
铺上吸油纸巾。
要用保鲜膜时，轻轻
盖上

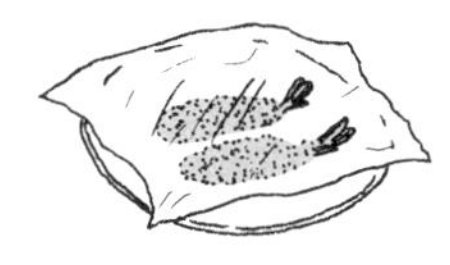

● 煮的食品

盖上保鲜膜。
汤汁从表面流下，量多时，
微波到一半拌一下再加热

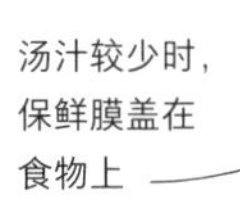

汤汁较少时，
保鲜膜盖在
食物上

● 咖喱或炖牛肉

圆形餐具比方形餐具更容易
均匀加热

盖上保鲜膜。
盐分较多的食物
微波不易穿过，
加热途中拌一拌
再继续

● 蒸的食品

盖上湿纸巾，上面再盖
保鲜膜

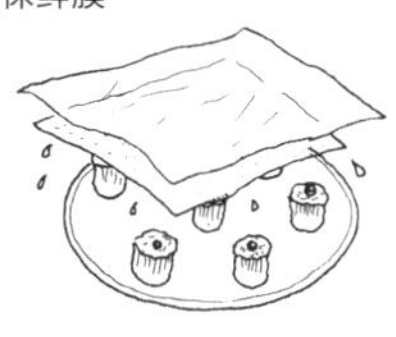

● 市售的便当

取出铝箔碗或是腌渍的小菜

容器上有标识

动手做做看

● 热毛巾

挤松一点，
微波约 30 秒

微波时弄脏微波炉该怎么办？

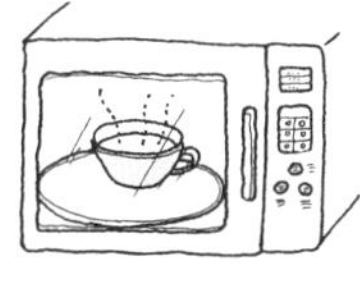

用广口杯将七分满的水，不用保鲜
膜微波 2 ～ 3 分钟，暂放一会儿

等到微波炉中充满蒸气之
后，用湿毛巾转圆圈擦拭

煤气炉与电磁炉——基本的使用方法

烹调不可或缺的煤气炉与近年流行的电磁炉（IH），都是非常方便使用的炉具，只要一个开关就可以控制火力大小。虽然使用方便，但是如果使用错误却是十分危险的事。

煤气炉的使用方法

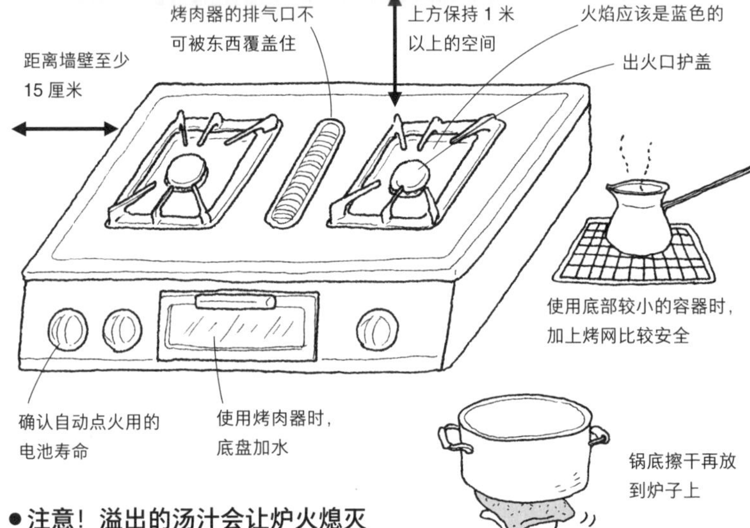

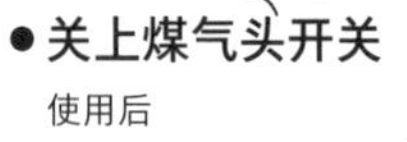

锅底擦干再放到炉子上

● 注意！溢出的汤汁会让炉火熄灭

开火煮东西时，不要离开，注意火力大小

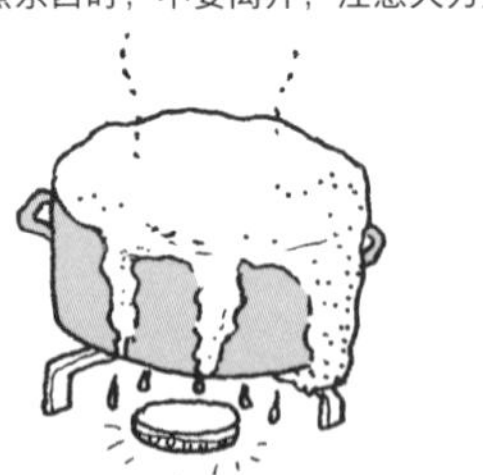

● 关上煤气头开关

使用后
关上煤气头开关

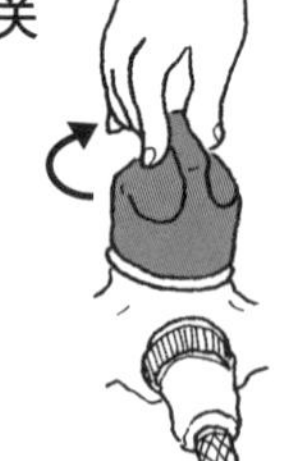

● 没有全部着火时该怎么办？

经常是因为出火口护盖被污垢堵住。刚关火时，护盖温度很高，等到冷却后再将护盖取下清洗
（清洗方法请参阅后述）

● 为什么煤气火焰是红色的呢？

这是因为不完全燃烧引起的，可以调整空气调整杆或是加强换气
（有时是因为安装加湿器的原故）

清洁保养要诀

橡皮管

橡皮管可以卷上铝箔加以保护。铝箔脏了取下换新的即可

炉架

用金属刷或是刀子刮下粘在上面的污垢

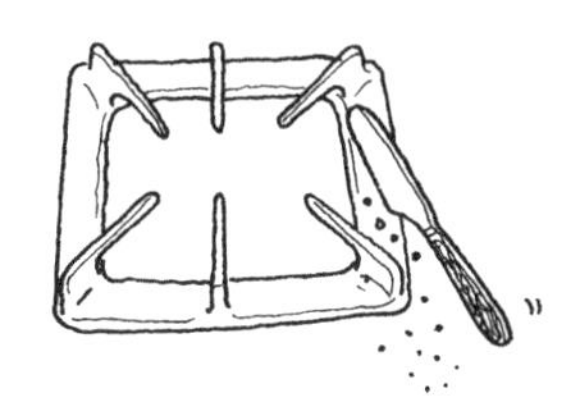

出火口护盖

用牙刷或钢刷将阻塞在出火口的污垢刷除

不小心烫伤时该怎么办？

用冷水冲
10 分钟以上！

如果是连同衣服一起烫伤，衣服不要脱掉，连衣服一起冲水降温

使用电磁炉（IH）的方法

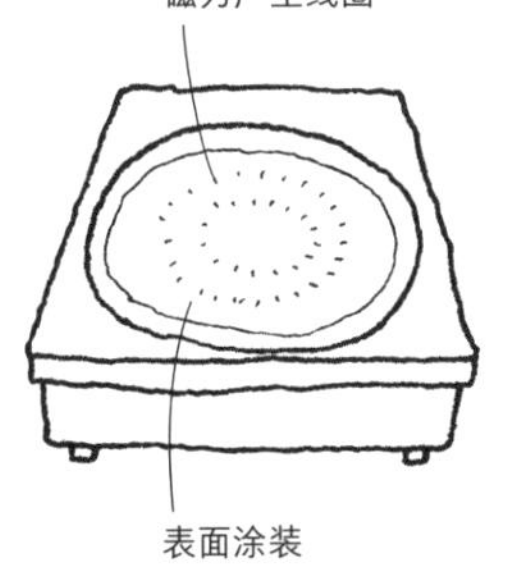

●加热的结构

运用磁线的作用让锅子本身像加热器般产生热量。

可使用的锅具	铁、珐琅铸铁、不锈钢锅等。 锅底是平的锅具。
不可使用的锅具	陶锅、铝锅、耐热玻璃等。 锅底是圆形的锅具。

※ 用油烹调时如果使用方法错误可能会造成突然起火。使用前请详细阅读使用说明书。

小烤箱——基本的使用方法与轻松的烹调法

小烤箱虽然小但是功能却不输一般烤箱，是非常好用的厨具。
这里对小烤箱的使用要诀进行说明。

基本的使用方法

1. 时间要短。
   加热时间参考标识的说明。
   利用玻璃窗一面确认一面调整火力。
2. 没有温度调节功能时，运用铝箔纸的技巧。
3. 烤箱周围全部是热的，小心烫伤。烤箱上方“不要放东西，不要靠在上面，不要碰触”。
4. 不要一下子把炉门打开。
   烤箱内的温度很高。

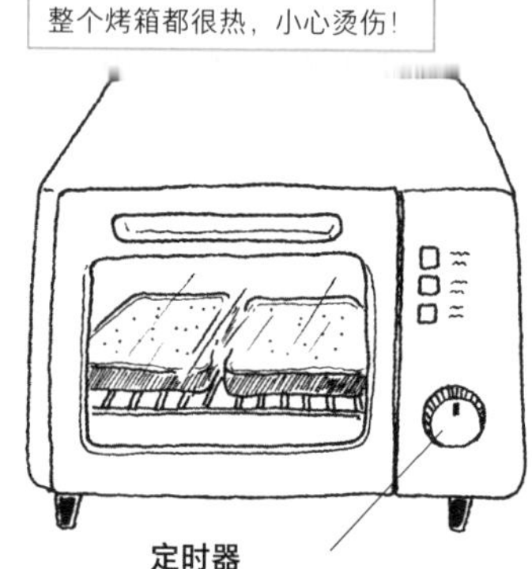

定时器
转动式定时器要转到 1 ~ 2 分钟的小刻度时，先转到后面的刻度处，再回转到适当处

用铝箔纸加热的 3 种技巧

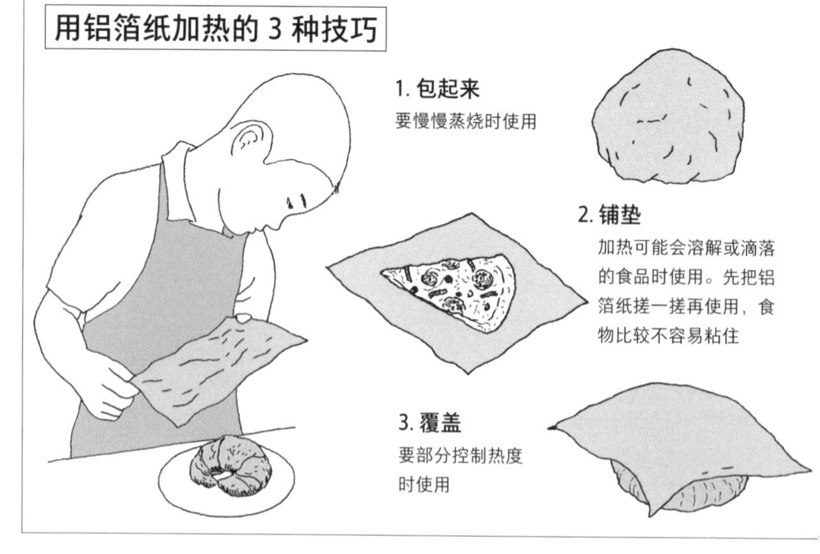

轻松的烹调法

●用烤箱也可以煮蛋吗?

用铝箔纸将蛋包起来，加热 7 ~ 12 分钟

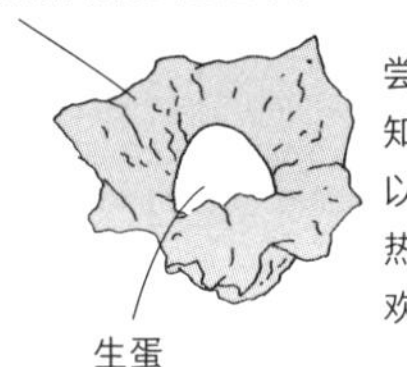

尝试几次就知道多久可以将蛋黄加热到自己喜欢的硬度

●什锦炒菜

●健康油炸

想吃油炸的食物又怕油腻腻的感觉时，可以试看看烤箱油炸法

面包粉上滴几滴色拉油，烤 7 ~ 12 分钟

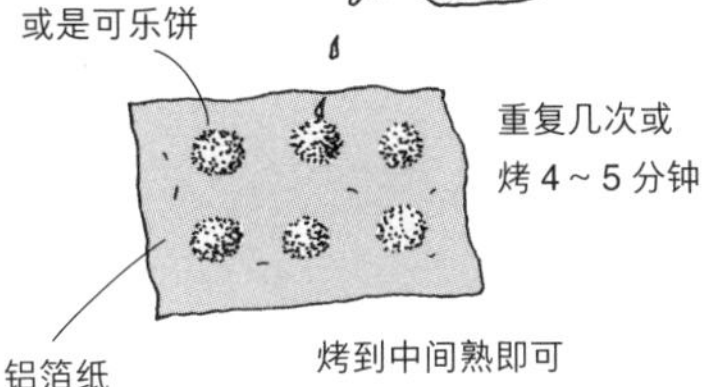

●早餐的砂锅

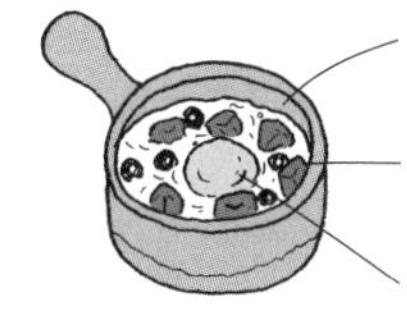

●蛋黄吐司

大烤箱的使用方法

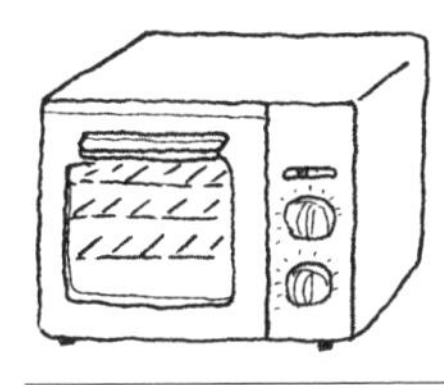

烹调前先预热 10 ~ 20 分钟，让烤箱内部的温度达到一致

上层		表面要烤出焦黄的颜色时。 焗烤
中层		要均匀受热时。 肉块、较大的面包、圆形的马铃薯等
下层		不要烤出焦黄的颜色时。 布丁

火候控制的标准
高温
约 200℃
中温
150 ~ 170℃
低温
110 ~ 140℃

电烤盘——基本的使用方法与轻松的烹调法

全家围在餐桌边，一面体验烧烤的乐趣一面享用美食时，最好的道具就是烤盘了。烤盘是“利用电力加热的铁板”，了解电烤盘的原理，就可以轻松享用美食。

基本的使用方法

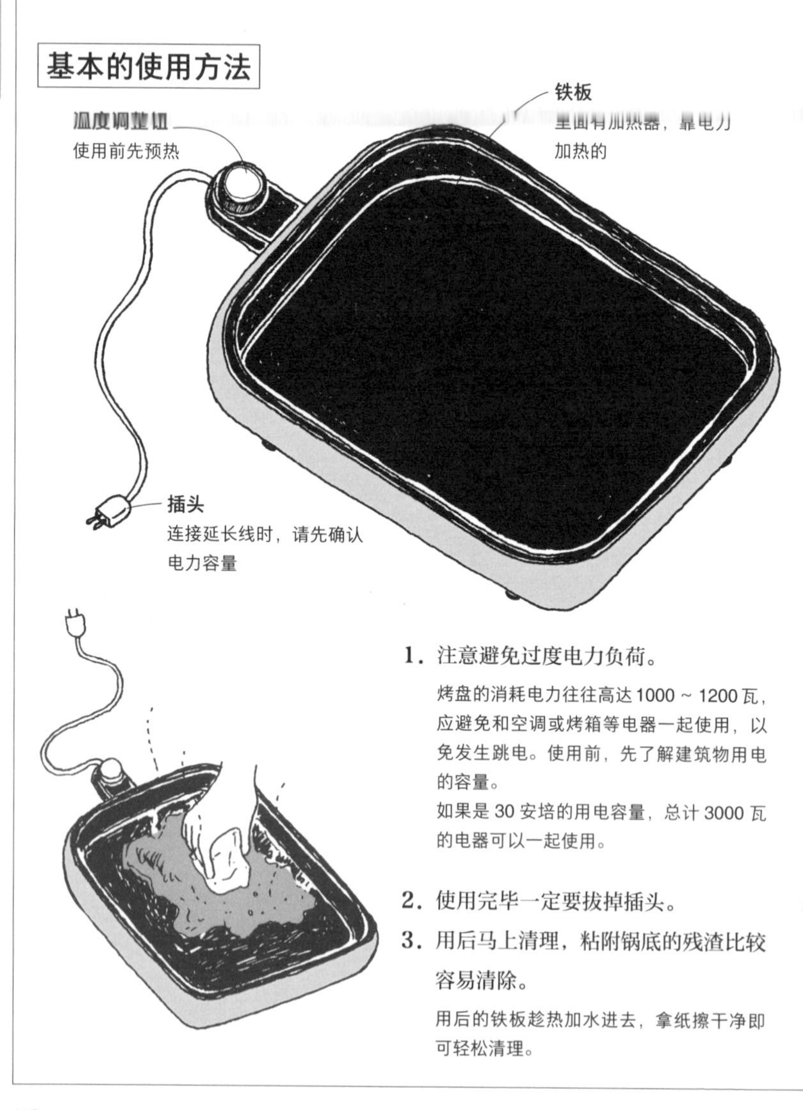

1. 注意避免过度电力负荷。

烤盘的消耗电力往往高达 1000 ~ 1200 瓦，应避免和空调或烤箱等电器一起使用，以免发生跳电。使用前，先了解建筑物用电的容量。

如果是 30 安培的用电容量，总计 3000 瓦的电器可以一起使用。

2. 使用完毕一定要拔掉插头。

3. 用后马上清理，粘附锅底的残渣比较容易清除。

用后的铁板趁热加水进去，拿纸擦干净即可轻松清理。

轻松的烹调法

● 米披萨

①蔬菜与火腿切碎，全部混合在一起

②食材铺平在电烤盘，双面烧烤

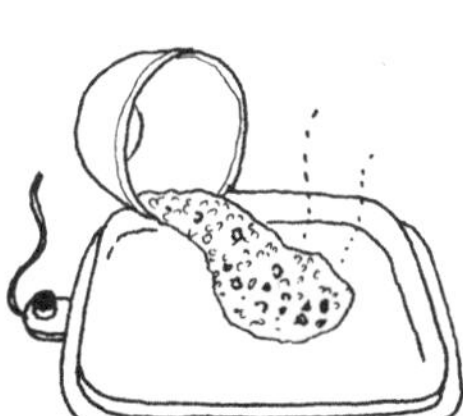

③依喜好涂上酱汁或是番茄酱、沙拉酱等即可食用

● 简易松饼

①趁材料还没有干黏之前充分搅拌，加一大匙黄油

②淋一层薄薄的色拉油，将①的食材倒进烤盘里，双面烧烤

③将自己喜欢吃的果酱、水果、鲜奶油、火腿、沙拉酱等夹在中间即可食用

● 烤饭团

①做好的饭团双面烧烤。

②表面烤到干又脆之后，涂上酱油。

③双面烧烤。香味四溢即可食用。

冰箱 I ——基本的使用方法与要诀

冰箱是储存与烹调食物不可或缺的帮手。虽然大多数食物都可以放进冰箱里，但是了解正确的使用方法更能增加食物的新鲜美味。

基本的使用方法

记住冰箱保存食物的基本守则，才能确保食材的新鲜美味。（参阅 P.374）

1. 了解冰箱内各处不同的温度设定，依温度特性放入适合的食材。
2. 不可以放着不管。不论冷藏室或冷冻室，都是食品中霉菌滋生的温床。
3. 不要太挤，放到七分满即可。
4. 尽量减少开关门的时间。（夏天时，开门 10 秒钟就会改变冰箱内的温度）
5. 注意保持干燥及除臭。

冰箱内的适当温度与适当储存的食材

各商品不尽相同，请参阅操作手册。

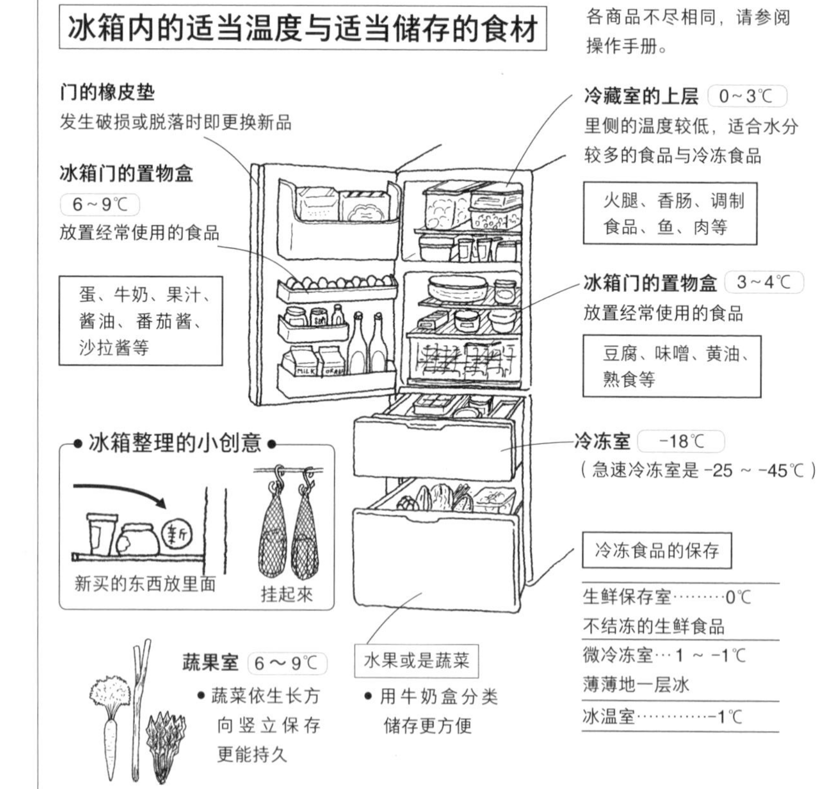

适合与不适合放进冷藏室的食物

洋葱　胡萝卜　生姜（用过要放冰箱）　秋葵　茄子　马铃薯　红薯　蒜

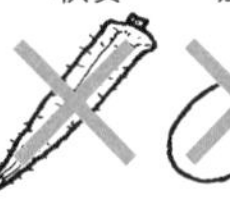

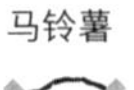

适温　芋类……10 ~ 15℃（常温）　葱类……约 5℃（蔬果室）

△	洋葱、胡萝卜 南瓜、萝卜 牛蒡	• 不必刻意放进冰箱里。 • 放在通风良好的阴暗场所。 • 容易发生酸味。
×	秋葵、茄子	• 容易枯萎变黑，流失维生素 C。
×	马铃薯、红薯等芋类	• 淀粉质发生变化，使味道变差。 • 放置在阴凉的场所。
×	香蕉	• 温度太低会使皮变黑。
×	味道较浓的食品 （蒜头、生姜等）	• 味道会转移。 • 用保鲜膜包起来或放入密闭容器。
×	面包	• 变干硬。 • 用保鲜膜等密闭放进冷冻室

● 调味料

○液体调味料

开封后要放进冰箱

×粉末调味料

常温保存

○含有动物性蛋白质者

沙拉酱、油性酱汁等

○易受潮者

天然盐、糖、汤料等

适合与不适合放进冷冻室的食物

○加热过的食品基本上可以放

○肉

○鱼

×经过解冻的食物

×生鸡蛋

×新鲜蔬菜

详细请参阅 P.374

冰箱Ⅱ——烹调的创意与轻松的烹调法

冰箱除了有“冷冻”“冷藏”食品的功能之外，还可以轻松做出各种好吃的食物。

用具

利用冷冻室做出创意美食

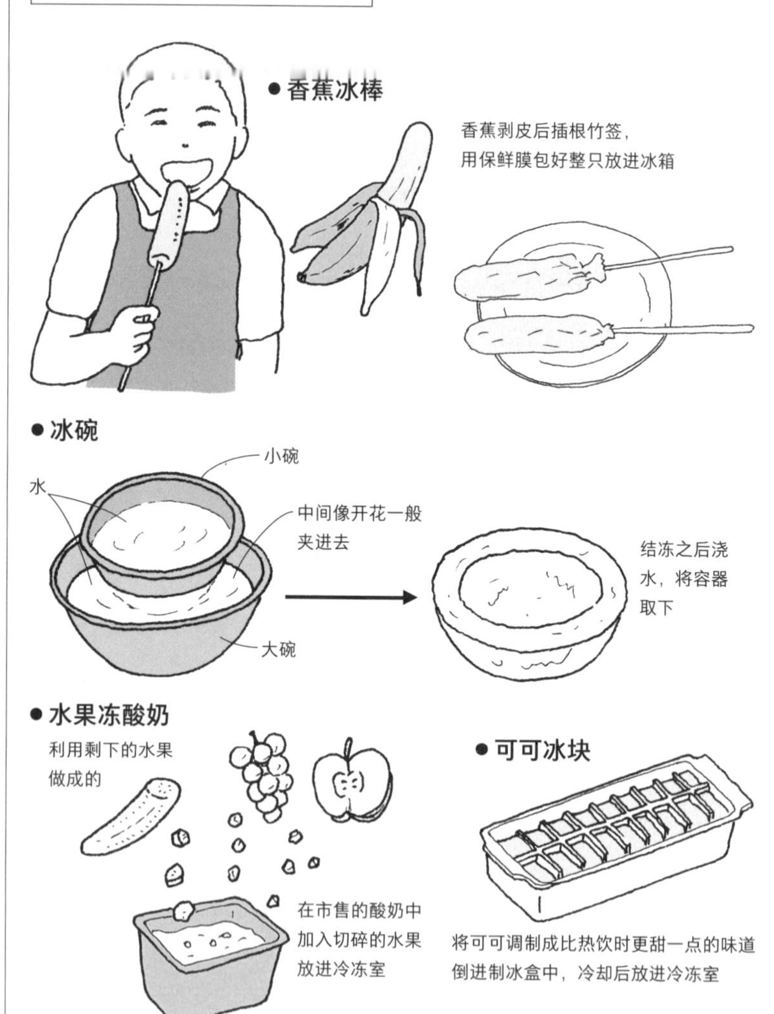

轻松的烹调法

● 盖饭

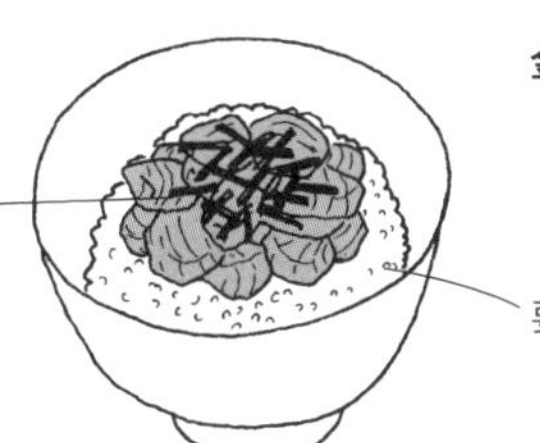

金枪鱼生鱼片淋酱汁
（芥末酱油 + 少许芝麻油）

可以加紫苏与海苔

要吃之前再盛上热饭

● 番茄冷盘

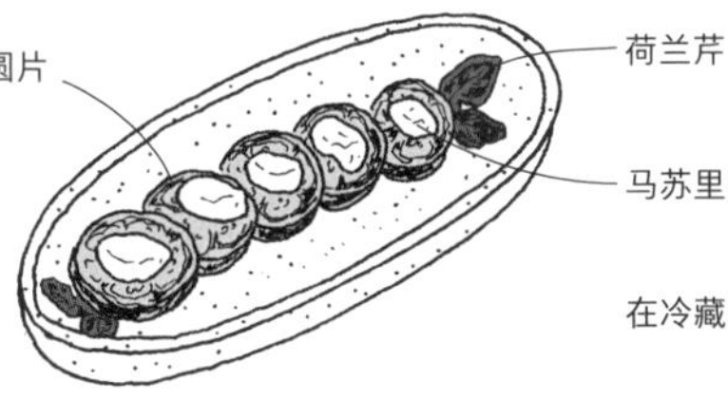

番茄切成圆片

荷兰芹

马苏里拉奶酪

在冷藏室冰冷后端上餐桌

● 沙拉意大利面

将煮剩下的意大利面拌沙拉酱即可食用

也可以将金枪鱼罐头、火腿、黄瓜、番茄、莴苣等切碎拌在一起，放进冷藏室

● 牛奶杯子蛋糕

①在铝杯或铝箔纸做成的杯子里装入面包。

②杯里加入牛奶与糖，微波 1 分钟。

③滴 1 ～ 2 滴香草精，等香草精渗入法国面包中即可放进冰箱冷藏。

菜刀 I ——基本的使用方法

为了确保安全使用菜刀，熟练是最重要的。小朋友刚开始不习惯用菜刀时，可以和家长一起练习。

菜刀的基本与使用方法

用菜刀切食材的原则是切成方便食用、方便加热的大小，并且增加味道渗入的面积。

（参阅 P.76 ~ 79）

• 使用菜刀的原理 •

将向下压的力量转变成向两侧压的力量。刀刃愈薄愈好用，因为刀刃愈薄，压下的力量就愈集中，因此就愈省力。但是鱼头等比较硬的部分，刀刃太薄反而切不动。

• 日式菜刀与西式菜刀

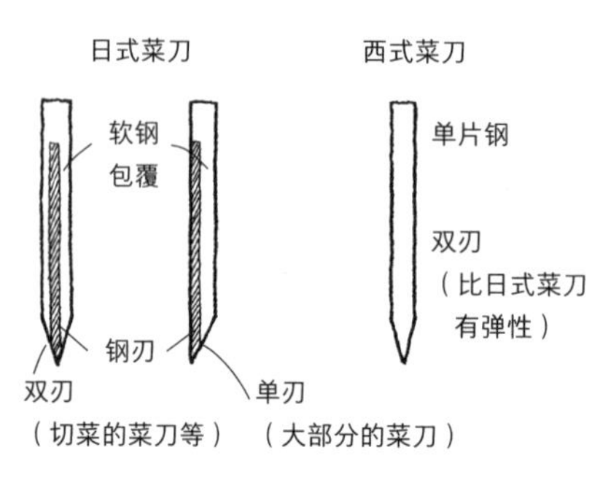

• 方便使用的刀刃大小

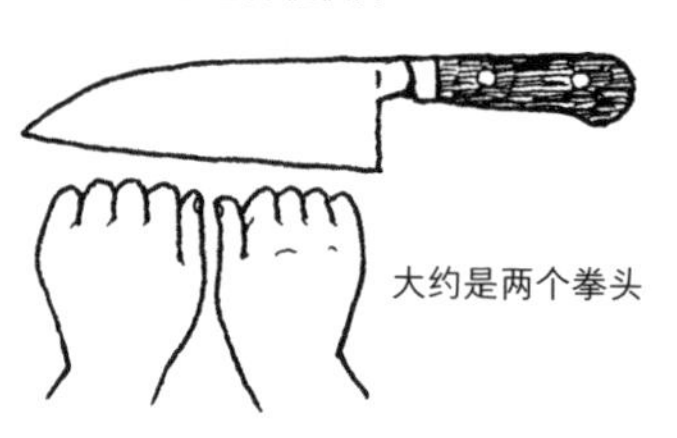

• 使用到一半
刀刃向外放在砧板的外侧

切菜的基本方法

手指弯曲，像猫掌一样

握刀手的食指弯曲或伸开都没有关系，自己方便就可以

使用过后

马上清洗放回原处。不要和其他餐具一起放进洗碗槽中，以免发生危险。
软木制的酒瓶栓沾清洁剂磨刀刃，可以让刀更锋利。

菜刀各部位的使用方法

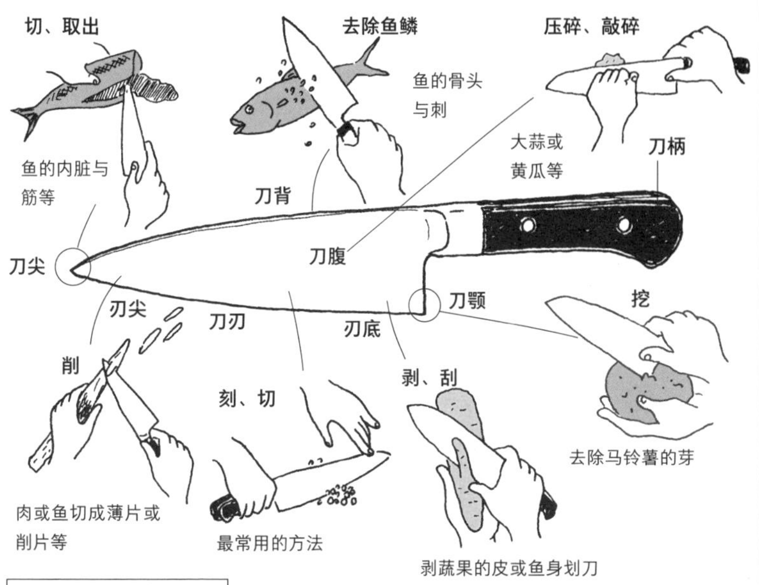

基本的切菜方式

1. 切向压切

刀尖朝斜上方，向前方推出

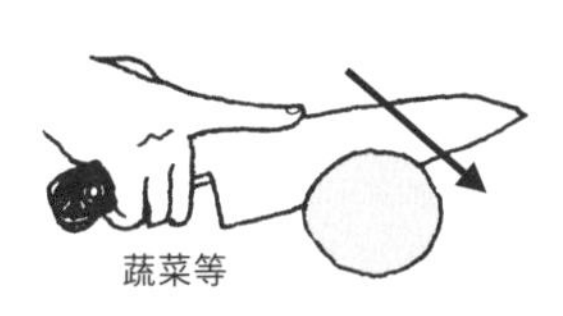

2. 拉切

刃底顶住食材，向后拉至刃尖

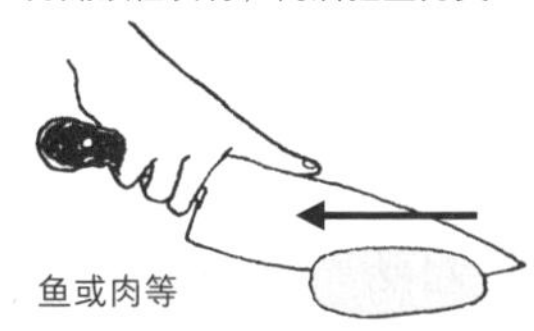

3. 削切

刃底顶住食材，菜刀斜躺，薄切地向后拉

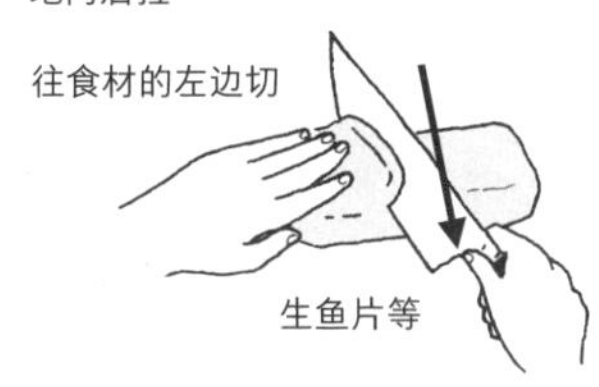

不正确的切法

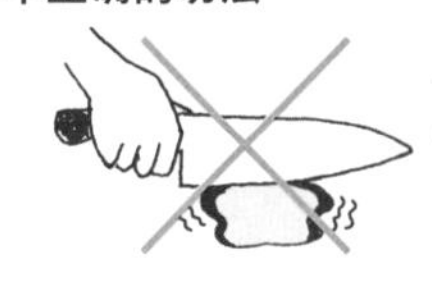

垂直切下会将食材弄碎

菜刀Ⅱ——种类与磨刀法、砧板

如果只想预备一把菜刀，就只要预备万用刀或是切肉刀。菜刀的种类繁多，用途也各不相同。

菜刀的种类

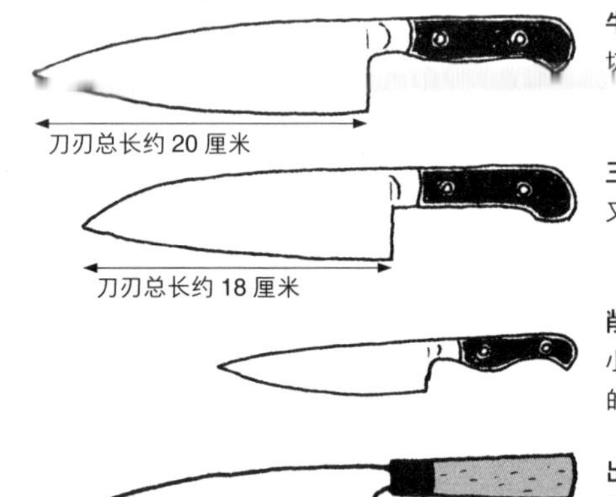

牛刀
切肉用的双刃菜刀

三德刀
又称为万用刀。可兼牛刀或切菜用

削皮刀
小形的西式菜刀。用来削蔬果的皮或是挖空、雕花用

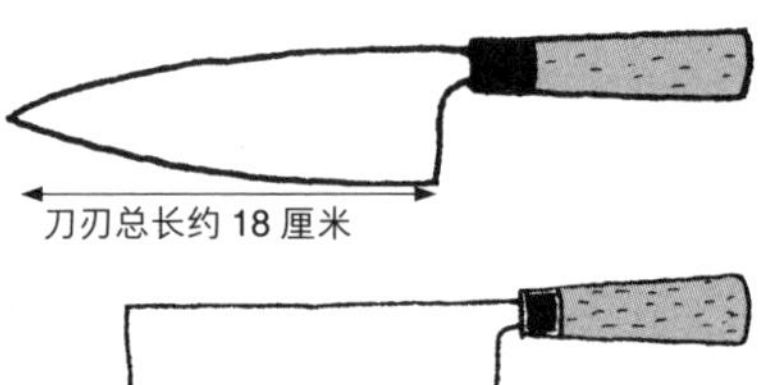

出刃刀
单刃的日式菜刀，主要用于鱼料理或去骨

切菜刀
双刃刀。主要是用来切萝卜或年糕等较厚的食材

冷冻刀
可以轻松切开冷冻的食材

简单的磨刀法

铝箔纸

铝箔纸重复折叠后用刀切下

陶碗的底部（碗座）
刀刃在碗的底座边缘来回磨 3 ~ 4 次

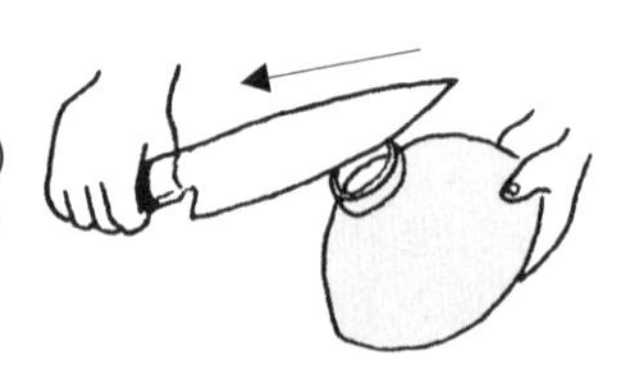

磨刀器
磨刀器蘸水，刀刃垂直插入向后推 5 ~ 6 次

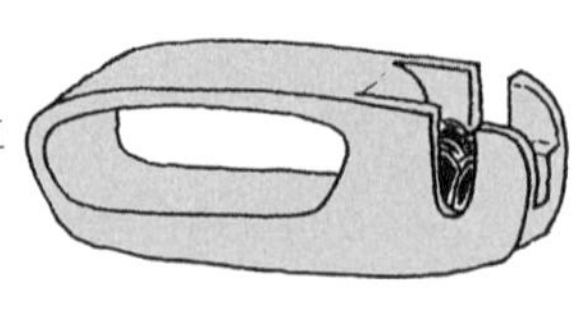

西式菜刀的磨法

磨刀石依粗细有不同编号，如果只要预备一个，就选 1000 号左右的。

●磨刀比率“正面七成、背面三成”

①磨刀石使用前先沾水可以避免磨刀石受损

②刀的表面（拿刀时向外侧的面）向下，保持约 15 度的角度

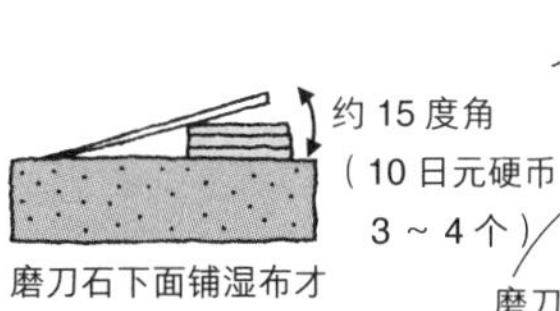

约 15 度角（10 日元硬币 3 ~ 4 个）

磨刀石下面铺湿布才不会滑动

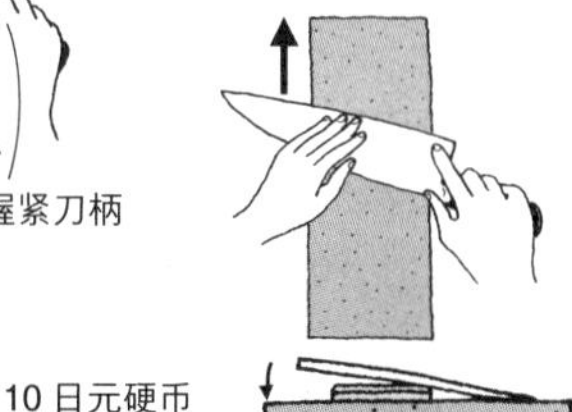

用手按住刀腹，推出时用力。刀刃略向内侧磨的感觉

握紧刀柄

磨刀石经常加水保持湿润

③翻面，以相同方式磨，磨的次数比正面少

10 日元硬币 1 ~ 2 个的高度

砧板的使用方法

●木制的砧板比较方便使用

依砧板的部位分别使用

中央
一般切菜用

角落
敲碎坚硬食材银杏

前面
剁碎食材

中间边缘
味道较重的食材

表面与里面

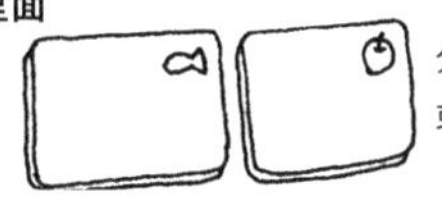

分别标识切“鱼肉”或是切“蔬果”用

●塑料的砧板比较容易清洗

塑料砧板不易沾附污垢且方便清洗，但是容易滑动，使用时下面一定要铺湿布

●使用前一定要用水冲洗

干燥时使用容易粘附污垢与异味

●清洁保养的方法

使用完一定要马上清洗，经常晒太阳或用漂白水清洗

漂白消毒

如果不能将整个砧板泡在桶里，就用布浸漂白水将砧板整个包起来

切完生鲜食材后用水或盐水清洗。不要用热水清洗，以免味道渗入

正确的洗手方法

手是细菌最好的传播媒介。特地选购了新鲜的食材，却用没洗干净的手去料理，这样更容易发生危险。大家一起来学习正确的洗手方法。

洗手的重点

1. 烹调前一定要先洗手。
2. 烹调中上过厕所或是擤过鼻涕，也一定要洗手。
3. 接触生鱼、生肉之后一定要马上洗手。
4. 洗 1 分钟、冲 1 分钟。

洗手的方法

①肥皂搓出泡沫

②一手叠在另一手的手背上

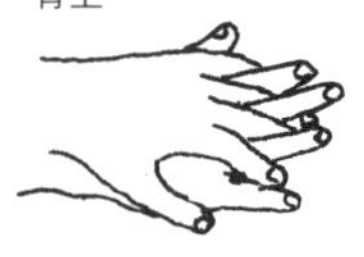

③指缝间仔细搓洗

④指尖或指甲在手心中间搓洗干净

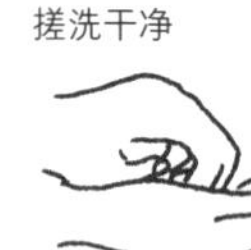

⑤一手握拳，拇指插入转动搓洗

⑥手腕也要洗干净

⑦冲水洗干净

洗好以后，
用干净的毛巾
擦干。

- **容易藏污纳垢的地方**

手背
拇指全部与食指、中指、无名指指尖

手心
拇指侧面、中指及无名指指尖

食材入门

主角终于要上场了，烹饪最重要的就是食材。鱼、肉、蔬菜、水果或是乳制品等，种类包罗万象，除了单一食材之外，不同食材的搭配更可以创造出变化多端的菜色。所以烹饪是一门永无止境的学问。初学者就先从单一食材的应用开始找出自己的拿手菜吧！

食材的搭配——美味的组合

如同人与人之间有是否合得来的情况一样，食材之间也有合与不合。有关食材的搭配，早就存在着许多口耳相传的知识。了解食材的搭配效果可以让菜肴增色不少。

美味食材的组合

1. 吸味的食材 + 引出美味的食材

你也可以尝试寻找出自己的最完美搭配

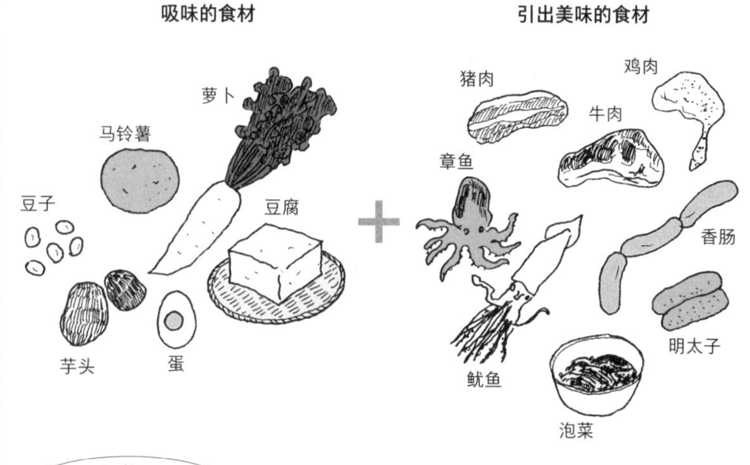

动手做做看

• 用平底锅做牛肉烧豆腐（牛肉 + 豆腐）

●材料

牛肉切碎……100 克

豆腐……1 块

酱油……2 大匙

色拉油……少许

糖……1 大匙

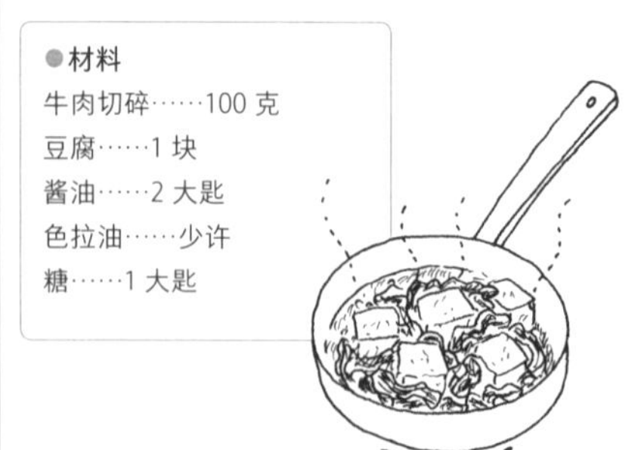

①色拉油倒进平底锅中，大火快炒牛肉。

②转小火，依糖、味淋、酱油的顺序加入调味料，从甜味开始调味。可依个人喜好调味。

③豆腐切成 10 等分，放入锅中煮沸。肉味渗进豆腐即可盛起。

2. 口耳相传的食材搭配法

这些组合可以用煮或炒的方式料理

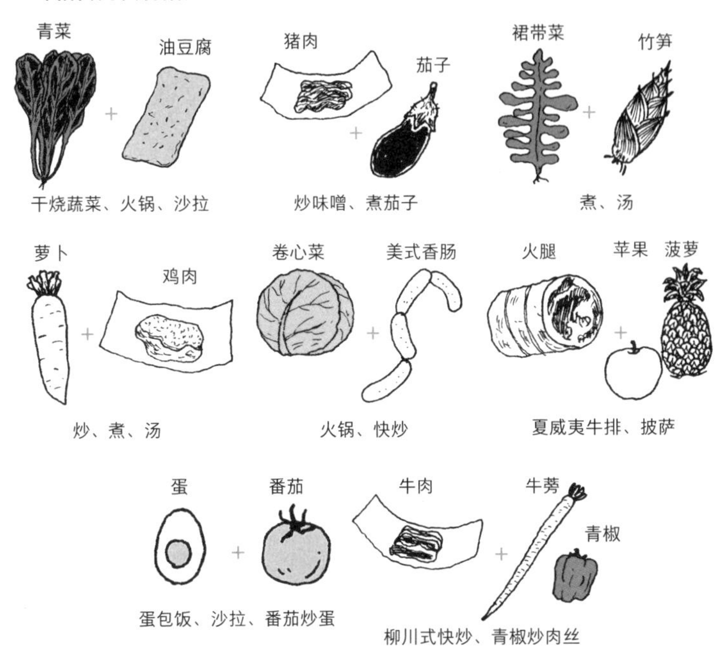

3. 腌渍食材的搭配

腌渍的食材不仅可以单独食用，也可以搭配做为提味的食材

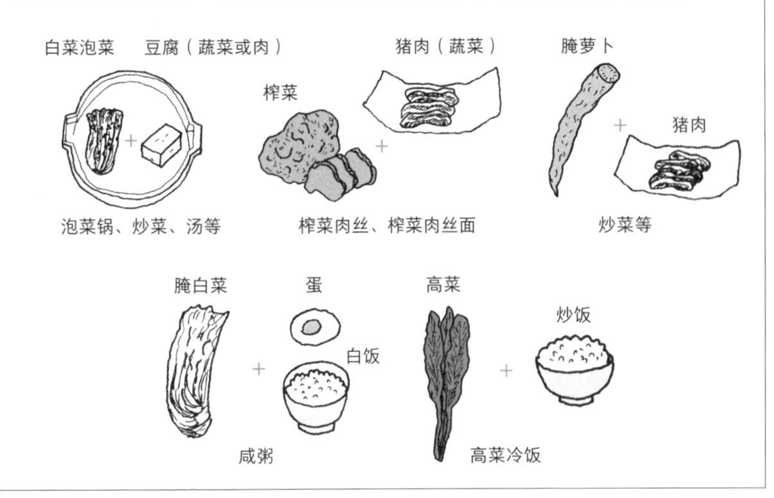

菜单设计 I ——如何设计菜单

“今天做什么菜好？”做菜最伤脑筋的事，就是每天的菜单该怎么设计。菜单，就是食材的使用与搭配。现在就告诉大家轻松设计出既美味又健康的菜单的要诀。

设计菜单的 6 大重点

1. 食欲（谁要吃？）
2. 有什么食材（冰箱或是家里有什么现成的食材？）
3. 烹饪技术（谁要做菜？）
4. 时间（有多少时间？）
5. 费用（有多少预算？）
6. 营养（1 天、3 天、1 周的均衡）

< 6 大食品类 > 只要注意从 6 大食品类中各选一种，就可以轻松拟定营养均衡的菜单。

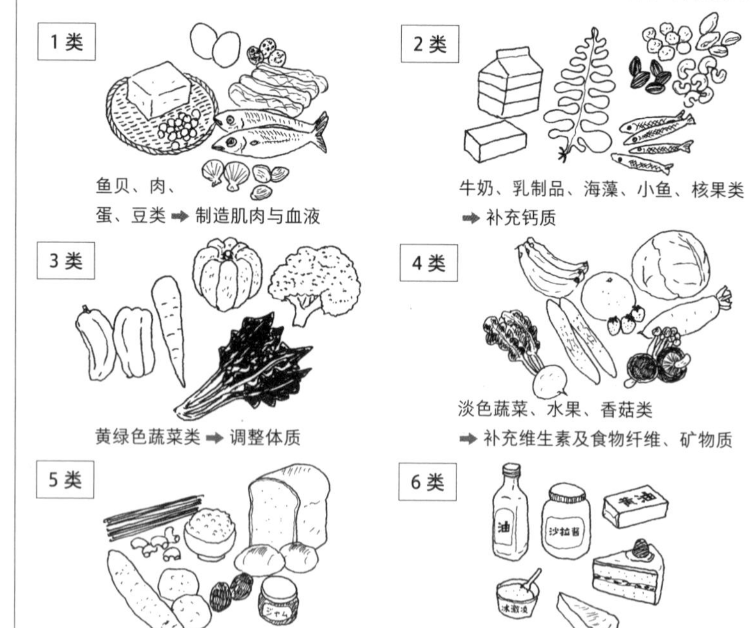

1类：鱼贝、肉、蛋、豆类 ➡ 制造肌肉与血液

2类：牛奶、乳制品、海藻、小鱼、核果类 ➡ 补充钙质

3类：黄绿色蔬菜类 ➡ 调整体质

4类：淡色蔬菜、水果、香菇类 ➡ 补充维生素及食物纤维、矿物质

5类：谷物、芋类、糖类 ➡ 糖分及矿物质的来源

6类：油脂类 ➡ 脂肪能源的来源

设计菜单的 7 个重点

1. 决定主要食材

可以每大类轮流列入。

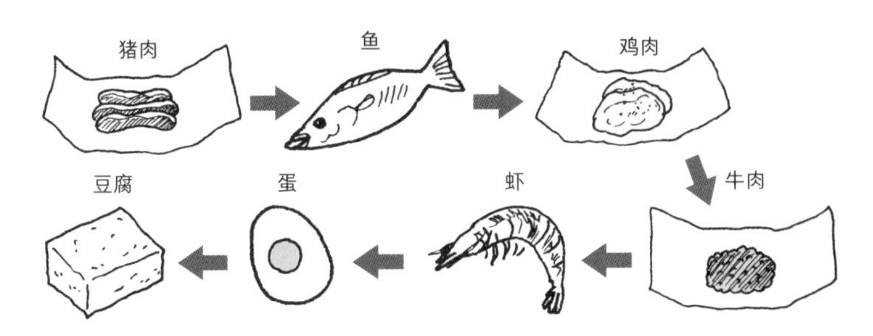

2. 决定烹调法

3. 依季节调味

春天…苦味　　夏天…酸味　　秋天…滋味（综合口味）　　冬天…甜味

4. 依照食材的颜色

黑、白、红、蓝、黄、绿

……不同颜色的搭配。

5. 依身体状况

最近缺乏的营养素、不经常吃的食材等。

避免连续吃同一种食物。

6. 注意味道的搭配

酸、甜、苦、辣、咸

……对 5 种味道进行组合。

7. 换人做做看

如果平常都是妈妈做饭，可以定个“爸爸做菜日”“我做菜的一天”等。

换人做做看，菜单也会有变化。

菜单设计Ⅱ——实践篇

已经知道要怎么样拟定菜单，接着就是实践。现在就拿起纸笔准备拟定菜单。试着利用下表，你一定可以想出新的菜单。

平常都吃些什么？

首先写下今天、昨天及前天都吃了什么

	（　）日	（　）日	（　）日	（　）日	
早					
中					
晚					
点心					

写好之后别忘了检查

□有没有连续同样的主菜?

〔猪、牛、鸡、绞肉、鱼、蛋、豆类〕

□是否包含一天要摄取的 6 大类食品?

〔牛奶、乳制品、蛋、鱼、肉、豆类、芋类、蔬菜（淡色、黄绿色）、海藻、水果〕

□是否使用不同的烹调法?

〔生、烤、煎、煮、炸、蒸、炒等〕

食材

烹饪表的制作

直列写上食材，横列写上烹饪法。空栏写想吃的东西或想做的东西。

你喜欢的菜大多是怎么样的组合方式呢？

烹调 食材	生	煎烤	煮	炸	蒸	炒	盖饭	锅	其他
猪		姜烧							
牛		牛排					牛肉盖饭	牛肉锅	
鸡					白切鸡	炒鸡丝			
绞肉		汉堡					肉臊饭		
鱼贝	生鱼片 醋渍	盐烤							
豆类				油炸豆腐		麻婆豆腐			
蛋		荷包蛋 蛋包饭							
蔬菜	沙拉		开阳白菜						
季节性食品				炸山菜 天妇罗			蒲烧盖饭		
面			阳春面			炒面		锅烧面	
饭		米披萨				炒饭			手卷 握寿司
其他								关东煮	

食材

调味 副菜 MENU

主菜搭配不同口味的一、两道副菜，这样就可以组合出美味的菜单。

下表请将调味品与食材搭配在一起，填写副菜。

食材＼调味	酱油	盐	醋	糖 味淋	味噌	其他
蔬菜	烫菠菜	腌白菜				芝麻酱调味
豆类 （油豆腐、豆腐）	凉拌豆腐			日式白酱	味噌 烧豆腐	豆腐 沙拉
芋类	煮芋头	炸薯条				
蔬菜		凉拌 小黄瓜	西式泡菜			梅肉酱 拌萝卜
海藻			醋渍 裙带菜			
干货	煮小鱼干					
季节性食材					味噌 拌独活	
汤汁	清汤				味噌汤	浓汤
其他			醋渍 鲑鱼			韩国泡菜

——食材入门——

谷类

可制成饭面的米、麦、玉米等稻科植物与杂粮类，被统称为“谷类”，因为含有丰富的蛋白质，所以多被当成主食。你喜欢哪一种谷类食物呢？

米 I ——选购方法与保存方法

很多人都以为“吃饭会变胖”。其实米饭是非常好的主食，可以预防肥胖，只要增加副食品的种类就可以轻易保持均衡的饮食。从两千多年前开始，米饭就是中国人的主食，现在让我们重新来认识米饭。

※ 炊煮方法请参阅 P.34 ～ 35

米的构造与种类

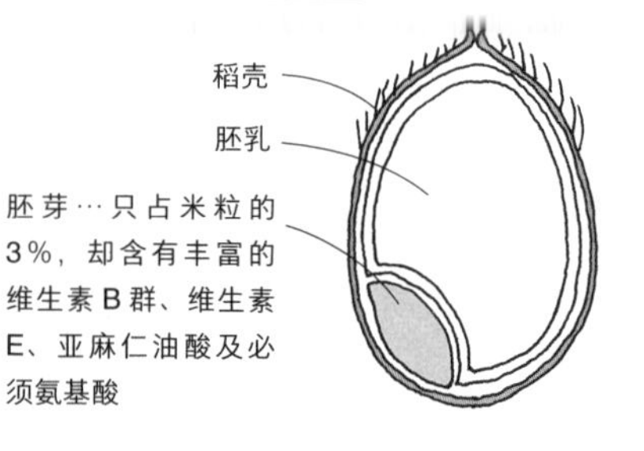

胚芽…只占米粒的3%，却含有丰富的维生素 B 群、维生素 E、亚麻仁油酸及必须氨基酸

- **粳米**…平常煮饭的米
- **糯米**…含有黏性，用来做成糕点类食品

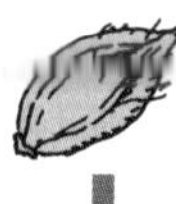

稻谷

糙米

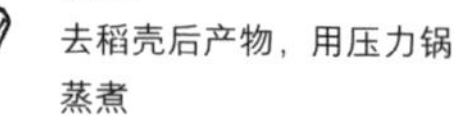

去稻壳后产物，用压力锅蒸煮

胚芽米

去除糙米的米糠层后的产物。剩余胚芽达 80%，营养价值很高

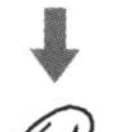

白米

去除米糠层与胚芽的一般白米

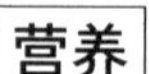

营养

米含有丰富的蛋白质与淀粉，镁和磷的含量也很高。胚芽米与糙米更含有丰富的维生素 B 群与亚麻仁油酸。

购买与选购的方式

每年 8 月到 11 月产出新米

● 小心辨识知名米种

市面上出现知名产地的米量远远大过于产地的实际产量，这其实是假借劣质米混充的缘故。购买时一定要注意看清楚标识，在信用度高的店里购买，并尽量选择清楚标识了生产业者的产品。

● 米是生的

米会氧化，所以不要混品种购买。已经制成精制米的产品，购买后要及早食用。

● 可以参考米食味道的排名

日本谷物检定协会每年都会公告“米食味道的排名”。

与基准米比较进行评估。

- 特 A…特别好
- A……好
- A'……与基准米相同
- B……略差
- B'……差

名称	名称			
原料糙米	产地	品种	生产年分	生产年分
	国产米 100% （× × 县越光米 × 年生产 70% × × 县池上米 × 年生产 30%）			
重量	5kg			
制造日期	× 年 × 月 × 日			
经销商	× × × × 有限公司 × × 县 × × 市 × × 路 × × 号 TEL：（× ×）× × × × × × × ×			

●米袋标识的举例

检查产地、品种、生产年份。还要检查原料糙米的使用比率。混合率超过一半以上的混种米也有品牌标识。

混种米

混有 2、3 种品种的米。

米的品质一旦劣化，就会氧化产生粉末。

手放进米桶里拿出来，手沾了白粉就表示米已经变质。

保存

- 保管于通风良好且凉爽阴暗的场所。
- 一般厨房温度较高，不适合大量存放。
- 如果冰箱还有空间，可以密封后放进冰箱。
- 夏季存放以两周为宜，冬季以 1 ～ 2 个月为宜。

各种米的烹煮方法

- **免洗米**…以特殊方法去糠制成，不必淘洗即可烹煮

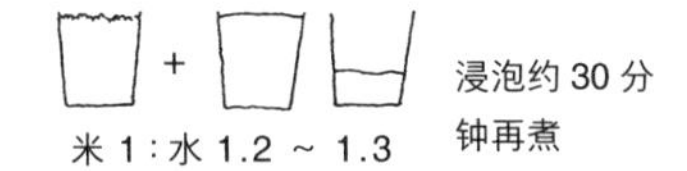

- **胚芽米**…水比白米多约一成

要诀 浸泡约 1 小时再煮

- **糙米**…原则上用压力锅烹煮

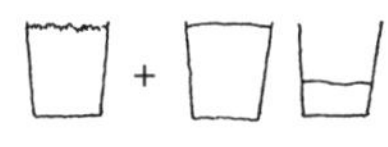

米 1：水 1.3

“用电子锅烹煮时，可以加入冰块”

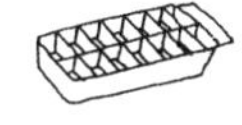

糙米 2 杯、2 杯水、制冰盒 1 盒的冰

●米加工品●

米除了可以煮成米饭当成主食以外，还有其他用法。

- **上新粉或是白玉粉**…可以用来做成丸子与点心。（参阅 P.154）
- **米曲**…使用曲霉让煮好的米发酵可以制成甜酒、味淋、米味噌、米醋及腌渍食品。
- **糯米**…炊煮后制成各种点心。
- **煎饼、米果**…用干燥的米或米粉烤或炸。
- **米糠**…米糠制成粉，可以制成米糠腌渍物或是米糠油。
- **米粉**…米碾成粉之后从小孔压出蒸熟。
- **生春卷皮**…米粉加水调合之后，倒在蒸布上蒸煮。

米Ⅱ——轻松的烹调法

没有任何食材，只有米也可以做出美味的食物。

烹调前
别忘了洗手。

※ 洗手的方法请参阅 P.128

用米饭做出美味的食品

●饭团与手卷

●材料
煮好的饭
保鲜膜
饭碗
垫布
喜欢的配料

●饭团

①在饭碗里铺上大于饭碗的保鲜膜，装入白饭。

②将香松、胡椒盐、酱油口味的柴鱼等放饭上，把梅干等喜欢的配料加进去。

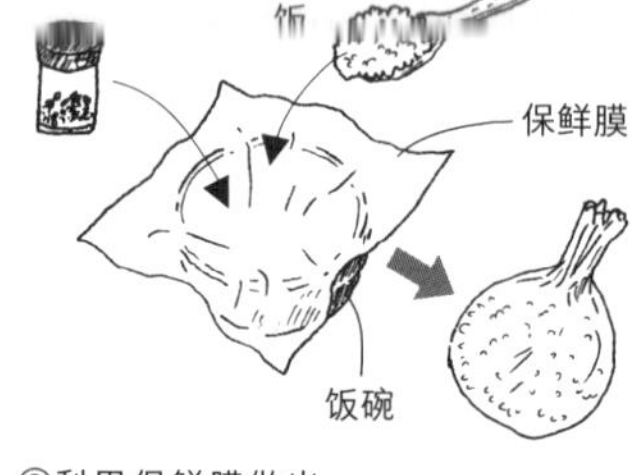

③利用保鲜膜做出圆形、三角形、方形等饭团

●手卷

①垫布上铺保鲜膜，在生菜或海苔上盛饭。

②加奶酪、火腿、水煮蛋等喜欢的配料。

③垫布与保鲜膜一起卷成圆形的手卷。

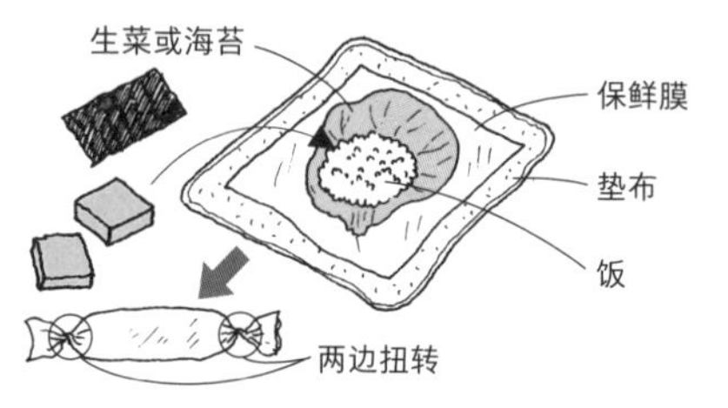

●＋－×÷的算术盖饭

●材料
使用具有下述效果的食材
＋（加上去）
－（斟酌使用）
×（相乘效果）
÷（分隔效果）

●沙拉＋沙拉酱盖饭

淋上沙拉酱或日式沙拉酱、酱油、芥末等自己喜欢的佐料

●纳豆×海苔×盖饭　**●鸡蛋÷盖饭**

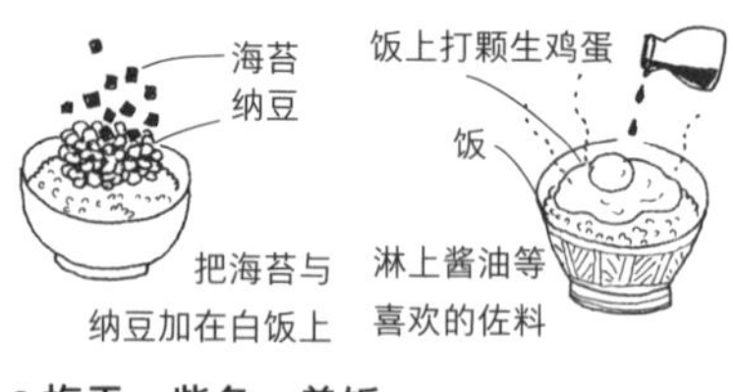

●梅干－柴鱼－盖饭

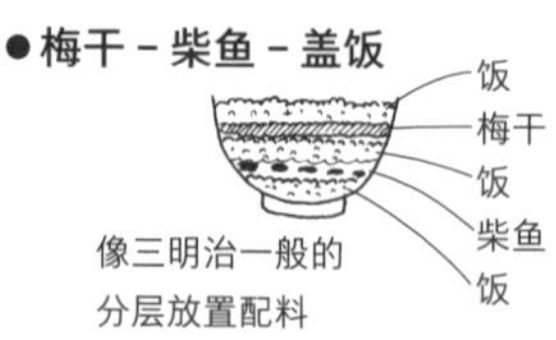

●鲑鱼寿司饭

●材料＜4人份＞
鲑鱼罐头…2罐　　煮好的饭…大碗4碗
莴苣、豆芽、黄瓜等蔬菜…（切碎）
海苔、红姜…少许　醋…1大匙　　糖…2小匙

①糖溶解在醋里，拌在热饭里

②将罐头里的鲑鱼倒进饭里

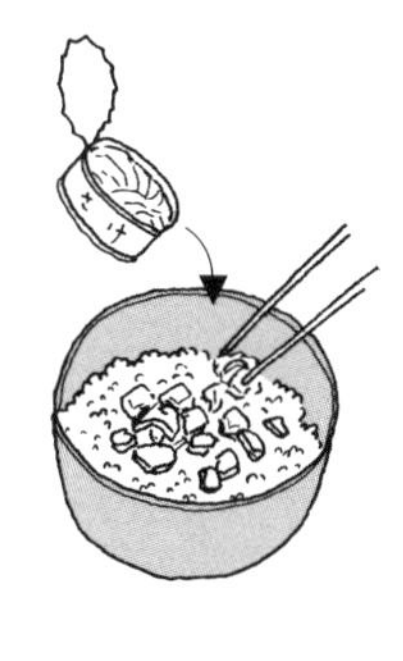

③加入切碎的蔬菜，稍微拌一下

最后再撒上红姜与海苔即可

米加工品的做法

●简单的炒米粉

●材料
猪肉丝…100克
蔬菜（豆芽或青菜）…适量
米粉…100克
烧肉酱汁…适量
盐、胡椒、芝麻油…少许

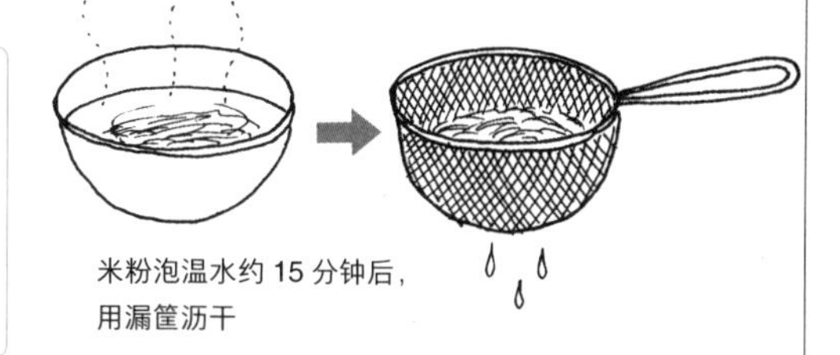

米粉泡温水约15分钟后，用漏筐沥干

①猪肉切丝，炒到变成白色

②加入蔬菜，炒软

③加入米粉，用烧肉酱汁调味

再依个人喜好加入盐、胡椒、芝麻油等即完成

中华面——种类与烹调要诀、轻松的烹调法

中华面（又称碱水面、广东拉面）的原料也是面粉，但是加入名为“碱水”的碱性水，所以呈现出黄色卷曲状。这里就告诉大家怎么样煮出好吃的中华面。

种类与特征

●干面
大约能保存1年，所以在家里预备一些做库存，以便随时都可以做出汤面、炒面或凉面

●烫面
把生面烫熟烫面之前先过一下热水

●蒸面
生面蒸熟。使用前先氽烫一下，蒸的过程中让面吸收汤汁。
蒸过的面可以用来炒或油炸

●速食面
油炸
蒸熟的面干燥前用油炸，油炸的面容易氧化

非油炸
生面蒸熟或烫熟后加入有机酸，完全密封之后加热杀菌。因为是非油炸的面，虽然可以保存1年，但最好3～4个月之内就食用完毕

●生面
不耐存放，放在冰箱冷藏可以保存2～3天

煮面的方法

●生面
足够的热水煮1～2分钟

●干面
使用足够的热水依标示时间烫熟

●煮面与蒸面
足够的热水氽烫

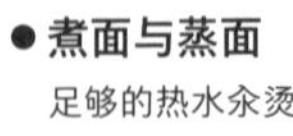

要诀
在滚水中氽烫去除碱水的味道

轻松的烹调法

●简单的锅烧面

●材料＜4 人份＞
有汤汁的袋装拉面…4 人份
冷冻水饺…1 袋
火锅料…适量
（配菜切成适当大小）
菠菜、白菜、卷心菜等叶菜类、胡萝卜、香菇、豆腐等

①水煮沸后加入拉面汤汁
②加入冷冻水饺，再沸腾时将切好的蔬菜与豆腐加进去煮。（先从胡萝卜等较硬的蔬菜开始）
③煮好后就可以吃锅里的料
④最后加面煮熟，连汤一起食用

●恰恰凉面

●材料＜4 人份＞
中华面…4 人份
猪绞肉…200 克
青葱……1/3 根
大蒜、生姜……一节
芝麻油、味淋、酱油、豆瓣酱、味噌

①面依规定时间煮开，用冷水冲凉，把水沥干。加一点芝麻油拌一拌
②大蒜与生姜切碎，用平底锅加芝麻油炒过。香味出来以后，加入绞肉炒到变色
③味噌用味淋化开加酱油与豆瓣酱，混入②里。味噌凝固时可加水醒开
④面装在盘里，加上配料就好了

●煮速食面的重点●

● 看清楚标识

确认保质期限

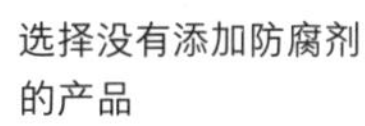

选择没有添加防腐剂的产品

● 烫过面的热水先倒掉

烫过面的热水中含有从面条中溶出的添加物

选择汤与面不装在一起、分开包装的产品

乌冬面——种类与烹调要诀、轻松的烹调法

乌冬面是将面粉、盐、水调合在一起制成的面，有不同的粗细度。手工乌冬面非常有嚼劲，因此深受大家的喜爱。

种类与特征

生面…因为容易变质，所以一定要放在阴凉的地方。
干面…因为水分较少，所以适合保存。

● 赞岐乌冬面

切成直径约 1.7 ~ 3.8 毫米的细条。
煮过之后再制成冷冻面

● 宽版乌冬面

宽度约 4 ~ 5 毫米、厚度约 2 毫米的带状面条。是一种必须使用小火慢煮的面条

● 稻庭乌冬面

直径 2 ~ 3 毫米的细乌冬面。以手打的方式制成一根根的细面。非常有嚼劲，煮成凉面也很好吃

营养

大部分的乌冬面比米饭含有更丰富的淀粉、蛋白质与维生素 B_1。加水揉和之后，麸质会让面更有黏性。

● 煮乌冬面的重点 ●

煮面前先汆烫一下再煮

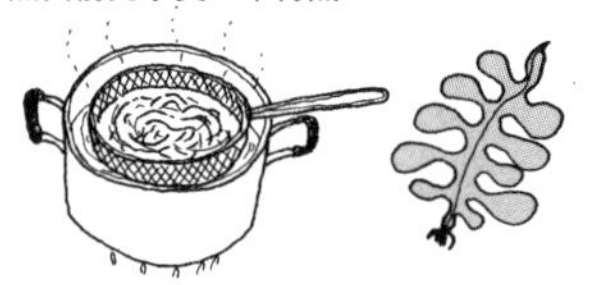

面里可能含有添加物，汆烫之后，把水倒掉再用新水重新煮。
加入裙带菜一起食用，可以帮助将添加物排出体外。

干面的煮法

①在完全沸腾的水中加入面条（面条 200 克加入 2 ~ 3 升的水）。加入少许盐，面会更紧实

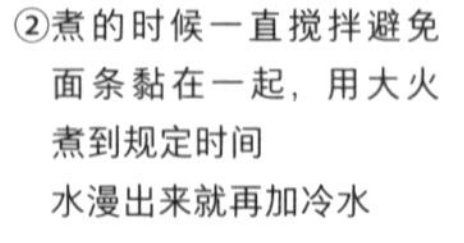

②煮的时候一直搅拌避免面条黏在一起，用大火煮到规定时间
水漫出来就再加冷水

③煮后用冷水泡过，用筛子捞出

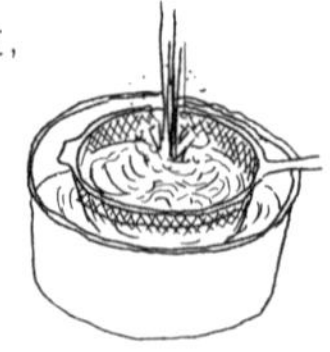

轻松的烹调法

●手打乌冬面

①陶锅中加水煮沸

②加入乌冬面再煮沸，加水再煮沸约两次

●材料

手打乌冬面

蘸酱（高汤…4 大匙、酱油…1 大匙、味淋…1 小匙）

佐料菜（生姜、葱、萝卜泥、青紫苏）

③第 3 次煮沸即可食用。从陶锅把面捞出，蘸酱汁食用

●月见乌冬面

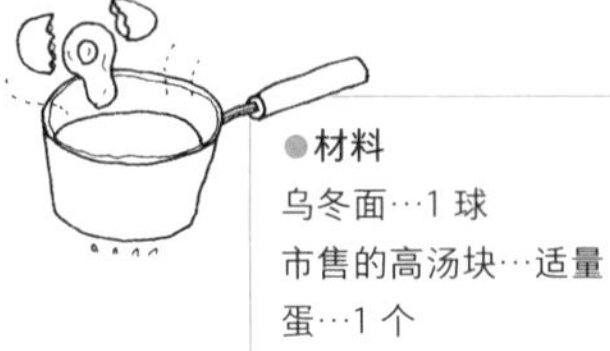

●材料

乌冬面…1 球

市售的高汤块…适量

蛋…1 个

①依市售高汤块的说明加水煮沸

②煮沸后加入乌冬面，把蛋打进锅里

③等到蛋略为凝固即完成月见乌冬面

动手做做看

• 手打乌冬面

●材料

面粉（中筋面粉）…500 克

（高筋面粉 300 克加低筋面粉 200 克的组合也可以）

预备一些干面粉揉面用

盐…1 小匙、水…300ml

①面粉加盐加水

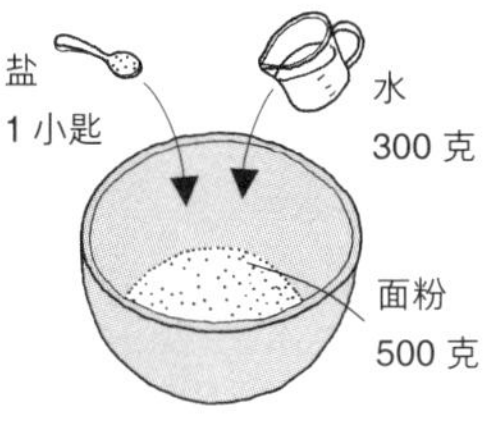

②揉到黏性出来

③揉好的面团撒点面粉后放进大而坚固的塑料袋中，用脚踩到像耳朵一般硬度

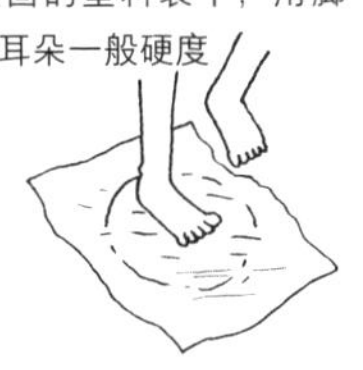

④放置约 30 分钟到半天的时间用来醒面

⑤轻轻揉过面以后，在面板上撒少许面粉后擀面，一面用面棍擀面的同时，一面撒面粉。注意换方向

到约 3 毫米的厚度

⑥叠成像枕头般大小

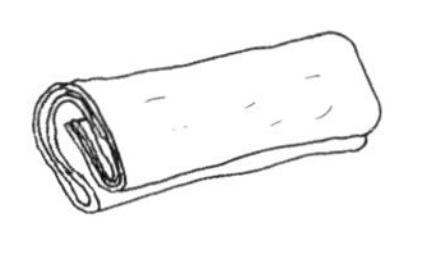

⑦切成 3 ～ 5 毫米宽的条状

手打乌冬面做好了！

荞麦面——种类与烹调要诀

荞麦是一种耐寒又可以在短时间内收成的作物。不但如此，它营养丰富，是非常好的一种主食。荞麦粉是荞麦果实去除胚乳部分碾制出来的制品。

种类与特征

- **八分荞麦面（一般的）**
  荞麦粉 8 ：面粉 2
- **十分荞麦面**
  100%的荞麦粉做成的，风味更佳
- **更科荞麦面**
  荞麦果实中心部分制成。颜色为白色，非常滑顺爽口

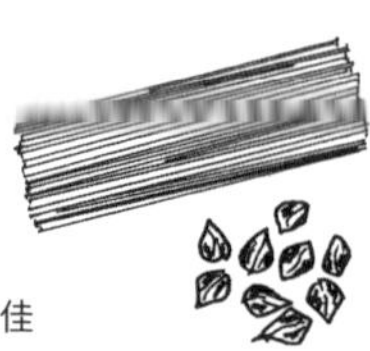

- **薮荞麦面**
  是一种没有去除荞麦麸皮碾的淡绿色荞麦制品

选购荞麦面的重点

- 仔细看清楚标识，确认产地。进口商品也会标识制造日期。
- 因为含有分解酶，所以容易变质。
  生面要当天食用，干面也要 1 年内食用完毕。

煮法

- **生面**

以足够的水烫约 30 秒，中途不要加冷水，烫好之后用冷水冲洗

- **干面**

煮时依产品标识说明加水

- **烫面**

为减少残留添加物，一定要烫过再煮

烫荞麦面的汤汁

荞麦的果实含有丰富的芸香素，烫生面时会溶进烫面的热水中。

酱汁的基本

- **蘸酱汁**
  汤汁 4：酱油 1：味淋 1
  （汤汁是昆布柴鱼高汤，依喜好加糖）
- **淋酱汁**
  汤汁 8：酱油 1：味淋 1

动手做做看

- **凉面**
  面煮好之后用冷水冲过，沥干装盘。蘸酱汁中依个人喜好加入葱、姜、芥末、柴鱼等配料。

- **汤面**
  煮好的面里加入海苔、天妇罗面衣屑、裙带菜、柴鱼等配料，再加入热汤即可食用。

面线——种类与烹调要诀

面线与细面都是用面粉、盐与水制成的，只是粗细不同罢了。

种类与特征

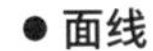

● 面线

直径在 1.3 毫米以下，分为手工制造与机械制造。手工制作的面线中心有气孔，风味较佳

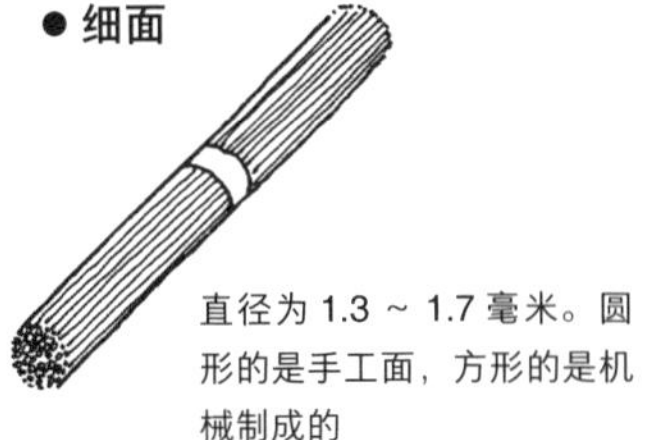

● 细面

直径为 1.3 ~ 1.7 毫米。圆形的是手工面，方形的是机械制成的

煮法

干面（1 人份为 2 把）

①在沸水中加入面条

②用筷子搅拌避免面条粘在一起，水滚出来就再加冷水

③煮好以后，冲水搓洗

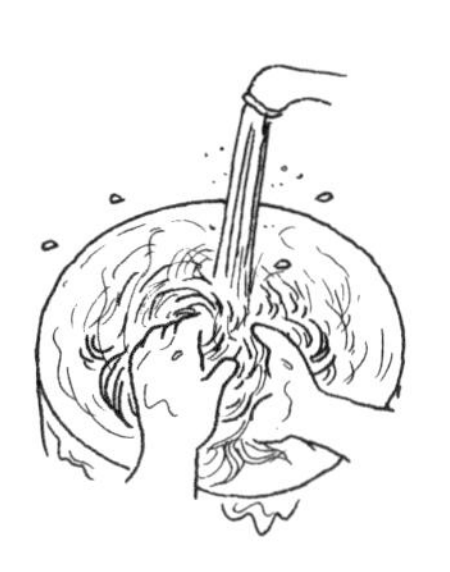

动手做做看

• 基本的凉面

煮好的面用水冲洗，沥干以后捞起，卷成一口大小的面球装盘。
在蘸酱中加入葱、芝麻、生姜等，面蘸酱食用

• 味噌汤面

将家中剩下的味噌汤加入煮好的面，打个蛋花，加热即可食用

• 金针菇汤面

冷掉的面里加上罐装的金针菇与高汤就可以了

• 梅干面

在高汤中加入柴鱼与 1 ~ 2 个压碎的梅干，加热即可食用

意大利面——种类与烹调要诀

意大利面统称为 PASTA，意大利文原意是面粉和水调和制成的意思，也就是西方人的面条。意大利面的种类不限于长条状，还有螺旋状、贝壳状、圆筒状……有超过 300 个以上的品种。

种类与特征

- **长条面（Spaghetti）**

切口呈现圆形，直径约 1.2 ~ 2.5 毫米，细面适合搭配清爽的酱汁，粗面适合搭配浓稠的酱汁

1.9 毫米最常使用的种类，煮熟的时间约 9 分钟
1.2 毫米以下称为 Vermicelli，意思是细小的虫
0.9 毫米称为 Capellini（发丝），煮熟时间 3 分钟

- **通心面**

2.5 毫米以上的管状意大利面（不是带状或棒状）

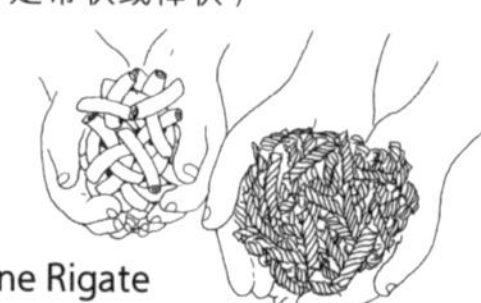

- Penne Rigate
  笔管面，最常见的形状
- Fusilli
  螺丝面
- Cavatappi
  弹簧状的面

- **宽版面**

- Fettucine
  平版的长面条
- Tagliatelle
  粗且平的长面条

- Lasagna
  薄的平板面

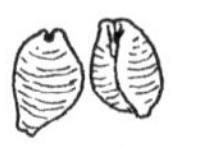

- Conchiglie
  贝壳面

- Farfalle
  蝴蝶面

- **意大利饺子**

- Ravioli
  包奶酪或肉的方形意大利饺
- Tortellini
  中间包馅，卷成圆形的意大利饺子

- **做成汤料的意大利面**

选购的方法

- 杜兰小麦粉（粗粒）愈多，愈透明美味。
- 食用期限约为 3 年，但是制造后 6 个月内最好吃。
- 选择无磷酸添加的。

保存

- 最怕潮湿，选择非阳光直射的阴凉场所。
- 不要开封，密封保存。
- 煮完剩下来的，抹色拉油后放在保存袋中冷冻保存。要食用时依需要量折断使用。

煮意大利面的方法

①锅里装水（面的 10 倍），加入橄榄油或色拉油 2 ~ 3 滴，加入盐 1 ~ 2 大匙，沸腾后加入意大利面

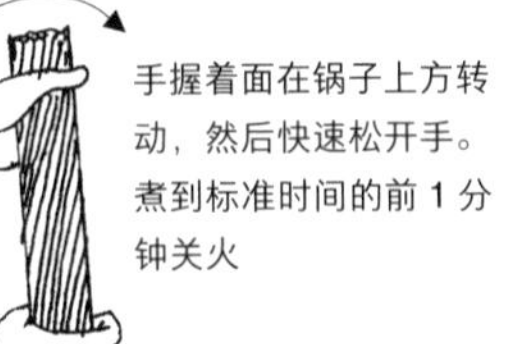

手握着面在锅子上方转动，然后快速松开手。煮到标准时间的前 1 分钟关火

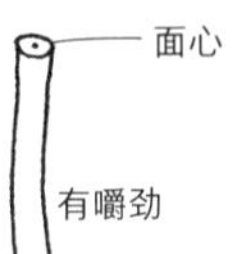

加水
沖水

②时间到了以后取一根试吃，煮到外面变软只有心有点硬就可以了。之后靠余热煮熟，然后从锅里捞出，拌上酱汁

动手做做看

- **明太子意大利面**

●材料 < 2 人份 >
意大利面……200 克
明太子………2 片
荷兰芹、海苔、细葱等

①烹调明太子酱汁
将明太子挤出，用一点橄榄油松开

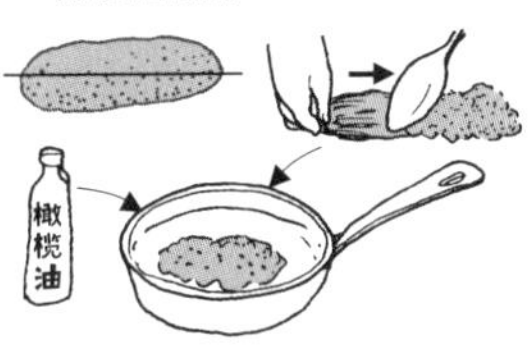

②煮意大利面

用煮面的汤调整酱汁的浓稠度

③煮好的面与明太子酱汁拌在一起，依个人喜好加入荷兰芹、海苔、细葱等

- **小鱼和卷心菜的意式辣椒面**

●材料 < 2 人份 >
意大利面 200 克
小鱼干…………50 克
卷心菜…………1/4 颗
大蒜……………2 ~ 3 瓣
鳀鱼（咸鱼）…5 ~ 6 条
辣椒……………适量
橄榄油、盐、胡椒
……………适量

①卷心菜切成小片洗干净。
大蒜、鳀鱼切碎，小鱼干洗干净。
②平底锅里倒入橄榄油，小火炒大蒜、辣椒、鳀鱼。
③香味出来以后加入小鱼干与卷心菜，用中火炒，但大蒜不能炒焦。
④加入煮好的意大利面，用盐与胡椒调味，最后浇一点橄榄油。

面包 I ——种类与烹调要诀

原料和面条一样的面包，是从西方传进来的食品。一样使用面粉做的面包种类繁多，有些制作过程非常繁复，但也有简单制作的面包。

种类与特征

制作面包的基本材料是面粉加酵母。

种类大致分为二种，一种是法国面包类，皮硬略咸。另一种是加了牛奶与糖、口感松软的面包。

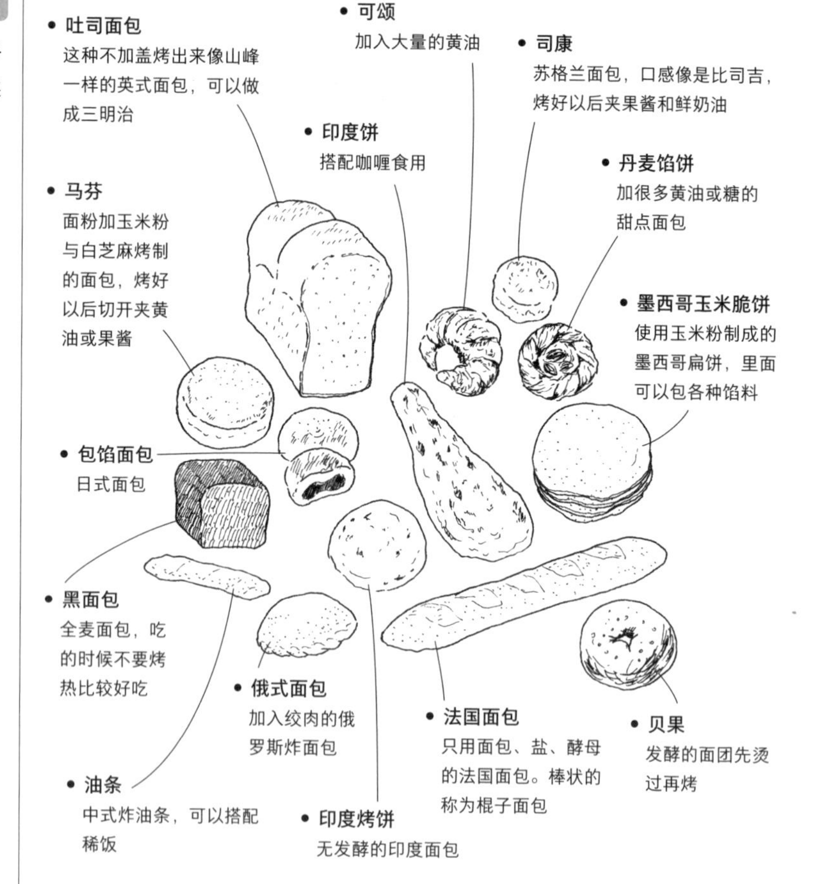

什么是酵母？

酵母可以把面粉中的糖分消耗掉，分解出酒精与二氧化碳，二氧化碳让面包膨胀。使用天然酵母制成的面包，风味绝佳。

生酵母
保存期约
20 天

干酵母
可以长期保存

营养

主要是糖分与蛋白质，氨基酸类的离氨基酸较少。和肉或鱼、蔬菜一起食用可以补充营养。

保存

“面包放进冰箱会伤风！”

意思是说温度愈低面包愈容易老化，但是在零度左右到达老化极限，所以不要冷藏，直接放进冷冻室。

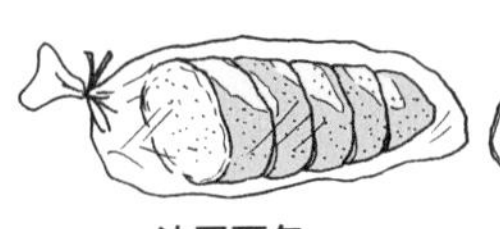

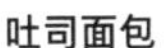

吐司面包
用保鲜膜或塑料袋隔绝空气，放进冰箱冷冻

法国面包
稍微变硬之后切成适当大小放进冷冻室。
要吃时喷一点水再烤热

美味的要诀

刚烤好最好吃，但是吐司是隔天的比较好吃。

● 厚片吐司的烤法

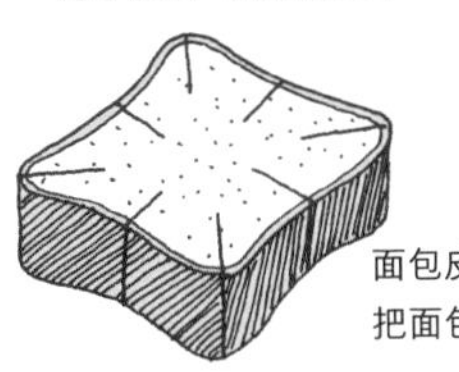

面包皮切开后再烤，这样才能把面包皮烤软比较好吃

● 切吐司面包的技巧

面包先放一会儿，从底部倒过来切

用热过的刀子切

● 为什么三明治要涂黄油？

可以防止配料的水分被面包吸收。
涂满黄油之后，用黄油刀刮平。
要先涂黄油再涂芥末。
沙拉酱没有防水的作用，不要用来替代黄油

● 面包吃剩时

变硬以后用刮刀刮下面包屑当成面包粉用。
面包皮油炸后撒上糖或盐即可当成点心食用。中间的部分切碎后可加在汉堡肉里

面包Ⅱ——轻松的烹调法

● 增进食欲的大蒜面包

● 材料

法国面包橄榄油

大蒜黄油或大蒜加芹菜

或是干燥的荷兰芹

①法国面刀切成 4 ~ 5 厘米大小，横切成一半

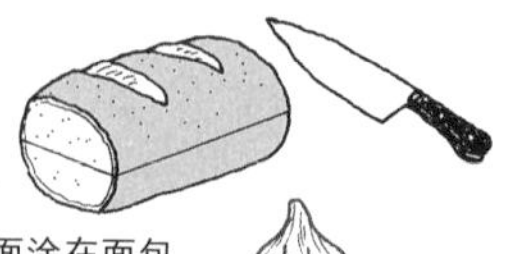

②大蒜切半，将缺口那面涂在面包上，再涂满橄榄油

（在橄榄油上撒大蒜粉或干燥的荷兰芹，也可以用涂的）

③放入烤箱，烤到有点焦即可食用

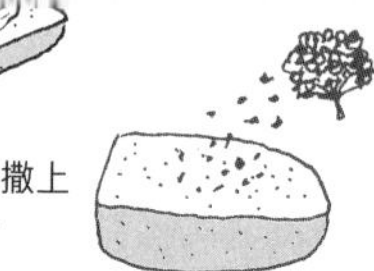

可依喜好选择撒上切碎的荷兰芹

● 硬一点比较好吃的法式吐司

● 材料 < 1 人份 >

吐司…1 片

蛋……2 个

牛奶…1 杯

糖……2 大匙（依喜好）

黄油…1 大匙

可以加一点香草精

①加入材料充分调和

②把吐司浸在①里面

③平底锅抹一层黄油烤到面包双面金黄即可

依喜好加入杏仁、糖或枫糖

动手做做看

● 手工面包（松饼）

①加入材料充分调和

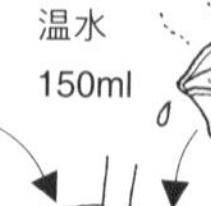

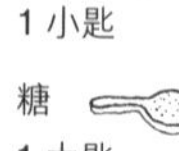

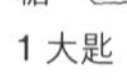

②盖上保鲜膜放 1 小时

③取一小块，面棍沾面粉后平擀开

④放进冷的平底锅，双面烧烤

加火腿或奶酪等喜欢的食材，卷起食用

杂粮——洗与煮的方法

可以食用的谷类不只是米或小麦，还有像是可以做窝窝头之类的杂粮，都是有益身体健康的食物。

什么是杂粮？

除了小麦、大麦及稻谷以外的谷类。例如粟米、小米、稷、荞麦、玉米、黑麦等，都是维生素及铁质含量丰富的谷类作物。

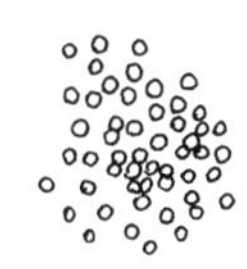

粟米

是狗尾草属的植物

有糯米种与粳米种

丸子、甜点、年糕、粥等

稷

比粟米颗粒小

可以和米混在一起做成粥

稗

和粟米同类，分成糯米与粳米种

可以和米一起炊煮

丸子、甜点

煮法

水 1.5 杯

杂粮 1 杯

盐 1 小匙

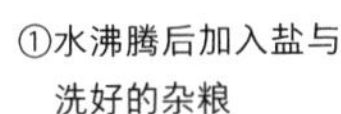

①水沸腾后加入盐与洗好的杂粮

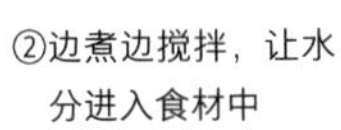

②边煮边搅拌，让水分进入食材中

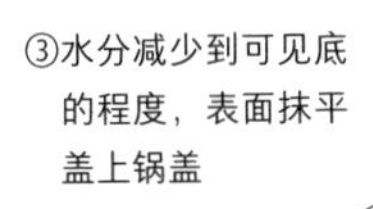

③水分减少到可见底的程度，表面抹平盖上锅盖

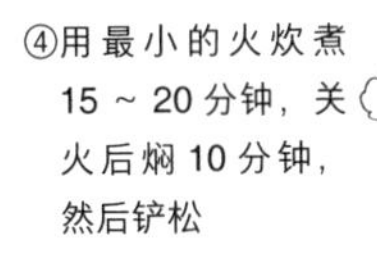

④用最小的火炊煮15～20分钟，关火后焖10分钟，然后铲松

洗法

①冲洗数次到水变清为止

②筛子上铺一层过滤布，将洗过的杂粮沥干

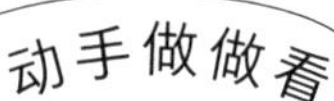

动手做做看

- **稷米丸子**

●材料

稷米（糯米种）…1 杯

大豆粉…1/2 杯

糖………2 大匙

盐………少许

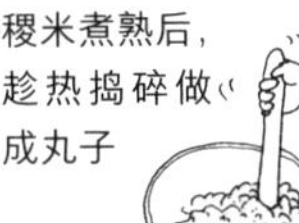

①稷米煮熟后，趁热捣碎做成丸子

②大豆粉与盐、糖混合后，用丸子蘸粉食用

这就是桃太郎故事里的糯米丸子

粉——种类与使用方法

烹饪中使用的粉乍看之下都一样，但其实用途并不相同。这里就告诉你如何选择适当的粉来做料理。

米粉类（稻米做的粉）

- **新粉**…将粳米磨成粉
  丸子、米粉

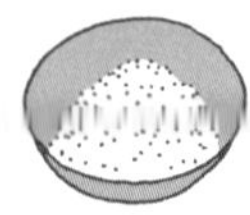

- **上新粉**…新粉精制成上新粉
  丸子、米苔目

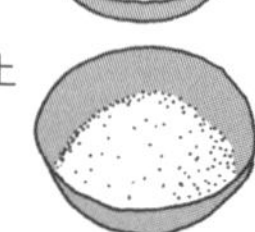

- **白玉粉**…糯米制成粉，有黏性
  丸子、日式点心

- **道明寺粉**…将蒸过的糯米粉干燥磨碎
  日式点心、天妇罗面衣

选择颗粒均匀且具有黏性者较佳

面粉类（小麦做的粉）

- **低筋面粉**…软质小麦。较不黏
  西式点心、天妇罗
- **中筋面粉**…软硬适中的小麦

- **高筋面粉**…硬质小麦
  蛋白质多，黏性强
  面包

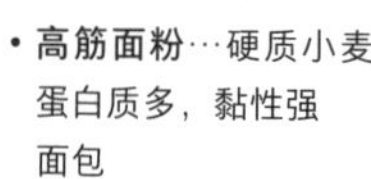

- **天妇罗粉**…低筋面粉加玉米淀粉或烘焙粉制成的

纸袋会透气，不要放进塑料袋中

其他粉类

- **玉粉淀粉**（参阅 P.66）
  勾芡、点心
- **烘焙粉（泡打粉）**
  以碳酸苏打及酸为主成分的膨松剂。面包
- **淀粉**（参阅 P.66）
  烹调时用来勾芡、浓汤、油炸面衣

- **面包粉**
  把面包磨成粉。油炸面衣
  生面包粉…放置 2 ~ 3 天变硬的面包用刮刀刮下的粉

动手做做看

- **红豆汤圆**

●材料
罐装红豆…1 罐
白玉粉（糯米粉）…100 克
水…………90ml

①白玉粉加水（一点一点慢慢地加），充分搅拌至黏稠状
②用手搓成丸子状，放进沸腾的水里煮至浮起，用水冷却
③加上红豆即完成

搭配水果罐头或大红豆更好吃！

—— 食材入门 ——

肉类

说到“吃什么才好”，许多人会先想到肉类。含有大量良质蛋白质的肉类，确实是餐桌上不可或缺的营养食品。但是，光吃肉对身体健康并不好，所以肉类食品还要搭配其他食材，才能让美味与健康加分。

猪肉 I ——选购方法与烹调要诀

统称为猪肉，但是依照部位的不同，肉品种类繁多，选购时必须依照烹调的方式选择适合的部位，并分辨肉品是否新鲜。

选择适合烹调的肉品

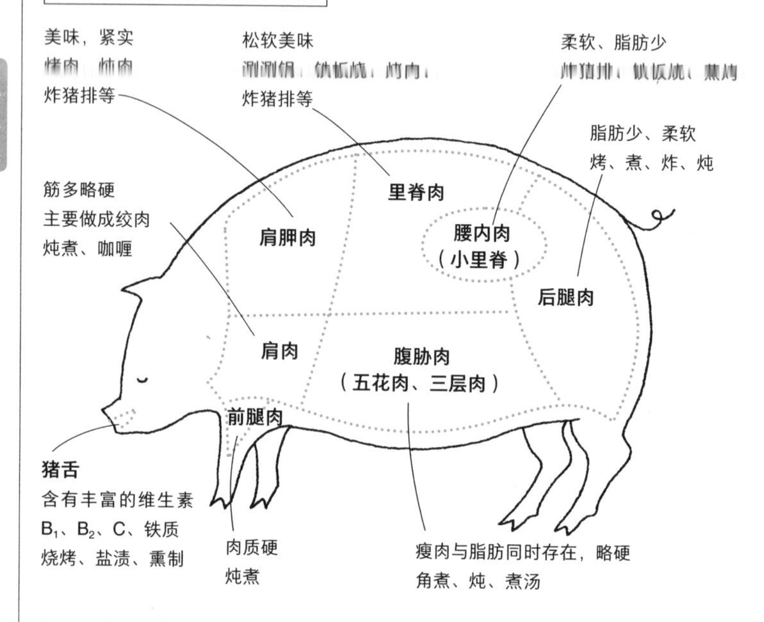

如何分辨品质营养

是否新鲜的判断是弹性及光泽

- ○ **脂肪是白色、肉是粉红色。**
- ○ **肉充满光泽与紧实。**

（新鲜的肉）

- ○ **脂肪与肉都不够紧实。**
- ○ **变色或是出血。**

（不新鲜）

营养

猪肉含有丰富的良质蛋白质与维生素，尤其维生素 B_1 是牛肉的 10 倍。

● 无菌猪 ●

无特定病原菌的肉品，所以饲养时不使用抗生素或抗菌剂。
通称“无菌猪”。

特征与烹调要诀

- 经过品种改良之后，肥肉较少，口感更清爽。
- 绞肉愈搅拌愈香。
- 使用大蒜与葱烹调可以提高维生素 B_1 的吸收率。
- 可能有寄生虫，所以不宜生食。
- 注意切生肉的砧板，用后立即清洗。切肉和切菜的砧板要分开。

●防止半生不熟！火烤的基准与要诀

烧烤时…颜色变白，较厚的肉产生透明的肉汁。开始时用大火烤表面，封住肉的美味之后再以中火一边调整火候一边烧烤

炖煮时…筷子插下去会渗出透明肉汁，温度太高会让肉变硬，用中火慢慢加热

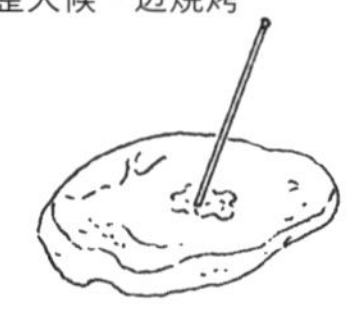

●防止肉缩起来的要诀

脂肪与瘦肉之间用刀划开

●提升美味的小技巧

木瓜和菠萝中含有蛋白质分解酶，将肉放在这类水果上面大约半天的时间，肉会变软

●减少胆固醇的要诀

- 切掉肥肉的部分
- 煮好的汤放冷之后，捞去上面的脂肪层
- 烤肉时，去除浮出来的油脂

保存

●保存天数的基准

肉块	厚切肉片、肉块	薄切肉	绞肉
3～4天	2～3天	1～2天	当天使用

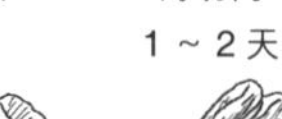

●肉品变质的基准

少　接触空气的表面　多
水分
脂肪
变质的程度

羊→牛→猪→鸡

●重点●

- **去除多余水分**
  用纸巾等包住，密封冷藏。（5℃以下）

猪肉Ⅱ——轻松的烹调法

● 酱烧肉

●材料
猪腿肉块……约 500 克
酱油…………可以淹过猪肉
水煮蛋………2 ~ 3 个（要吃的量）

①将肉放进小锅里，倒入酱油。
②用铝箔纸盖住。开始时用中火，沸腾后转小火炖煮 30 分钟。
③竹签插进肉，肉汁透明表示完成。切成适当厚度即可食用。

● **顺便一起煮好的酱烧蛋**
把煮熟剥壳的水煮蛋放入剩下的酱汁中，小火煮约 10 分钟即完成酱烧蛋。
把煮过的酱汁倒进瓶子里放在冰箱冷藏保存，炒菜时可以使用

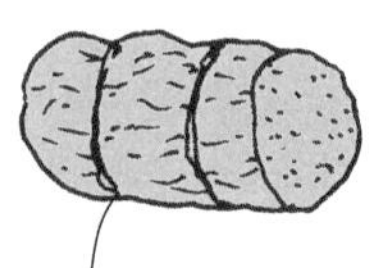

肉用绳子捆绑，
煮的时候不会煮散

● 喜欢辣味的人可以试试泡菜猪肉

●材料 < 4 人份 >
五花肉的薄片…200 ~ 300 克
白菜泡菜………适量
（可用市售已经切好的泡菜）
芝麻油（白芝麻油）

①猪肉切成适当大小，中火炒到变成白色。
②加入白菜泡菜拌炒，用泡菜汁调整辣味。
③从锅子边缘倒入芝麻油，全部混炒，炒好之后再用白芝麻油淋一下即可。

● 猪肉料理的基本菜生姜烧肉

●材料

薄片猪肉…每人份 100 克

腌渍佐料
- 酱油………3 小匙
- 酒…………3 小匙
- 糖…………1 小匙
- 腌生姜……1 小匙
- 淀粉………1 小匙

大蒜………少许

色拉油…少许

①将肉浸在腌渍佐料中约 10 分钟。

②炒菜锅预热，倒入色拉油烧热，中火烧肉，肉翻面，烧烤到肉熟即完成。

● 卷心菜猪肉

●材料 < 4 人份 >

薄片猪肉……300 克

卷心菜………中 1 个

鸡精粉………1 大匙

盐……………少许

胡椒…………少许

蘸酱（辣酱油或芝麻蘸酱）

①卷心菜剥叶洗干净，切成丝。

②锅子洗过直接将卷心菜铺在锅底，上面铺猪肉片，再铺一层卷心菜，再铺一层猪肉片。

③加入鸡精粉、盐、胡椒。卷心菜水分变少时，加 1 大匙水，盖锅盖小火煮。

④卷心菜变软，猪肉变白即完成。

⑤将肉与卷心菜一起蘸酱食用。

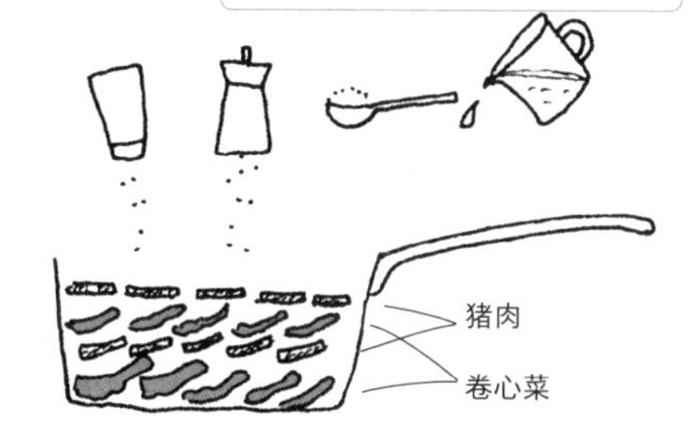

● 随时都可以食用的冷涮锅

●材料

猪肉（涮涮锅肉片）…每人份 100 克

萝卜泥、葱等…………适量

水果醋（或芝麻蘸酱）

冰水

①锅中加水煮沸。

②肉一片片放进锅里涮熟，然后拿出来浸一下冰水。

③沥干水的肉，装在盘里，再搭配萝卜泥与葱末，沾水果醋食用，也可以沾芝麻酱食用。

鸡肉 I ——选购方法与烹调要诀

鸡肉是全世界最普及的食用家禽，虽然便宜且热量低，但是很容易变质，选购时要特别注意。

搭配烹调菜色选择鸡肉的部位

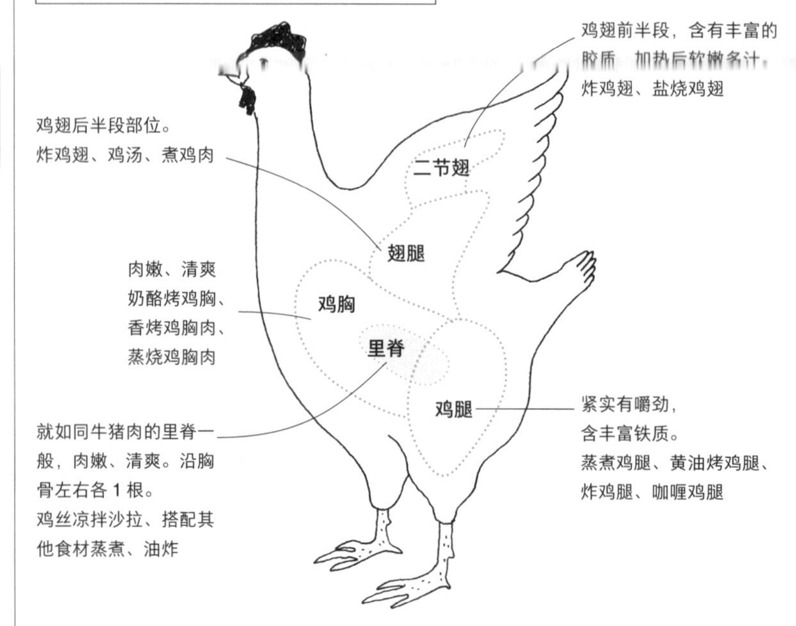

如何分辨品质

鲜度的判断方法

- ○肉是淡粉红色。
- ○腿肉是红色、有光泽。
- ○有弹性、皮肉紧紧粘在一起。
- ○皮是透明的。
- ○白色，切口干燥。
- ○包装袋有肉汁渗出。

营养

蛋白质丰富、热量低。

保存

一定要放进冰箱保存。

容易变质，尽早食用。

特征与烹调要诀

- 鸡肉容易消化，不会造成胃的负担，所以适合病人食用。
- 肉鸡（饲养期短暂的改良品种）的蛋白质含量较少，脂肪是土鸡的 3 倍以上。料理时将皮里面的黄色脂肪去除比较好吃。
- 容易变质，尽早烹调食用。

●去除脂肪

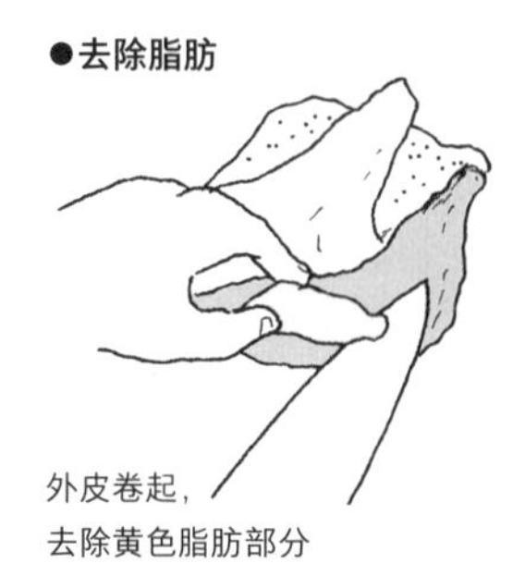

煮熟的标准

皮先烫煮，翻面，煮到中间变白即可。

提升美味的处理方法

●防止鸡肉缩起来的要诀

●鸡肋条肉

要去筋

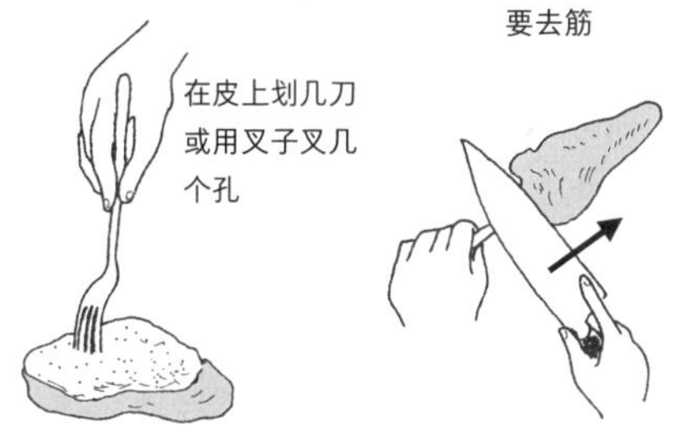

●鸡翅做成的棒棒腿

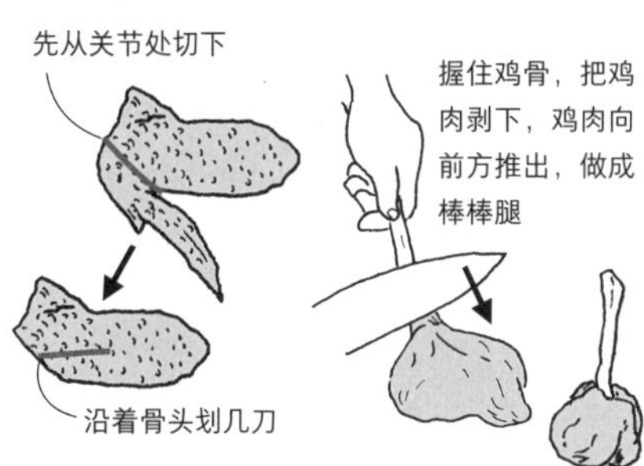

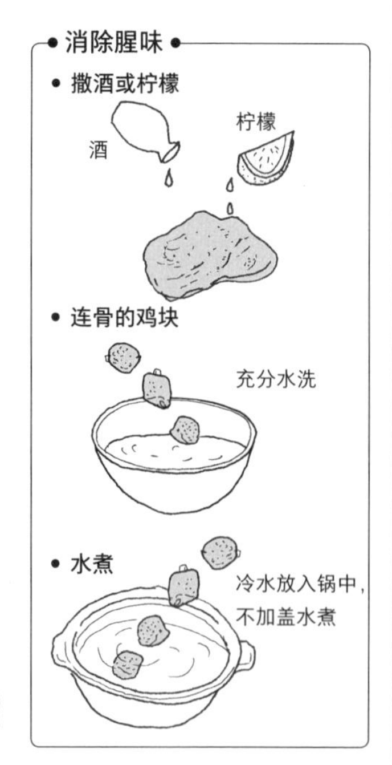

鸡肉Ⅱ——轻松的烹调法

● 有益健康的鸡肉丸子锅

●材料＜4人份＞

鸡肉丸子鸡（绞肉…500克　酒、酱油…少许　生姜汁…适量）
青江菜…1把
鸡汤罐头…1罐
依个人喜好可以加入白菜、菠菜、豆腐等
生姜汁…适量

①制作鸡肉丸子

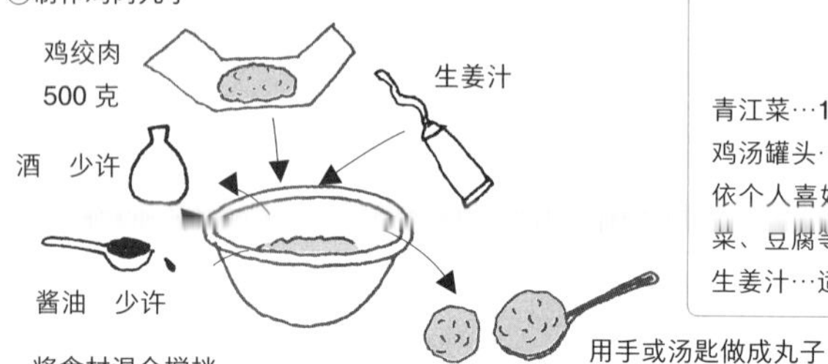

用手或汤匙做成丸子

将食材混合搅拌
至黏稠

②大锅中加水及清鸡汤煮沸，沸腾后放入鸡肉丸子

③丸子浮起后，放入切好的青江菜

④制作蘸酱
酱油与辣椒加入沙拉酱中混合搅拌

用汤匙舀取食物，
蘸酱食用

● 美味爽口酒蒸鸡肋条

●材料

鸡肋条…4～5条
酒……1～2大匙

①鸡肋条去除白色的筋，排在盘子里。
②从上面淋酒。
③用保鲜膜盖住，微波加热5分钟左右。
④翻面，加热到中间变白。
⑤冷却后用手剥丝。
⑥蘸芥末或梅子醋食用。

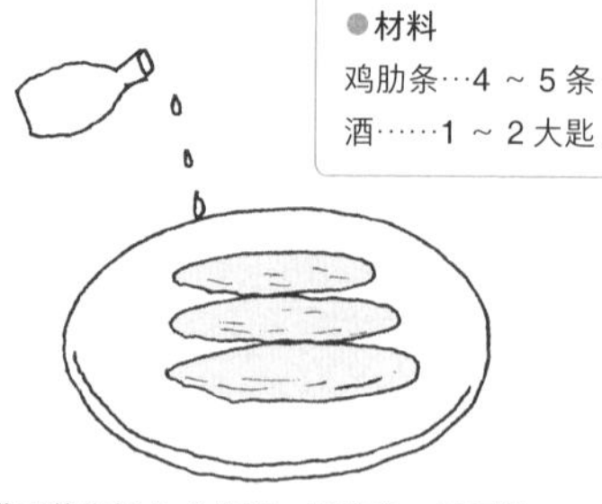

搭配黄瓜切丝或生菜一起装盘，更显得美味可口。做好的鸡丝可以做为汤料或搭配炒菜用

● 元气料理蒜味炸鸡翅

①蒜切碎加入酱油中，做成蘸酱。

②鸡翅水洗干净后用纸巾将水分吸干。

③倒入热油中油炸。

④炸好的鸡翅放进蘸酱中，等到味道吸入鸡肉里就完成了。

●材料 < 4 人份 >

鸡翅………8 根

蒜…………2 片

酱油………1/2 杯

油…………适量

剩下的蘸酱可以用来炒菜

● 营养十足的鸡肉大锅菜

①鸡肉洗净后切块。

②锅底铺昆布，放入鸡肉，加水淹过鸡肉。（要放萝卜或胡萝卜等根茎类蔬菜时，这时一起放入）

③煮好后取出昆布，以小火炖煮，一面去除汤渣与脂肪。（煮久一点，煮 40 ~ 50 分钟，鸡肉熟透，骨肉较易分离）

④加入蔬菜或豆腐，上桌后蘸水果醋食用。

●材料 < 4 人份 >

带骨鸡肉块……………………500 克

白菜、茼蒿、葱、香菇、豆腐、凉粉………………………………适量

昆布…………………约 10 厘米宽 1 片

水果醋……………柠檬或是柚子汁 + 醋 4：酱油 6 + 萝卜泥

● 慢火炖煮的番茄鸡肉锅

●材料 < 4 人份 >

鸡腿肉…………………500 克

番茄罐头…………………1 罐

番茄汁罐头………………1 罐

洋葱………………………1 个

香菇罐头…………………1 罐

月桂叶……………………1 片

鸡精粉、盐、胡椒………少许

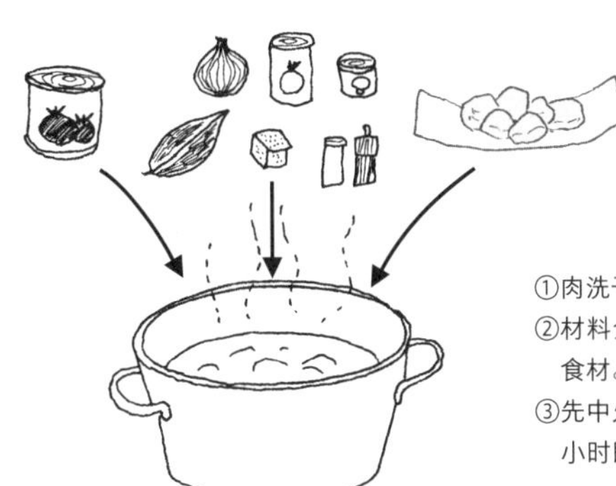

①肉洗干净，切块。洋葱切成条状。

②材料全部放进锅中，加水（或白酒）淹过食材。

③先中火，煮沸后再转小火炖煮 40 分钟到 1 小时即可上桌。

牛肉 I ——选购方法与烹调要诀

过去农业社会时代，牛为人们耕田，因此不吃牛肉。但对现代人而言，牛肉已经成为美食的最高享受。这里就告诉大家如何选购牛肉。

依照烹调方式选择不同部位的牛肉

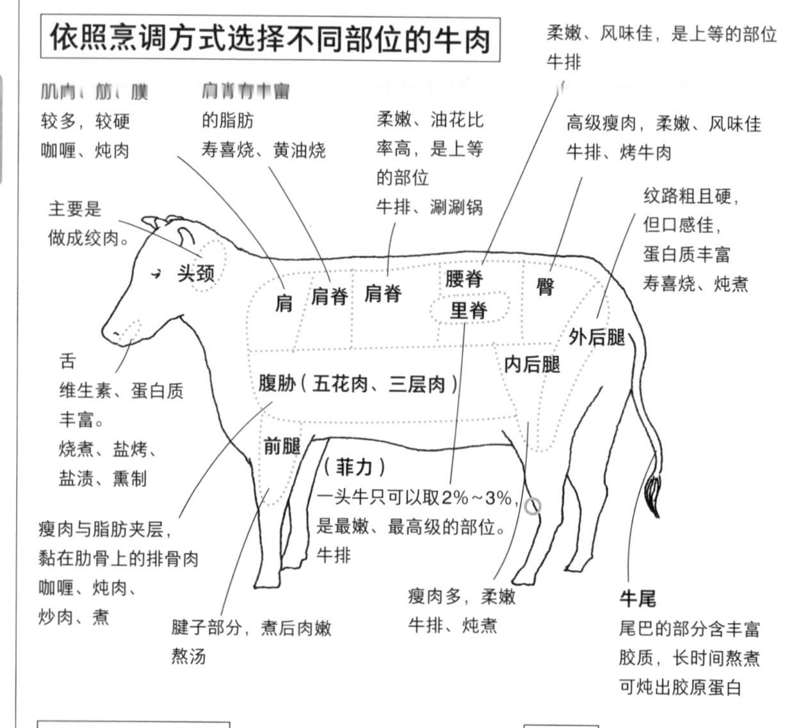

如何分辨品质

○ 脂肪是乳白色，肉是鲜红色。
○ 细致有弹性。
○ 和牛（黑毛和牛等）柔嫩美味。
○ 肉用乳牛则以瘦肉居多，肉呈现淡白色，适合烤牛排。
× 肉黑，表面干燥的多半不是新肉。

保存

用纸巾包起来以达到吸收水分的目的，用保鲜膜包覆以隔绝空气，于5℃以下冷藏。

绞肉　1～2天

薄切肉片　2～3天

肉块　3～7天

长期保存请放到冷冻室。

尽量于1个月之内食用完毕。

特征与烹调要诀

- 营养价值随部位与种类而异，牛肉是良质蛋白质的来源。
- 基本上半生熟即可食用。

  （因为是草食性动物，没有寄生虫）

  绝对不可以烤太熟。
- 因为是酸性食物，要搭配肉量一倍以上的蔬菜食用。
- 脂肪多是不饱和脂肪酸。（以涮涮锅的方式烹调可去除不饱和脂肪酸）
- 价格、味道不一，最好向有信誉的商家购买。

牛排熟度的基准

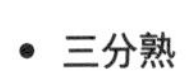

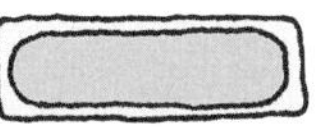

表面烤熟，肉汁还没出来之前的状态

（像脸颊的嫩度）

- 五分熟

中心保留些许红色，翻面肉汁渗出

（像耳垂般的嫩度）

- 全熟

中间烤熟，不渗出肉汁

（像鼻头般的嫩度）

提升美味的处理法

● 较硬的肉浸泡色拉油

浸泡 2 ~ 3 小时即可变软，加一点醋或酒更棒

● 绞肉的处理要诀是充分揉捏

充分揉捏之后，肉的蛋白质（肌动蛋白与肌原蛋白）结合，黏着力增加，加热后仍具有弹性

● 撒盐之后要在 30 分钟之内烹调

避免美味流失。

装进塑料袋里捏才不会弄脏手

● 加热的重点

- 硬肉　长时间

前肩肉

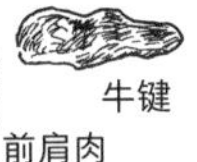

牛键

- 软肉　短时间

菲力

肋脊

腿肉

牛肉Ⅱ——轻松的烹调法

●老少咸宜的汉堡排

①洋葱切碎用色拉油炒成透明状，放冷。

②碗里加入面包粉及牛奶搅拌，加蛋和面包粉和在一起。

③绞肉加盐、胡椒，也可依个人喜好加入肉豆蔻，加入放冷的洋葱炒成黏稠状。

●材料＜4人份＞

牛绞肉（五花绞肉）…400～500克
洋葱（切碎）…1个
面包粉…约半盘
牛奶（可溶解面包粉的量）
蛋…1个
盐、胡椒、依个人喜好肉豆蔻…少许
色拉油、番茄酱、酱汁…适量

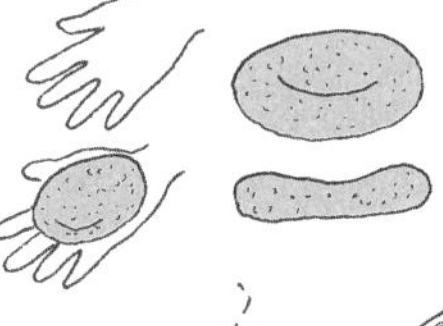

④把③沾上②然后柔匀，做成球状。

⑤用双手拍平，将空气拍出，中间捏凹。

⑥用平底锅煎，先大火煎一面，再翻面，转小火慢煮至中间的肉熟。用锅铲压平，肉汁呈透明状即完成。

⑦利用锅中剩下的肉汁做酱汁。加入番茄酱开火煮开，淋在汉堡肉上。

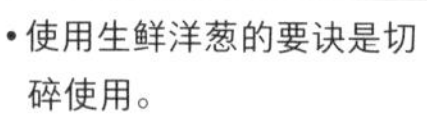

• 使用生鲜洋葱的要诀是切碎使用。
• 肉豆蔻有独特香味，可以消除肉腥味。

＜各种汉堡酱汁＞

• 日式酱汁

萝卜泥

青葱

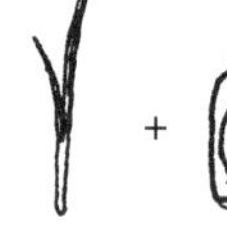

水果醋

• 酱油酱汁

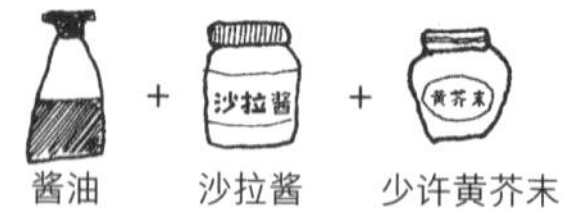

酱油　沙拉酱　少许黄芥末

• 芝麻酱汁

白味噌　白芝麻　糖　肉汁

* 酱汁以每人份1大匙为宜，随个人喜好增减。

●用微波炉烧烤牛肉

●材料＜1人份＞

薄片牛肉…2～3片
卷心菜、莴苣、小辣椒等配料的蔬菜
烤肉酱

①蔬菜洗干净，叶子切碎。小辣椒要塞蔬菜，所以先切开口。

②肉切块装进塑料袋里，加烤肉酱汁，用手搓揉。

③肉在盘里推开，不用保鲜膜微波2分钟，之后依个人喜好再加热。

④卷心菜与辣椒淋上烤肉酱微波加热。变软后与烤肉一起装盘，莴苣可以生食。

● 香煎牛排

装盘，淋肉汁，依个人喜好加黄油

①肉去筋以保持烹调后的美观。烹调之前再撒盐与胡椒。
②平底锅加热，倒入沙拉油，大火煎两面。
③火转小，盖上盖子，煮的时间随个人喜好，翻面数次。
④最后从锅缘倒入酱油，再用大火煮出香味即可关火。

● 材料
牛肉（牛排用）
……………………依人数决定
盐、胡椒……少许
酱油…………每人份 1 大匙
配料的蔬菜…适量
油或黄油……适量

要诀 肉在要煮前 30 分钟再从冷冻室拿出，在室温下解冻。

● 简单又美味的炖肉

● 材料 < 4 人份 >
薄片牛肉（猪肉也可以）
……………………200 克
马铃薯……………4 个
洋葱………………2 个
芝麻油（色拉油）…2 大匙
酒（味淋）…………2 大匙
糖…………………2 大匙
酱汁………………1 杯

①马铃薯洗净，湿的状态下用保鲜膜包起来，微波加热 10 分钟。剥皮切成 4 等分。
②锅里倒油，洋葱切丝炒成透明状。
③肉切块，下锅快炒。
④加入马铃薯。
⑤加糖、酒、酱汁煮到入味。

● 牛肉卷马铃薯

①牛肉片包住马铃薯条。
②接缝处朝下，放进平底锅里。
③加入糖、酒、酱油煮开后加水，小火煮到收汁。
④依个人喜好加七味粉。

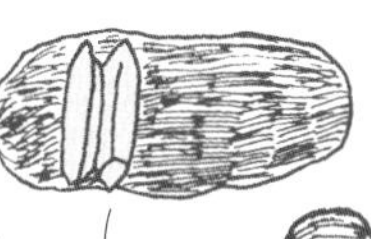

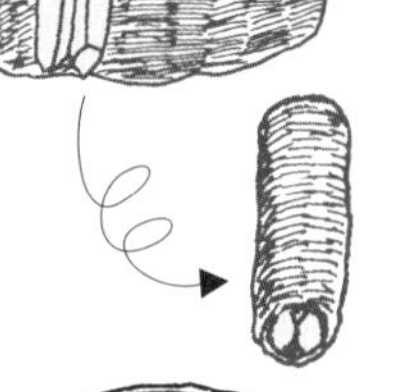

● 材料 < 4 人份 >
牛肉薄片…………200 克
冷冻炸薯条…………1 包
糖……………………2 大匙
酱油…………………2 大匙
酒（或味淋）………2 大匙
色拉油、七味粉……适量

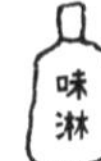

加工肉制品——火腿、香肠、培根

只要稍加处理即可美味上桌，加工肉制品是非常方便的食材，懂得各种加工肉制品的特色，就能烹煮出美味的食物。

种类与特征

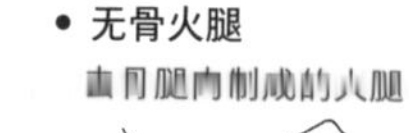

- **嫩肩火腿**
  嫩肩肉制成的火腿
- **无骨火腿**
  由[illegible]腿肉制成的火腿
- **意式香肠**
  盐渍的牛猪肉切碎加辛香料及调味料后灌制成香肠

火腿本来是用猪腿肉盐渍或熏制加热制成的加工食品，发展至今已经有各种不同部位制成的火腿产品，直接加热即可食用，非常方便。

- **培根**
  猪五花肉盐渍后熏制熟成的肉品
- **生火腿**
  抹盐后未加热制成的，可搭配沙拉食用
- **压制火腿**
  牛、猪、羊等小肉片盐渍后挤压制成
- **肉冻**
  盐渍肝脏或是肉块，与蔬菜一起凝固制成的肉冻
- **法兰克福香肠**
  盐渍的牛、猪肉制成绞肉后，加调味料与辛香料灌成香肠，有熏制的产品或蒸煮产品
- **维也纳香肠**
  小的法兰克福香肠
- **牛肉罐头**
  盐渍牛肉经过高温高压蒸煮处理的加工食品
- **肝酱**
  将牛、猪、鸡肝压碎加调味料加工制成，可以抹在面包或饼干食用

看清标识，慎选优良产品！

加工肉制品乍看之下都差不多，不过食材与添加物却各不相同，选购时要看清标识。

- 选择添加物少的。
- 别忘了确认食用期限。

特征与烹调的要诀

● **火腿**

- 蛋白质或是维生素 B_1、B_2 含量丰富
- 已经有盐味及熏制的香味，使用非常方便
- 已经有咸味，加盐时要注意分量

● **香肠**

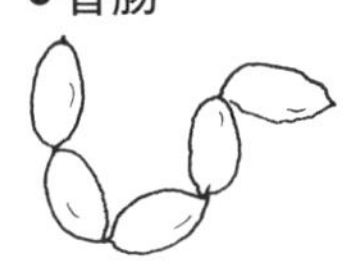

- 干香肠（干燥型）比较耐放
- 干香肠的脂肪含量较多
- 法兰克香肠或维也纳香肠炒过之后，皮会变硬

● **培根**

- 蛋白质与维生素 B_1 含量丰富
- 有熏制的香味
- 使用五花肉制成，热量较高
- 盐分较高

动手做做看

• 夏威夷火腿牛排

●材料
火腿
菠萝罐头
胡椒

①将火腿切成 1 ～ 2 厘米厚度，翻炒。
②加菠萝罐头的菠萝片与汤汁，翻炒后装盘。
③依喜好加胡椒。

• 煮香肠

●材料
意式香肠
依喜好加黄芥末

①锅里加水煮沸，香肠烫一下。
②香肠浮起即可装盘，依喜好蘸芥末食用。

• 山上小屋汤

●材料 < 4 人份 >
培根…200 克
洋葱、马铃薯、胡萝卜等
什么蔬菜都可以
依喜好加盐、胡椒、鸡精粉

①将切好的培根与蔬菜放进锅里，加水煮开。
②尝味道，依喜好加盐、胡椒及鸡精粉。

其他肉类

除了牛、猪、鸡之外，还有许多可供食用的肉类，近年来连稀有的食用肉品都可以在市场上买到。

- **羊肉**

  小羊肉

  出生后不到 1 年的小羊，

  膻味小且肉质鲜嫩

  羊肉

  出生后 1 年以上，有独特的腥膻味

  运用香料消除腥膻味的烹调法：沙威玛、咖喱、炖肉

- **山猪肉**

  有独特腥味，肉质佳，脂肪丰富，是肉排中最高等级。

  用味噌调味的牡丹味噌锅

- **鸭**

  肉质鲜美、咬劲极佳

  姜母鸭、熏鸭、北京烤鸭等

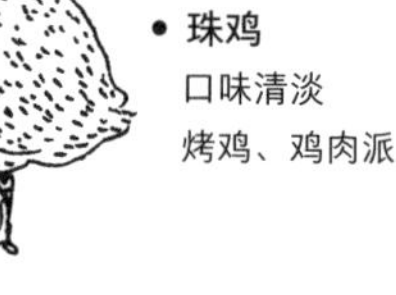

- **珠鸡**

  口味清淡

  烤鸡、鸡肉派

- **鹅**

  没有鸭肉的腥膻味，肉质鲜嫩

  盐水鹅、茶鹅

- **火鸡**

  口味清淡，没有腥膻味

  感恩节的火鸡大餐

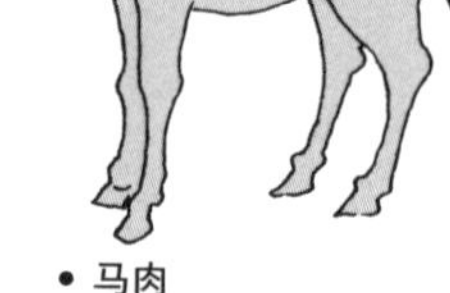

- **牛蛙**

  也就是田鸡，肉质近似鸡肉

  油炸、炒

- **兔子**

  味道近似鸡肉，出生 3 ~ 4 个月的兔子脂肪丰富，肉质鲜嫩

  葱烧或姜烧、烤、炒

- **马肉**

  有甜味，新鲜马肉可以做成刺身

  肉排、寿喜锅（樱花锅）

—— 食材入门 ——

鱼贝类

海洋中鱼贝类种类丰富，有海水鱼、淡水鱼、虾、蟹、乌贼、章鱼、贝类等。鱼贝类是蛋白质主要的来源，虽然受限于自然环境，渔获量逐年减少，但是鱼贝类仍是餐桌上不可或缺的要角。

鱼肉的基本——选购方法与烹调要诀

鱼肉讲究的是“一鲜、二处理”，鱼肉烹调首重严选新鲜的食材。可以到住家附近的鱼店或是水族馆观察鱼的生态。

如何辨别新鲜度

○按下去肉质有弹性，色泽鲜艳。

○没有令人做呕的腥味。

○鱼肉切片时，切口有光泽，没有浮胀感的是新鲜的鱼片。

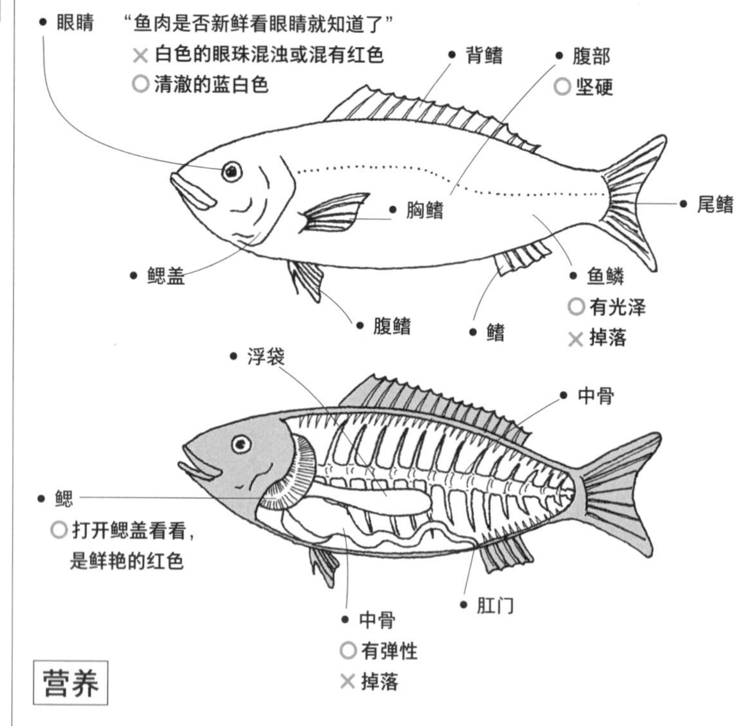

营养

鱼类含有丰富的优质蛋白质，也含有大量能降低胆固醇及血压的牛磺酸，有助于恢复肝功能。

青鱼中含有丰富的 DHA（二十二碳六烯酸）或是 EPA（二十碳五烯酸），有降低动脉硬化、保护及强化血管的功能。

烹调的重点

买回来之后要马上清理！

- 不要弄得黏答答的，抓住头或眼睛下方。
- 砧板要用水冲过，擦拭之后再使用。
  使用干的砧板，鱼腥味会留在砧板上。
- 使用锋利的刀子。

处理方法

全部用水洗干净，去除鳞、鳃、肠等。

①去除鱼鳞
用菜刀的刀刃从头到尾刮除

大的鱼可以用刮鳞器刮鱼鳞

②取出鱼肠
刀刃从肛门口插入，切开鱼腹，取出鱼鳃与鱼肠

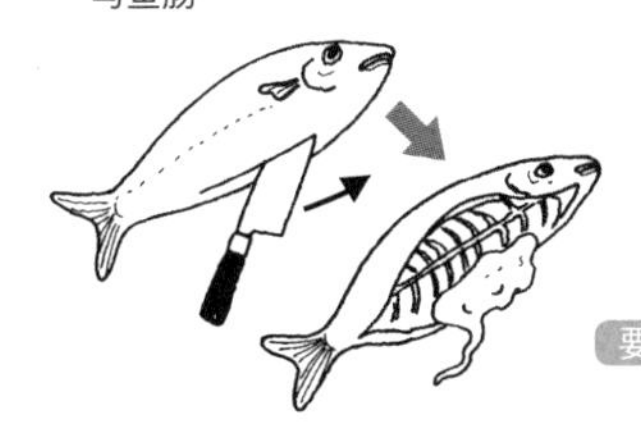

③清洗
以盐水仔细清洗鱼腹，再拿纸巾擦干

要诀 中骨的血水要清洗干净

用纸巾和保鲜膜包起来放进冷藏室

鱼的切割方法

● 切成3片

①从头与鱼身交界处切掉头部，沿着腹鳍插入刀刃，刀刃顶住中骨上面，向尾部切下

②对着尾部转变方向，背侧沿着鳍一样切下

③鱼尾的根部抬高，切开鱼身

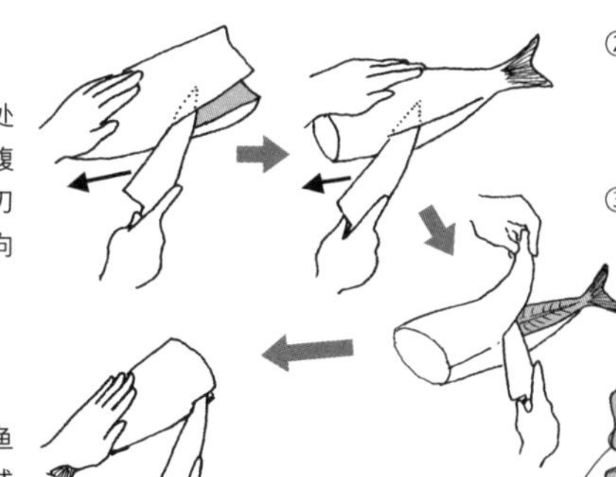

④从背部的头开始，菜刀切入有骨的鱼身，依同样的方式切下鱼肉

完成

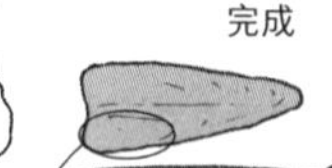

腹骨沿著凹陷切下

竹荚鱼——选购方法与烹调要诀、轻松的烹调法

一般说的“鲹”，主要是指竹荚鱼。不但美味可口、腥味较少，而且营养丰富。

种类与选购方法

● **竹荚鱼（真鲹）**

盐烤、生鱼片、煎、裹粉煎

● **小竹荚鱼**

真鲹最小的品种，可以整只油炸食用或是用香料腌渍食用

● **纵带鲹**

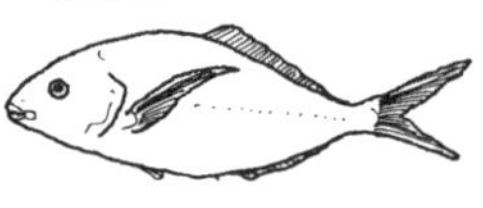

特征是侧面有黄色的带状，可以做成生鱼片

● **圆鲹**

○面积大，鱼身厚实

因为新鲜度不易保持且鱼身易碎，所以适合做成鱼干或罐头食品

处理的方法

①先去鱼鳞

刀从尾部切入，前后移动切下

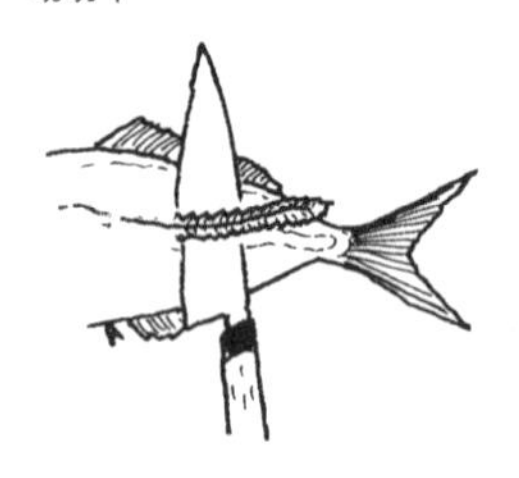

②去鳃

拉出鳃部取出

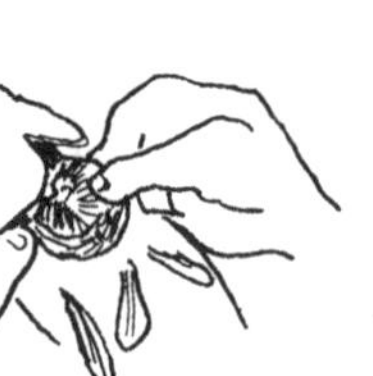

③取出鱼肠

从胸鳍下方约 5 厘米处下刀，向下切开腹部，取出鱼肠，用盐水清洗

营养

除了含有丰富的蛋白质、脂肪、维生素 B_1、B_2 之外，还有丰富的DHA及EPA（参阅P. 172）。

轻松的烹调法

● 简单的腌渍鱼

①三尾小竹荚鱼撒上盐后放置约 10 分钟
②用醋水清洗后，从头部向尾部剥皮
③切成适当大小
④洋葱切丝，与竹荚鱼一起以法式酱料腌渍

●材料
竹荚鱼（生食用）…小尾 2 ～ 3 尾
洋葱……………………1/2 个
市售的法式酱料……适量

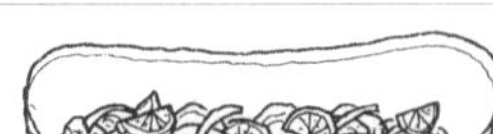

● 基本菜色盐烤竹荚鱼

①经过处理的竹荚鱼用盐水洗过，再用筛子沥干水分
②从距离约 30 厘米的高处撒盐，两面鱼身都要撒。放置约 20 分钟
③用纸巾吸水
④烤网涂油，大火烤到网子变红色时，将装盘朝上的那一面先烤，等到烤出颜色之后再翻面，用中火烤熟

●材料 < 2 人份 >
竹荚鱼…2 尾
盐、油、酱油、萝卜泥…适量

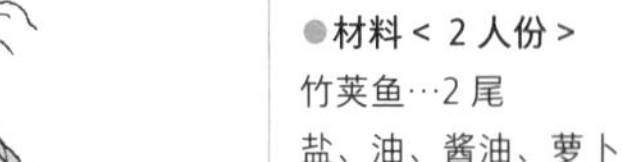

⑤加萝卜泥、蘸酱油食用

● 裹粉炸鱼

①处理过的竹荚鱼全部裹上面粉

②平底锅里倒色拉油，把装盘时在上面的那一面向下，将鱼放入锅中，煎好后翻面再煎

●材料 < 2 人份 >
竹荚鱼……小鱼 2 尾
洋葱………1/2 个
青椒………1 ～ 2 个
大蒜………1 ～ 2 瓣
面粉………适量
色拉油……2 大匙
番茄酱……1 ～ 2 大匙

③竹荚鱼装盘，洋葱切丝和青椒、大蒜炒过之后，加番茄酱

④蔬菜略炒之后，盖在竹荚鱼上面

避免面衣剥落的要诀

- 上面衣之前先用纸巾将鱼身的水吸干。
- 抖落多余的面粉。
- 沾粉之后马上下锅。
- 开始用大火，表面固定之后再转中火。

沙丁鱼——选购方法与烹调要诀、轻松的烹调法

营养丰富的沙丁鱼一直深受大家的欢迎。烹煮沙丁鱼首重的就是鱼的新鲜度。

种类与选购方法

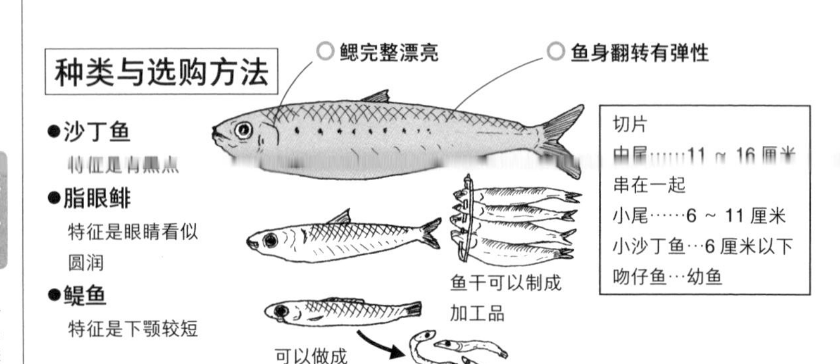

营养

牛磺酸等氨基酸、钙、EPA（参阅 P. 172）含量丰富，低热量，是健康食品，有助于预防文明病。

处理的方法

● 用手剥开鱼身

①刮鳞之后，刀从胸鳍下方切入，切下鱼头，取出鱼肠，洗干净

②拇指伸入鱼腹，插到鱼尾

③双手拇指插入中骨上方，剥下鱼身

④剥下中骨，在鱼尾折下鱼骨（拇指插入鱼身与鱼皮之间，剥皮）

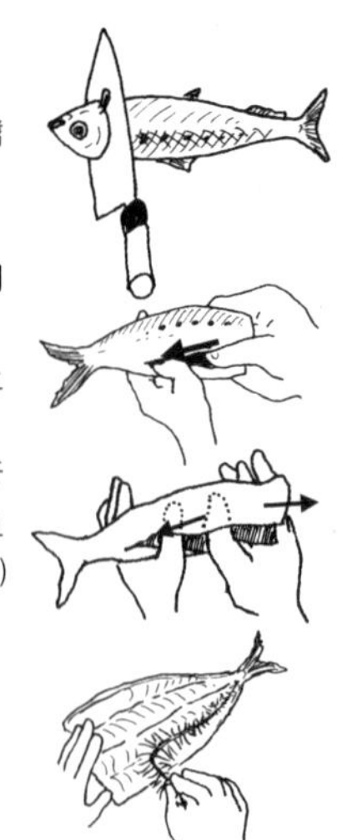

煮鱼的处理法

● 中空抽出处理法

①刮鳞之后，菜刀从鱼头与鱼身交界处深深插入

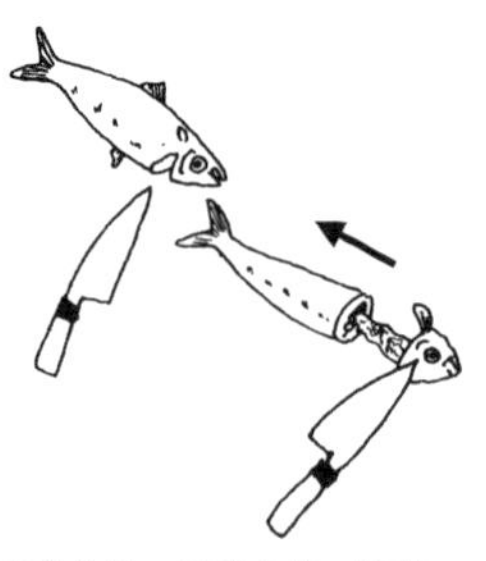

②按住头，拉出鱼身，取出鱼肠与鱼头，洗干净鱼身后切成圆筒状

轻松的烹调法

● 沙丁鱼意大利面

●材料＜4人份＞

意大利面………400克
沙丁鱼…………2～3尾
卷心菜…………小1/2个
大蒜……………1瓣
辣椒……………1根
橄榄油…………适量
盐、胡椒………少许

①经过剥开处理的鱼身，剥皮后切成适当大小。大蒜切碎，卷心菜切成适当大小

②大蒜与辣椒用橄榄油炒过，香味出来以后加入沙丁鱼

③沙丁鱼变白色，加入卷心菜，炒熟

④烫意大利面（参阅P.149）

⑤加入③一起煮好的意大利面，淋上一匙的橄榄油，拌匀。使用盐与胡椒调味即完成

● 消除腥味的梅干煮鱼

●材料＜2人份＞

沙丁鱼…2尾
梅干……3～4个
调味料
　酱油…5大匙
　酒……2大匙
　味淋…2大匙
　糖……2大匙

①经过剥开鱼身处理的鱼洗干净，切成3等分

②锅中加入沙丁鱼及调味料，加水盖过食材，和梅干一起煮开

③捞出汤渣，中火煮到汤汁变少

● 沙丁鱼蒲烧盖饭

●材料＜1人份＞

沙丁鱼………2尾
面粉…………适量
色拉油………少许
饭……………1碗
高汤
　调味酱油………1大匙
　味淋……………1大匙
　糖………………1大匙
　姜………………少

①经过剥开鱼身处理的鱼，用酱汁腌渍约20分钟

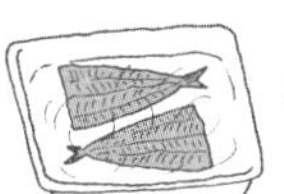

皮向上将鱼放入锅中，煎熟

④先把鱼盛在盘中，再煮①的酱汁。将鱼放回酱汁中，酱③平底锅加油，热锅后鱼汁淋在鱼身上

③平底锅加油，热锅后鱼皮向上将鱼放入锅中，煎熟

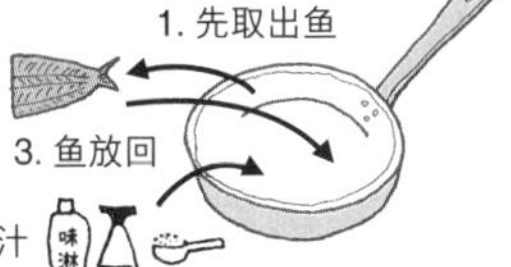

⑤鱼放在饭上，再淋酱汁

鲣鱼——选购方法与烹调要诀

过去交通不发达的时代，鲣鱼都制成柴鱼以延长保存期限。现今因为交通方便，到处都可以享用新鲜美味的鲣鱼料理。

选购方法

• **生柴鱼**
鲣鱼蒸煮之后制成的半干加工食品。可以做姜煮鱼或醋鱼

• **下酒菜**
辣咸的内脏

特征与烹调要诀

- 初春的鲣鱼清爽可口，秋天的鲣鱼浓郁美味。
- 含有丰富维生素 D 与 B，鱼身暗黑色的鱼血含丰富铁质。
- 新鲜的鲣鱼适合生食。
- 有独特的腥味，所以大多是烘焙熏制。

动手做做看

• **鲣鱼片**

①准备佐料菜
萝卜…磨成泥
小葱…切小段
大蒜…切薄片
其他…切碎

市售的鲣鱼片

②佐料菜的一半放在市售的鲣鱼切片上，用菜刀背敲碎入味

③放进冰箱冷藏

④取出冰箱的鱼料，切成约 1 厘米宽度，把剩下的佐料菜放上去，淋上酱油或水果醋食用

●**材料 < 4 人份 >**
市售的鲣鱼切片…1 片
佐料菜
萝卜…5 ~ 6 厘米一段
生姜……………1 节
小葱……………5 根
柠檬汁…………1 个柠檬
大蒜……………1 瓣
绿紫苏………10 片
茗荷（日本姜）…5 个
酱油（或水果醋）…适量

金枪鱼——选购方法与烹调要诀

金枪鱼可以说是最受到亚洲人喜爱的鱼类，你知道金枪鱼好吃的秘诀是什么？现在就来介绍金枪鱼的烹调方法。

选购方法

○ 赤身部分颜色清澈。切片有弹力

× 没有油脂，略带白色，味道不佳

● 黑金枪鱼

体长约 3 米

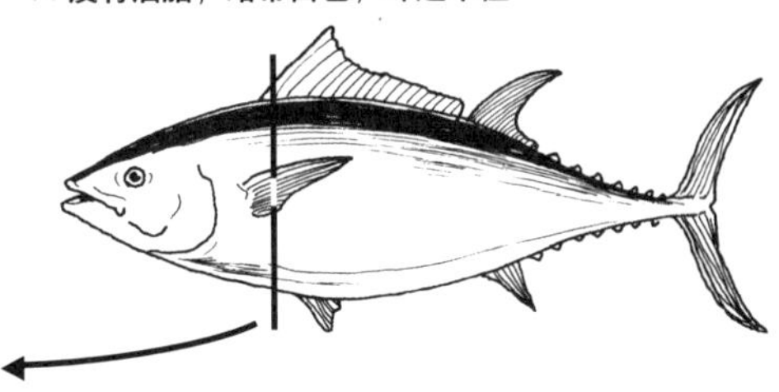

金枪鱼剖面图

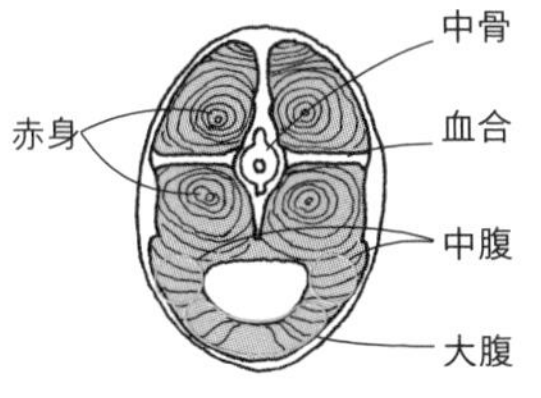

● 冷冻金枪鱼还原法 ●

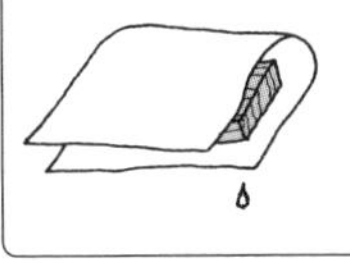

用纸巾包裹，放进冷藏室自然解冻

特征与烹调要诀

- 营养价值是赤身部分比较高。
- 切片是以筋纹横向平行者为最高级。

  平行→斜纹→半圆
- 筋纹间隔较窄的鱼片是接近鱼尾的部分，口感较硬。

○ 平行

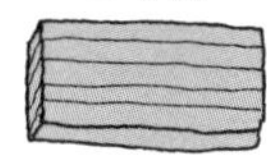

△ 半圆

动手做做看

• 金枪鱼生鱼片

●材料 < 2 人份 >

金枪鱼………200 克

萝卜…………5 厘米

绿紫苏………5 ～ 6 片

芥末泥………少许

酱油…………少许

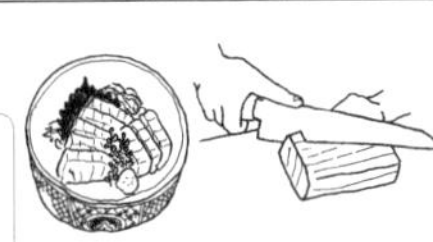

①金枪鱼垂直切成约 1 厘米厚度，一片片摆放

②萝卜用磨泥器磨成泥状，沥干水分，平铺在盘中

• 金枪鱼盖饭

●材料 < 2 人份 >

金枪鱼……200 克

山药………1/4 根

芥末泥……少许

酱油………少许

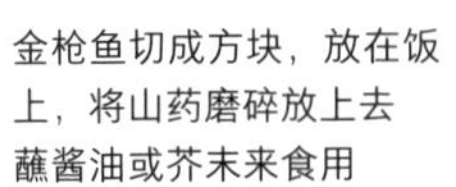

金枪鱼切成方块，放在饭上，将山药磨碎放上去蘸酱油或芥末来食用

鲭鱼——选购方法与烹调要诀

鲭鱼的代表包括秋天盛产的真鲭与夏天肥美的芝麻鲭鱼。非常容易腐败，尤其是内脏的部分，所以烹调鲭鱼最重要的就是鲜度。

选购方法

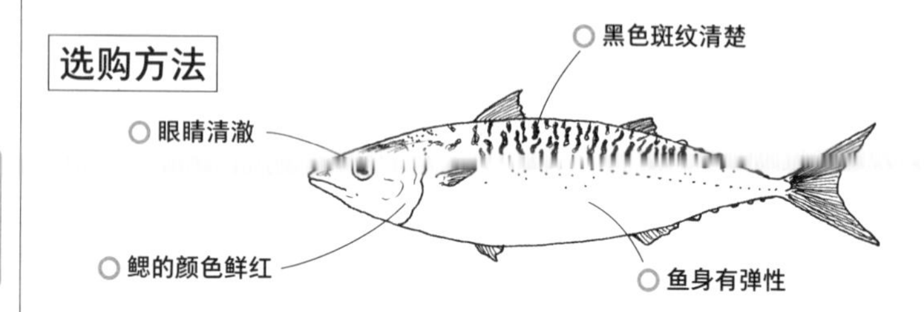

特征与烹调要诀

- 容易腐败，内脏不要食用。
- 糖醋或是香煎比生食更美味。
- 有特殊腥味。
- 容易引起过敏症状。
- 含有丰富的 DHA、EPA（参阅 P. 172）、铁、维生素 B_1 与 B_2。

去除腥味的要诀

可以去除鲭鱼腥味的调味料

动手做做看

- 味噌鲭鱼

①调味料拌在一起，加入生姜切片，开火煮开

②放入切半的鲭鱼，盖上锅盖，中火煮 5 分钟

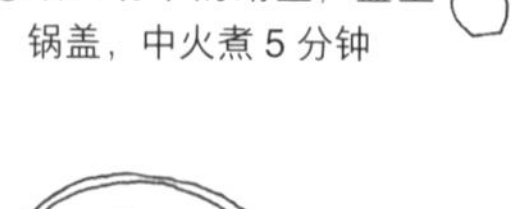

●材料 < 2 人份 >

鲭鱼切片…半尾

姜…………1 节

味噌………2 大匙

调味料

水………适量

酒………1/2 杯

糖………1 大匙

酱油……1 大匙

鱼皮在上面，加水调整至汤汁盖住鱼肉

③加味噌，让汤汁盖住鱼肉，小火煮 5 分钟即可食用

防止烧焦的秘诀

铝箔纸对半折好，剪出缺口

打开，铺在锅底

秋刀鱼——选购方法与烹调要诀

瘦长像把刀的秋刀鱼，虽然便宜，但是十分美味，营养价值也很高，是秋天餐桌常见的佳肴。

选购方法

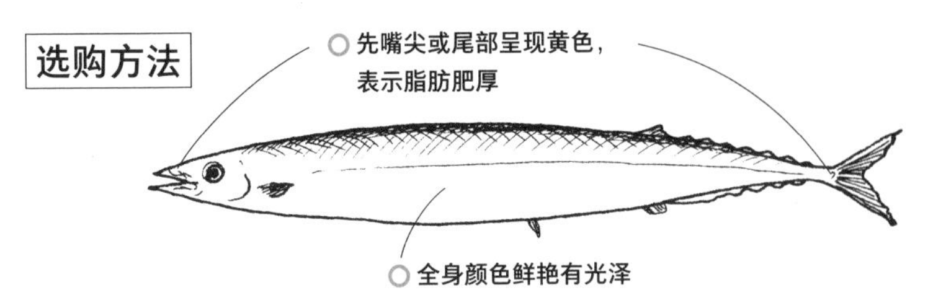

特征与烹调要诀

- 秋天是秋刀鱼的盛产季节，其他季节看到的是冷冻鱼。
- 新鲜的秋刀鱼连鱼肠都可以食用（烧烤时不必取出）。
- 含有丰富的钙、脂质、铁、DHA、EPA（参阅 P. 172）。
- 血骨含丰富的维生素 B_2。
- 细长的形状，非常方便烧烤。

烧烤要诀

- 切半烧烤。
- 烤前再切，以免美味流失。

动手做做看

- 煮秋刀鱼

●材料 < 2 人份 >

秋刀鱼…2 尾

姜…大量

调味料

水……………适量

酱油…………4 大匙

酒、味淋……2 大匙

糖……………1 大匙

①秋刀鱼切成圆筒状，在水中取出鱼肠，清洗干净

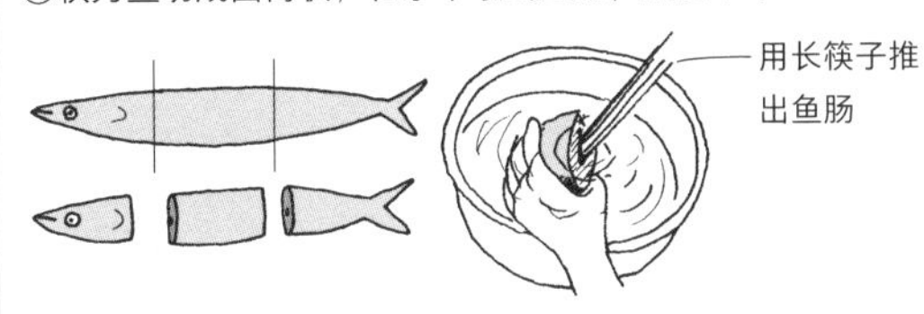

②调味料拌在一起，加姜丝煮开

酒

③加水煮沸，加鱼

中火煮 10 分钟
即可完成

鲑鱼——选购方法及烹调要诀

鲑鱼从鱼卵到成鱼都是珍贵的食材。

选购方法

○ 全身银色，脂肪丰厚

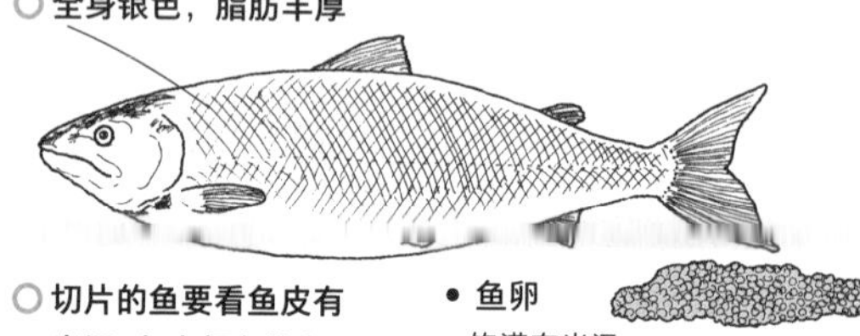

雄鱼 鼻子部分弯曲的是雄鱼

雌鱼

○ **切片的鱼要看鱼皮有光泽，鱼肉颜色均匀，这才是新鲜的鲑鱼**

• **鱼卵**

饱满有光泽。

颗粒分明的才是高级鲑鱼卵

特征与烹调要诀

- 有卵的雌鱼油脂肥厚，但是产卵后风味大减。
- 维生素 A 含量丰富。
- 容易有寄生虫，除新鲜的生鱼片之外，加热再食用。
- 切片适合盐烤、照烧、火锅、腌渍、黄油烧烤。
- 头的软骨可以切成薄片做成凉拌菜。

动手做做看

• 鲑鱼排

●材料 < 2 人份 >

生鲑鱼（切片）…2 片

盐、胡椒……少许　黄油…2 大匙

柠檬汁、酱油、沙拉酱等…适量

鲑鱼用盐及胡椒腌渍，平底锅加黄油煎鱼，两面都要煎。淋上柠檬汁、酱油、沙拉酱即可食用

• 腌鲑鱼

●材料 < 2 人份 >

鲑鱼（生鱼片用）…150 克

洋葱…1/2 个　柠檬…1 个

醋……1 大匙　橄榄油…1 大匙

①鲑鱼、洋葱、柠檬切片，交互重叠

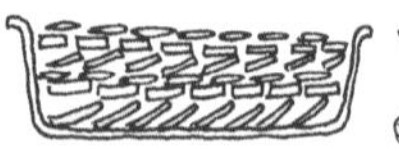

②浸醋及橄榄油后放进冰箱，冰 3 ～ 4 天后即可食用

切片鱼——选购方法与烹调要诀

选购卖场卖的切片鱼时，最重要的就是鲜度。

选购方法

“鱼片洗干净！”
盖上纸巾。

- **白带鱼**

○鱼皮是银色的，无剥落
△粗糙，看起来不好吃
盐烤、黄油香煎

- **鰤鱼**

○鱼皮纹路有光泽、颜色鲜艳
○血骨是红色的
○肉厚
照烧

- **红鲷**

○皮色鲜艳
○鱼身有透明感
煮、火锅

- **鲽魚**

○內皮是白色的
○有卵
煮
○肉厚

- **金目鲷**

○鱼皮纹路清晰
○鱼肉紧实
蒸、煮

- **鰆鱼**

○鱼皮纹路清楚
○有光泽
味噌腌鱼、照烧、酒糟

- **油鱼**

市面上出售的都是冷冻油鱼。过度解冻会丧失鱼的美味，最好是在半解冻状态下烹调
油炸

动手做做看

- **味噌腌鱼**

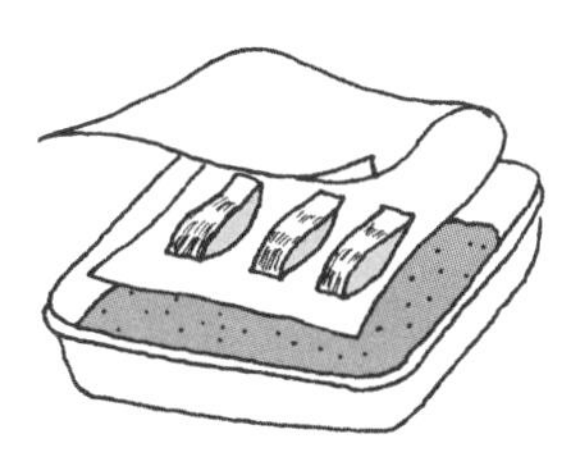

●材料 < 2 人份 >

鱼片（鰆鱼）…2 片　　米味噌…60 克
酒…1 大匙味淋…1 大匙　　盐…少许
纱布（或是强韧的纸巾）　　保鲜膜

①鱼片双面抹盐后放置 1 小时。
②味噌用酒及味淋拌开，一半放进盘子里。
③纱布包住鱼后放进盘子里，再将剩下的味噌放进盘中，用保鲜膜压一下。
④放进冰箱冷藏 1 天以上即可食用。

白肉鱼 I ——选购方法与烹调要诀

白肉鱼一般较无腥味，比较容易烹调。常见的白肉鱼有鲷鱼、比目鱼、鳕鱼等。

选购与烹调方法

● **鲷鱼**

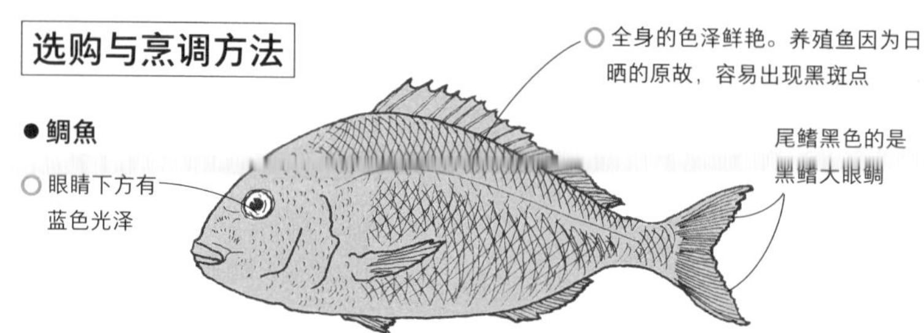

○ 全身的色泽鲜艳。养殖鱼因为日晒的原故，容易出现黑斑点

○ 眼睛下方有蓝色光泽

尾鳍黑色的是黑鳍大眼鲷

○ 长达 30 厘米以上的鱼较鲜美

- 鱼刺坚硬，处理时要连细刺都取出
- 鱼刺也可以做成小菜

生鱼片、砂锅鱼头、现煮鱼汤、清蒸

● **鲽鱼**

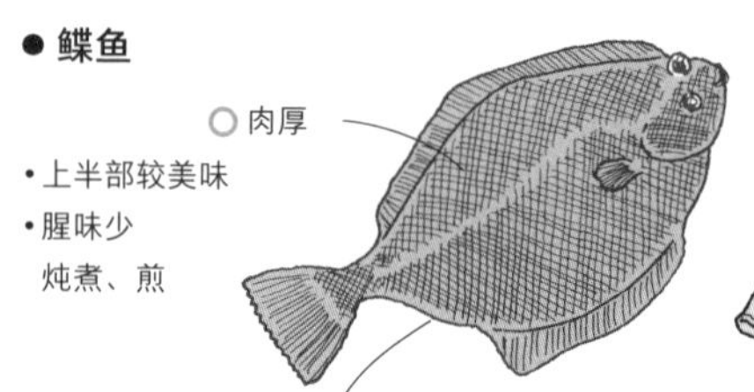

○ 肉厚

- 上半部较美味
- 腥味少

炖煮、煎

○ 里面的白皮透明清澈

● **鲆鱼**

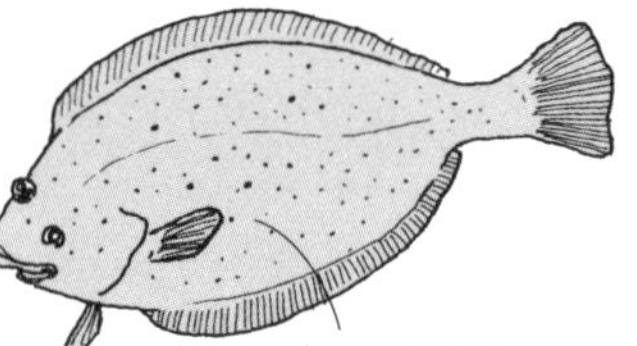

○ 光泽有透明感

- 腥味少，美味可口
- 冬天的鱼更是人间美味
- 春天的鱼脂肪较少，口感较差

生鱼片

“左鲆鱼右鲽鱼”

- 鲽鱼和鲆鱼都是比目鱼，两眼长在同一边。当鱼的眼睛在上面时，头在左边的是鲆鱼，头在右边的是鲽鱼。
- 眼睛较大的是鲆鱼。

处理时的重点

● **侧切**

煎鱼或煮鱼时的处理，是在腹侧的胸鳍下方切个小口，把鱼肠拉出

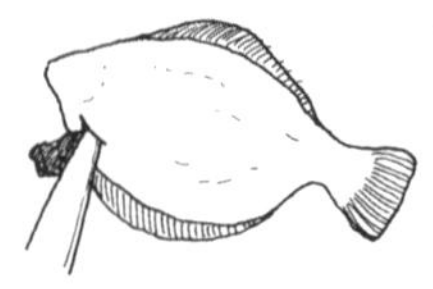

● **划刀**

用刀在鱼皮表面划“乂”或“//”线，这样不但煎好的鱼皮较美观，也比较入味

● 舌鲆

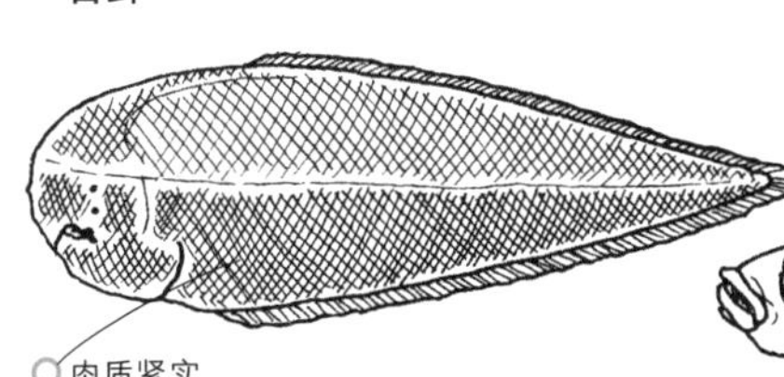

○ 肉质紧实

• 淡白色的鱼肉非常适合做成腌渍鱼

用指尖沾盐抹在鱼皮上即可烹调

● 牛尾鲢

○ 鱼肉是淡粉红色的。

○ 属于切片鱼中鱼鳞较大者。

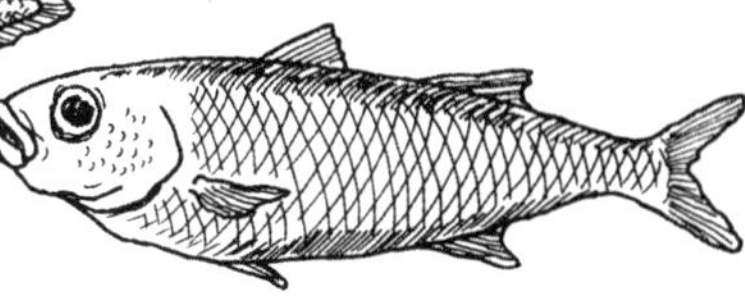

• 肉质鲜嫩，尤其是冬季捕获的更是美味

炖煮、照烧

• 鱼卵也可食用

● 沙鲮

○ 整只鱼漂亮而有弹性

× 鱼鳞脱落

天妇罗、油炸、裹面衣香煎

● 鳕鱼

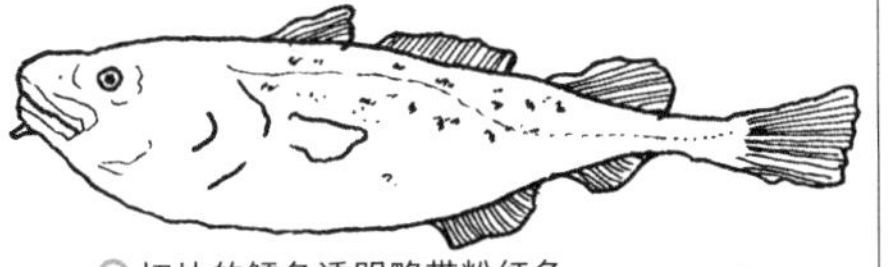

○ 切片的鳕鱼透明略带粉红色

鱼肉是白色的就是冷冻鱼

• 容易腐败

鳕鱼锅、豆酥鳕鱼

● 飞鱼

最远可飞 40 米

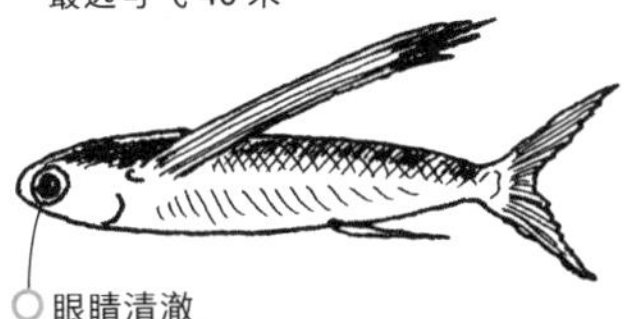

○ 眼睛清澈

• 烧烤后肉质紧实

• 口味清爽

盐烤、香煎

● 鮟鱇

○ 鮟鱇鱼的切片呈透明的白色

• 鮟鱇鱼有七宝，肝脏、尾鳍、卵巢、鳃、胃、皮、肉，全部可供食用

• 尤其是肝脏，更是极品美食

火锅

● 烹调的要诀 ●

• 深海的白肉鱼含水量较多。搓盐以后，鱼肉较紧实。

• 鱼肉是淡白色的，适合做成天妇罗与油炸。

白肉鱼Ⅱ——轻松的烹调法

● 鲷鱼砂锅鱼头

①鱼头用热水氽烫之后，水洗，去腥味

②锅里放调味料与淹过食材量的水，煮开

③加入鱼头，盖上锅盖，大火煮到汤汁收干即可完成

鱼头……指鱼处理后剩下的头

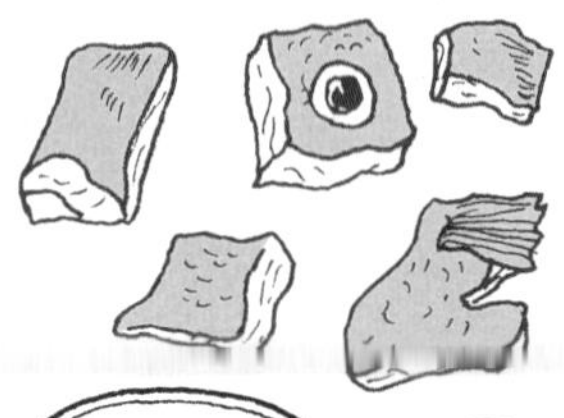

●材料

鲷鱼头……切块

调味料

- 酱油……5大匙
- 味淋……5大匙
- 酒……5大匙

● 鲷鱼的冻肉片

①将鱼片斜切成薄片

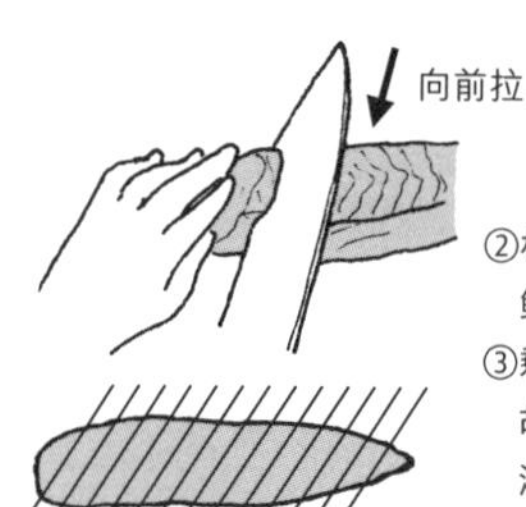

●材料＜2人份＞

鲷鱼（生鱼片用切片）…150克

佐料菜（虾夷葱等）

橄榄油……1大匙

柠檬………1个　盐、酱油…少许

②柠檬一半切成薄片，和鲷鱼交错地排在盘中

③剩下的柠檬挤汁，和盐、胡椒、橄榄油拌在一起，淋在鱼身

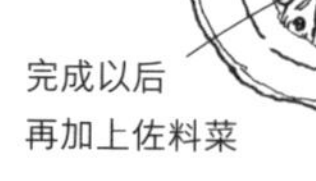

● 整只鲷鱼的鲷鱼饭

①电锅加米和水，铺上昆布，再放上盐烤鲷鱼。撒上姜丝，淋上酒

●材料＜4人份＞

盐烤鲷鱼…1尾　米…3杯

昆布…10厘米　酒…1大匙

姜…1节

②蒸好以后，鱼肉剥开，和饭拌在一起

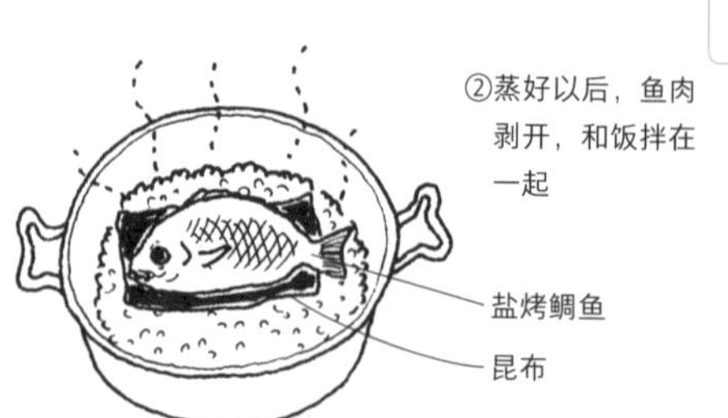

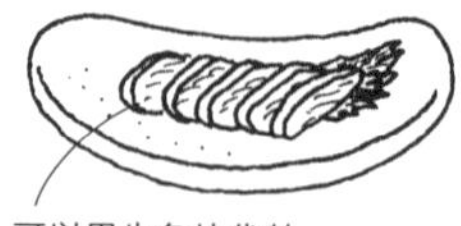

● 煎鲽鱼

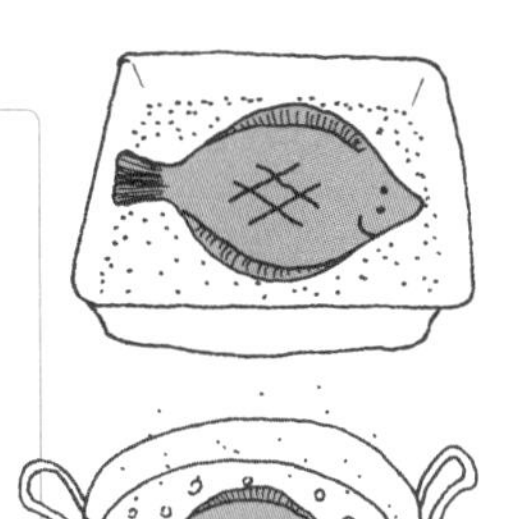

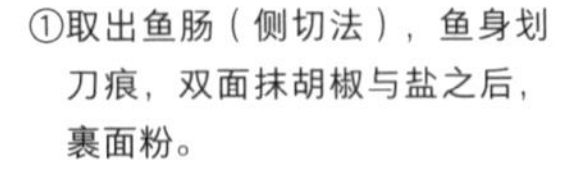

●材料 < 2 人份 >
鲽鱼………2 尾
面粉………适量
盐、胡椒…少许
萝卜……5 ~ 6 厘米
柠檬………1/4 个
色拉油……适量

①取出鱼肠（侧切法），鱼身划刀痕，双面抹胡椒与盐之后，裹面粉。

②油热到中温之后，鱼的背部向上慢慢放入油锅中，煎一下再转大火快煎。

③萝卜削皮磨成泥，柠檬切片后装盘。

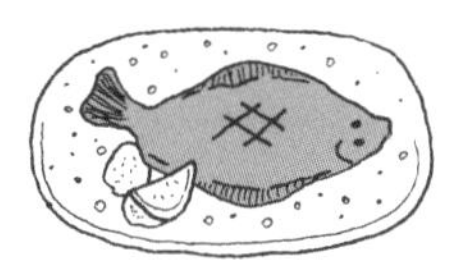

● 法式黄油舌鲆

●材料 < 2 人份 >
舌鲆（已处理过的）…2 片
牛奶…………1/2 杯
面粉…………适量
盐、胡椒……少许
黄油…………2 大匙
色拉油………2 大匙
柠檬片………2 片
荷兰芹………少许

①舌鲆涂上胡椒与盐，倒入牛奶淹过鱼身，放置约 10 分钟。

②沾面粉放进色拉油与黄油热锅的锅里，鱼皮向下煎。

③翻面再煎至中间肉熟。

④装盘以后放柠檬片，淋上锅里剩的油，再撒上磨碎的荷兰芹。

● 鳕鱼锅

●材料 < 2 人份 >
鳕鱼片…………3 ~ 4 片
昆布……………10 厘米
料理酒…………2 大匙
白菜、豆腐、茼蒿、
金针菇…………适量
水果醋…………适量
佐料菜
（虾夷葱切碎…适量
　辣萝卜泥……适量

①鳕鱼去骨切成适当大小。蔬菜洗干净以后，切成适当大小，豆腐切成 6 等分。

②锅里装七分满的水，加入昆布与料理酒，开火。

③沸腾前把昆布取出，放入鳕鱼。

④沸腾以后加入其他食材，再沸腾之后加入水果醋与佐料菜即可食用。

贝类——选购方法与烹调要诀、轻松的烹调法

不论是蛤蜊还是螺，只要有贝壳的都是贝类。贝类体积虽小，但矿物质、维生素、胶原蛋白都很丰富，是珍贵的食材。

种类与选购方法

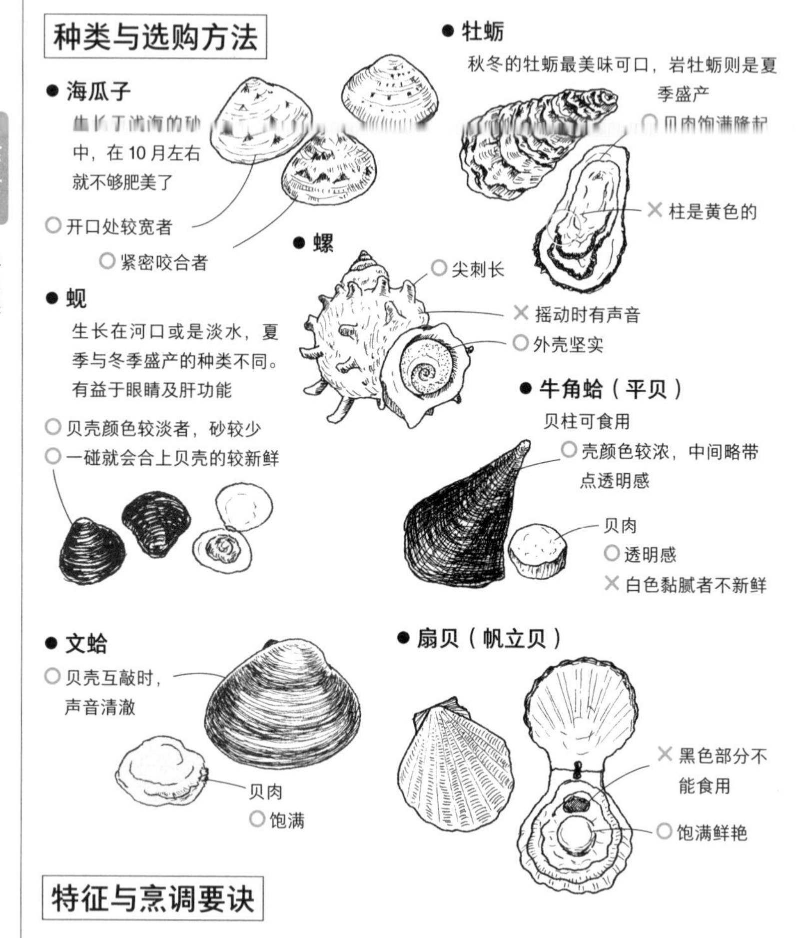

特征与烹调要诀

- 做味噌汤的汤底时，从生水就放入蛤蜊；要吃蛤蜊肉时，水开再放入蛤蜊。
- 煮汤时，蛤蜊开口后即关小火。
- 煮过头蛤肉会变硬。

吐砂的方法

2% ～ 3% 的盐水

吐沙之后，以贝与贝互磨的方式洗干净

● 海瓜子、文蛤

以接近海水盐分浓度的盐水（1 杯水加 1 小匙盐）泡 5 小时到一夜

● 蚬

纯水泡 1 ～ 2 小时

纯水

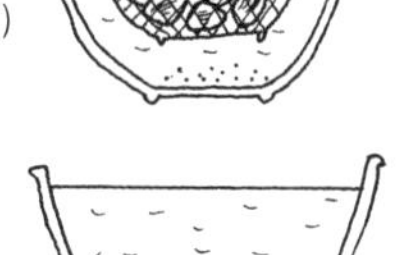

• 吐砂的重点 •

- 暗的地方比亮的地方、常温比冰箱更容易吐沙。
- 放在筛子里吐沙才不会发生砂吐出来又吸回去的情况。

轻松的烹调

● 味噌蚬汤

● 材料 < 2 人份 >

蚬…200 克

水…4 杯　味噌…3 大匙

葱末…适量

①蚬吐沙后洗干净。

②锅里加水，沸腾之后放入蚬。

③蚬一开口就转小火，加入味噌溶解，全部开口后关火。

装在碗里，放上葱即完成

● 烧烤蛤蜊

● 材料

文蛤…依人数决定

盐、胡椒…少许

①吐沙的文蛤韧带（黑色肉质部分）用刀切掉。

②从贝壳外面撒盐，放在网子上烧烤。

③盐干了以后，中间冒出蒸气就烤好了。可以直接食用或依喜好加酱油连壳里的汤汁一起食用。

• 烹调的要诀 •

事先切断韧带再烤，烤好后不要翻面以免汤汁溢出。

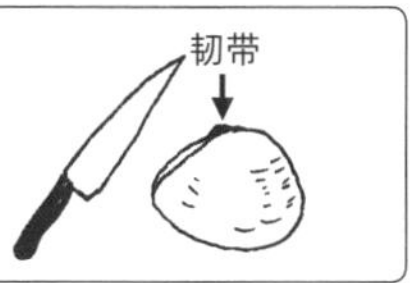

● 黄油煎干贝

● 材料 < 4 人份 >

干贝…12 个　　面粉…适量

盐、胡椒…少许

酱油…少许　　色拉油…少许

黄油…1 ～ 2 大匙

①干贝撒盐与胡椒，再撒面粉。

②倒入色拉油的平底锅中，将干贝的两面都煎过。

③最后再加入黄油，干贝变软即可装盘。

④平底锅里剩的黄油倒入酱油做成汤汁，开火煮一下就可以淋在干贝上。

乌贼——选购方式与烹调要诀

世界上的乌贼多达 450 种以上，不论煎、煮、炒、炸，各种烹调方式都可入菜。

种类与选购方法

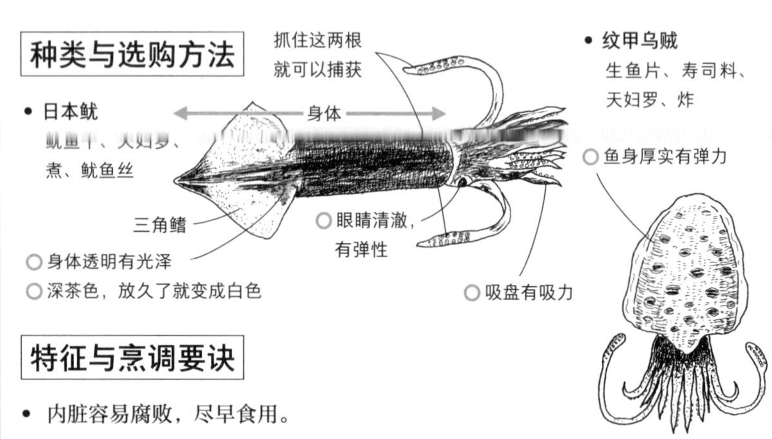

特征与烹调要诀

- 内脏容易腐败，尽早食用。
- 油炸时会弹跳，所以要先剥皮再炸。
- 肉较厚的品种，烧烤时，先横向、纵向划刀痕后再烧烤。
- 烧烤过头会变硬。
- 含有人体必须的氨基酸类的离氨基酸，以及有助于降低胆固醇的牛磺酸和良质蛋白质。

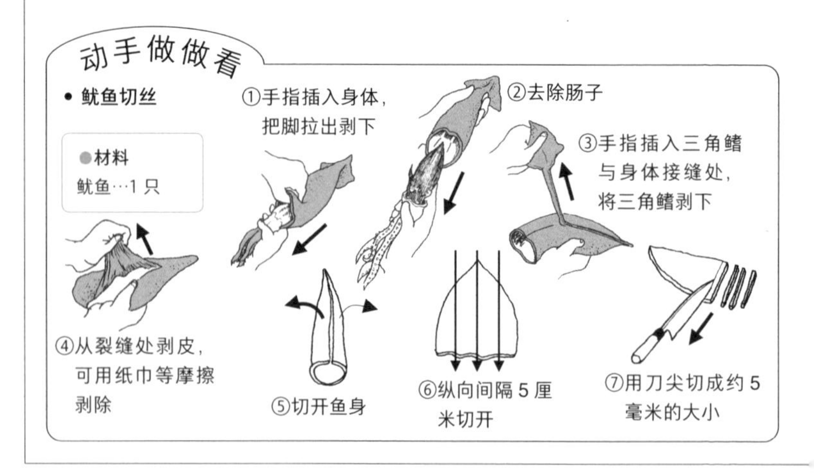

章鱼——选购方法与烹调要诀

西方人把章鱼视为恶魔的象征，不过章鱼一直都是东方人喜爱的美食。

种类与选购方法

“品尝章鱼最好使用牙齿”
用牙齿咀嚼比较有味道

● 八爪章鱼（真章鱼）
愈嚼愈有味道
生鱼片、醋章鱼、
白煮章鱼

烫过的章鱼
○略显红豆色，
皮不会剥落

○向内侧卷曲

● 水章鱼
身体柔软像水一样
醋章鱼、涮涮锅、加工品

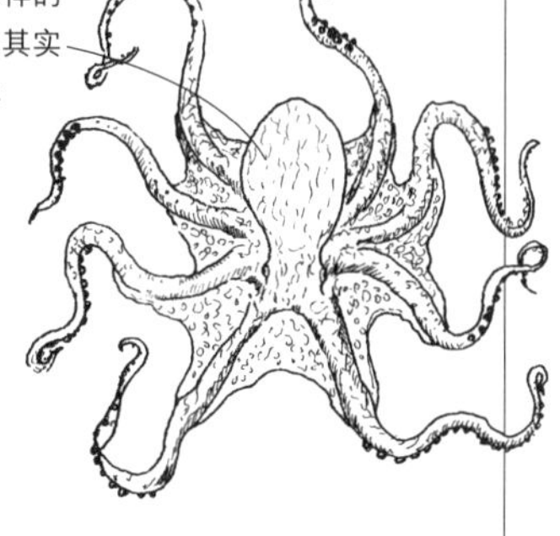

像头一样的
地方，其实
是身体

特征与烹调要诀

- 高温加热即变硬。用小火一面加水一面煮。
- 变软之后，即可调味。
- 搭配萝卜或黄豆最好。
- 含有丰富的牛磺酸与矿物质，有助于降低胆固醇。
- 与白肉鱼一样含有丰富的蛋白质。

章鱼是长时间
慢煮
鱿鱼是短时间
加热

动手做做看

- 大蒜风味的烧烤章鱼

●材料（4 人份）
烫过的章鱼…300 克
盐、胡椒……少许
生面包粉……4 大匙
大蒜…………2 瓣
荷兰芹切碎…2 大匙
橄榄油…2 ~ 3 大匙

生面包粉

①章鱼切成适当大小，大蒜切碎，与食材拌匀

②烤箱 200 ℃ 烤 10 ~ 15 分钟

虾——选购方法与烹调要诀

虾的日文称为“海老（海的老人）”，是因为有长须与弯曲的腰，自古即被视为长寿的象征。

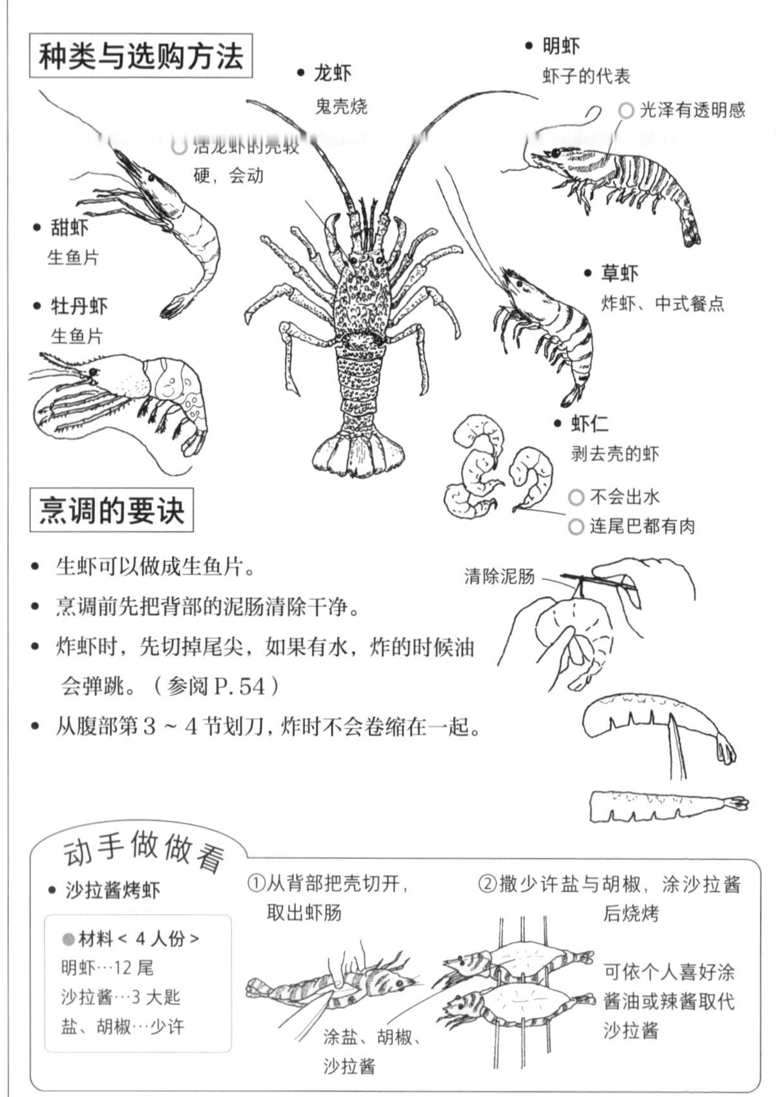

种类与选购方法

烹调的要诀

- 生虾可以做成生鱼片。
- 烹调前先把背部的泥肠清除干净。
- 炸虾时，先切掉尾尖，如果有水，炸的时候油会弹跳。（参阅 P. 54）
- 从腹部第 3 ~ 4 节划刀，炸时不会卷缩在一起。

动手做做看

- 沙拉酱烤虾

●材料＜4 人份＞
明虾…12 尾
沙拉酱…3 大匙
盐、胡椒…少许

蟹——选购方法与烹调要诀

世界上的螃蟹种类多达 5000 种以上，你是否会分辨雄性与雌性的螃蟹？

种类与选购方法

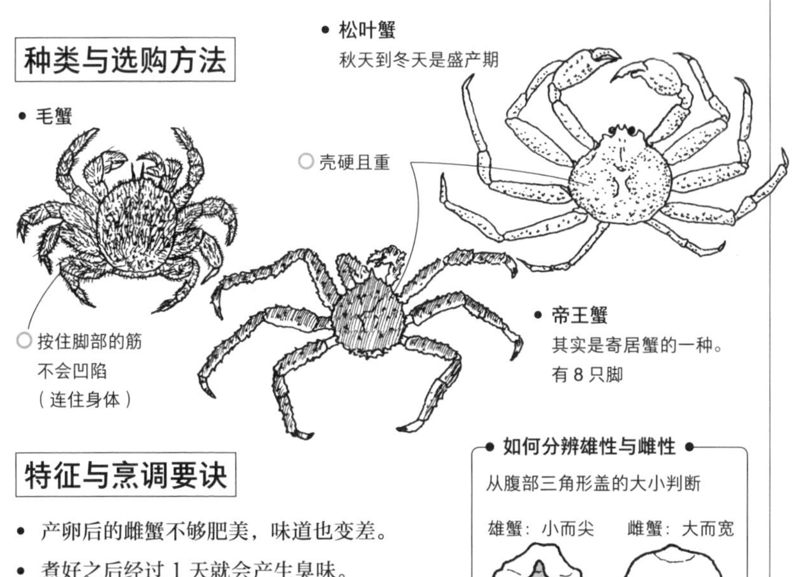

特征与烹调要诀

- 产卵后的雌蟹不够肥美，味道也变差。
- 煮好之后经过 1 天就会产生臭味。
- 活蟹直接蒸煮。
- 冷冻蟹则在解冻后先淋一点盐与醋，汆烫之后，去除水分。

如何分辨雄性与雌性

从腹部三角形盖的大小判断

雄蟹：小而尖

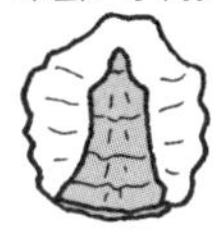

雌蟹：大而宽

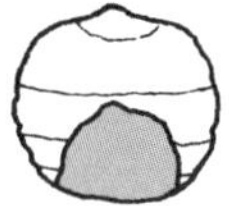

• 一般是雄蟹较美味
（有卵的雌蟹也很美味）

动手做做看

• 简单的蟹炒蛋

●材料 < 4 人份 >
生香菇…2 ~ 3 个
洋葱…小 1 个
蛋…2 ~ 3 个
螃蟹罐头…1 罐
沙拉酱…2 ~ 3 大匙
油…少许

①生香菇与洋葱切丝，平底锅倒油热锅之后，大火快炒至变软

②将螃蟹罐头（含汤汁）、沙拉酱及蛋搅拌在一起，加入①里

③等到半熟之后，全部搅拌，盖锅盖中火煎 1 ~ 2 分钟，翻面再煎 1 ~ 2 分钟

淡水鱼——选购方法与烹调要诀

餐桌上常见的淡水鱼种类繁多，一般的淡水鱼鱼刺都较小，且有特定的鱼腥味，烹调时的重点在于较浓的调味。

种类与选购方法

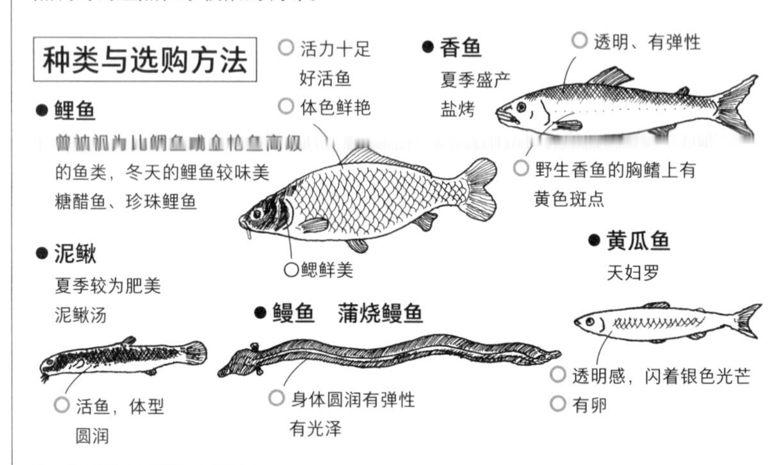

特征与烹调要诀

- 鲤鱼一定要吃活鱼。
- 黄瓜鱼有寄生虫，不可生食。

蒲烧鳗鱼

剖开鳗鱼，取出鱼骨，刷上蘸酱同时烧烤。

关东：切开背部先蒸再烤。

关西：切开腹部，不蒸直接烤。

动手做做看

- 鳗鱼炒蛋

材料 < 1 人份 >

鳗鱼（蒲烧）…1 尾
面酱…1 大匙
味淋…1 ～ 2 大匙
糖…1 大匙
水…1 大匙 ~ 适量
蛋…1 个
香菜…少许

①鳗鱼切成适当大小，与面酱、水、味淋、糖一起煮，加水调整浓度。
②煮好以后打个蛋，香菜切碎加入，盖上盖子蒸到半熟即可食用。

其他海产类——选购方法与烹调要诀

除了常见的鱼贝类之外，还有很多其他珍贵的海产类食材。

种类与选购方法

● 海胆

含有丰富的维生素 A、B_1、B_2

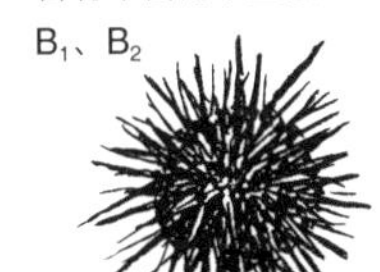

紫海胆

马粪海胆

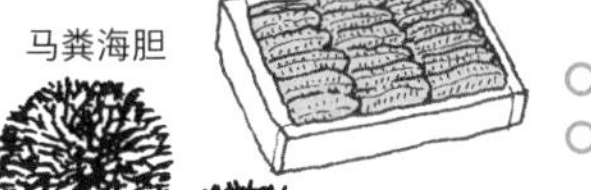

○ 红色的鲜明且味道浓郁，白色的味道清爽

○ 形状完整，紧实

○ 表面没有出水

这个部分可供食用

● 海参

○ 表面凸出物清楚

○ 表皮紧实

● 海鞘

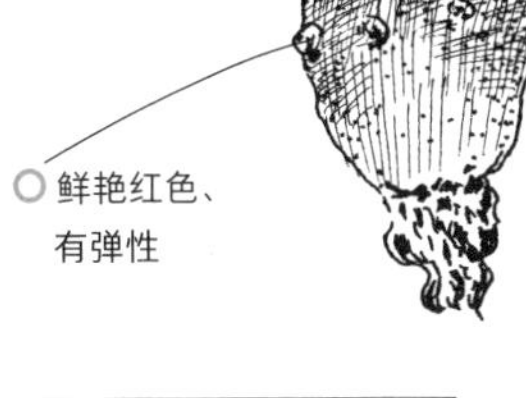

○ 鲜艳红色、有弹性

内脏做的盐渍、卵巢做的干货都是珍贵的山珍海味

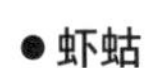

● 虾蛄

○ 活的虾蛄要选身体肥美紧实

○ 冷冻虾蛄要选颜色鲜艳的

特征与烹调要诀

- 生海胆可以沾生姜、芥末、酱油食用。
- 海参可以蘸醋生食。
- 虾蛄如果有臭味就不要生食，以免中毒。

动手做做看

- 简单的海胆盖饭

煮好的饭上面放海苔、剁碎的绿紫苏、海胆，再加点芥末、酱油即可食用

● 材料 < 1 人份 >

海胆…………1/2 盒

煮好的饭……大碗 1 碗

绿紫苏…3 片　碎海苔…适量

芥末…适量　酱油…适量

鱼干——种类与选购方法、轻松的烹调法

鱼的水分降低到50%以下，即可延长保存期限，但是最近含水量较多且必须放进冰箱保存的加工水产品愈来愈多样化。

种类与选择方法

素鱼干	直接干燥制成
煮鱼干	先煮、蒸再干燥制成的。
味淋鱼干	用味淋或酱油腌渍制成的。
文化鱼干	用透明纸包起来吸收水分后制成的
盐渍鱼干：	先抹盐再干燥。
生鲜鱼干：	盐分较少，水分约达60%～70%。
风干鱼干：	吹风干燥制成的。
一夜鱼干：	短时间干燥制成的。

○表面透明有光泽且肉较厚者较美味。

- **圆**
  剖开后浸盐水，风干

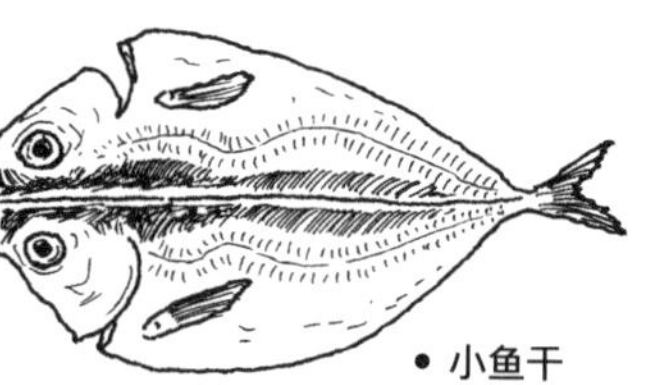

- **花鲫鱼**
  肉厚者较美味

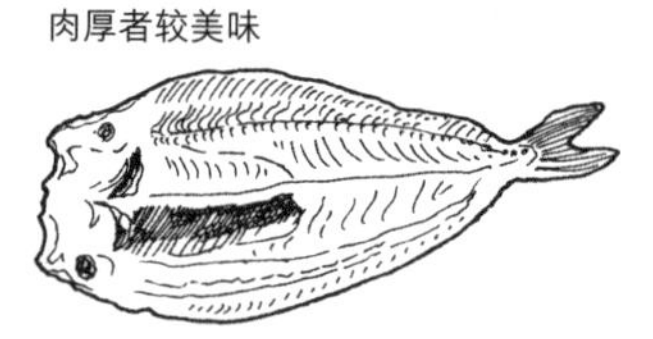

- **小鱼干**
  串在一起烧烤

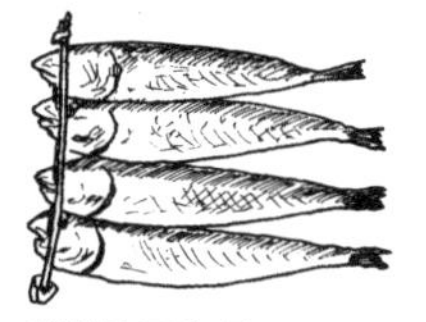

- **鲭鱼文化鱼干**
  脂肪较多者，鲜度较不佳

- **味淋沙丁鱼干**
  烤了以后香味四溢，但是容易腐败

保存

生鲜鱼干或一夜鱼干用保鲜膜包起来，放进冷藏室保存，可放1～2天。

长期保存时，要放进冷冻室。

轻松的烹调法

● 鱼干沙拉

①鱼干烤香。
②去骨去皮，鱼肉剥下。
③黄瓜切薄片。
④食材拌在一起，淋上水果醋
即可食用。

● 材料
盐渍鱼干…1 片
黄瓜……1 根
水果醋……适量

● 冷汤

①烧烤鱼干，去骨去皮，剥肉。
②将芝麻磨碎，磨到出油后和①拌在一起。
拌到滑顺之后，加味噌，再磨。
③食材做成丸子，用叉子叉着，火烤。
④香味出来以后，放回研磨钵中，用冷的高
汤冲开。
⑤黄瓜与秋葵切薄片，绿紫苏切碎，添在碗
里。
⑥淋在热饭上即可食用。

● 材料 < 2 人份 >
炒芝麻…1 ～ 2 大匙　鱼干…1 片
黄瓜、绿紫苏、秋葵等…适量
味噌…2 小球
高汤（放冷）…2 ～ 3 杯
饭…2 碗

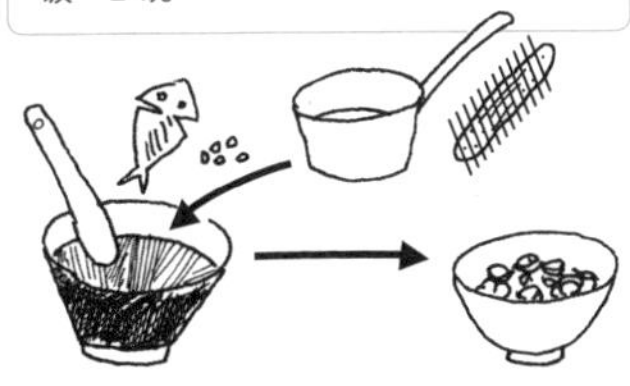

动手做做看

• 自家制的鱼干

● 材料
新鲜的竹荚鱼…2 尾
盐水（2 次的分量）
（盐…1 大匙以上
水…2 杯

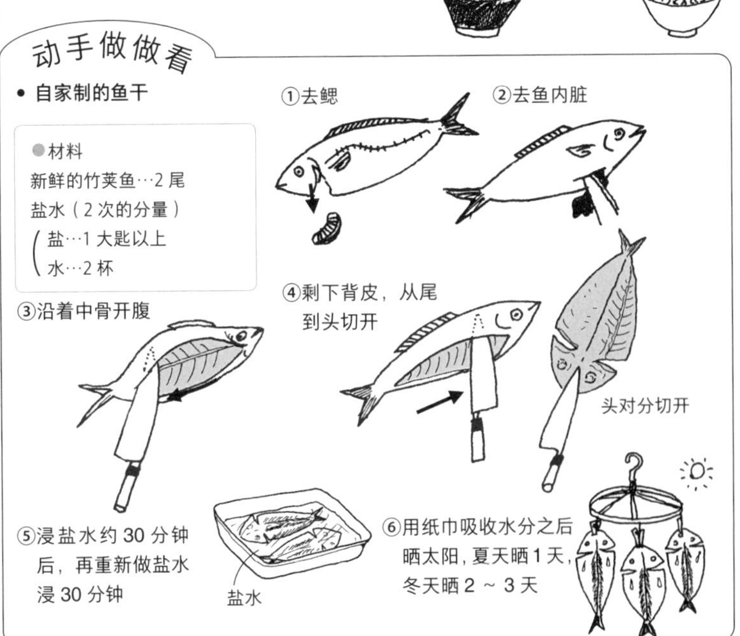

炼制的食品 I ——种类与选购方法

炼制的食品指的是加热后凝固制成的加工食品。鱼贝类的炼制加工食品大家最熟知的就是鱼板。

种类与特征

● 竹轮

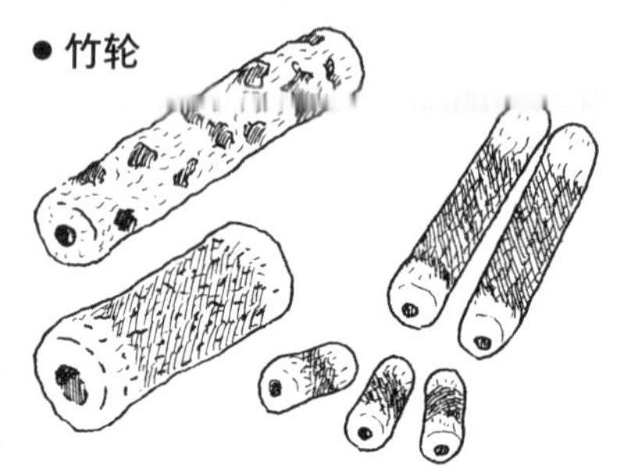

鱼浆加调味料、淀粉、蛋白等，卷在竹子上或细的棒子上，蒸、烤制成的。主要的原料是鳕鱼、鲛鱼、飞鱼、香鱼等。

〈食用方法〉

可以直接蘸酱油或芥末食用，或是煮成关东煮、煮汤、快炒都可以。

● 黄金鱼蛋

鱼浆以盐、糖调味整形后油炸。也可添加蔬菜或佐料菜。

〈食用方法〉

直接蘸酱油食用，或是关东煮、煮汤。

● 鱼板

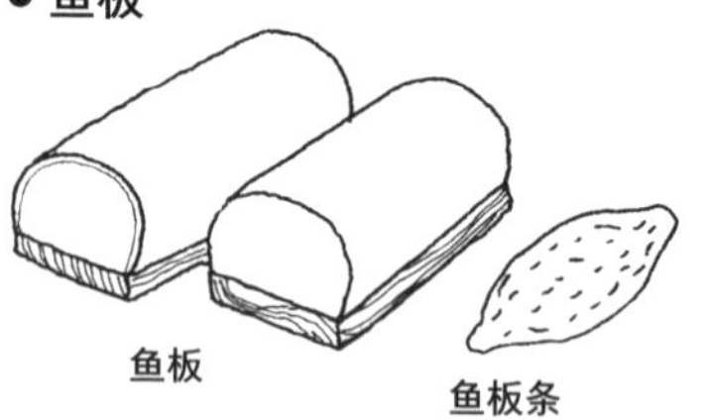

鱼浆加调味料拌入蛋白，放在板上蒸、烤。以前是串在竹签上烧烤，后来才改成放在板子上蒸煮。

〈食用方法〉

切成像生鱼片一样的形状，沾芥末、酱油食用或当成汤料。

● 切鱼板的方法 ●

①用刀子将要食用的分量从板子上剥下来。
②切成适当的厚度。

● 鱼板卷

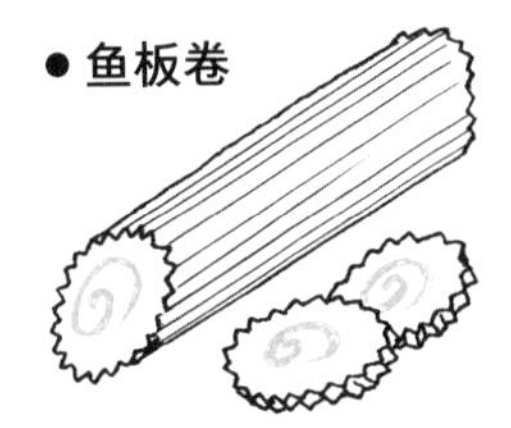

也是用鱼板的材料做的，但是用卷帘（参阅P.354）卷好再蒸制。切开中心有颜色的图案。

〈食用方法〉
斜切成薄片，放在拉面或汤中。

● 半片

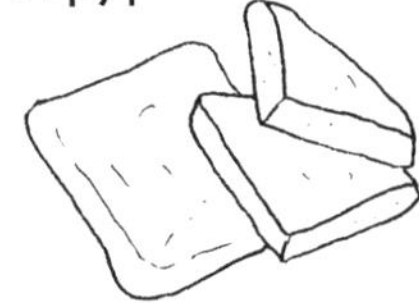

白肉鱼加山药泥和调味料拌在一起，放进模框里煮。

〈食用方法〉
用黄油烤过或是煮汤、关东煮时加入。

● 鱼皮鱼板

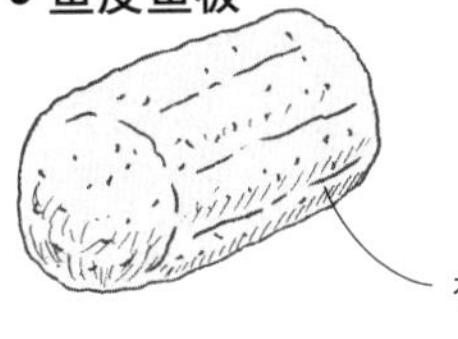

用鲨鱼的皮或软骨做成的鱼板。

〈食用方法〉
关东煮或是煮汤。

● 鱼丸

用沙丁鱼等鱼类制成鱼浆，再加入蛋白与淀粉等制成鱼丸。

〈食用方法〉
味噌汤、关东煮或汤。

选购方法

- 看清楚标识，选择添加物较少的。（夏季销售的产品容易加防腐剂）
- 确认食用期限。
- 不要购买包装破损或表面出水者。

● 什么是“竹轮麸”？●

就是以面粉为原料，在面粉中添加麸质后放入模型中蒸煮制成的加工食品。可以用来搭配烤豆腐串或煮汤。

炼制的食品Ⅱ——轻松的烹调法

● 甜炒竹轮

①竹轮斜切

②平底锅里加入味淋、糖、酱油、水，煮开之后放入竹轮（加水以后汤汁盖过竹轮）

③汤汁收干以后再炒干，调味料可依喜好调整

●材料＜2人份＞

竹轮…2条　水…适量

味淋、糖、酱油…各1大匙

可以当点心也可以带便当

● 葱烧竹轮

①竹轮以外的材料拌在一起做成味噌酱，用微波炉加热约30秒（加热到糖溶解）

②竹轮垂直切半，再对切成4等分

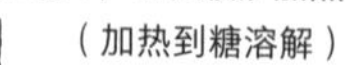

●材料＜2人份＞

竹轮……………1根

葱切碎…………1大匙

红味噌…………1大匙

糖………………1～2小匙

（依个人喜好）

味淋……………大匙

③中间涂味噌酱，放在烤网上烤

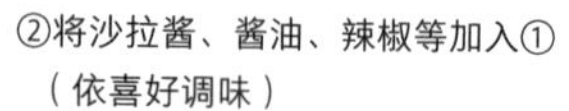

● 半片沙拉

①半片与番茄切成块状

②将沙拉酱、酱油、辣椒等加入①（依喜好调味）

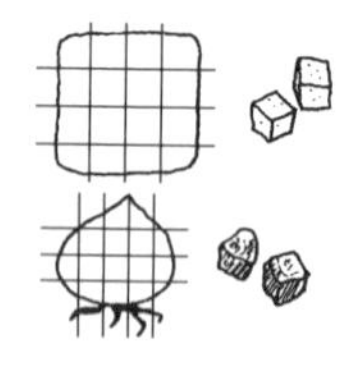

完成

●材料＜2人份＞

半片…………1片

番茄…………1个

沙拉酱………1～2小匙

酱油…………1～2小匙

辣椒…………少许

● 鱼板面

●材料＜2人份＞

鱼板………1根

面酱汁……适量

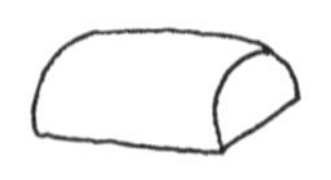

①鱼板从板上剥下来

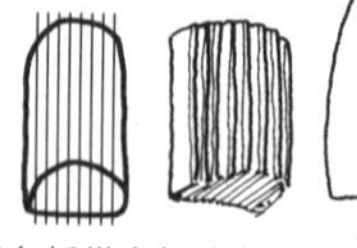

②鱼板纵向切成薄片，再切丝

蘸面酱汁即可食用

依喜好加芥末

—— 食材入门 ——

蛋及乳制品

蛋及乳制品都是有益健康的食品。我们可以从蛋中轻松摄取到蛋白质，也可以从牛奶、奶酪、黄油等乳制品中补充人体容易缺乏的钙质。这里就要告诉大家如何轻松运用营养价值高的蛋及乳制品。

蛋 I ——选购方法与烹调要诀

蛋，一般指鸡蛋。体积小的蛋，不但营养丰富且容易烹调，过去被视为滋补元气的最佳圣品。你擅长哪一种鸡蛋料理呢？

蛋的构造

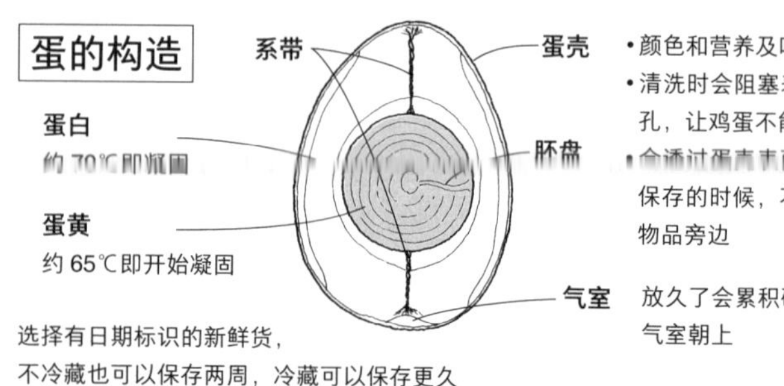

蛋壳
- 颜色和营养及味道无关
- 清洗时会阻塞表面看不见的透气孔，让鸡蛋不能呼吸
- 会透过蛋壳表面吸收异味，所以保存的时候，不要放在有异味的物品旁边

气室 放久了会累积碳酸气。保存时，气室朝上

选择有日期标识的新鲜货，
不冷藏也可以保存两周，冷藏可以保存更久

蛋的大小

蛋的分段是依蛋的重量与大小选择区别的。

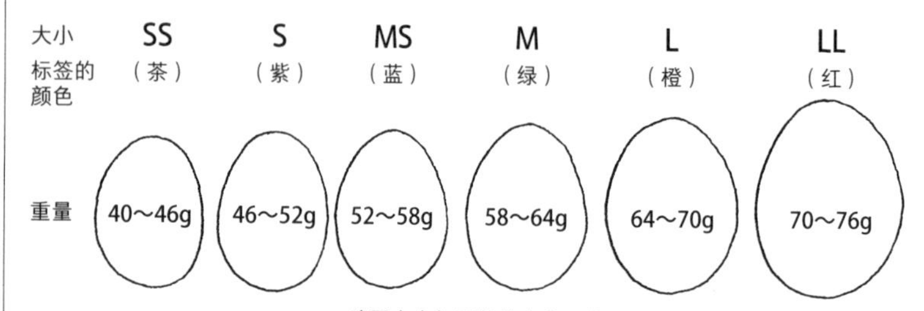

鸡蛋大小与蛋黄的大小无关，做点心等只使用蛋白时，选购大尺寸的蛋。只用蛋黄的部分时，选购小尺寸的蛋

如何分辨品质

1. 打蛋时观察蛋黄的形状

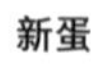

2. 加入 10% 的食盐水

（水 1 杯加盐 1 大匙以上）

3. 对光观察

食材

蛋及乳制品

烹调的要诀

● 打蛋的要诀

在平面上打蛋。现在鸡蛋蛋壳都比较薄，蛋打得不好，蛋壳会流进蛋里或蛋黄会破掉

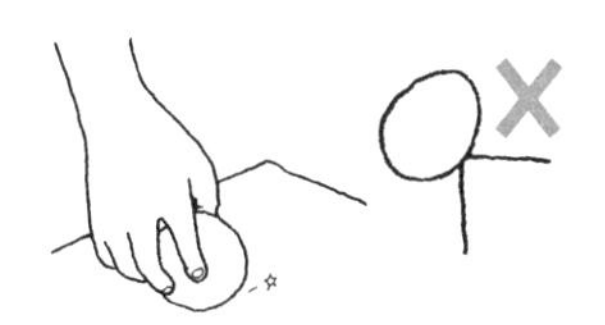

● 搅蛋的要诀

筷子前端蘸盐比较容易打散蛋白

叉子背部向下搅拌

● 将蛋白与蛋黄分开的要诀

使用蛋壳将蛋白与蛋黄分开

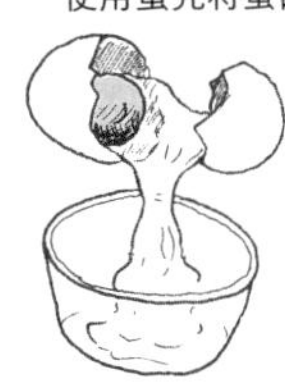

蛋打开以后，一边的蛋壳捞起蛋黄，让蛋白流出。将蛋黄移到另一边蛋壳的同时，慢慢让蛋白全部流出

● 蛋不会转来转去的要诀

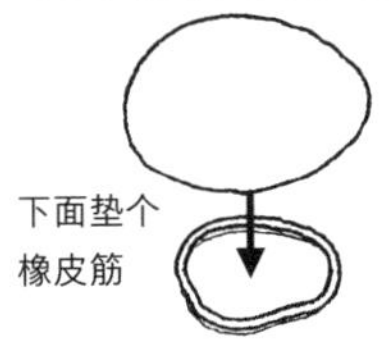

下面垫个橡皮筋

营养

一颗蛋的蛋白质等于200ml的牛奶，蛋黄含有可以降低胆固醇的卵磷脂。

人体的消化速度与烹调法有关。

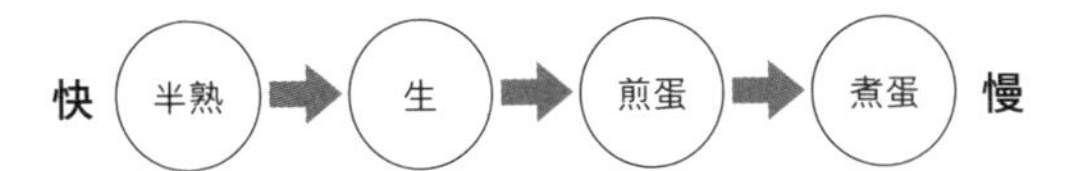

● 各种不同的蛋 ●

- **有精蛋**

  公鸡和母鸡一起饲养生出来的蛋。有精蛋和普通蛋的营养价值是一样的，但是容易腐败，保存时要特别注意。

- **碘蛋**

  用含碘较多的饲料饲养的鸡所生的蛋，含碘量高于一般鸡蛋。

- **强化蛋**

  添加维生素A与DHA等加强卵的成分。

- **鹌鹑蛋**

  体积虽小，但是含有的维生素A、维生素B、铁分较鸡蛋多，蛋白质与脂肪含量也不差。

- **皮蛋**

  鸭蛋加工制品。

蛋Ⅱ——煮蛋的基本、轻松的烹调法

煮蛋的基本

①锅里加入淹过蛋的水，再加入盐 1 大匙

②轻轻搅拌（让蛋黄在正中间）

③沸腾之后转小火煮 10 ~ 13 分钟（凝固）（煮的时间太长蛋黄会变黑）

④冷却后剥皮
新鲜的蛋不易剥壳，在水里比较容易剥蛋

●煮的时间基准

蛋黄是软的

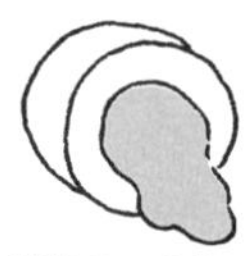

沸腾后 3 分钟

半熟

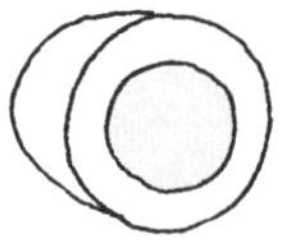

沸腾后 5 ~ 6 分钟
（或是放在热水里 15 分钟）

凝固

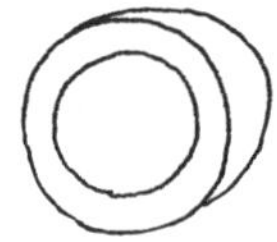

沸腾后 10 ~ 13 分钟

温泉蛋
水温 65℃左右
放置约 30 分钟
（蛋白滑嫩，蛋黄呈半生半熟状）

●避免蛋在锅子里爆裂的要诀

1. 煮蛋的水加盐或醋
   防止从裂缝流出

2. 煮之前加水先回到常温

3. 先用针在圆的一端（气室）插孔

   防止空气膨胀

< 蛋白与蛋黄凝固的温度 >

蛋白	
58℃	开始凝固
62 ~ 65℃	不会流出
70℃	几乎凝固
80℃	完全凝固
蛋黄	
65℃	开始凝固
70℃	几乎凝固

利用蛋白与蛋黄凝固的差异性，可以在家轻松煮出温泉蛋。

轻松的烹调法

● 荷包蛋

●材料 < 1 人份 >
蛋…………1 ～ 2 个
色拉油……1 小匙
水…………1 大匙
盐、胡椒…少许

①平底锅先热锅后倒油，小火让油在锅里流动，打蛋。

②蛋白开始凝固后加水盖锅盖。依喜好的蛋黄硬度焖烧 1 ～ 2 分钟

（不想让蛋黄上的白膜剥落，不要盖锅盖）

先煎培根和火腿，煎好把培根和火腿移到锅边再煎蛋，这样就是培根火腿蛋了

● 用不锈钢杯做温泉蛋

●材料 < 1 人份 >
杯面的杯子或是钢杯
容器………1 个
蛋…………1 个
酱油………少许

①将蛋放入 65 ～ 70℃左右的热水中
②盖上盖子等约 30 分钟
③淋上酱油即可食用

● 紫苏蛋

●材料 < 4 人份 >
蛋蛋…2 ～ 3 个　绿紫苏…10 ～ 20 片
调味料
（白味噌…2 大匙　红味噌…少许
糖…1 大匙　味淋…3 大匙

①打个蛋
②绿紫苏切碎，与调味料充分搅拌
③用平底锅加热②，沸腾以后把打好的蛋加进去

盖上盖子焖烧到半熟

● 水波蛋

●材料 < 1 人份 >
蛋………1 个　醋…2 大匙　菠菜…1/2 把
黄油…1 大匙　盐、胡椒…适量

①菠菜切成 3 等分，热锅，加入黄油，炒菠菜
②用盐和胡椒调味，装盘
③汤热水中加入醋，打个蛋

④蛋上戳个洞，让蛋黄盖在蛋白上，煮 2 ～ 3 分钟。蛋放在菠菜上，就完成了水波蛋

牛奶——选购方法与烹调要诀、轻松的烹调法

埃及的壁画中已经出现挤牛奶的画面，人类与牛奶之间的关系可谓由来已久。东方人容易缺乏的钙质，多喝牛奶即可轻松摄取。不但如此，牛奶中含有均衡的必须氨基酸，烹调中请多加利用牛奶。

种类

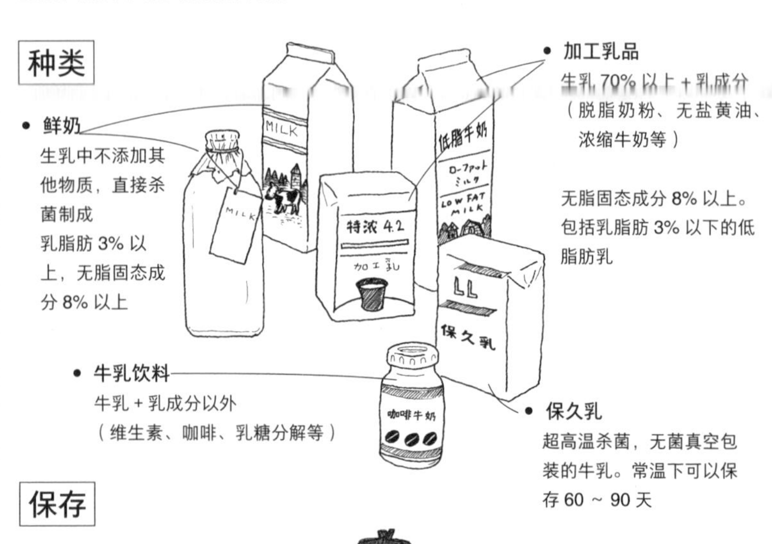

- **鲜奶**
  生乳中不添加其他物质，直接杀菌制成
  乳脂肪 3% 以上，无脂固态成分 8% 以上
- **加工乳品**
  牛乳 70% 以上 + 乳成分（脱脂奶粉、无盐黄油、浓缩牛奶等）
  无脂固态成分 8% 以上。包括乳脂肪 3% 以下的低脂肪乳
- **牛乳饮料**
  牛乳 + 乳成分以外（维生素、咖啡、乳糖分解等）
- **保久乳**
  超高温杀菌，无菌真空包装的牛乳。常温下可以保存 60 ~ 90 天

保存

10℃以下可以保存约 1 周。容易变质，开封后仍必须密封保存，且尽量在两天内食用完毕。

- **杀菌方法**
  低温长时间杀菌（LTLT）
  63 ~ 65℃ 30 分钟（味道接近生乳）
  高温长时间杀菌（HTLT）
  75℃以上加热 15 分钟以上
  高温短时间杀菌（HTST）
  72℃以上加热 15 秒以上
  超高温瞬间杀菌（UHT）
  120 ~ 150℃加热 1 ~ 3 秒

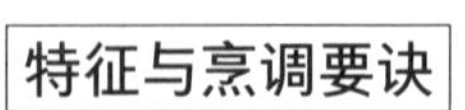

特征与烹调要诀

- 遇酸凝固。→卡特基奶酪
- 添加白色。→炖肉
- 让口味更柔和。→汤或酱汁
- 增加烧烤颜色。
- 去臭效果。→肝脏或鱼等
- 加热 60℃以上即形成薄膜，搅拌加热。

婴儿口味的牛奶粥

● 婴儿口味的牛奶粥

①面包切碎放在容器里，加入牛奶，用微波炉微波 1 到 1 分半钟

②依喜好加入糖或蜂蜜

●材料 < 1 人份 >
面包………1 片
牛奶………适量
依喜好加糖或蜂蜜

● 简单的牛奶雪泡

把材料放进容器里，盖上盖子，手摇

●材料 < 1 人份 >
有盖子的密封容器
牛奶…………1 杯
蛋黄…………1 个
糖……………1 大匙
（冰块…2 ～ 3 个）

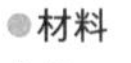

倒入玻璃杯里即可

动手做做看

• 实验？！卡特基奶酪

●材料
牛奶…500ml
醋……1 大匙

①用锅子加热牛奶，加醋搅拌

②凝固以后用纱布过滤

③用冷水搓揉，剩下白色奶酪

配饼干或拌沙拉食用

乳制品——选购方法与烹调要诀、轻松的烹调法

乳制品包括奶油和酸奶，一直都是人们喜爱的食品。不喜欢喝牛奶的人，或许可以透过乳制品摄取牛奶的营养。

种类

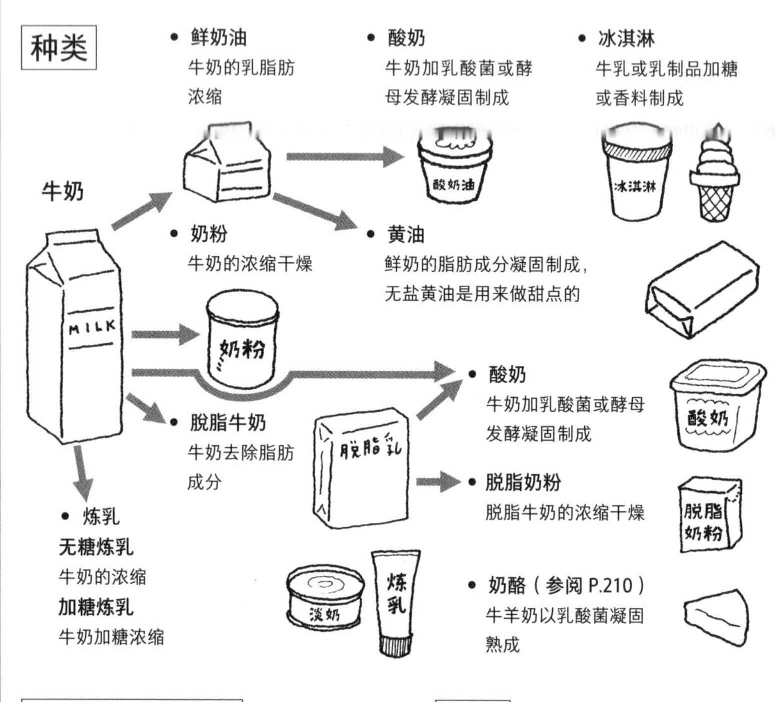

特征与调理要诀

- 买回来的黄油先切成 18 等分（= 每份约 1 大匙）较方便使用。
- 乳制品容易坏，要严格遵守食用期限。
- 黄油或酸奶要保存于10℃以下。
- 容易产生异味，开封后一定要密封保存。

营养

- 黄油虽然是高脂肪，但是容易消化，维生素 A、E 含量丰富。
- 酸奶含有丰富的蛋白质、钙、维生素 A、B。
- 乳酸菌有整肠作用，有助于蛋白质的吸收。
- 脱脂牛奶是从牛奶去除脂肪制成的低脂高蛋白的食品。

轻松的烹调法

● 手工酸奶

●材料
市售的酸奶菌
（里海酸奶等）
牛奶…500 ~ 1000ml

①牛奶瓶开口放入酸奶菌。
②封口，压紧，上下摇动。
③盖上瓶子并用橡皮筋封紧以避免灰尘进入，常温放至凝固。
夏季…半日
冬季…1 日
④凝固后放进冰箱。
⑤食用后变少时，可以把剩下的酸奶移到新的牛奶里。
牛奶 1 升中加 4 ~ 5 大匙。

● 用鲜奶油做黄油

●材料＜1 人份＞
鲜奶油（乳制品）…1 袋
有盖容器或是密闭容器

①鲜奶油放进容器里，盖上盖子，上下摇动

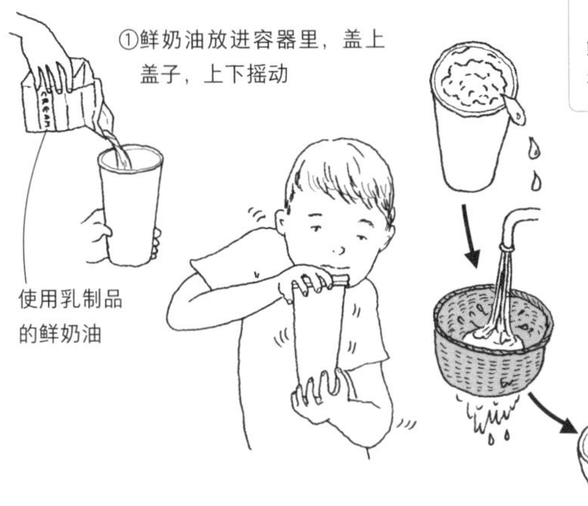

②稍微摇动就会浮现白色泡泡。再继续摇动，就会分离出白色固体与水
③仔细地分开，用水冲洗 2 ~ 3 次白色固体

这是无盐黄油。可以用于烹饪

● 麦淇淋是乳制品吗？

与黄油极为相似的麦淇淋不是乳制品，而是植物油中加入水与乳成分、食盐、维生素、香料等调合制成的油脂加工品。不是黄油的风味，但有独特香味，可以使用在炒菜或是酱汁制作。胆固醇含量虽然不高，但是不可以过度使用。
原料若是大豆油、玉米油、棉籽油等时，应慎选转基因商品。（参阅 P.329）

奶酪 I ——选购方法与好吃的要诀

利用乳酸菌使牛乳、山羊乳、羊乳等凝固的奶酪种类非常繁多，你知道几种呢？

种类与特征

1. 自然奶酪

以乳酸菌等将原料乳凝固后熟成的。

凝固与熟成方法有好几种。

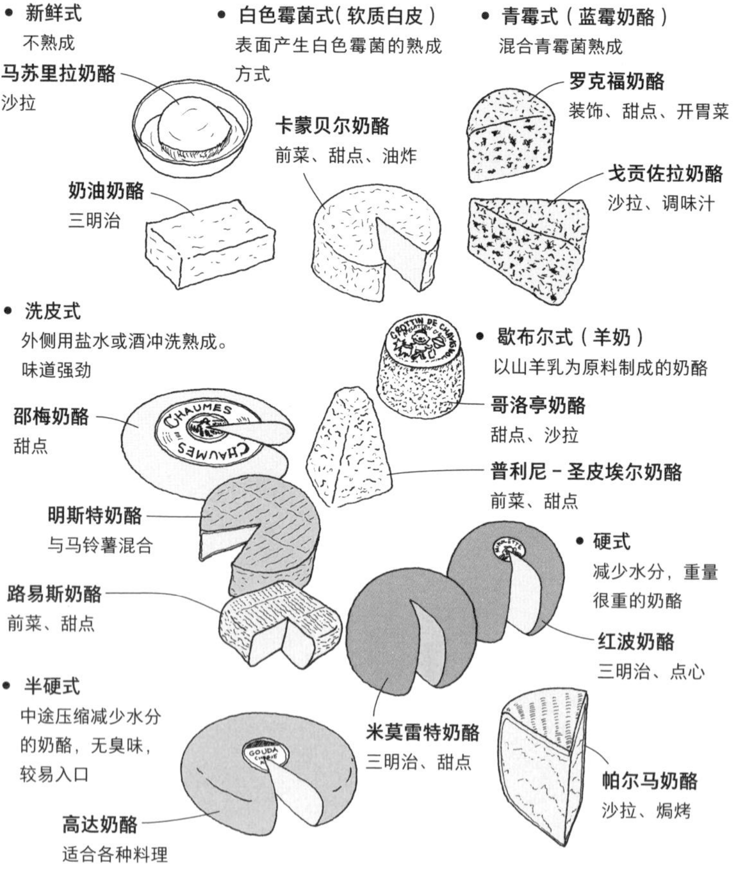
● 新鲜式
不熟成
马苏里拉奶酪
沙拉
奶油奶酪
三明治
● 白色霉菌式（软质白皮）
表面产生白色霉菌的熟成方式
卡蒙贝尔奶酪
前菜、甜点、油炸
● 青霉式（蓝霉奶酪）
混合青霉菌熟成
罗克福奶酪
装饰、甜点、开胃菜
戈贡佐拉奶酪
沙拉、调味汁
● 洗皮式
外侧用盐水或酒冲洗熟成。
味道强劲
邵梅奶酪
甜点
CHAUMES
明斯特奶酪
与马铃薯混合
路易斯奶酪
前菜、甜点
● 歇布尔式（羊奶）
以山羊乳为原料制成的奶酪
CROTTIN DE CHAVIGNOL
哥洛亭奶酪
甜点、沙拉
普利尼－圣皮埃尔奶酪
前菜、甜点
● 硬式
减少水分，重量很重的奶酪
红波奶酪
三明治、点心
米莫雷特奶酪
三明治、甜点
帕尔马奶酪
沙拉、焗烤
● 半硬式
中途压缩减少水分的奶酪，无臭味，较易入口
GOUDA
高达奶酪
适合各种料理

2. 加工奶酪

自然奶酪加热、加工凝固制成。烹调或小菜都适合。

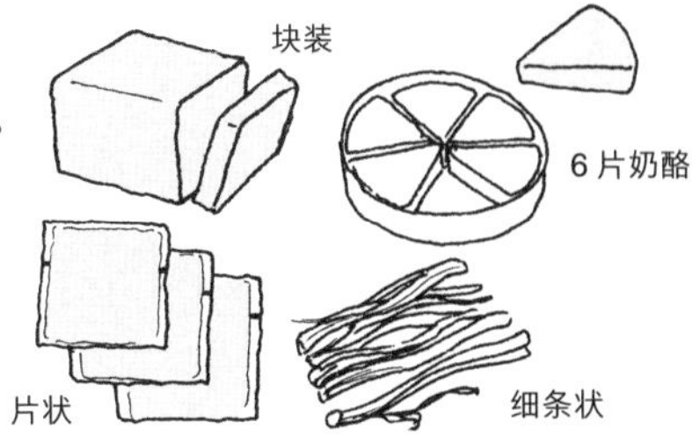

选购方法与保存

- **新鲜式**

○尽量选当天的产品。

- 保持完整包装放进冰箱。
- 开封后一周内食用完毕。

- **洗皮式**

- 严禁干燥。用保鲜膜包覆后放进密闭容器，保存于冰箱的蔬果室。

- **歇布尔式**

○当天新鲜且湿润的。

- 严禁干燥，用保鲜膜包好，保存于冰箱的蔬果室。

- **半硬式**

○切口呈象牙白色。

- 切口用保鲜膜包好，保存于冰箱的蔬果室。
- 于 2 ～ 3 周内食用完毕。

- **白霉菌、青霉菌式**

白霉菌

青霉菌

○中心柔软。

○均匀地放入青霉菌。

- 严禁干燥。切口用保鲜膜包住，保存于冰箱的蔬果室。和莴苣等一起放进冰箱，补充湿气。

- **硬式**

○有气孔时，选择孔较大者。

○切口颜色鲜艳。

- 切口用保鲜膜包住，保存于冰箱的蔬果室。变硬后可使用在烹饪上。

- **加工奶酪**

○确认食用期限及包装无破损。

- 切口用保鲜膜包住，保存于 5℃左右的冰箱冷藏室。

好吃的秘诀

- 除了新鲜奶酪以外，要先回到常温再食用。
- 容易吸收异味，保存时不要靠近味道较重的物品。
- 避免过度熟成的产品。
  （过度熟成的产品有氨臭味）
- 不要冷冻保存。
  （0℃以下会让奶酪变干硬）

营养

自然奶酪的蛋白质含量与肉品相当。钙与维生素 A、B_2 含量丰富。

不含乳糖，有乳糖不耐症状的人也可以食用。

奶酪Ⅱ——轻松的烹调法

● 用酸奶做奶酪

●材料

粗制酸奶……………………500 克
柠檬……………1 个滴落滤纸
滴落式咖啡壶（4 ~ 5 人用）
温度计　　　※ 手要洗干净！

①酸奶在常温下放半天

②挤柠檬，用调羹轻轻搅拌

③酸奶隔水加热（参阅 P.33），加热到 50℃

④咖啡滤纸过滤

⑤放置约 3 小时，奶酪与水分离

奶酪

水分（乳清）

首先调味

混合胡椒与果酱，放在面包或是饼干上，和蔬菜一起食用。
奶酪放进密闭容器，保存于冷藏室。

● 卡门贝蛋白酥

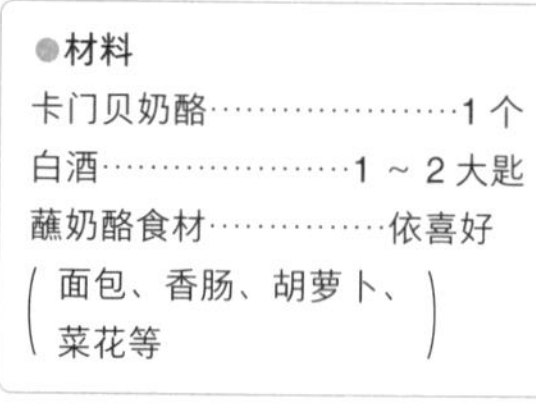

●材料

卡门贝奶酪……………………1 个
白酒……………………1 ~ 2 大匙
蘸奶酪食材……………依喜好
（面包、香肠、胡萝卜、菜花等）

①蔬菜切适当大小和香肠一起煮

②上面霉菌部分保留，7 ~ 8 毫米边缘削边

③去除的部分淋 1 大匙酒，用微波炉加热 30 秒

④溶化的奶酪再淋酒，用汤匙搅拌，加温 30 秒

⑤蘸面包或蔬菜食用

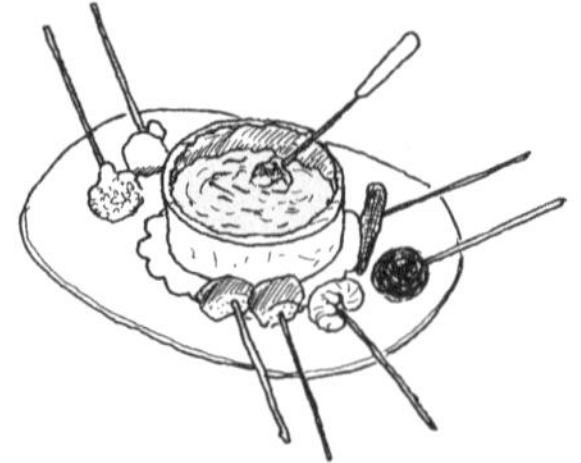

凝固后再加酒、加温

—— 食材入门 ——

蔬菜类

说到蔬菜你想到什么?

红、黄、绿各种颜色，口齿留香。

种类繁多的蔬菜不但是烹饪的主角，也是人体不可或缺的要角。

蔬菜是维持营养均衡的重要食材，所以你不可以不知道蔬菜的烹调方法。

萝卜——选购方法与烹调要诀

萝卜古称莱菔、罗卜，是一种属白花菜目十字花科的根茎类蔬菜。春夏秋冬盛产的萝卜各有不同的特征。

种类与选购方法

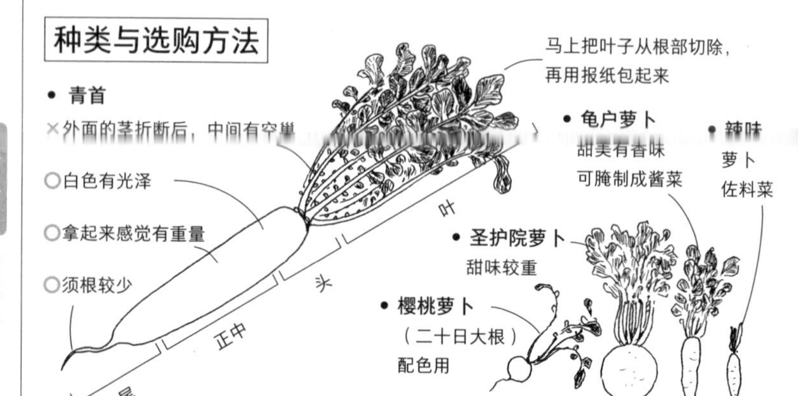

● 整根萝卜都可以使用！

尾部…辣味较重。 味噌汤料、提味、凉拌
正中…适合加热烹调。 炖煮、关东煮、味噌萝卜
头…含有丰富的维生素，有甜味。 拌萝卜、沙拉、醋渍等
叶…维生素 A、C 含量丰富。 菜饭、凉拌

特征与烹调要诀

春天的萝卜…凉拌、腌渍

夏天的萝卜…辣味较强
煮、腌渍

秋天的萝卜…软且有甜味
煮、萝卜干

冬天的萝卜…配菜、凉拌

动手做做看

• 凉拌萝卜丝

①萝卜切丝。
②水沥干，松开。
③白芝麻与芝麻酱拌匀。

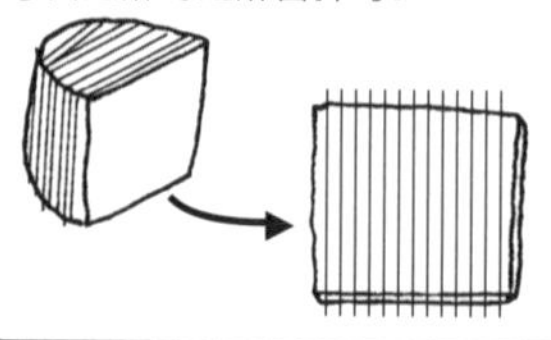

• 清爽的萝卜泥

①头部削皮。切口直角顶住研磨器，
这样苦味不会挤出来。
②轻轻地磨碎，蘸酱油。

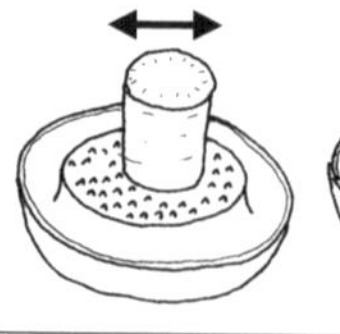

蘸少许醋，
调和辣味

芜菁——选购方法与烹调要诀

芜菁是十字花科的草本植物，俗称大头菜，是凉拌菜及腌菜的最佳选择。

种类与选购方法

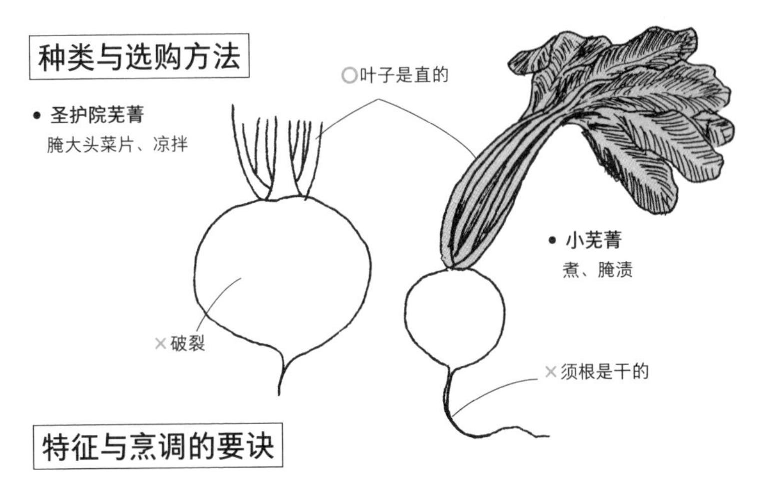

特征与烹调的要诀

- 马上剥掉叶子，用保鲜膜包覆，放进冰箱冷藏室保存。
- 氽烫的时间比萝卜更短，不要煮过头。
- 加一撮米煮，煮好的芜菁更白、更甜。
- 叶子用油炒，不但可以增加色泽的鲜艳度，也有助于维生素的吸收。

胡萝卜——选购方法与烹调要诀

一年四季都可以采收的胡萝卜，营养丰富且使用范围非常广泛。不但有整肠的作用，还含有丰富的铁分，是病后复原期的最佳食材。

种类与选购方法

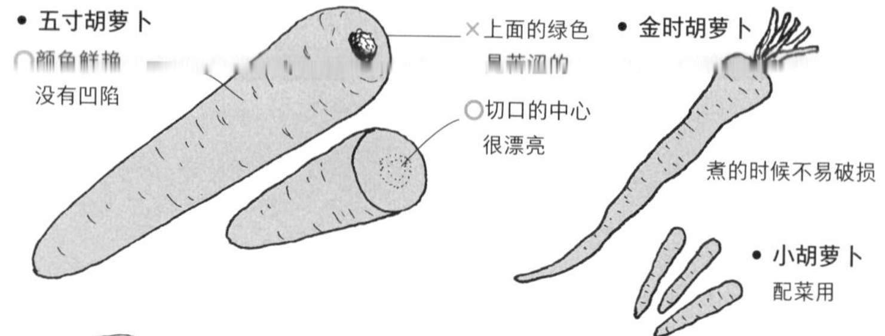

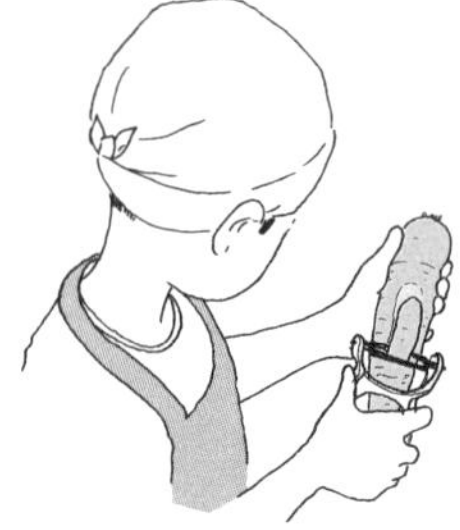

用削皮器薄削一层皮！

特征与烹调要诀

- 含有会破坏维生素 C 的抗坏血酸，与空气接触就会产生作用。食用时最好加热或加醋。
- 中心坚硬，生食时使用中心外围的部分。
- 用油烹调有助于胡萝卜素的吸收。
- 靠近皮的地方胡萝卜素含量较多，削皮的时候不要削太厚。

动手做做看

• 配菜用的胡萝卜

●材料

胡萝卜……1 根
糖…………1 大匙
盐、胡椒…少许
黄油………1 大匙

①胡萝卜切成 4 ~ 5 厘米的小长块状。
②锅里放进胡萝卜、糖、盐、胡椒等，加水淹过食材，盖子盖在食材上煮到软。
③打开盖子，让水分蒸发，煮好的胡萝卜加上黄油即可食用。

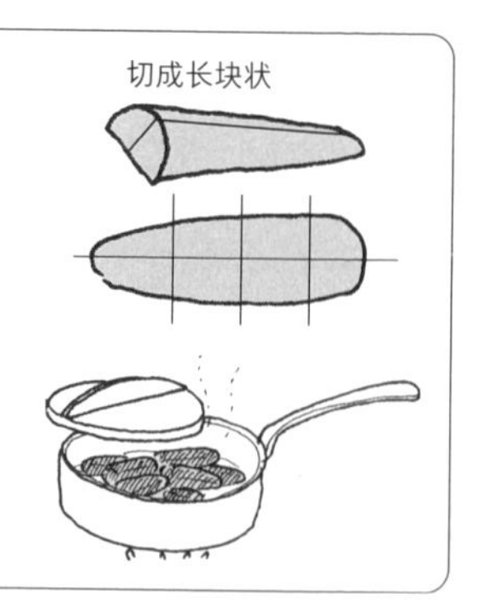

牛蒡——选购方法与烹调要诀

细细长长的牛蒡，又叫作牛蒡根，含有丰富的膳食纤维，原是传统中药，现也成为受人喜爱的食材。

种类与选购方法

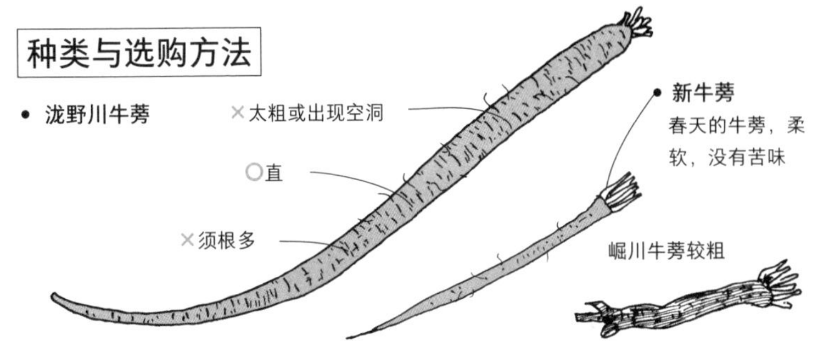

特征与烹调要诀

- 苦味很重，切好了要立刻泡水。
- 皮有独特风味，所以不要削皮，用刀背刮掉即可。
- 加醋煮可以消除苦味并且保持新鲜的颜色。
- 适合用油烹调。
- 洗好的牛蒡容易变质，要马上使用。
- 带泥的牛蒡用报纸包好保存。
- 含有丰富的钙与纤维质，有利尿作用。

动手做做看

- 牛蒡丝沙拉

①牛蒡切丝，水里滴几滴醋，浸泡 3 ~ 4 分钟

②热水里加少许醋，牛蒡煮到有点弹牙的硬度

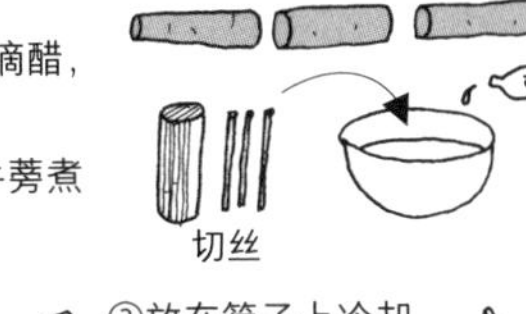

●材料＜ 2 人份＞

牛蒡…1 根醋…少许

调味料

芝麻……喜好的量

沙拉酱…3 大匙

酱油……1 小匙

③放在筛子上冷却

④拌上调味料，再撒上芝麻

南瓜——选购方法与烹调要诀

南瓜又名麦瓜、番瓜、倭瓜、金瓜。在冬季蔬菜产量较少的时期，南瓜是最佳补充营养的蔬菜。

种类与选购方法

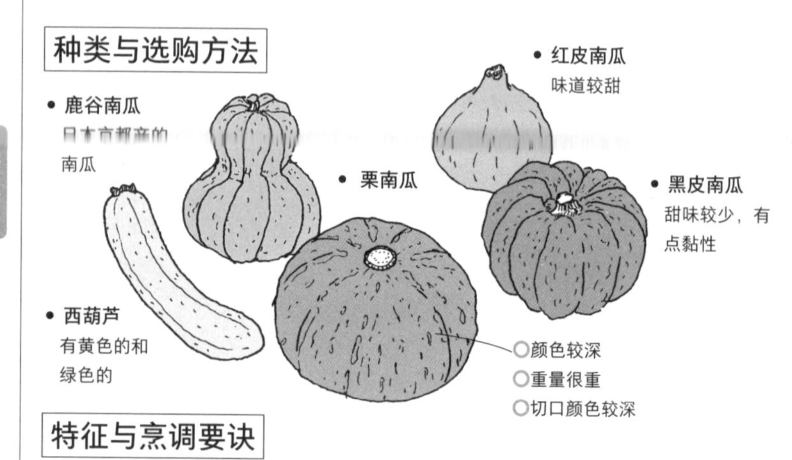

特征与烹调要诀

- 成熟的南瓜，瓜蒂向下，放在通风良好的地方保存。
- 容易从种子开始腐败，切开以后先取出种子，用保鲜膜包好，放在冰箱的蔬果室。
- 煮的时候容易破坏形状，切的时候切成圆角（参阅 P. 77）比较好。

切成圆角

动手做做看

- **煮南瓜**

①切开南瓜，取出种子，切成圆角。
②汤汁淹过食材，水煮。
③沸腾以后加入糖，煮 3 ~ 4 分钟，再加酱油，用铝箔纸盖起来，小火煮到变软。

●材料 < 2 人份 >

南瓜………1/2 个
高汤………2 杯
糖…………2 ~ 3 大匙
酱油………3 大匙

茄子——选购方法与烹调要诀

不论是煎、煮、炒、炸，还是凉拌，茄子适合各种烹调方式，也是最容易处理的食材。

种类与选购方法

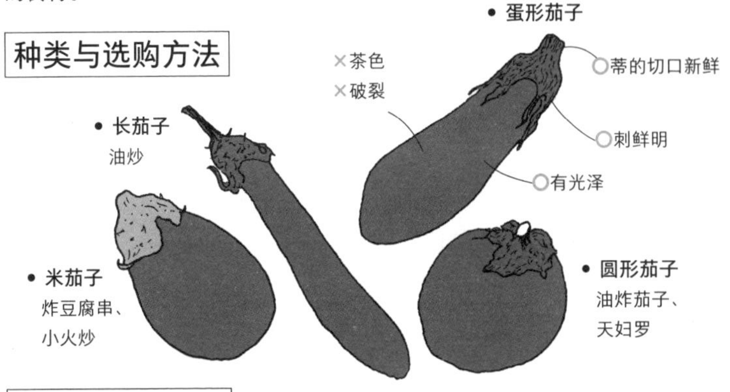

特征与烹调要诀

- 5℃以下的低温保存会让茄子变苦，所以保存温度应在10℃左右。
- 适合用油烹调。
- 苦味较浓，切开之后立即浸泡盐水。
- 会吸油，可以很快补充热量。

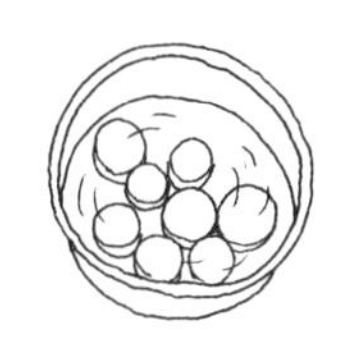

动手做做看

- 夏天必选佳肴　烧烤茄子

●材料＜2人份＞
茄子…2条　酱油…适量
佐料菜（柴鱼、生姜）…适量

①茄子去蒂，划上4～5刀之后烧烤

②在烤网上烤到全部出现烧烤的颜色

③泡水冷却

④从划刀的地方插入竹签剥皮

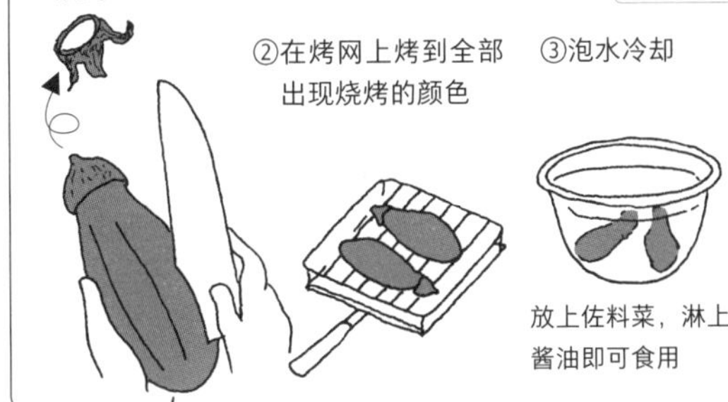

放上佐料菜，淋上酱油即可食用

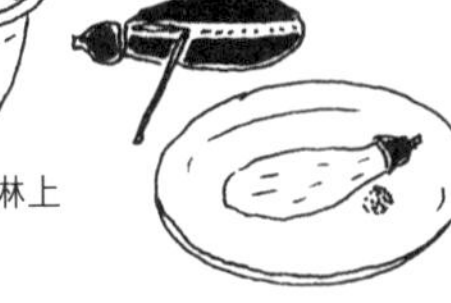

青椒——选购方法与烹调要诀

除了绿色的青椒之外，还有红椒、黄椒、橘椒，甚至还有黑色的。烧烤、炒、沙拉等烹调方式很多样化。

种类与选购方法

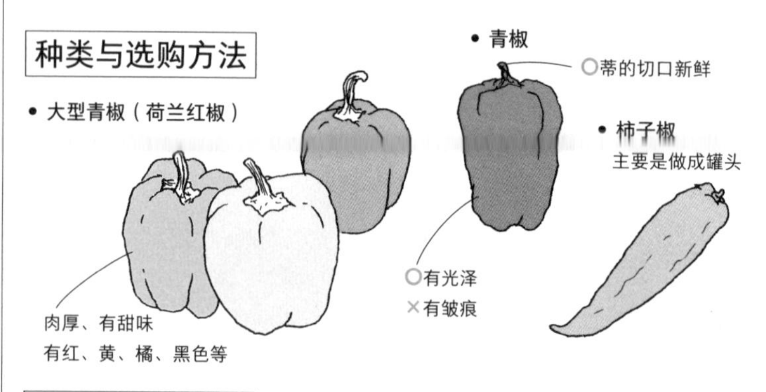

特征与烹调要诀

要诀是大火快炒！

- 大型青椒适合做成填椒、沙拉、凉拌。
- 适合用味噌或油烹调。
- 5℃以下的低温保存会变苦，所以保存于应在 10℃左右。
- 黑椒加热就变成绿色的。
- 含有丰富的钾、维生素 C、膳食纤维。
  不易因烹调丧失营养价值。

动手做做看

• **青椒焗烤**

●材料 < 4 人份 >
青椒…6 个
绞肉…300 克
面包粉…1/2 杯
（事先用牛奶泡湿）
蛋…1 个
盐、胡椒…少许
洋葱（切碎）…1/2 个
溶解的奶酪…3 片

①绞肉、面包粉、蛋、洋葱混在一起，充分搅拌

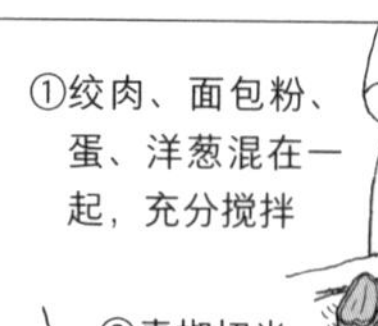

②青椒切半，取出种子

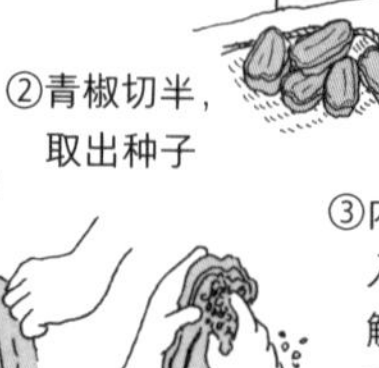

③内侧涂上面粉，将食材填入，在烤箱中烧烤。将溶解的奶酪切碎放在上面，再烤

番茄——选购方法与烹调要诀

不论做成沙拉、意大利面酱，还是果汁，番茄都是营养又美味的选择。番茄生吃就很好吃，更是烹调上不可或缺的良伴。

种类与选购方法

- 水果番茄
  甜味

- 桃太郎番茄

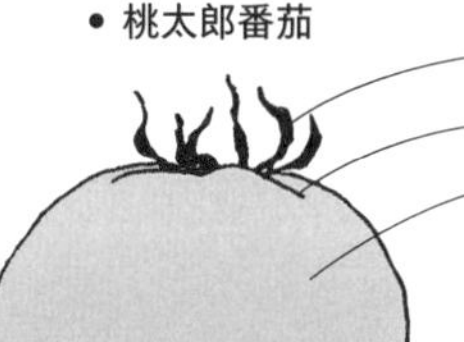

○果蒂是绿色的
×接近果蒂的地方破裂
○果实紧实
○圆且红

- 小番茄
  适合做沙拉或是配色用

特征与烹调要诀

- 成熟的番茄保存在温度过低的地方味道会变差，最适合的保存温度是 5 ~ 7℃。
- 未熟的番茄可以室温保存。
- 含有丰富的维生素 A、C，使用油烹调更容易吸收。

快速调理的技巧

整颗番茄冷冻保存。
浇上热水，一面解冻，一面剥皮，切碎煮就是番茄酱汁。

●用热水剥皮的方法

①划出十字刀痕

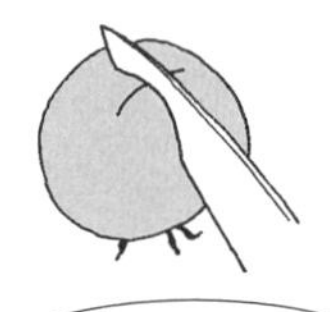

②放在热水里，皮剥开即取出

③放在冷水里用手剥皮

动手做做看

- **番茄意大利面的番茄酱汁**

●材料
热水剥皮的番茄…3 ~ 4 个
大蒜……1 ~ 2 瓣
洋葱……1 个
橄榄油……1 大匙
盐、胡椒、糖……少许

①热水剥皮后的番茄与大蒜、洋葱切碎。
②橄榄油中加入大蒜，小火爆香。
③加入切碎的洋葱，炒到透明时加入番茄。
④煮好以后加盐与胡椒调味。太酸可以加糖。

※ 可以使用番茄罐头

洋葱——选购方法与烹调要诀、轻松的烹调法

为什么切洋葱的时候会流眼泪呢？为什么生的洋葱是辣的，煮过就是甜的呢？你知道怎么做简单的洋葱料理吗？

种类与选购方法

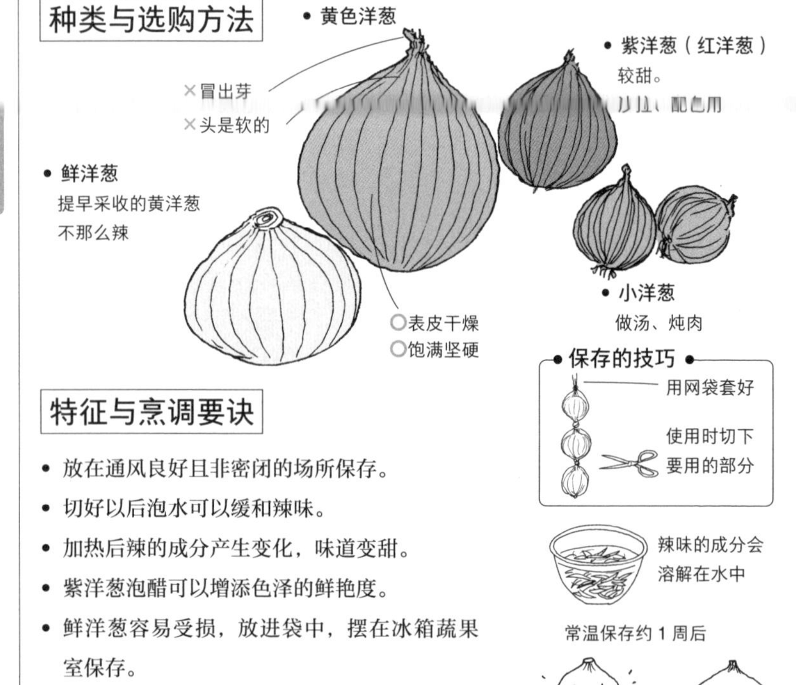

特征与烹调要诀

- 放在通风良好且非密闭的场所保存。
- 切好以后泡水可以缓和辣味。
- 加热后辣的成分产生变化，味道变甜。
- 紫洋葱泡醋可以增添色泽的鲜艳度。
- 鲜洋葱容易受损，放进袋中，摆在冰箱蔬果室保存。
- 有助于维生素 B_1 的吸收，最适合搭配猪肉（维生素 B_1 含量丰富）烹调。

• 不掉泪的切法

1. 切之前先冷却。
   降低挥发性。
2. 使用锋利一点的刀具。

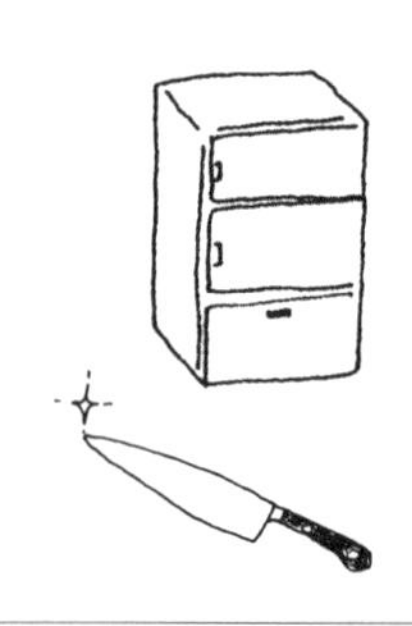

辣味成分的硫化丙烯是挥发性的，会渗入眼睛造成流泪，但是却有去腥味和促进维生素 B_1 吸收的功能。

※ 洋葱的切法参阅 P.77

轻松的烹调法

●爸爸最喜欢的凉拌洋葱丝

●材料

鲜洋葱…1 ~ 2个

柴鱼…适量

酱油（水果醋）…适量

①洋葱剥皮切半

②用刨丝器切丝

切到太小时，用叉子插住切

③泡水

④沥干水分后加柴鱼、淋上酱油即可食用

●简单的竹签烤洋葱

●材料

洋葱…1 ~ 2个　色拉油…少许

酱汁（黄芥末…1大匙

　　　酱油…2大匙

竹签

①洋葱剥皮后，等距离插上竹签。菜刀从竹签中间切下

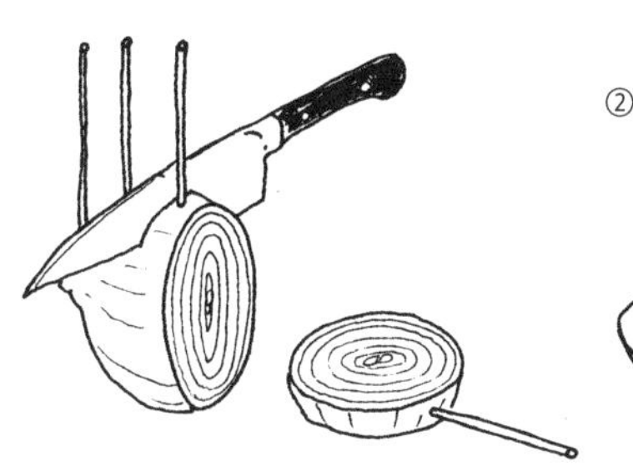

②平底锅倒入油，洋葱双面煎烤

③黄芥末溶解在酱油里，洋葱裹酱油、黄芥末后再烤

烤到香味四溢即完成

黄瓜——选购方法与烹调要诀

不论是沙拉还是凉拌，最常见的就是黄瓜。含水量丰富且口感清脆，又是低热量的黄瓜，却也会破坏维生素 C，烹调时要下点工夫。

种类与选购方法

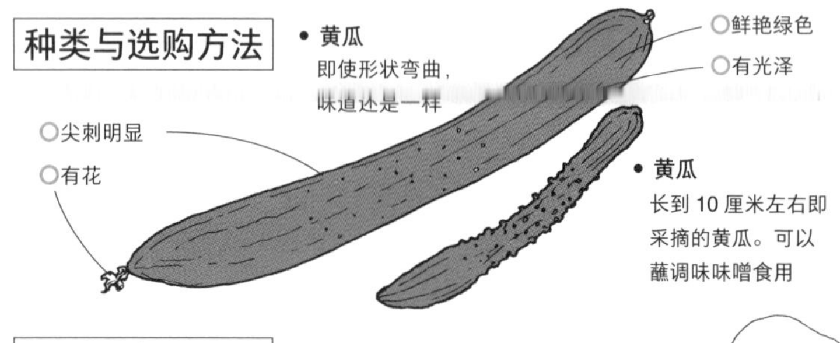

特征与烹调要诀

- 湿的黄瓜容易受伤。
- 表面抹盐（参阅 P. 47“在板子上搓揉”），用水洗去刺与白粉。
- 热水汆烫后泡冷水，即可增加鲜艳色泽。
- 不耐干燥。
  放进塑料袋中，竖立放进冰箱冷藏室保存。
- 接近蒂旁的深绿色有苦味的成分，要去除。
- 会破坏维生素 C 的成分，加热或加醋即可去除。

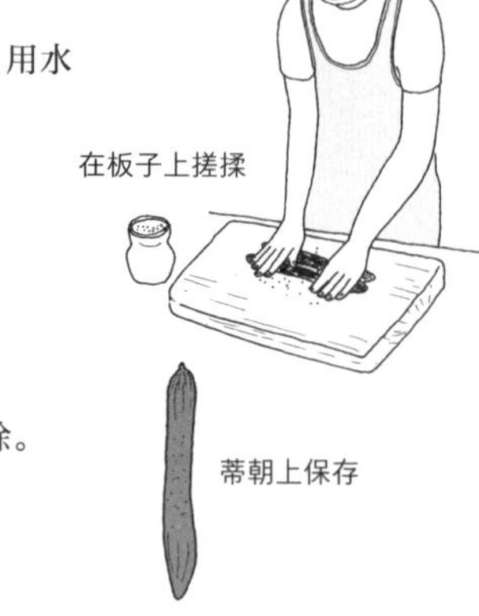

动手做做看

• 醋渍黄瓜

●材料
黄瓜…1 ~ 2 条
盐水水…1 杯
盐…1 小匙
水果醋…适量
吻仔鱼…适量

①黄瓜用切片器切片，浸盐水。
②变软之后，挤干水分，放上吻仔鱼，淋水果醋。也可以放裙带菜或金枪鱼代替吻仔鱼。

卷心菜——选购方法与烹调要诀

虽然一年四季都有，但是每个季节生产的卷心菜口味不同。含有可以强化胃壁与修复伤口的维生素 U 营养素。

种类与选购方法

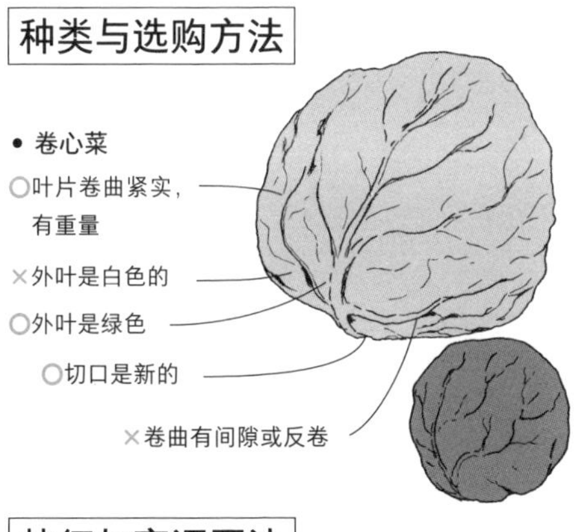

• **春天的卷心菜**
从春天到初夏出产的卷心菜。
菜叶卷曲松软。
口感清爽弹牙。
沙拉

• **冬天的卷心菜**
是卷心菜的代表种类。
菜叶卷曲紧实，有甜味。
适合久煮。
初春时节可以放在冰箱保存。

• **紫色卷心菜**
生食用
沙拉

特征与烹调要诀

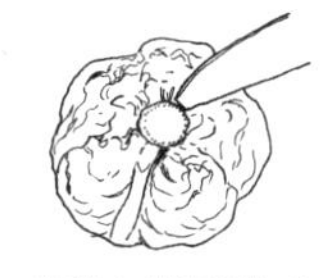
从菜心的根部切入

- 剥菜叶时，从菜心的根部切入。
- 切丝的卷心菜要先水洗再切。
- 切好之后再碰到水，维生素就流失了。
- 做卷心菜卷时，叶子先氽烫或用微波炉加热。
  做卷心菜卷时可以使用意大利面条代替牙签固定，避免煮的时候散开。

湿的卷心菜用保鲜膜包起来，加热（约 30 秒）到变软

动手做做看

• **卷心菜丝**

●材料
春天的卷心菜…1/2 个
法式沙拉酱汁
沙拉酱、酱汁等

①卷心菜洗好之后，切掉粗的叶脉
②剥开叶子直接切丝

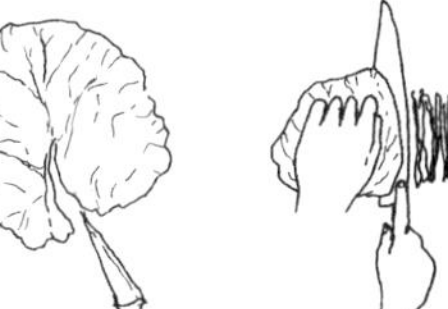

③浸一下冷水，让卷心菜更清脆

适合搭配炸猪排或肉类料理，淋法式沙拉酱汁或沙拉酱即可食用

莴苣——选购方法与烹调要诀

莴苣的拉丁语是“白色乳汁”，因为新鲜莴苣会从茎部流出白色汁液。不论是快炒还是煮汤，莴苣都是餐桌上鲜美的菜色。

种类与选购方法

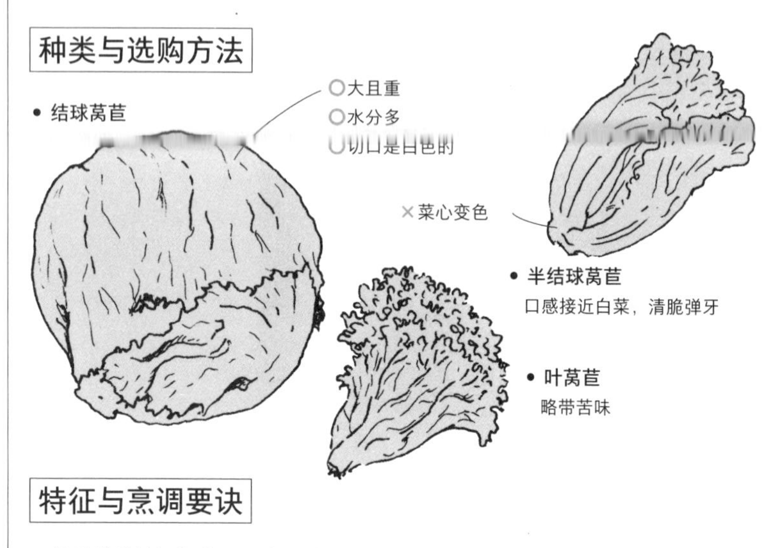

特征与烹调要诀

- 结球莴苣挖洞把菜心取出比较耐放。
- 含有丰富的维生素 E。
- 用铁的菜刀切开时切口会变黑，所以不要用刀切，用手撕开。

白菜——选购方法与烹调要诀

白菜是中华料理中经常出现的主角。用白菜做成的知名佳肴有很多，如“开阳白菜”“酸菜白肉锅”等。

选购方法

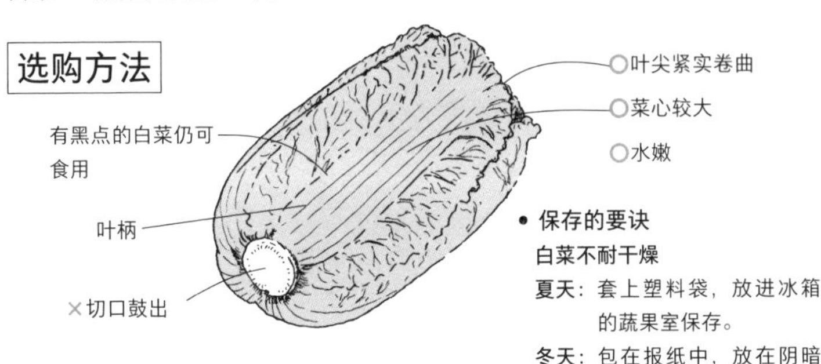

- **保存的要诀**

白菜不耐干燥

夏天：套上塑料袋，放进冰箱的蔬果室保存。

冬天：包在报纸中，放在阴暗场所保存即可。

特征与烹调要诀

- 冬天的白菜特别甘甜美味。
- 叶尖卷起部分适合蒸煮，叶柄适合炒或煮火锅，菜心的附近适合腌渍。
- 最适合搭配猪肉与培根。

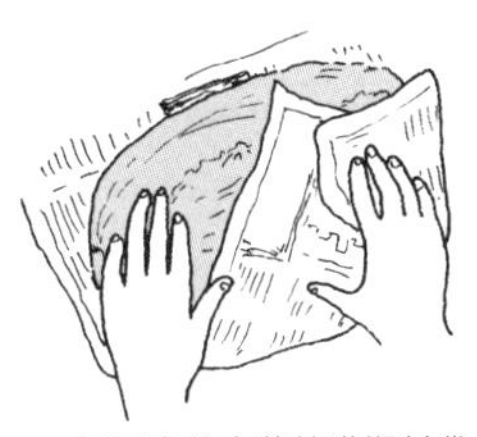

切下来的白菜放进塑料袋里，保存在冰箱里

动手做做看

- **简单的白菜锅**

<西式>

●材料<4人份>

白菜…1/2个（斜切）

培根…300克（3等分）

盐、胡椒、酒…少许　高汤块…1个

①切白菜与培根，交互叠在锅里。

②盖上锅盖蒸煮。

③水分变少后加点水或酒，放进高汤块，尝味道并以盐、胡椒调味。

<日式>

●材料<4人份>

白菜…1/2个（斜切）

涮涮锅用猪肉…300克

酒…少许　水果醋…适量

佐料菜

萝卜泥、葱末、姜泥等

①锅里加水与酒约七分满，煮沸。

②依序放入白菜心、猪肉（散开）、白菜叶煮开。

猪肉变白后蘸水果醋即可食用。

菠菜——选购方法与烹调要诀

叶菜类的代表菠菜，原产于伊朗，因为卡通大力水手而声名大噪。不认识大力水手的小朋友，可以问问父母或是叔叔阿姨们。

种类与选购方法

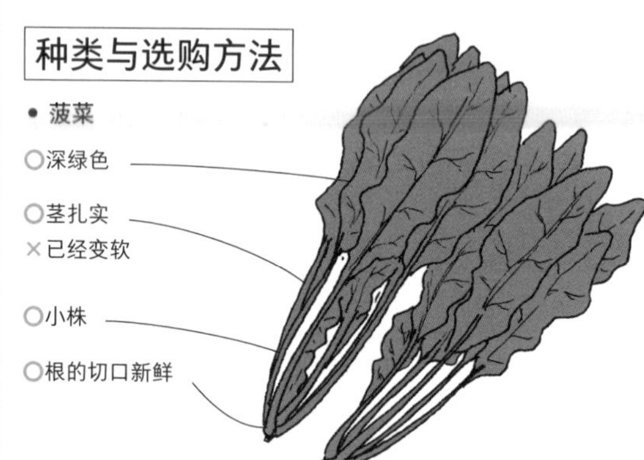

东洋种

根部是红色的，

苦味较少，有甘甜的味道，

叶子上有小裂片。

西洋种

根部红色较淡，

叶子是圆的，

苦味较浓。

- **生菜菠菜**

  没有强烈味道与苦味，

  口感清脆。

特征与烹调要诀

- 先汆烫去除苦味。
- 苦味来自于草酸，草酸与钙结合会引起结石。
- 用湿报纸包起来，放进塑料袋中，保存于冰箱的冷藏室。
- 烹调的秘诀是大火短时间加热。
- 含铁量和牛肝一样丰富。

  胡萝卜素、维生素 B_1、B_2、钙、钾的含量也丰富。
- 不适合和蛋黄一起烹调。

  会影响铁分的吸收。
- 适合和油一起烹调。

  不易破坏维生素 C，有助于胡萝卜素的吸收。

动手做做看

- 日式炒菠菜

●材料 < 4 人份 >

菠菜…1 把

油豆腐…3 ~ 4 片

调味酱油…1 大匙

油…1 大匙

①用大量的水将菠菜洗干净，切成 3 等分。

②用平底锅热油，加入菠菜，大火快炒。

③炒软之后加入油豆腐，再加入调味酱油。

其他叶菜类——选购方法与烹调要诀

小松菜、茼蒿、芥蓝菜、高菜、水菜、芹菜、油菜等，叶菜类的蔬菜还有很多，了解叶菜类的特征就懂得如何应用。

种类与选购方法

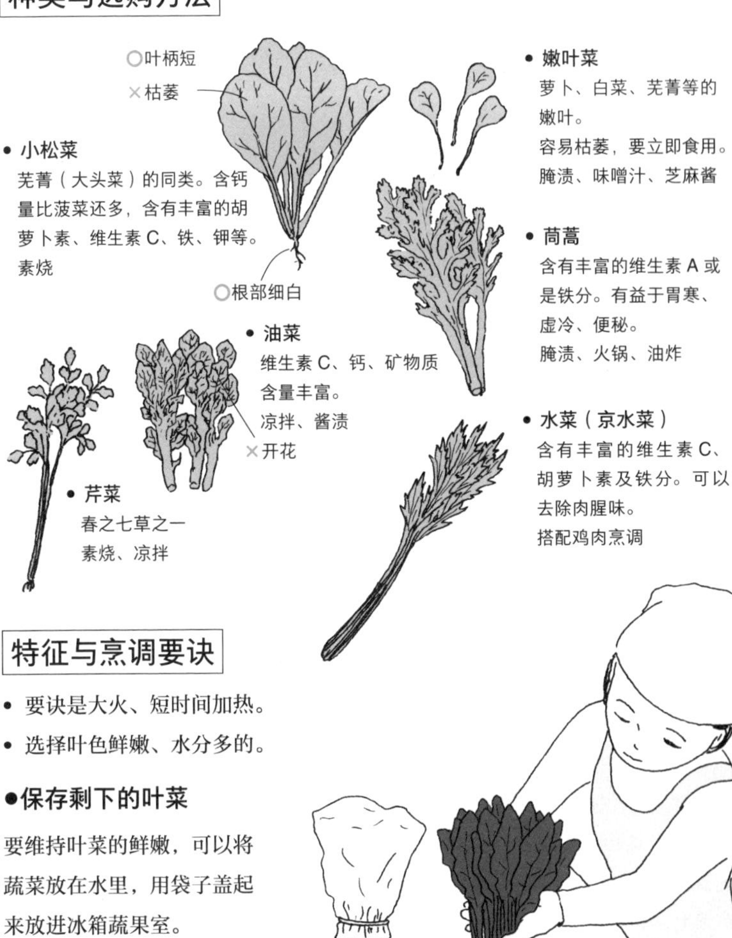

特征与烹调要诀

- 要诀是大火、短时间加热。
- 选择叶色鲜嫩、水分多的。

●保存剩下的叶菜

要维持叶菜的鲜嫩，可以将蔬菜放在水里，用袋子盖起来放进冰箱蔬果室。

葱——选购方法与烹调要诀、轻松的烹调法

虽然不是主菜却是烹饪上不可或缺的重要角色，这就是葱。不论煎、煮、炒、爆香，有了葱就能让菜色增色不少。

种类与选购方法

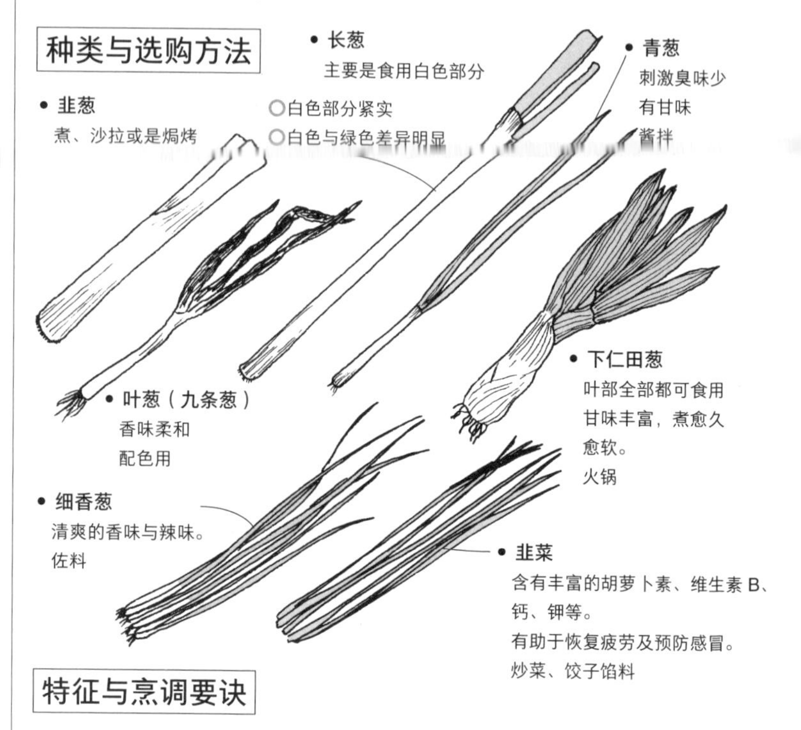

特征与烹调要诀

- 快速烹调才能引出香味与清脆的口感。
- 小火慢煮可以带出甜味。
- 提味用的葱要用水充分搓揉。
- 长葱用报纸包好，常温保存。
- 叶葱用湿报纸包好放在冷藏室保存。
- 提味用的葱切碎，冷冻保存，使用时较方便。
- 葱叶含有丰富的维生素 A、B_2 及 C。
- 具有发汗作用，所以感冒初期食用有助于恢复健康。
- 香味来自于硫化丙烯，可以消除鱼腥味。

轻松的烹调法

●感冒初期可以饮用味噌葱

①葱切小段

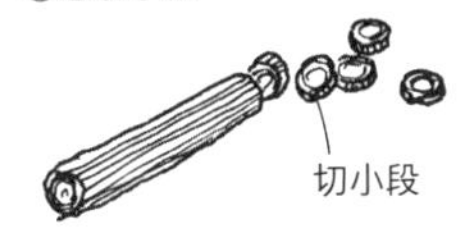

②碗里放味噌与葱，加入热水

③充分搅拌，热热的饮用

●材料＜1人份＞

长葱…1根

味噌…1大匙

热水

出汗以后要换干衣服。

●可以当作小菜点心的葱煎饼

●材料＜1人份＞

长葱…1根　蛋…1个　面粉…1杯

红生姜…适量芝麻油…少许

酱油、沙拉酱、酱汁等

①葱切段。

②碗里打个蛋，加面粉，用水调和成面团。

③加入葱与红生姜搅拌。

④平底锅倒入芝麻油，煎面团。

⑤两面煎好以后，装盘，即可蘸酱食用。

动手做做看

● 佐料不可或缺的白葱丝

学会做白葱丝，不论煮鱼或汤料都可以做出餐厅级的风味，也可以使用在葱烧拉面上。

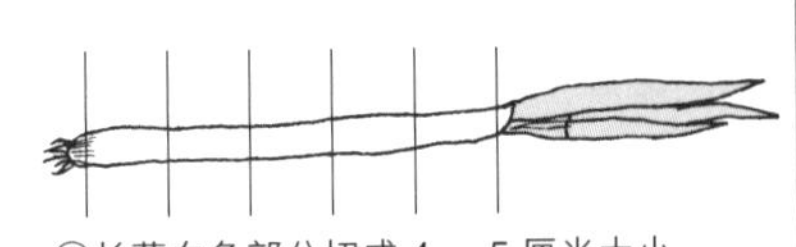

①长葱白色部分切成4～5厘米大小

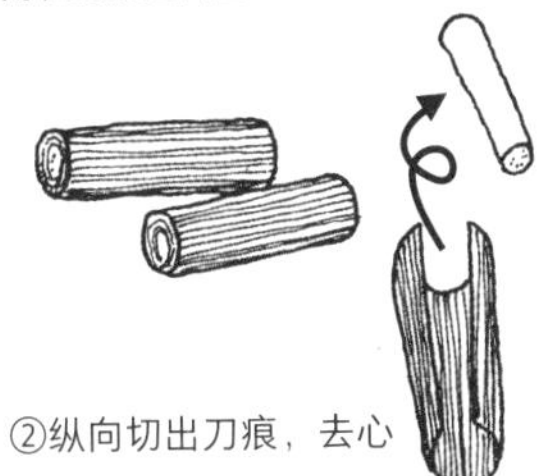

②纵向切出刀痕，去心

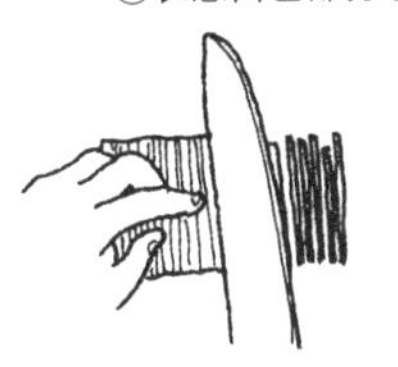

③打开，沿着纤维切丝

④好以后马上泡水，泡开沥干水分即可使用

笋——选购方法与烹调要诀

笋是季节性的美味食物，生长非常快速。刚挖出的竹笋是可以生食的，但是随着时间的增加就会产生苦味。

种类与选择方法

- **孟宗竹笋**

  外型粗短，肉质软嫩，纤维丝少

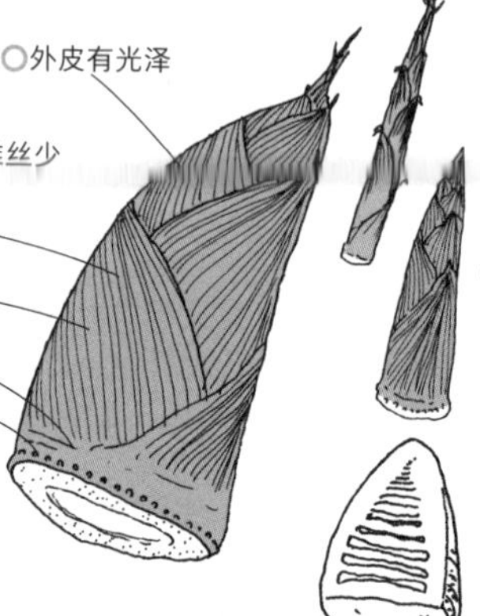

○适度湿润

○短且粗

○根部充满水分

×太老的竹笋根部红色斑点较多

- **淡竹笋**

  纤维丝较少、甜味也较少

  天妇罗、煮食

- **麻竹笋**

  又名苦竹，苦味较浓。

  煮、酱拌

  超市常见的笋干是麻竹笋加工制成的

- **煮笋子**

  白色的颗粒是美味的来源之一，是无害的

特征与烹调要诀

- 尽快剥皮烫过。
- 根部较硬，尖部较软嫩，烹调时分开使用。
- 膳食纤维丰富。
- 在水中加入米糠煮即可去除纤维丝。也可以加入白米或洗米水。
- 煮过以后放进水里，放到冰箱冷藏。
- 每天换水可以放 4 ~ 5 天。

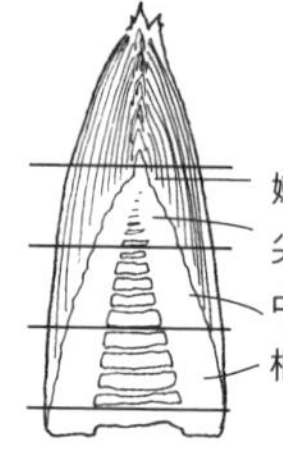

嫩皮…酱拌、醋渍

尖端…酱拌、汤料、醋渍

中段…煮、烤

根部…竹笋饭、油炸

●煮的要诀

①前端斜切去除，剥皮时先切一条直线再剥

②在水中加入竹笋与米糠一杯，再加一根辣椒，盖上锅盖煮约 1 小时。（根部用竹签刺，可以穿透即表示煮好）

③关火放冷再水洗剥皮

动手做做看

- **嫩冷笋**

  煮好的竹笋前端蘸酱即可食用

莲藕——选购方法与烹调要诀

莲花埋在泥土里的地下茎到了秋天就结成莲藕。莲藕切开后的洞孔是为了输送生长需要的氧气而存在的。

选购方法

特征与烹调要诀

- 切口会变黑，所以要马上浸醋水。
- 煮太久会让口感变差。
- 连洞里都要充分干燥之后再用保鲜膜包起来放进冰箱保存。
- 含有丰富的维生素 C 与钾。

动手做做看

- 莲藕片

●材料

莲藕…1 节　色拉油、芝麻油…少许

依喜好加七味粉

调味料

酱油…2～3 大匙

糖…少许味淋…1 大匙　水…适量

①莲藕削皮，切成半月形的薄片，浸醋水。

②平底锅放色拉油，快炒一下莲藕。

③加调味料，加水淹过莲藕，大火炒煮。

④水分收干以后用芝麻油淋香。

⑤依喜好撒七味粉。（或是拌入纳豆也很美味）

菜花——选购方法与烹调要诀

白色小花蕾聚集而成的菜花是卷心菜的变种，和西蓝花是同类。可以做沙拉或醋腌、烤、汤等，食用方法很多。

选购方法

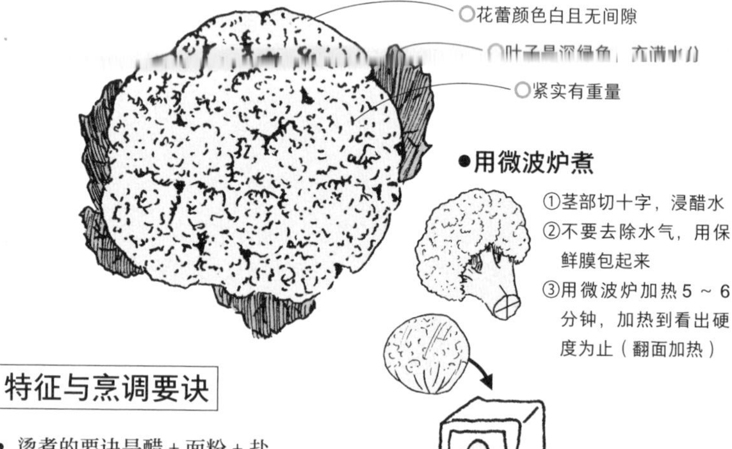

●用微波炉煮

①茎部切十字，浸醋水
②不要去除水气，用保鲜膜包起来
③用微波炉加热 5 ~ 6 分钟，加热到看出硬度为止（翻面加热）

特征与烹调要诀

- 烫煮的要诀是醋 + 面粉 + 盐。
- 煮好可以保存更久。
- 含有丰富的维生素 C 及 B_1、B_2、蛋白质及铁质。

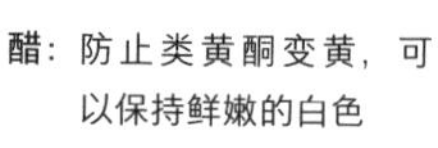

醋：防止类黄酮变黄，可以保持鲜嫩的白色
面粉：保护表面，提高沸点，所以烫一下就可以捞起

动手做做看

- **菜花的经典佳肴波罗奈舞曲**

●材料
菜花……1 颗
生面粉………1/2 杯
黄油…………3 ~ 4 大匙
盐、胡椒……少许
荷兰芹切碎…1 大匙

①菜花烫过之后，切成小块，趁还没有冷的时候加盐与胡椒调味。
②黄油炒面粉炒到变色，再加菜花。

撒上荷兰芹即可装盘

西蓝花——选购方法与烹调要诀

颜色是绿色的，形状与菜花极为相似，营养则是西蓝花略胜一筹。

选购方法

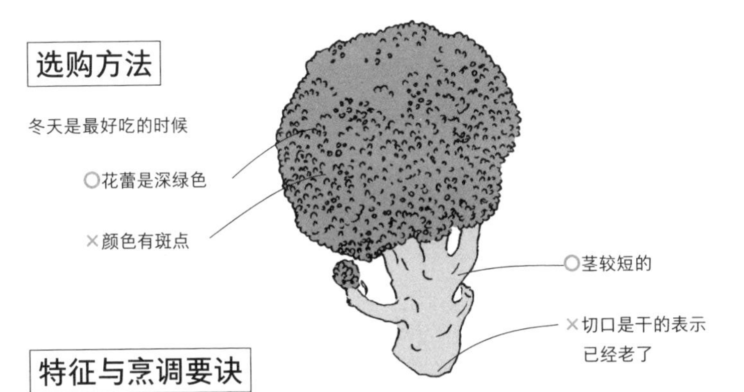

特征与烹调要诀

- 剥皮要剥到茎出现硬白色的部分，这样比较容易入口。
- 含有丰富的胡萝卜素和维生素 C。
- 铁、钙、钾含量丰富，可以预防贫血。
- 不耐放，夏天 1 ~ 2 天、冬季 3 ~ 4 天就会开花。
- 保存时先烫到有点硬，再放进冷冻。

- **烫菜花的要诀**
  热水中加 1 大匙的盐，从茎部放入水中。
  不要烫太久。
  浸冷水或放在筛子上放冷。

- **切菜花的要诀**
  先切下茎的下半部，将茎部与花蕾部分开。
  茎部竖起剥皮，白色部分切薄片。

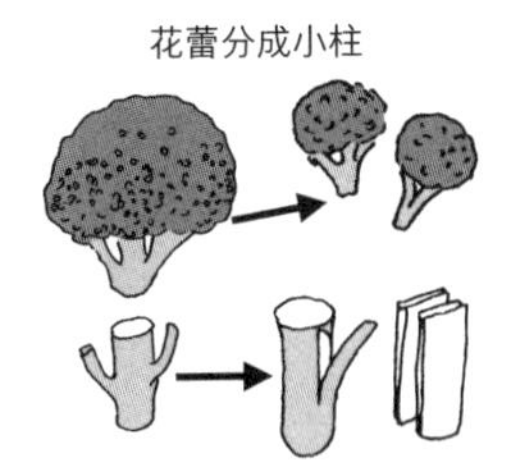

动手做做看

- **焗烤菜花**

●材料
西蓝花…………1 颗
沙拉酱、奶酪粉…适量

①菜花切成小块，烫到变硬。
②放在美耐皿上，依喜好加适量的沙拉酱与奶酪粉。
③放入烤箱烤到表面出现焦色。

西芹——选购方法与烹调要诀

沙拉或是快炒、煮汤，西芹的烹调方式很多，不喜欢芹菜特有味道和口感的人，可以尝试生食以外的烹调法。

选购方法

●芹菜

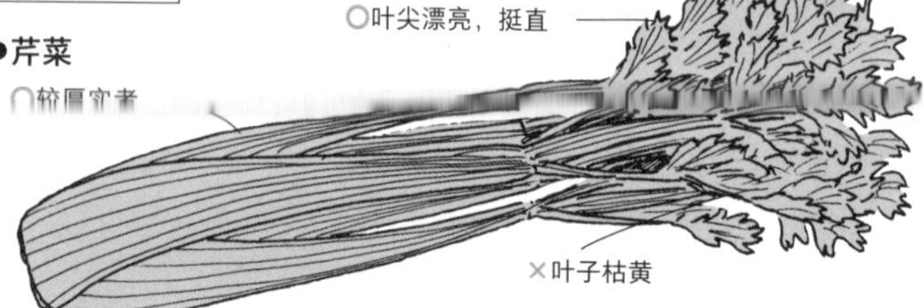

●剖面

○坚实地卷曲
×开口
○切口充满水分
×已经变色

• 茎的颜色分成 3 种

绿茎种……香味较强
白茎种
中间种……日本较多

特征与烹调要诀

- 从根部取出硬筋。
- 要消除肉腥味或是增添香味时，使用靠近叶子的部分。
- 切下来放冷使用，口感清脆爽口。
- 叶子可以和荷兰芹或月桂一起做成香料束。
- 含有丰富的维生素 B_1、B_2、胡萝卜素、钾。
- 叶子比茎部营养成分更高。

香料束
（香料植物供炖煮时使用）

动手做做看

• 快炒西芹

●材料 < 1 ~ 2 人份 >
西芹………1 把
芝麻油…………少许
柠檬汁………1 ~ 2 小匙
胡椒、白芝麻、酱油
………………少许

①将叶与茎斜切。
②平底锅加芝麻油，快炒西芹。
③淋柠檬汁，再以胡椒、酱油调味。炒好以后撒上白芝麻。

芦笋——选购方法与烹调要诀

芦笋有白芦笋与绿芦笋，日照栽培的是绿芦笋，无日照栽培的是白芦笋。

选购方法

●绿芦笋

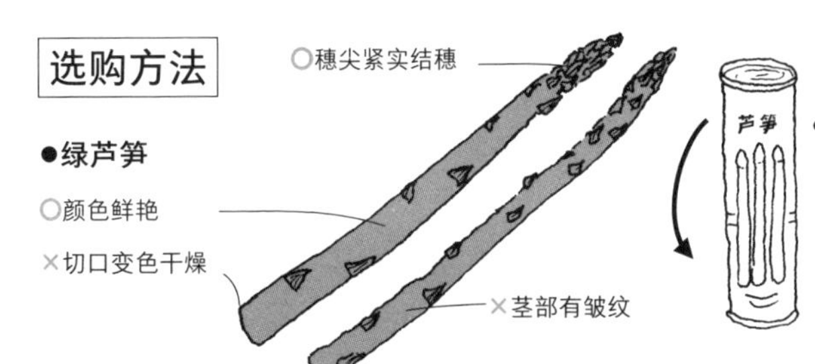

• 芦笋罐头

开罐时先倒过来，这样软嫩的穗尖比较容易取出

处理的要诀

• 根部较硬时，从可以轻易折断的地方开始食用。
• 去除叶鞘。
• 在板子上搓揉之后再煮，这样颜色比较鲜美。

叶鞘

硬根部用削皮器削除比较好吃

特征与烹调要诀

• 绿芦笋以中粗等级味道最棒。
• 鲜度不易保持，买回来以后要马上食用。
• 太老的芦笋，不但甜味、香味变差，也会不清脆。
• 加热后苦味即消失。
• 烫煮时，先切一半，从根部开始烫煮，1～2分钟之后再放入穗部。
• 含有天门冬素与叶酸，具有降低血压的效果。

动手做做看

• **芦笋培根卷**

①芦笋切成 5 ～ 6 厘米，汆烫。
②培根上卷 2 ～ 3 根芦笋，用牙签固定。
③平底锅热油，炒②。
④全体变色后，撒盐与胡椒。

●材料 < 2 人份 >

绿芦笋……………………5 ～ 6 根
培根……………………5 ～ 6 片
色拉油、盐、胡椒…少许
牙签……………………5 ～ 6 根

豆科蔬菜——选购方法与烹调要诀

豆科植物的种类繁多，从石器时代开始就是人类营养的主要来源。

种类与选购方法

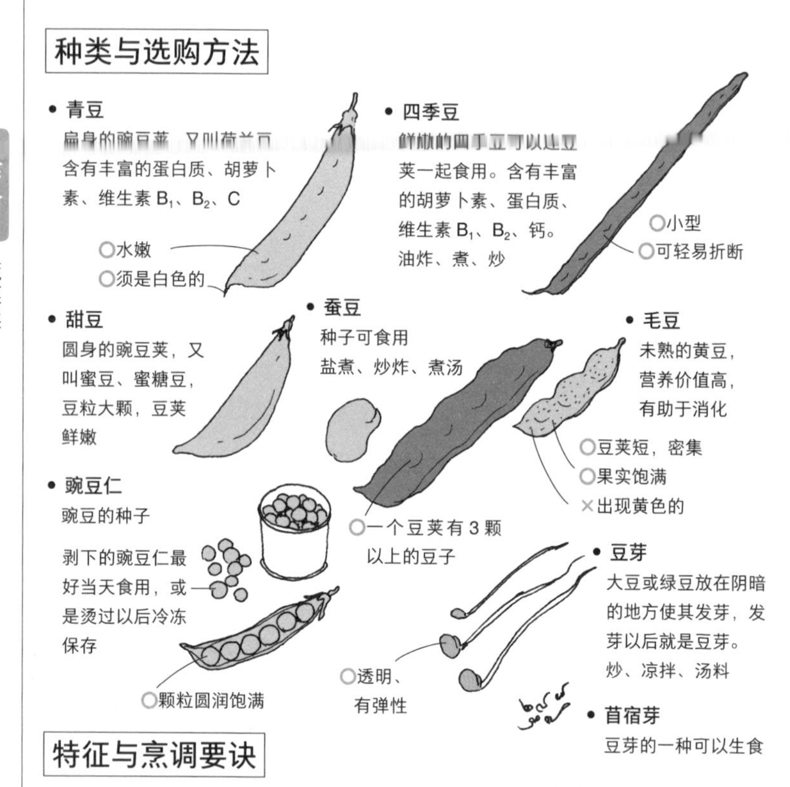

特征与烹调要诀

- 四季豆容易枯萎，买回来以后装入塑料袋中，放进冰箱冷藏室保存。
- 毛豆不要和奶酪一起吃。会影响钙的吸收。
- 蚕豆摘取后 3 天以内最好吃。
- 豌豆仁不要泡水太久。
- 豆芽不要泡水。

  会释出维生素 C。

去豆筋的方法

豌豆或是四季豆的筋要先去除再使用

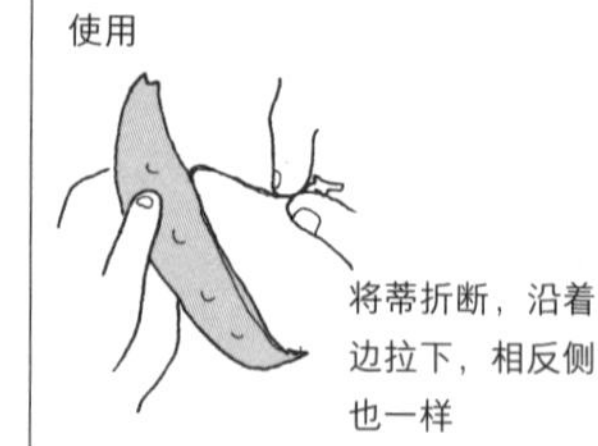

将蒂折断，沿着边拉下，相反侧也一样

其他的蔬菜——选购方法与烹调要诀

除了一般常用的蔬菜之外，还有慈菇、莼菜、百合根等较不常见的蔬菜也很值得尝尝。

种类与选购方法

- **百合根**

  食用的百合球根。

  加热后口感绵密类似红薯，

  主要成分糖质与淀粉

  ○白色的

  ○大片而紧实

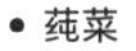

- **莼菜**

  池塘与沼泽水草的一种。

  食用的部位是嫩芽、茎或花蕾

  汤、醋渍

  ○颜色鲜艳

  ○滑嫩的较好

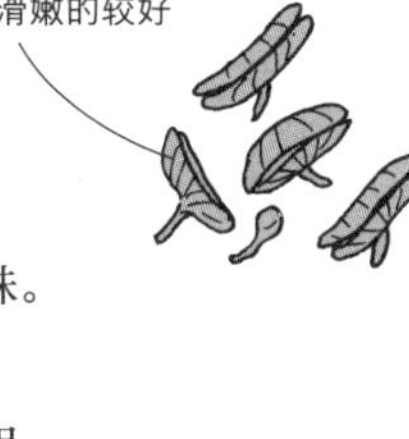

- **慈菇**

  球茎营养价值高，清脆可口，味美无比。

  清炒、炖煮

  ○芽尖紧实

  ○叶子卷曲的比较好

特征与烹调要诀

- 慈菇用洗米水烫过即可去除涩味。
- 莼菜快速汆烫之后再泡冷水。
  放进罐子或塑料袋里可直接使用。
- 百合根容易煮熟，不要煮过头。
  加醋煮会变白。

●慈菇的处理

①芽去外皮，保留 2 ~ 3 厘米切下。

②将底部切下，从底将芽连着的根部剥下，剥皮。

③泡水约 30 分钟，去苦味，再煮一下。

●百合根的处理

①洗好之后拇指插进中心，分成一半后一片片剥下。

②用醋水去屑之后，沥干。

动手做做看

- **醋渍莼菜**

●材料

莼菜…一瓶

水果醋…适量

①莼菜沥干水分

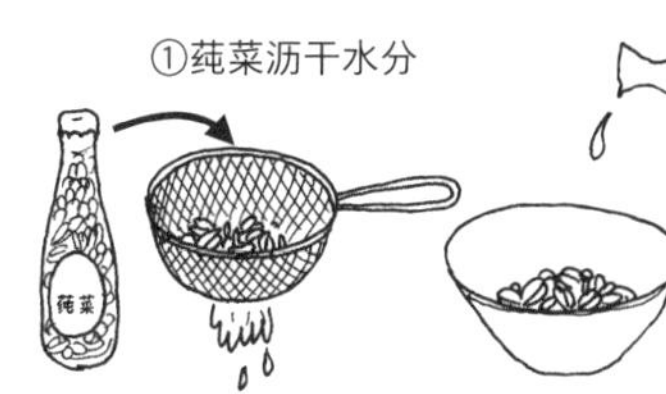

②加醋即可食用，也可以蘸芥末

马铃薯——选购方法与烹调要诀

马铃薯的别名很多，有洋芋、山药蛋、荷兰薯、地豆、豆薯、土豆等不同的称呼。是世界 5 大食用作物（包括小麦、米、大麦、玉米、马铃薯）之一，种类超过 2000 种。

种类与选购方法

- **粉质马铃薯**
  淀粉质含量丰富，质地松软，原产于美国。
  马铃薯泥、烤、煮

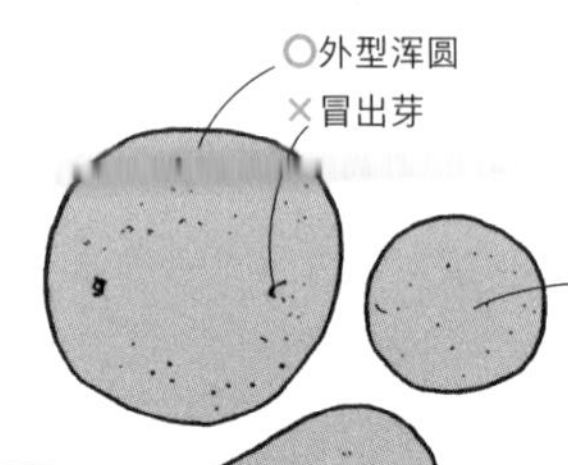

○外型浑圆
×冒出芽

- **小型马铃薯**
  5 月左右盛产的小型马铃薯，水分较多。
  去芽

○皮是黄色的，水嫩状
×皮有皱纹，绿色较多

- **卵形马铃薯**
  淀粉质含量略少，不易煮烂。
  炖肉、炒、咖喱

防止变色的要诀

- 切开泡水

- 煮的时候加点醋

醋

特征与烹调要诀

- 新鲜的马铃薯不要切开，整颗烹煮。
- 马铃薯泥要在热的时候压碎。（参阅 P. 69）
- 马铃薯的维生素 C 即使加热也不会被破坏。
- 除掉芽或是绿皮。
  含有毒的生物碱，吃多了会中毒。
- 和苹果一起存放比较不易长芽。
- 保存于通风良好的阴暗场所。

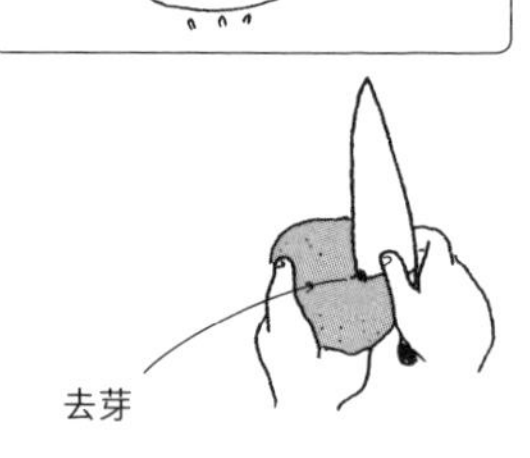

动手做做看

- **简单的马铃薯泥**

●材料 < 2 人份 >
马铃薯…中型 2 个
黄油…1 ～ 2 大匙
沙拉酱…适量

①马铃薯洗干净，不要沥干，直接用保鲜膜包起来。
②微波炉加热。1 个马铃薯加热 2 分 30 秒（500 瓦）。
③热热的时候从保鲜膜取出，用纱布包着，从上面把皮搓下来。
④一面压碎一面加黄油搅拌，冷了以后，再加沙拉酱搅拌。

红薯——选购方法与烹调要诀

红薯又叫番薯、地瓜、甘薯、白薯，营养价值高，是过去粮食不足时期的重要补充粮食。

种类与选购方法

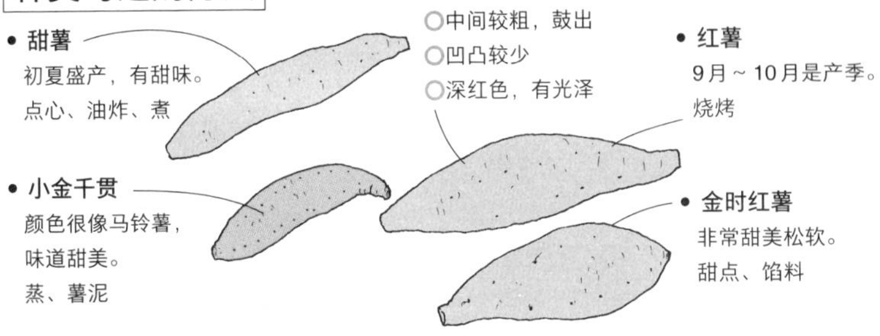

特征与烹调要诀

- 根茎类蔬菜含有丰富的纤维质。
- 维生素 C 和夏季的橘子一样丰富。
- 皮含有粗纤维，有通便的效果。
- 切好泡水。切口接触到空气就会变黑。
- 保持一定温度慢慢焖或水煮。
  用微波炉加热会减少甜味。
- 不可低温加热或是加热中断。
  即使再加热也不会变软。

• 去苦味的要诀 •

皮削厚一点，泡水

动手做做看

• 黄油蜜糖红薯

①红薯切一半放在烤盘或是用铝箔纸包起来，用烤箱（200 ~ 220℃）烤50分钟 ~ 1小时。竹签可以插穿即可。

②中间部分用汤匙挖出，放进锅里，加黄油与糖，小火充分搅拌成泥状。

③装饰

日式…红薯泥用保鲜膜扭转成圆尖型

西式…红薯泥放回红薯壳中，再用烤箱烤出焦色

● 材料 <2 人份>

红薯…中粗 1 根

黄油…2 ~ 3 大匙

糖…40 ~ 50 克

芋头——选购方法与烹调要诀

茎部鼓起长成大的母芋，母芋周围生长出的子芋与孙芋。因为繁衍力旺盛，所以常被使用在年节的庆典中。

种类与选购方法

市面上常见的芋头有很多种，大型的面芋、槟榔心芋及芋艿、红梗芋等。日本进口的品种则有下述几种。

- **土垂**
  子芋品种
  不易煮烂

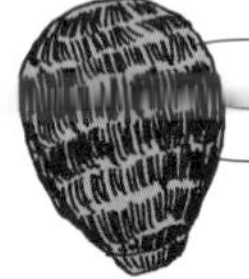

○沾有泥土，略为紧实
×皮破裂者
×绿色或是红黄色的有苦味

- **海老芋**
  母子芋
  和鳕鱼棒一起煮

- **石川早生**
  子芋的代表

- **西伯里斯**
  母子芋，味道佳，但是容易煮碎

- **八头**
  母子芋，黏度不高，长得像人头一样，是好预兆的象征。
  干煮

特征与烹调要诀

- 煮的时候容易溢出。先搓盐再煮。
- 滑嫩感。以盐水（1%）预煮。
- 削皮时手会痒。用醋清洗。
- 调味时用文火慢慢调味。

处理要点

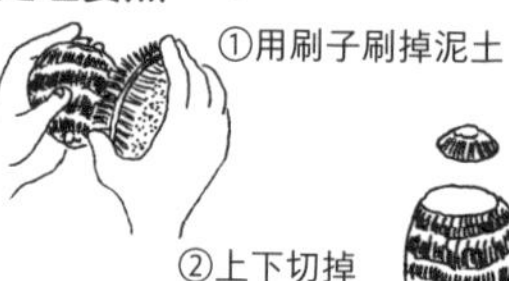

①用刷子刷掉泥土

②上下切掉

③从上到下直立削皮

动手做做看

- **干煮芋头**

①剥皮搓盐
②加水盖过芋头，用铝箔纸盖住煮到变软
③放冷以后，挤柚子皮调味

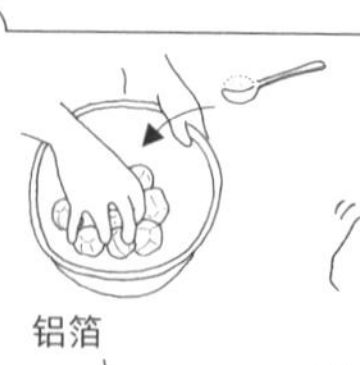

铝箔

④之后锅子拿起转动一下再放回去，煮到水全部吸干

材料 < 4 人份 >
芋头……6 ~ 7 个
柚子皮…少许
煮汁
- 高汤…适量
- 糖……3 小匙
- 酒……1 大匙

芋类加工品——选购方法与烹调要诀

蒟蒻是由蒟蒻芋加工制成的。和一般的薯芋类不同的是蒟蒻芋不含淀粉质，因此多吃也不易发胖。

种类与选购方法

利用碳酸钠等碱性成分，让蒟蒻芋中一种葡甘露聚糖成分凝固的特性制成的。

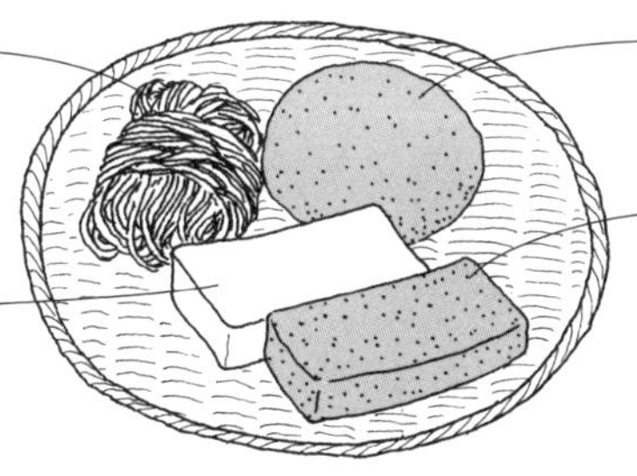

- **丝蒟蒻**
  细丝状的蒟蒻
- **白蒟蒻**
  用蒟蒻粉做的
- **玉蒟蒻**
  将蒟蒻芋连皮压碎制成，非常美味
- **黑蒟蒻**
  混合海藻粉，连袋一起保存
  添加石灰水可防腐与增加弹力

特征与烹调要诀

- 苦味较强，要煮过再食用。
- 用手撕碎时，手会沾到味道。
  也可以切出刀痕干煎。
- 适合搭配油与味噌烹调。
- 有饱足感。
- 有整肠效果。
- 含有零热量的膳食纤维。要注意营养均衡。

调味的要诀

表里都切出刀痕

用锅干煎

动手做做看

- 干煎蒟蒻

●材料 < 2 人份 >
蒟蒻…1 块
调味料
（酱油…适量
味淋…2 小匙

①用手撕碎蒟蒻

②用锅干煎，加调味料

③尝味道，依喜好撒七味粉，再撒上柴鱼片

山菜——选购方法与烹调要诀

山野自然生长的野菜也有许多是可供食用的。虽然很多有苦味或涩味，但只要知道烹调要诀就可以入菜。

种类与选购方法

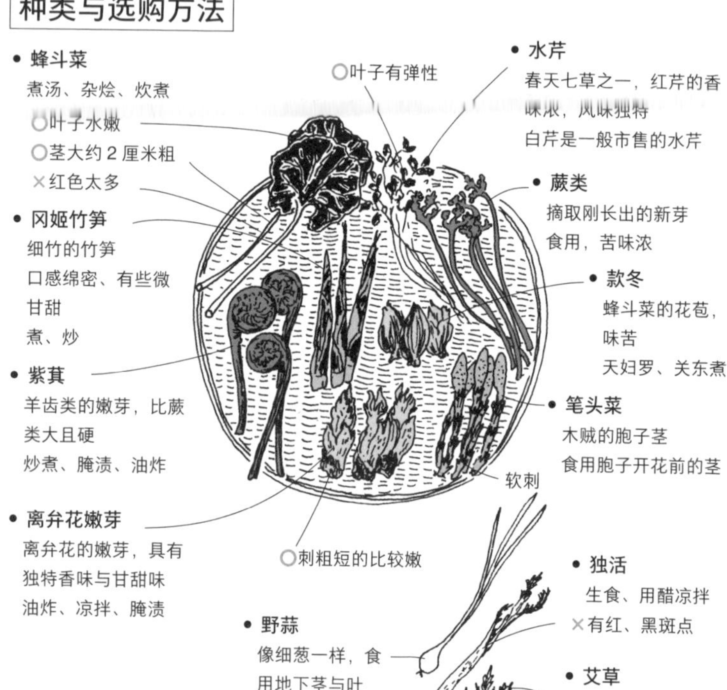

特征与烹调要诀

- 野蒜蘸味噌单吃即可。
- 款冬可以纵向分割后油炸做成天妇罗。
- 蕨类和紫萁不要吃太多。

  有分解维生素 B_1 的成分。
- 独活削皮泡醋水有增白效果。
- 艾草含丰富维生素 A。

动手做做看

• 山菜天妇罗

用离弁花嫩芽或艾草等做油炸天妇罗。

①洗干净沥干，裹天妇罗面衣。

②高温油炸。

去苦味的方法

1. 加一小撮盐烫煮

苦味较少的荚果蕨或牛尾菜等

2. 烫煮后泡水

苦味较强的独活、蜂斗菜、艾草等，煮后泡水 30 分钟～ 1 小时。苦味强劲时，泡 3 ～ 4 小时

3. 在板子上搓揉

蜂斗菜等苦味较强者，抹盐后在板上搓揉

4. 使用小苏打

苦味较强的紫萁、蕨类、款冬

①水 2 升中加入小苏打，煮沸

只要一小撮就够，太多会苦

②加入山菜，关火，放冷之后，水洗

5. 用米糠煮

竹笋等

2 升水中加入米糠一撮

6. 浸醋水

独活削皮，浸醋水（3% ～ 5%），或用醋水烫

7. 做成天妇罗

用油炸即可去苦味

● 现摘的处理方法 ●

用水一根根洗干净，
冲洗到器皿底部完全没砂土为止，
洗好后要尽早烹调

动手做做看

● 春天的笔头菜饭

①去刺，汆烫、泡水。
②用油快炒，加入糖和酱油调味。
③加点盐与酱油煮饭。
④煮好了拌一下即可食用。

●材料

笔头菜…10 根左右
糖、酱油…适量
油、盐…少许

世界各地的蔬菜——西方蔬菜、东方蔬菜

东西文化交流相当普及的今天，市场上随处可以见到来自世界各地的蔬菜。

西方蔬菜

- **朝鲜蓟**
  食用的是花蕾
  苦味较重，要先烫过才能食用
  锅烧、炒、煮
  ○花蕾紧实包覆

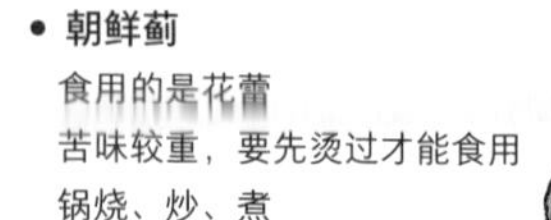

- **西葫芦**
  虽然很像黄瓜，不过是南瓜的同类
  炒、煮后做沙拉
  ○顺滑有光泽

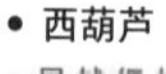

- **菊苣**
  前菜、汤、炒
  ○叶尖新鲜
  ○粗、全部是白色的
  ○有细毛

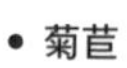

- **国王菜**
  含有丰富的维生素与矿物质，煮熟会黏黏的
  汤、天妇罗、腌渍
  ○直到叶尖都很挺直

- **韭葱**
  汤、白酒炖菜
  ○叶子挺直有光泽
  ○白色部分粗壮

- **球茎茴香**
  主要是食用茎部
  叶子是香草植物
  沙拉、汤料、鱼肉香料
  ○水嫩

- **甜菜根**
  连茎一起整颗烫煮食用
  蘸醋即可保持鲜艳的颜色
  沙拉、腌渍、罗宋汤
  ○红色鲜艳

动手做做看

- **菊苣沙拉**

①酱汁材料充分搅拌在一起，明太子与沙拉酱依喜好调整。
②菊苣从根部切下2～3分，每片剥下清洗干净。蘸酱料即可食用。

●材料＜4人份＞
菊苣……………………2～3个
酱料
明太子…………1副
奶油奶酪………50克
沙拉酱…………适量
盐、胡椒………少许

东方蔬菜

- **香菜**

又叫芫荽，
多做菜肴的配料
炒菜、沙拉、煮汤

○整株水嫩有弹性

- **青江菜**

含有丰富维生素 C、
钙及胡萝卜素
快炒、奶油炖菜、
冷盘配菜

○整株挺直

- **苦瓜**

有独特的苦味
维生素 C 含量丰富
纵向切半，用汤匙把中间的种子
挖出，搓盐使用
镶肉煮、沙拉、炒菜

- **塌菜**

含有大量的膳食纤维、
钙、铁和维生素
快炒、汤料

○叶子鲜绿

- **豆苗**

豌豆的藤蔓
快炒、汤料、馅料

○深绿色

- **韭菜花**

韭菜茎长出来的，有特
殊香味与甜味
快炒、春卷馅料

- **空心菜**

烫一下就可食用
烹调后容易变黑
蒜炒、清烫

○叶与茎部水嫩

- **蒜苗**

快炒

○切口新鲜
×老了会变硬

动手做做看

- **大蒜炒空心菜**

①茎叶分开

②色拉油热过，
将蒜片与姜末
小火炒香

●材料 < 4 人份 >
空心菜……300 克
大蒜………1 瓣
生姜………1 节
鸡精粉……2 ～ 3 大匙
色拉油……少许
盐…………1 ～ 2 小匙

生姜

③大火先炒茎，再加
入叶一起拌炒，加
鸡精粉调味

④好依喜好加 1 ～ 2
小匙盐即完成

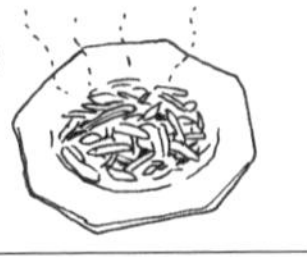

菇类 I ——选购方法与烹调要诀

原本生长在森林中的菇类，种类多达 20 万种以上，其中也有些是有毒的。膳食纤维丰富，具有独特风味。

种类与选购方法

- **鸿喜菇**
  加热后香味更浓
  炒肉丝、拌饭
  ○伞较小者
  ○茎粗且白

- **松茸**
  秋天美食的代表
  土瓶蒸、烧烤、煮饭配料
  ○伞不要太开，柄要粗
  ○柄有湿气

- **滑子菇**
  有独特的滑腻感
  放进筛子里，用水或热水烫一下。鲜菇只能放 2 ~ 3 天
  味噌汤、清汤
  ○伞小且张开
  ○中粒
  ×黏度是浊的

- **金针菇**
  有特殊香味与黏度
  具独特口感。
  锅烧、快炒、汤料
  ○愈白的愈新鲜
  ○全体都是挺直的

- **舞茸**
  [illegible]油炒、焗烤
  ○伞的颜色较深

- **香菇（椎茸）**
  炖煮、快炒
  ○伞里是白色的
  ×伞里是茶褐色
  ○轴是粗的

- **木耳**
  无臭无味，口感清脆
  干货用烫的或是泡水还原
  快炒、醋渍、汤料
  ○柔软的是新鲜的

- **洋菇（蘑菇）**
  新鲜的洋菇是可以生食的
  白色洋菇…炖煮
  茶色洋菇…有香味，快炒
  ○里面的柄是白色
  （新鲜）白→粉红→黑（老）
  ×伞是打开的

特征与烹调要诀

- 适合搭配油烹调。
- 洗过以后风味较差，原则上不要洗。
  怕脏可以使用前再洗。
- 金针菇不要煮过头。
- 舞茸用手散开比较容易入味。
- 生鲜的香菇不耐放，要放在冰箱的生鲜保存室。
  柄向上放，避免孢子掉落。
- 洋菇的切口会变黑，泡柠檬水或醋水。

有关菇类的小智慧

●菇类是中华料理的最佳良伴

香菇成分中的普林化合物，有助于降低因摄取动物性油脂增加的胆固醇。

中华料理常用猪肉或猪油，所以搭配菇类一起煮是最好的。

●长期保存法

一次取得大量的菇类时

盐渍：氽烫后放进容器里，用盐覆盖阻绝空气
量较多时，交互放置。最后用煮汁淋在上面，盖紧瓶盖。要食用时，用水冲去盐分

水煮：用盐水煮过后，和煮汁一起密封在罐子里

干燥：风干

●干香菇的制作方法

之一

用绳子把香菇串起来，挂起来风干

之二

去除菇柄的最前端（参阅 P.250），不要包保鲜膜放进冰箱。2～3 天就可半干燥

●其他的菇类●

•草菇

还没长大就套袋的菇类。
中华料理中经常使用的菇类。
一般是使用水煮罐头或是瓶装的产品。
快炒、汤料

•杏鲍菇

原产于欧洲，
用手剥开使用。
黄油炒

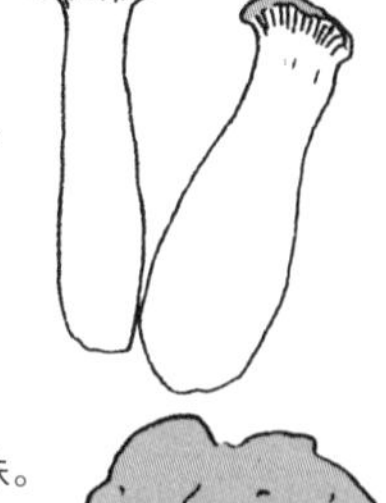

•松露

与鹅肝、鱼子酱并称世界三大珍味。
有黑松露与白松露之分，香味浓郁。
沙拉、蛋包饭

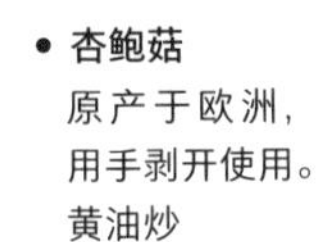

菇类Ⅱ——轻松的烹调法

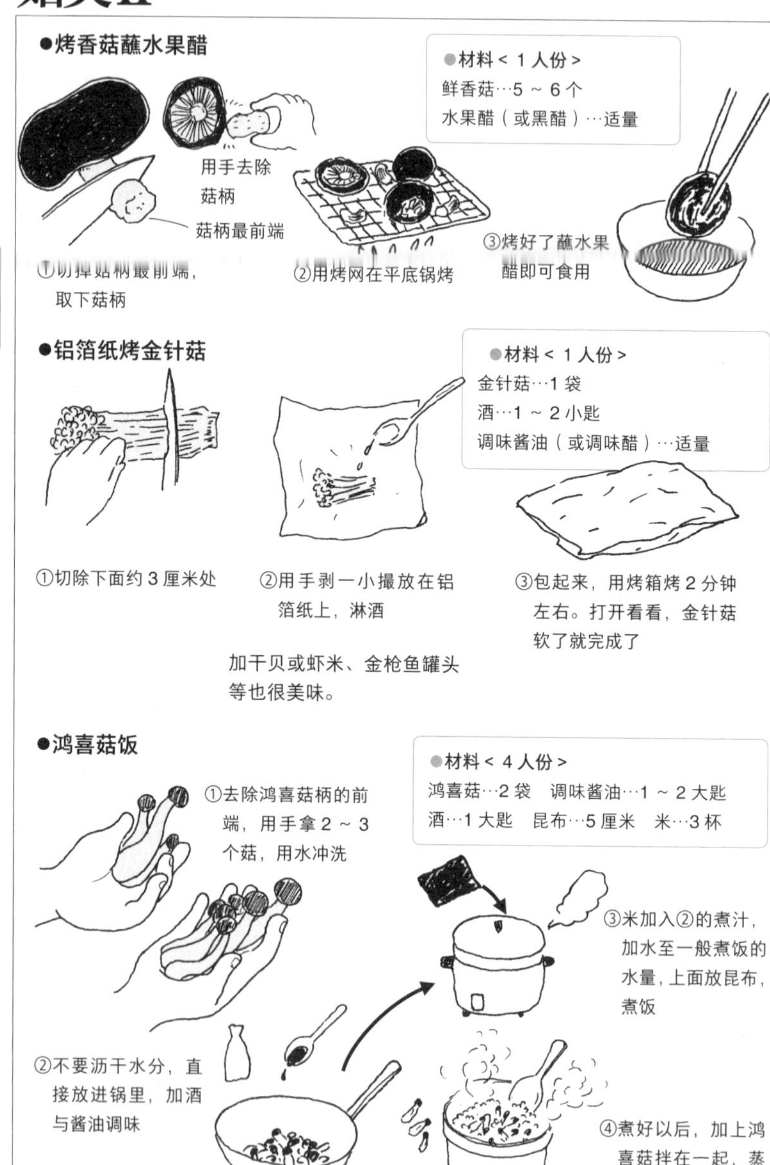

食材

蔬菜类

●大蒜炒舞茸

①切掉菇柄前端，用手撕开。
②大蒜切碎。
③平底锅热油，大蒜爆香，
加入舞茸。
炒到软以后，加盐与胡椒调味。

●材料＜2人份＞
舞茸………1袋
大蒜………2～3瓣
色拉油……2大匙
盐、胡椒…少许

●意大利鲜洋菇沙拉

●材料＜1人份＞
洋菇…6～7个
柠檬…1/2个
火腿…2～3片
法式沙拉酱（市售）

①洋菇切去柄前端。
冲洗一下

②纵向切片，挤入柠檬汁防止变色

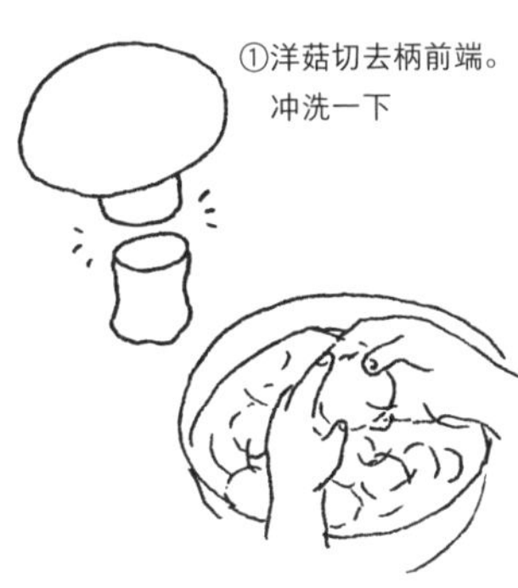

③火腿切成条状拌在一起，
加沙拉酱即可食用

可以加入莴苣、白菜梗、黄瓜等
一起食用。

●黄油杏鲍菇

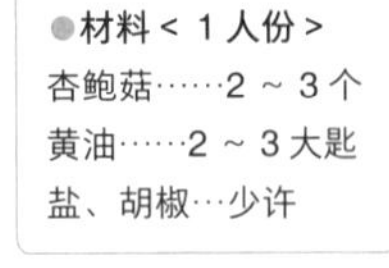
●材料＜1人份＞
杏鲍菇……2～3个
黄油……2～3大匙
盐、胡椒…少许

①用手撕开杏鲍菇

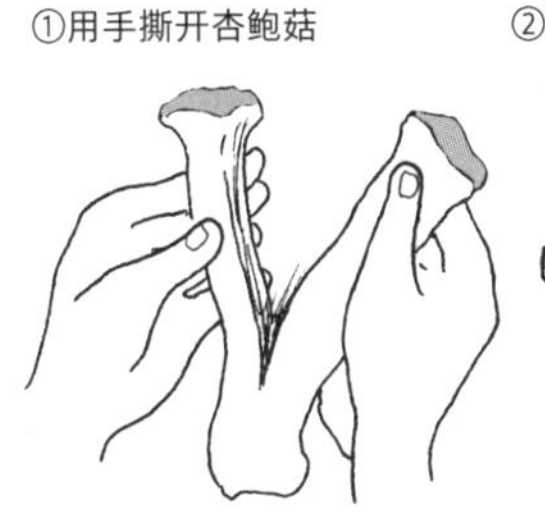

②平底锅加黄油，放
入杏鲍菇，两面都
烧烤

③加盐、胡椒调味

日本饮食生活的历史——人类的饮食生活愈来愈丰富吗？

时代	饮食生活
绳文	• 采集树木果实，狩猎与渔捞 • 开始栽培麦与杂粮 • 用陶土器皿炊煮
弥生、古坟	• 开始栽培稻作、蔬菜与豆子 • 制作烤干的米饭、晒干的米饭等可延长食物保存期限的干货与腌渍食品 • 制作酒、酱等发酵食品 • 灶的发达➡蒸米与稀饭等
飞鸟、奈良、平安	• 制造乳制品（牛奶、奶酥、乳酪） • 酒、酱、醋的盛行➡保存食品（盐渍食品、干货）的增加 • 茶传进来 • 蒸米变成硬粥
镰仓、室町	• 简单的饮食生活与精进料理的拓展 • 豆腐与豆制品的普遍化 • 味噌与酱油及砂糖的普遍化 • 蔬菜种类增加、烹调法也愈趋多样化 • 个人式的配膳法开始普及
安土桃山、江户	• 蜂蜜蛋糕、水果糖、面包等西洋点心传入。（葡萄牙、西班牙与荷兰等地） • 高汤与味淋出现日式调味的盛行 • 二菜一汤或三菜一汤的怀石料理形成 • 一天三餐的饮食模式形成 • 米食普及到庶民 • 烹饪书的大量发行 • 饭屋诞生、餐饮店普及 • 形成大家一起聚在餐桌用餐的形式

时代	饮食生活
明治 大正 昭和（战前）	• 门户开放影响，西餐与肉食开始普及 • 啤酒、咖啡、黄油的普及 • 加工食品（瓶装、罐装）的出现 • 二次世界大战，实施粮食配给制度
昭和（战后）	• 战后粮食缺乏，黑市盛行 • 供应学校粮食➡面包的普及
1950~1960年代	• 超市的问世 • 速食拉面上市 • 厨具的电气化 • 熟食的普及化
1970年代	• 外食产业的发达 • 速食与超商问世
1980年代	• 宅配与外带便当问世 • 微波食品与冷冻食品的问世
平成	• 家人分别在外用餐的时代来临 • 健康食品的盛行 • 食材的品质与传统料理的改革运动盛行，开始推动饮食教育
1992年	• 保特瓶问市
1995年	• 转基因农产品问世
1996年	• O-157大肠杆菌在大阪大流行
2001年	• 日本第一例疯牛病出现➡开始全面检查
2003年	• “品质保持期限”标识废除，“食用期限”与“保存期限”标识地实施 • 食品安全基本法的实施
2004年	• 禽流感在日本大流行

—— 食材入门 ——

干货类

干货固名思义就是干的食品。减少食品的水分，将体积缩小、减轻重量，提升生鲜食品的保存期限与营养价值。家里库存一些干货，以备不时之需。

干货 I ——选购方法与烹调要诀

家中可以经常储备一些干货，以备不时之需。干货大致可分为海鲜类与农产品类。

食品的水分含量低于 50% 即可抑制腐败菌的生长。

低于 15% 即不再发育生长。

※ 干货的还原方法请参阅
P.50、51、258

农产加工品

特征与烹调要诀

- 容易受潮，开封后放进密闭容器。
- 煮甜麸时加水饴会让味道更顺口。
- 干香菇还原水可以用来做为煮汤的调味料。
- 干香菇在晴天曝晒约 20 分钟可以延长保存期限。

干瓢的还原方法

①水洗用盐搓软。

②洗去盐分用大量的水浸泡约 10 分钟。

③锅里放水，放入干瓢，加 1 小匙醋煮沸。煮 2 ~ 3 分钟，可以轻易切断就表示好了。调味。

水产加工品

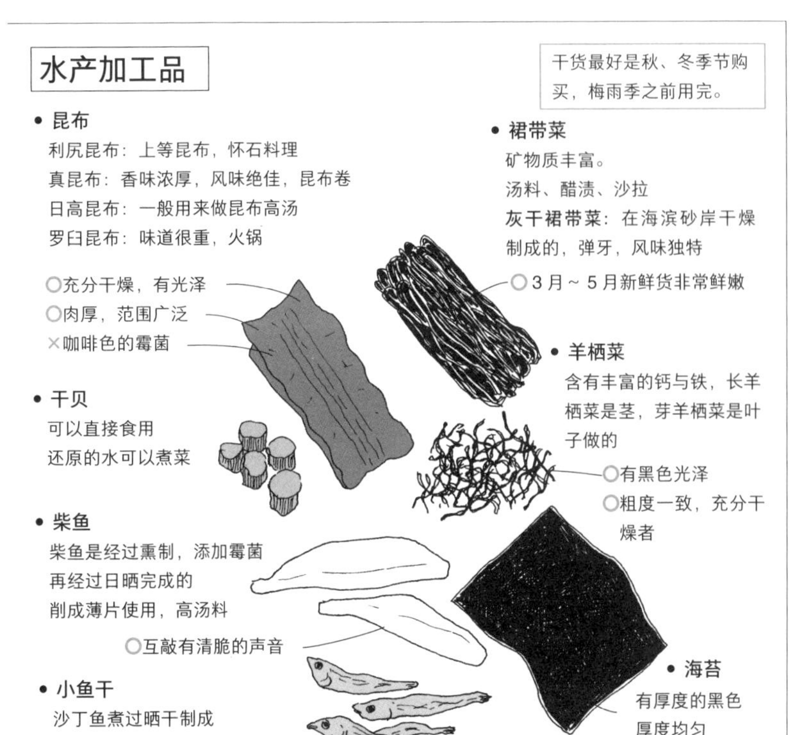

特征与烹调要诀

- 昆布脏了不要洗，用拧干的布擦干净。

  切下要使用的大小，剩下的放进密闭容器保存。

- 昆布要煮软时，加一点醋，盖锅盖，小火煮。
- 昆布熬高汤时，在沸腾前就要取出。
- 细的羊栖菜可以夹在两个重叠的网子中间冲水，这样就不会流失了。
- 制作海苔碎片时，先用火烘焙，之后再放进塑料袋中搓揉。
- 搓好的海苔碎片可以用在汤料上。

  烘好的海苔可以在碗里压碎，加高汤、酱油即可食用。

- 小鱼干适合做成味道浓郁的味噌汤。

干货Ⅱ——轻松的烹调法

●无比美味的煮萝卜干

●材料＜4人份＞

萝卜干…40克	调味酱油…2～3大匙
油豆腐…4片	味淋…2大匙
色拉油…1大匙	高汤…1～2杯

①萝卜干用水洗干净后，浸泡约10分钟

②沥干水分，切成适当大小

③平底锅中倒入色拉油，炒萝卜干

④烫过的油豆腐切碎加进去，快速搅拌

⑤加高汤淹过食材，加酱油与味淋，盖住锅盖，等到汤汁收干后，边搅拌边煮

●简单但是专业的豆腐皮汤

●材料＜1人份＞

干燥豆腐皮…1～2个
鸡精粉………适量
酒、酱油……少许
水……………1杯
依喜好加芹菜或柚子等…少许

①将干燥的豆腐皮泡水2～3分钟。

②锅里加水，煮沸之后，加鸡精粉、酒、酱油调味。

③将豆腐皮、芹菜、柚子放进碗里，慢慢加入高汤。

●美味的羊栖菜

●材料＜4人份＞

干燥羊栖菜…40克　高汤…1～2杯

油豆腐…3～4片（或竹轮1根）

色拉油…1大匙　酱油…1～3大匙

味淋（或酒）…2大匙　糖…1大匙

①羊栖菜放进筛子里，用水将砂冲洗干净，再加水浸泡约15分钟

②平底锅倒入色拉油，羊栖菜沥干后快炒

③油豆腐切碎（或竹轮切环状）汆烫后放进锅里

④加入汤汁盖过食材

⑤煮好后调味，搅拌再煮5～6分钟（水太多可以再煮久一点）

酱油　味淋（酒）　糖

●口味清爽的醋渍裙带菜

●材料＜4人份＞

干的裙带菜…约5克　生姜…1节

黄瓜、小鱼干等…适量　醋…1大匙

调味酱油…1～2大匙

糖…少许（依喜好）

①裙带菜用热水汆烫，泡水后，拧干，切成大约3厘米。

②生姜去皮切丝。

③醋和酱油调在一起，食用前再加入。最后将切丝的黄瓜和小鱼干拌在一起。

干货还原用量的基准

干货使用方便，但要注意还原时量不要一次放太多！

干货的种类（干货以 4 人份计算）	增加率	还原方法
羊栖菜（煮汤 35 克）	4倍	泡水 20 分钟
昆布（昆布卷 50 克）	2.5 倍	泡水 15 分钟
快煮昆布（煮汤 30 克）	3 倍	泡水 5 分钟
干的裙带菜（醋渍 5 克）	14 倍	泡水 10 分钟
速食裙带菜（味噌汤 5 克）	10 倍	泡水 5 分钟
鲱鱼片（煮汤 80 克）	2 倍	洗米水泡两晚
虾米（汤底 15 克）	1.4 倍	温水泡 20 分钟
干香菇（甘煮 6 克）	5.5 倍	泡水 30 分钟（温水泡 20 分钟）
笋壳鱼干（煮汤 30 克）	5 倍	泡水 2 小时
萝卜干（炒煮 50 克）	4.5 倍	泡水 15 分钟
干瓢（甘煮 15 克）	7 倍	水煮（煮到一夹就断）
金针菜（拌 50 克）	3.5 倍	温水泡 20 分钟、煮 1 分钟
紫萁（炒煮 30 克）	4 倍	泡一晚水，热水煮 20 分钟
木耳（快炒 3 克）	7 倍	泡水 20 分钟
冻豆腐（炖煮 63 克、4 片）	6 倍	温水泡 25 分钟
平面豆腐皮（汤 9 克）	3 倍	湿毛巾盖 10 分钟
卷豆腐皮（炖煮 12 克）	1.2 倍	泡水 3 分钟
烤麸（炖煮 35 克）	4.5 倍	泡水 20 分钟
小町麸（煮汤 5 克）	13 倍	泡水 5 分钟
葛切（甜汤 45 克）	3.5 倍	煮 3 分钟关火焖 10 分钟
米粉（炒 120 克）	3 倍	烫 2 ~ 3 分钟到散开
冬粉（凉拌 80 克）	4.5 倍	煮 1 分钟关火焖 5 分钟

※ 依各商品的不同，还原方法或增加率有所差异。

—— 食材入门 ——

豆类及豆类加工品

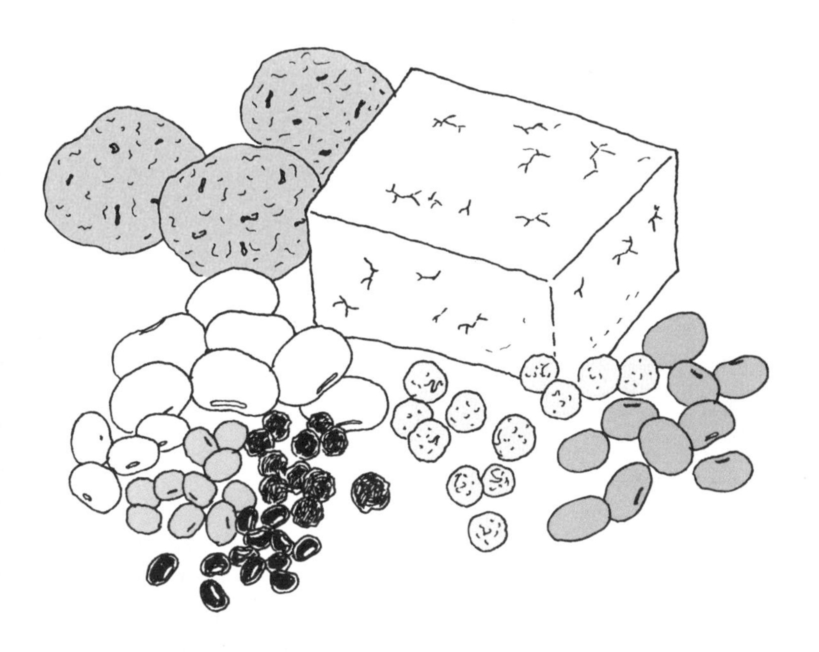

豆科植物的种子就是豆类，豆类自古即被视为重要的营养食品。豆类是蛋白质的主要来源，所以有田里的肉类之称。不论是实体的豆类或是加工制成的豆腐、味噌、油豆腐、纳豆等，都是非常受到大家喜爱的食品。

大豆与其他豆类——选购方法与烹调要诀

豆类的代表就是大豆。古时候五谷中的稻、麦、菽、稷、黍，被称为“大地的黄金”。豆类食材除了大豆以外，还有其他干燥的豆类。

种类与选购方法

●大豆

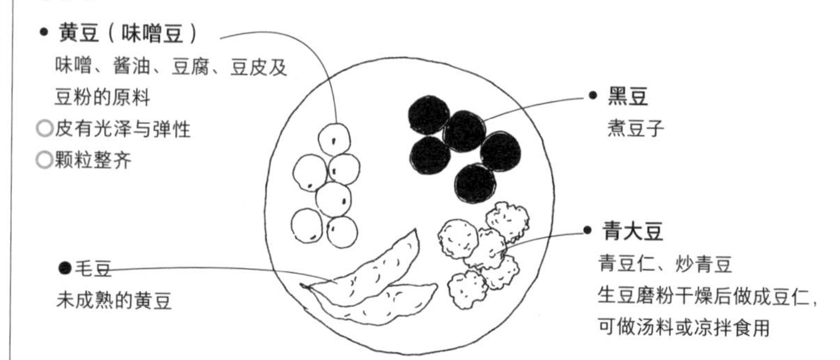

●其他豆类

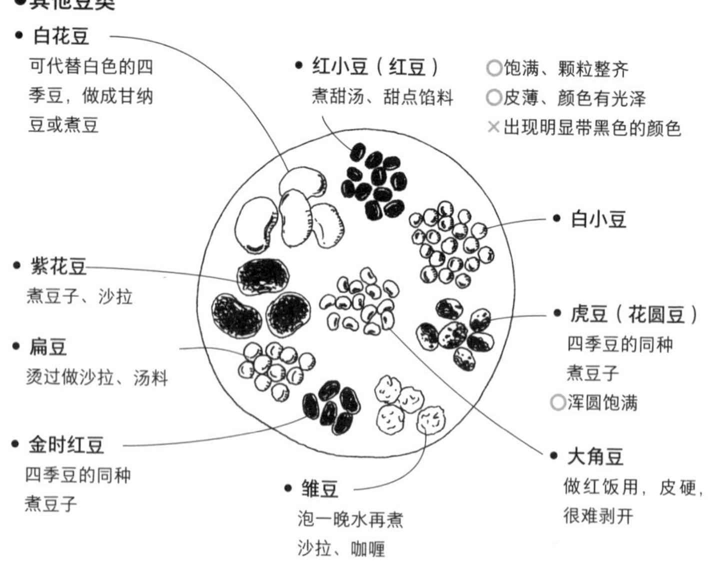

煮豆子的要诀

●煮大豆时

和竹笋皮或竹叶、昆布一起煮更容易煮烂

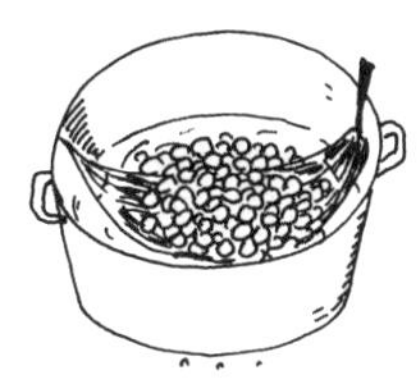

●放在热水瓶里一晚

用锅煮开之后，连煮豆汁一起倒进热水瓶中，（煮汁倒满整壶）泡一晚让豆子变软之后比较容易入味

●黑豆煮不烂时

将煮豆汁与豆子分开，豆子用新的热水再煮过

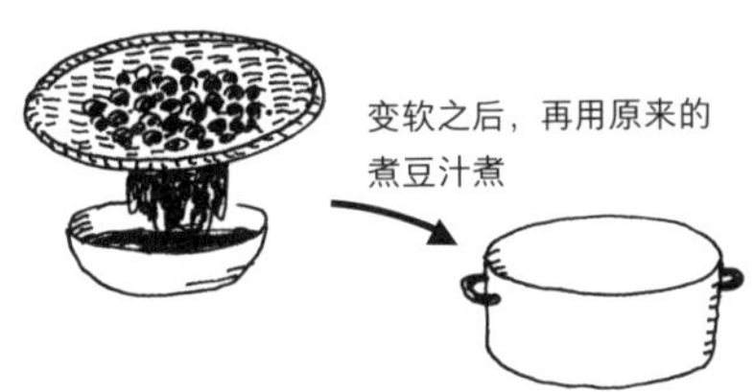

变软之后，再用原来的煮豆汁煮

特征与烹调要诀

- 泡一晚水再煮。
- 红豆不泡水可以直接煮。
- 煮豆时不要一直开锅盖或搅拌。
- 煮豆煮到一半加水，可以避免豆子稠在一起。
- 等到豆子煮烂了再调味。
- 黑豆用铁锅或和铁铲一起煮会让颜色更鲜艳。
- 糖分几次加入。
- 汤渣要仔细捞出。
- 豆子容易被虫吃。

  放在开孔的塑料袋中，用纸袋包好放进冰箱保存。

动手做做看

• 凉拌大豆

●材料

大豆…1 杯

萝卜…从头部开始约 10 厘米

酱油、醋…适量

①大豆放在锅里煮，连煮汁一起倒入热水瓶中，静置一夜。

②用小火煮到熟烂。

③萝卜磨泥后放在豆子上，蘸酱油醋即可食用。

（和香菇、蔬菜一起煮成甜味就是五目煮）

豆腐、大豆加工品 I ——烹调要诀

对于想随时都可以吃到大豆的人，加工食品是最好的选择。可以随时食用的大豆加工品种类繁多。

种类与选购方法

- 豆腐

木绵豆腐

豆浆用棉布过滤后压住，坚硬不易碎

炖煮、火锅

胧豆腐

豆浆加入卤水后浮起的固体块

直接食用、味噌汤料

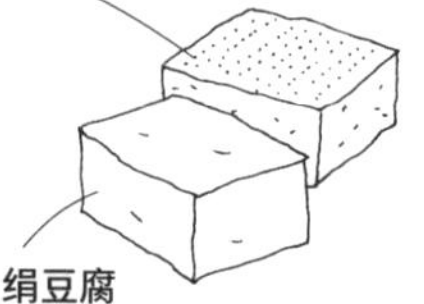

绢豆腐

不重压制成的，水分多，口感柔软

凉拌豆腐、汤豆腐、冷豆腐

烤豆腐

挤去木绵豆腐的水分，表面烧烤制成

火锅料、关东煮

冻豆腐

冻过干燥的豆腐

- 豆浆

大豆的水溶液。豆腐凝固前的液体就是豆浆

饮料

- 生豆腐皮

豆浆加热，表面浮起的薄膜

豆皮寿司、煮汤

- 豆渣（雪花菜）

大豆挤成豆浆后剩下的豆渣

不耐保存，要马上使用

- 油炸豆腐

豆腐用油炸过，依厚度分成不同种类

油豆腐

木绵豆腐切厚片油炸

○周围不硬

综合炸豆腐

木绵豆腐弄碎以后加蔬菜等配料一起油炸

豆皮（稻荷豆皮）

凝固的豆腐切成薄片油炸制成

○无油臭味

- 纳豆

煮大豆加纳豆菌发酵制成的，是有助消化的健康食品

- 味噌

（参阅 P.298）

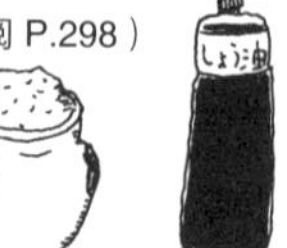

- 酱油

（参阅 P.299）

烹调要诀

●油炸豆腐别忘了要沥油！

去除油腻味，吃起来更爽口。

1. 烧烤或是做味噌汤料时

从上面淋热水

2. 煮或烫稻荷豆皮时

按住不要浮起，
煮 2 ～ 3 分钟

豆腐的切法

• 善于使用菜刀的人

豆腐放在手掌上，菜刀从上直切到下。
绝对不要前后拉扯！
豆腐先切一半，再放到手上比较好切。

不善于使用菜刀的人，
可以在砧板上切

● 豆腐去水的重点

1. 炸豆腐等

用筛子等自然沥出水分。水分减少约原来重量的 10%

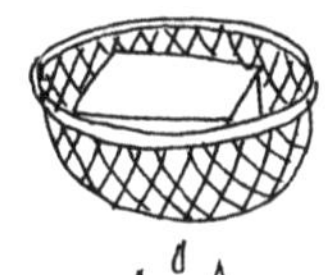

2. 煮豆腐

用纸巾或布包住吸水。水分减少约原来重量的 15%

3. 炒或是铁板

用布包着，炒的只要盖上一个盘子。铁板烧的可用豆腐两倍重的砧板压住。
水分减少约原来重量的 50%

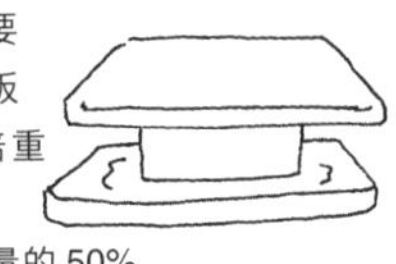

• 急着用的时候

纸巾包着豆腐，用微波炉加热 1 ～ 2 分钟

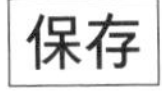

保存

不要露出水面

• 剩下的豆腐浸在水里放进冰箱。

两天内用完。

• 做成冻豆腐保存。

豆腐淋热水后，沥水冷冻。

• 油炸豆腐去油后切好，放到冷冻室保存。

冷冻的可以直接烹调。

豆腐、大豆加工品Ⅱ——轻松的烹调法

●甜味稻荷豆皮

①豆皮用热水烫过，切一半。
②锅里倒入高汤盖过豆皮，加糖与酱油。
③小火煮到汤汁收剩 1/3，连同酱汁一起保存。

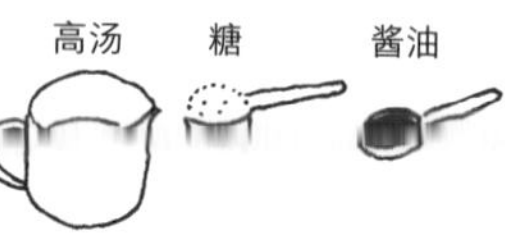

●材料
豆皮…约 10 片
高汤…适量
糖……3 大匙
酱油…2 大匙

连汤汁一起放进塑料袋保存

可以使用在各种烹调上！

- **乌冬汤面**
  加入乌冬面或细面

- **稻荷寿司**
  用菜刀刀背轻轻拍打甜味稻荷豆皮，打开，里面装饭

- **稻荷冷盘**
  甜味稻荷豆皮切成适当大小，配萝卜泥即可食用

- **稻荷盖饭**
  将甜味稻荷豆皮切碎，放在饭上，打个蛋，淋上酱汁

●豆腐冷盘

●材料
豆腐…1 块
各种装饰配料

①豆腐用纸巾或筛子沥干水分。
②吃之前再加装饰配料。

- **沙拉凉拌豆腐**
  黄瓜切丝
  洋葱丝
  火腿丝
  沙拉酱
  酱油

- **泡菜豆腐**
  泡菜
  芝麻油
  辣油
  酱油

- **芝麻拌豆腐**
  萝卜泥
  芝麻
  酱油

●健康的铁板豆腐

●材料 < 1 人份 >
木绵豆腐…1 块　酒…1 大匙
味淋…1 大匙　酱油…1 大匙
色拉油…1 小匙
（依喜好加入胡萝卜片与辣椒、七味粉等）

要诀1 充分沥水

要诀2 小火烧烤

①豆腐用布包起来，拿砧板压住 15 ~ 20 分钟，将水沥干。

②平底锅倒入油，放入豆腐，小火调整到中火。

③烤到两面都是金黄色，加酒、味淋、酱油，拌炒一下。

（豆腐抹面粉再烤，味道更浓郁）

●袋烧油炸豆腐（纳豆或葱烧）

●材料 < 2 人份 >
豆皮…2 片
纳豆…1 袋
葱…1 根
柴鱼…2 小袋
酱油、辣椒…适量

• 纳豆封

①豆皮去油后切两半
②在砧板上用刀背敲打后打开
③纳豆拌酱油与辣椒后，塞进豆皮里，用牙签固定
④平底锅热油后放进③，小火煎双面

• 葱烧封

葱切碎加入柴鱼再拌酱油后，塞在豆皮里，一样用平底锅煎

芝麻——种类与烹调要诀、轻松的烹调法

芝麻一直以来都被视为长寿不老的健康食品，榨出的芝麻油更被视为滋补的营养品。不论入菜或做点心，都是很好用的食材。

种类与选购方法

芝麻的豆荚
芝麻是豆荚里的种子
在爆开之前收成、干燥制成的

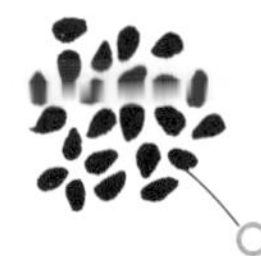

- **黑芝麻**
  大粒有香味
  油分较白芝麻少
  甜食内馅、撒在饭上

- **白芝麻**
  小粒，味道较黑芝麻香
  油分多，是芝麻油的原料
  拌菜、芝麻豆腐

- **研磨芝麻**
  芝麻皮较硬，经过研磨之后使用，可以促进营养的吸收

- **煎芝麻**
  煎过的芝麻味道更香。
  已经开封的芝麻，使用前再煎一下更香

- **洗芝麻**
  收成以后，表面洗过再干燥制成的

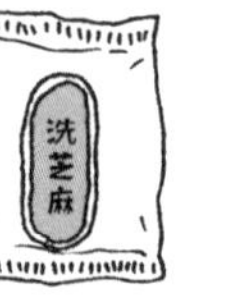

- **金芝麻**
  黄色的芝麻

- **芝麻糊**
  芝麻研磨制成膏状
  适合用来拌菜

※ 煎芝麻的做法请参阅 P.62

特征与烹调要诀

- 煎过可以提升香气。
- 可以和酱油、味噌、醋等搭配调成蘸酱。

营养

营养价值高，蛋白质、脂肪含量丰富，含有钙、铁、维生素 B_1、B_2、E，是低热量的食品。

轻松的烹调法

●芝麻醋拌青菜

●材料＜2人份＞

菠菜……………200克
芝麻……………3大匙
调味料
酱油…………2小匙
糖……………1大匙
醋、高汤……各1大匙

也可使用小松菜、茼蒿、水菜、豌豆荚等

①菠菜氽烫过后，把水挤干。
②芝麻磨好，加入调味料，再磨成芝麻酱汁。
③菠菜切成适当大小蘸芝麻酱食用。

要诀是芝麻磨到有黏度之后再加入调料味

●芝麻红薯丸子

①红薯削皮，切成环状，蒸熟
②趁热压碎，与蛋黄、糖、黄油搅拌在一起，加入调味料

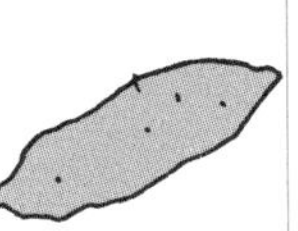

●材料＜2人份＞

红薯……………大1个
蛋黄……………1个
糖………………4～5大匙
面粉（低筋）…4大匙
白芝麻…………1袋（约100克）
黄油……………1～2大匙

③搓成丸子状

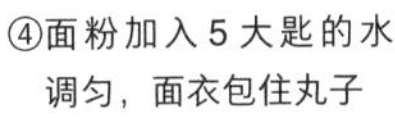

④面粉加入5大匙的水调匀，面衣包住丸子

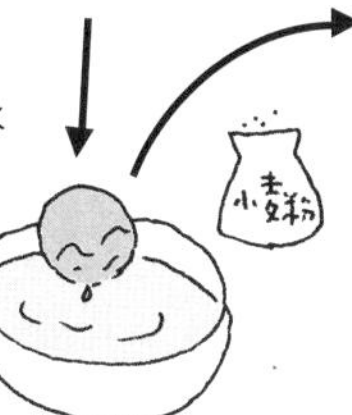

⑤裹煎好的白芝麻

⑥放在盘里，盖上保鲜膜，微波炉加热约3分钟

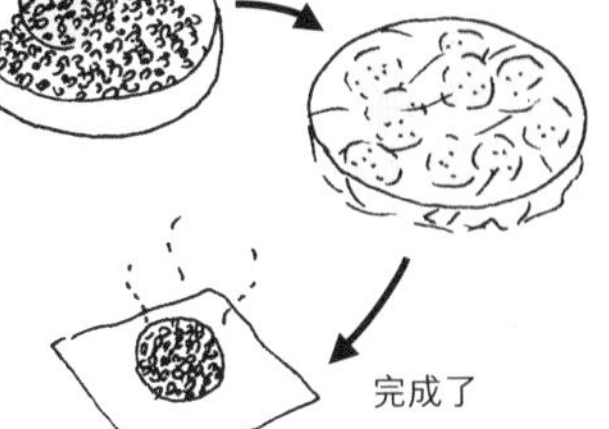

完成了

干果类——种类与选购方法

干果类营养价值丰富，一直都是动物和人类重要的营养来源。干果类不但可以当零食，也可入菜或做成甜点。

种类与选购方法

- **花生**
  含有丰富的脂肪与蛋白质
  带壳花生更是别具风味。
  酱料、零食

- **山胡桃**
  山胡桃的种子，味甘香甜。
  零食、甜点

- **核桃**
  带壳的核桃，风味绝佳
  零食、甜点

- **白果**
  银杏的果实
  茶碗蒸、盐烤
  带壳：白色颗粒大，已经过干燥处理

- **腰果**
  腰果树种子
  零食、小皿

- **澳洲坚果**
  又称夏威夷果，具有弹牙的口感，可搭配冰淇淋、巧克力

- **巴旦木**
  铁、钙、维生素 E 含量丰富。
  搭配冰淇淋、零食、甜点

- **开心果**
  带壳撒盐干煎、甜点
  ○绿色较浓

- **栗子**
  糖炒栗子、甜点
  ○皮有光泽

动手做做看

- **花生拌酱**

●材料
花生
（吃剩的也可以）
酱油 1：味淋 1
（依喜好加糖）

①用平底锅将花生炒干。
②用钵子将花生磨到出油，加酱油、味淋。可淋在小松菜或茼蒿上做凉拌菜。

剥栗子壳的技巧

①泡一晚上的水，再泡热水约 10 分钟

②变软以后手放进皮和果肉之间，用手剥皮

要诀 从尖的地方向下剥

—— 食材入门 ——

水果

甘甜水嫩的水果一直都是人们喜爱的食物。除了本地特产的之外，现在市场上也随时可以买到各地进口的水果。请大家一起多多品尝当季美味的水果。

苹果——选购方法与食用方法

在过去物资缺乏的时代，苹果被视为高级水果，只有特殊的日子才可以品尝到它的美味。而今，随处都买得到世界各地美味的苹果。

种类与选购方法

其他还有轻泽苹果、陆奥苹果、世界一苹果、美国加纳苹果等，都可以在超市买到。

- **富士苹果**
  香味浓郁，果汁较多，
  成熟时果肉充满蜜汁

- **王林苹果**
  青苹果的代表品种，
  甘甜，香味浓郁

○成熟以后变成黄色

- **红玉苹果**
  小型，有酸味，
  适合做甜点

美味的要诀

- 红玉苹果适合做成烤苹果。
- 苹果适合搭配猪肉食用。
- 做咖喱时加苹果会让咖喱的味道更棒。
- 新鲜的苹果可以做成沙拉。
- 苹果切开之后容易变黑。
  一切开就要马上泡盐水。

<甜味的顺序>

剖面图

苹果的小常识

不熟的水果和苹果放在一起，可以加快成熟进度。

动手做做看

①切成 8 等分

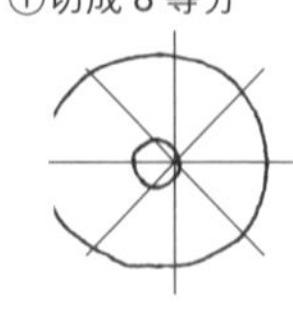

②削皮

③去核

葡萄——选购与食用方法

葡萄品种繁多，有食用品种、酿酒品种、观赏品种等。除了生食以外，葡萄也可以做成果酱、葡萄酒与葡萄干等。

种类与选购方法

- **巨峰葡萄**
  颗粒较大，较甜

○柄是绿色的

○颗粒饱满，大小一致

○有白粉附着的表示是新鲜的

- **德拉瓦葡萄**
  小粒但是很甘甜

○颗粒大小一致

- **甲州绿葡萄**
  水嫩香甜

○成熟后略带黄色

- **猫眼巨峰葡萄**
  改良的巨峰葡萄，非常甜，成熟后果实也不会掉落

<甜味的顺序>

1

2

3

子房

美味的要诀

- 一串葡萄中子房的部分是最甜的。
- 果汁、果酱都以黑葡萄制作为宜。
- 含有丰富的葡萄糖和果糖，但是维生素含量少。
- 容易残留农药，要用水冲洗干净。

动手做做看

- **大粒葡萄冰**

巨峰等果粒较大的葡萄，洗干净放进塑料袋中，置入冰箱的冷冻室

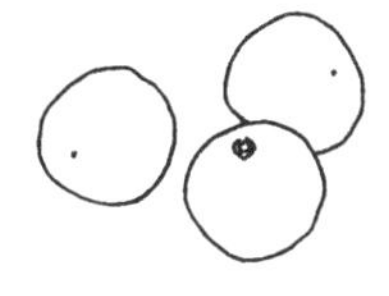

取出不解冻即可食用

柑橘类——选购方法与食用方法

蜜柑、橘子、葡萄柚、柠檬、柚子等柑橘类水果的维生素 C 含量丰富，一年四季都可品尝得到。

种类与选购方法

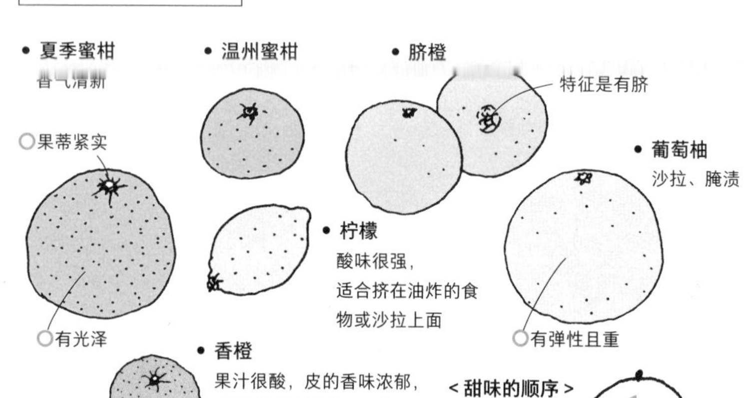

• 香橙

果汁很酸，皮的香味浓郁，烹饪时增加香味、果酱

< 甜味的顺序 >

剖面图

1
2 3 2

美味的要诀

- 进口橘子要注意农药残留问题。
- 葡萄柚适合搭配水田芥一起料理。
  沙拉
- 维生素 C 及柠檬酸较多，可以消除疲劳，有助于预防感冒。

动手做做看

• 脐橙的切法

①先切一半

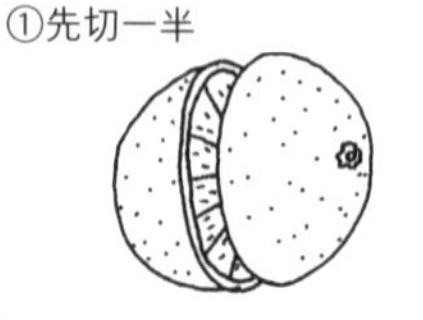

②再切一半

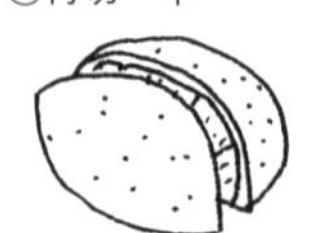

③切 4 ～ 5 等分

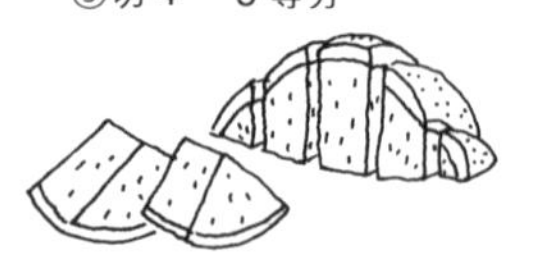

梨子——选购方法与食用方法

梨子富含维生素 C、B 及膳食纤维。水梨清脆水嫩非常爽口，而果肉香软的西洋梨也很受大家的欢迎。

种类与选购方法

水梨 ○拿起来很重。

- **丰水梨**
  果汁很多
- **二十世纪梨**
  青梨的代表品种
- **长十郎梨**
  红梨的代表品种

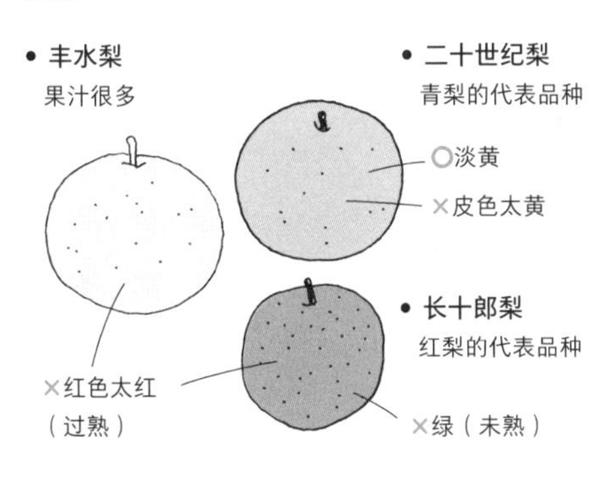

西洋梨 ○香味浓郁 ○没有伤痕

- **法兰西梨**
  果实小，表皮有凹凸，香味及品质俱佳

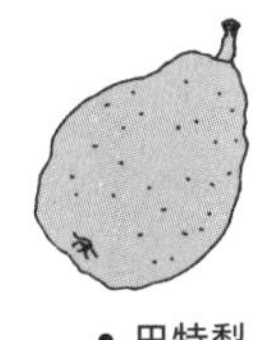

- **巴特梨**
  罐装梨大多是这种

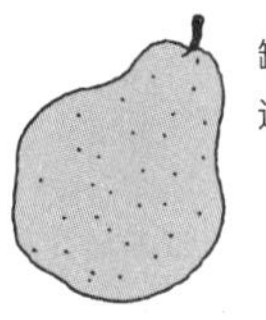

美味的要诀

- 西洋梨柄的附近变软即可食用。
- 吃之前 1 ~ 2 小时放冰箱。
- 蒂向上保存。
- 皮上的小颗粒可以刺激肠子，有通便的功效。

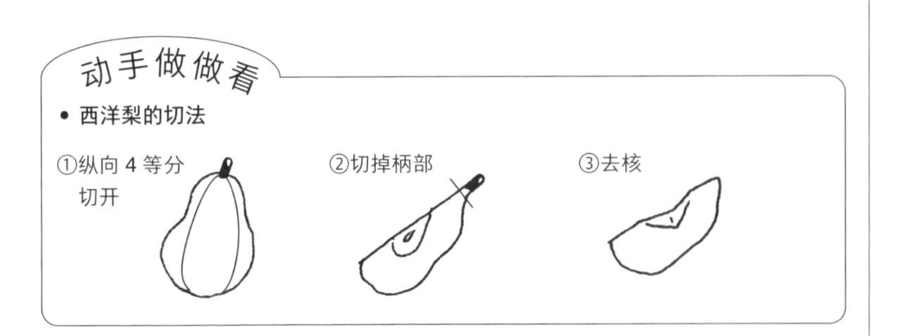

柿子——选购方法与食用方法

柿子主要分为甜柿和涩柿两类。不仅可以生吃，还可以入菜和做成柿干。

种类与选购方法

- 富有柿

○红色，有光泽和弹性

○果蒂是鲜艳绿色

- 柿干

○白粉完整覆盖

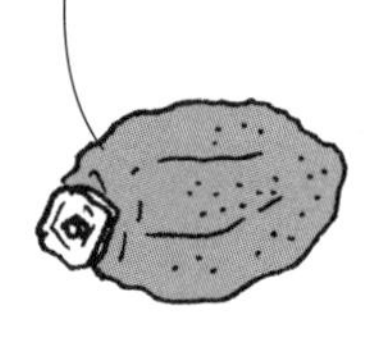

<甜味的顺序>

剖面图

美味的要诀

- 愈靠近蒂或籽的部位愈甜。
- 甜柿的维生素 C 是橘子的 2 倍。
- 用报纸包起来放进冰箱保存。
- 涩柿做成柿干后，即可消除涩味，变得美味可口。

去除涩味的方法

蒂开孔朝下，蘸 35℃的烧酒，用塑料袋密封，放 5 天以上。

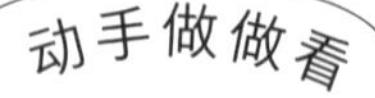

①从底部将蒂挖出，切 4 等分

沿沟切即可避开种子

②削皮

桃子——选购方法与食用方法

桃子在中国被视为可以延年益寿的水果。白色果肉的味道较甜，黄色果肉的则略带酸味。

种类与选购方法

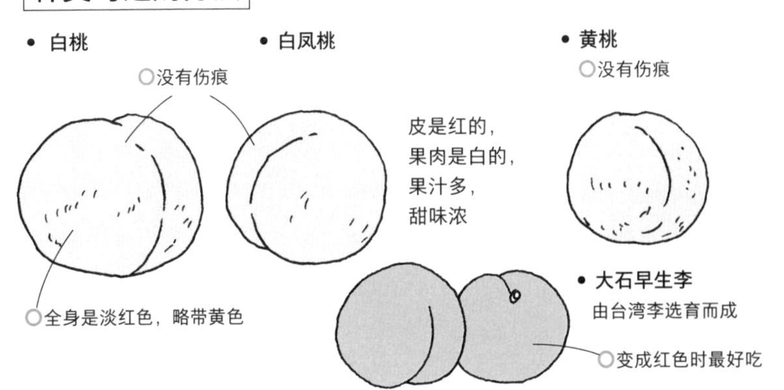

美味的要诀

- 果核周围的果肉不是很好吃。
- 愈香愈好吃。
- 水蜜桃放软一点比较好吃。
- 最佳保存位置是室内阴凉处。
- 太冷会因为受冻而变得难吃。
- 吃之前再放进冰箱。
- 果身容易受伤，需小心保存。

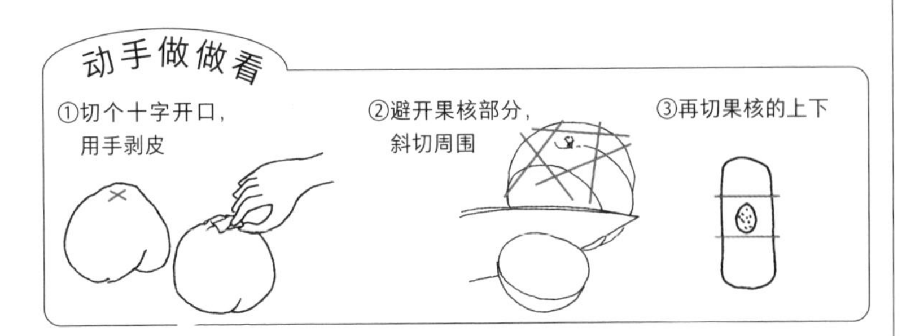

草莓——选购方法与食用方法

草莓果粒虽小，但含有丰富维生素 C。可以生食，也可以做成果酱或酱汁。

种类与选购方法

- **丰香草莓**

  大颗，酸味少

  愈大颗愈甜

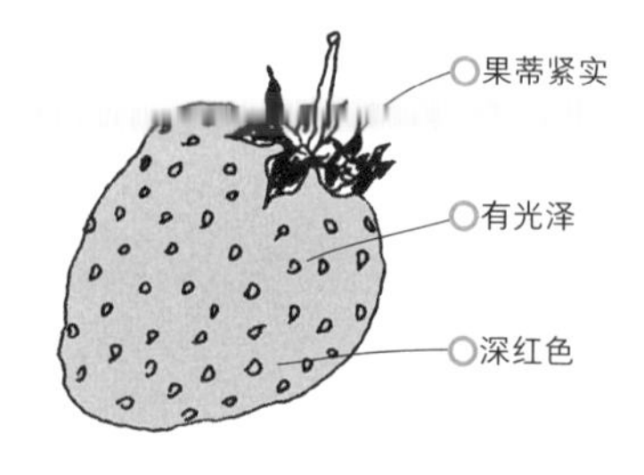

- **女峰草莓**

  耐保存的品种，适合做甜点

查看草莓是否受伤要从包装底部看！

美味的要诀

- 用盐水洗更甘甜。
- 冷冻保存时加 30%的糖。
- 5 ~ 6 颗草莓即可补充 1 日的维生素 C。

动手做做看

- **草莓冰淇淋**

①草莓加糖用保鲜膜包覆，用微波炉加热

产生泡泡就可以了

②捣碎做成草莓酱

③加在市售的冰淇淋上面即完成

蜜瓜——选购方法与食用方法

甜瓜的一种，别名网纹瓜、哈密瓜，原产于古埃及，据说埃及艳后也曾经吃过。

种类与选购方法

- **夕张蜜瓜**
  果肉是金黄色的，
  香味及甜度浓郁

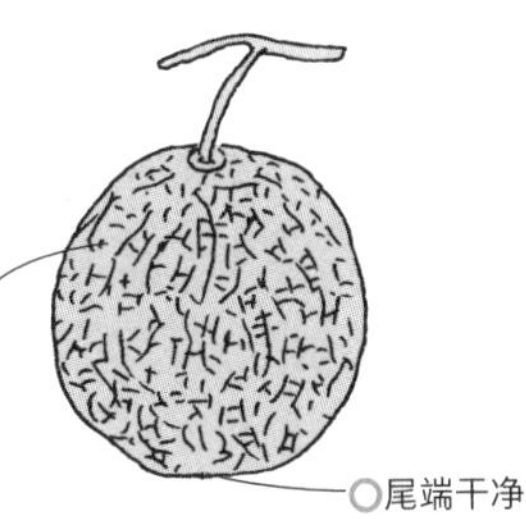

○纹路整齐有弹性

○尾端干净

- **网纹蜜瓜**

蜜瓜中的极品

- **安地斯蜜瓜**
  味道与香气接近网纹蜜瓜，最近大受欢迎

- **光面蜜瓜**
  无纹路蜜瓜的代表品种

○无变色与斑点

美味的要诀

- 等瓜熟了以后再冰。
- 尾部香味浓郁即可食用。
- 有纹路的蜜瓜比较甜。
- 无纹路的蜜瓜口感清脆。

< 甜味的顺序 >

剖面图

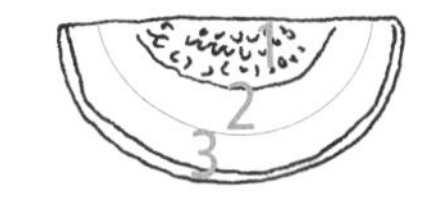

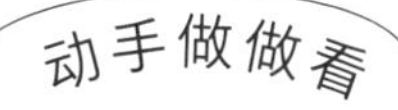

①纵向切一半

②再切一半

③去籽

④切成适当大小

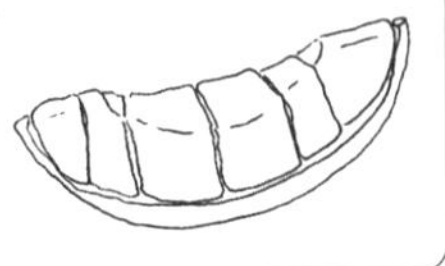

西瓜——选购方法与食用方法

西瓜除了果肉香甜多汁之外，种子还可以做成瓜子。除了红肉西瓜之外，还有黄肉西瓜、有子西瓜与无子西瓜，目前更不断的有改良品种上市。

种类与选购方法

- 大玉西瓜

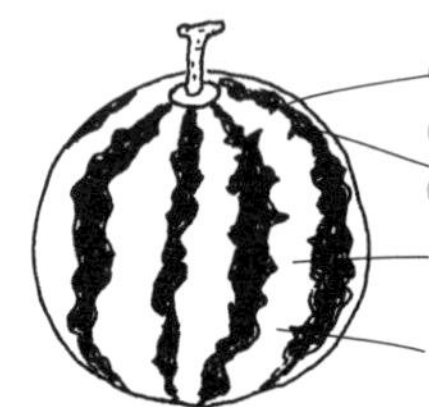

○纹路清晰
○肩部较宽
○敲起来声音清脆
×声音听起来闷闷的表示太熟了

- 小玉西瓜

皮比大玉西瓜薄，虽然易碎，但是甜度一样

- 切好的西瓜

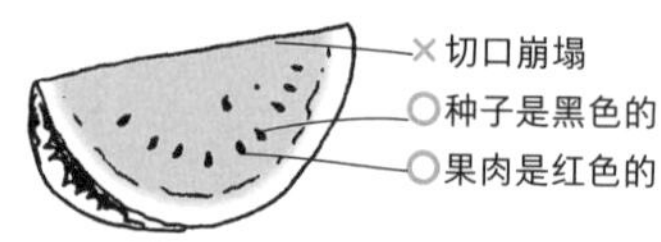

×切口崩塌
○种子是黑色的
○果肉是红色的

<甜味的顺序>

剖面图

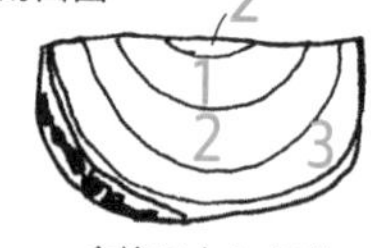

愈接近中心愈甜

美味的要诀

- 冷藏以后再吃。
- 接近皮的白色部位可以做成醋渍或凉拌。
- 错开瓜蒂与尾端切开。
- 错开瓜纹切，能露出更多西瓜籽。

动手做做看

- 芝麻醋拌西瓜

①靠近皮的白色部分切薄片，用盐搓后充分水洗

②做芝麻醋
磨过的白芝麻…1 杯
糖…3 大匙
醋…少许

③沥干水分后拌上芝麻醋酱

香蕉——选购方法与食用方法

香蕉是热带水果的代表，方便食用，有些热带国家的人把香蕉当成主食。

种类与选购方法

• **香蕉**

果肉鲜嫩味道香甜

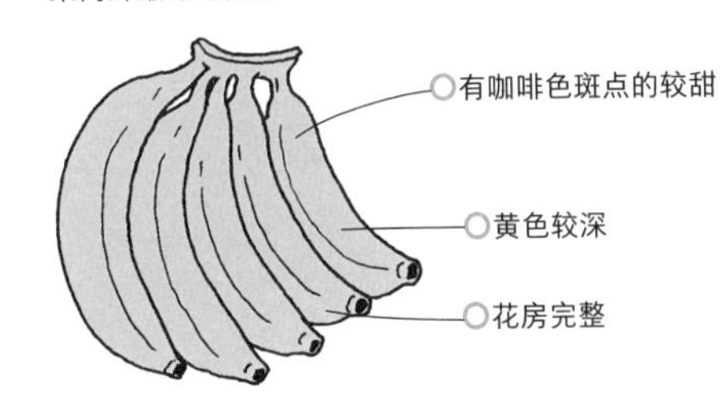

• **芭蕉**

长度约 10 厘米的香蕉

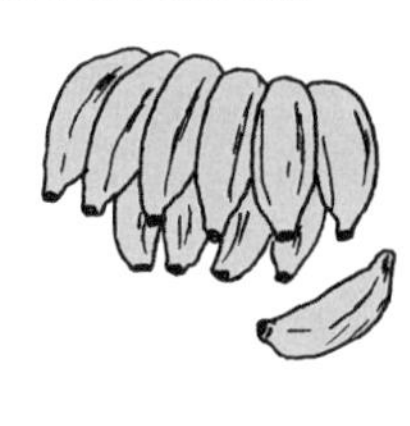

美味的要诀

• 放进冰箱会变黑。

适当的温度是 12 ~ 15℃。

• 绿香蕉要在室温下熟成。

• 淀粉转变成葡萄糖后比较甜。

• 切口容易变成咖啡色，

切开后沾柠檬汁。

• 容易消化。

动手做做看

• **烤香蕉**

①平底锅加黄油，将香蕉烤到焦黄

②放果糖、柠檬汁变成浅棕色即完成

其他水果——选购方法与食用方法

其他还有樱桃、各种莓果、木通、石榴等水果。这些古时候在山野中就可摘采到的水果，如今只有在店里才能看到。

种类与选购方法

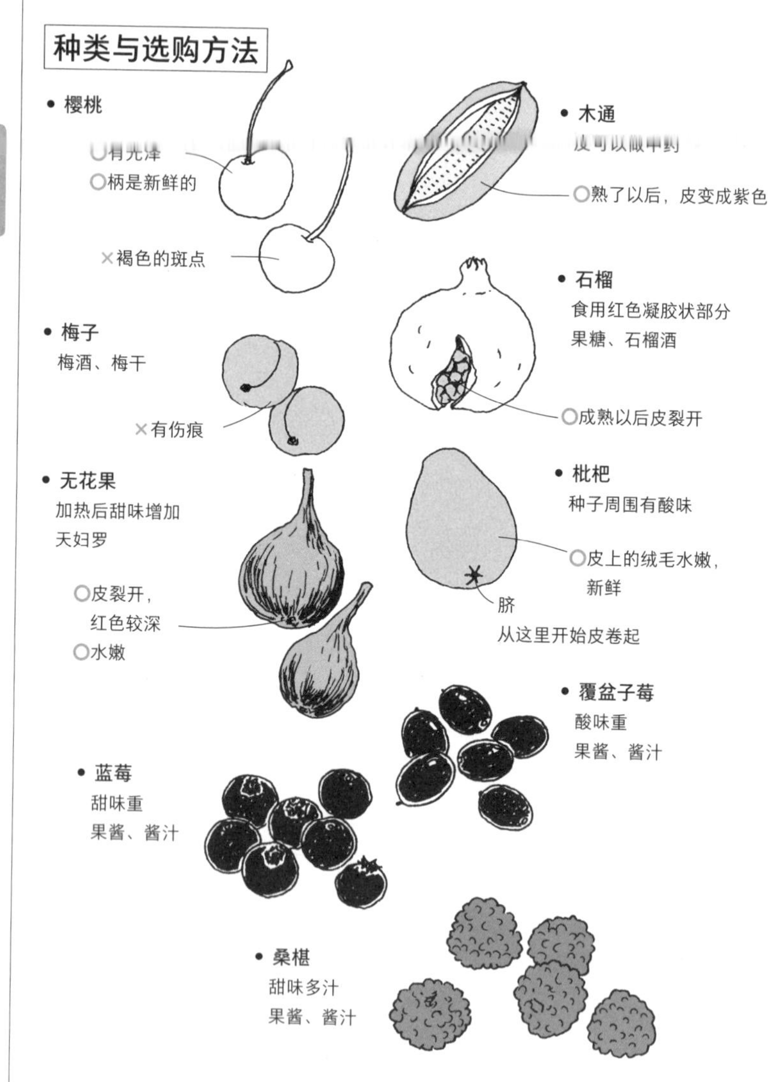

美味的要诀

- 枇杷一剥开即容易氧化，要马上浸水。
- 无花果的果汁会引起皮肤过敏，不要沾到嘴巴四周。
- 无花果吃太多会引起腹泻。
- 做梅干以无伤痕的中粒或小粒为宜，做梅酒则以硬的绿色大粒为宜。
- 莓果类适合做成果酱或酱汁。（参阅 P. 359）

动手做做看

- **无花果天妇罗**

①剥皮的无花果对半切开。
②裹天妇罗面衣油炸。

- **清爽的腌梅子**

●材料
青梅子…1 千克
冰糖……800 克

①青梅子洗干净用竹签一个一个去掉果蒂，沥干水分。
②用竹签在果实上插 4 ~ 5 个洞。
③准备热水消毒过的容器，交互放进青梅与冰糖。
④盖子盖紧，每天翻动 1 ~ 2 次，放在阴暗场所保存直到冰糖溶解。

加冰水就成为好喝的酸梅汁

热带水果——选购方法与食用方法

热带水果不论味道或形状都有其独特之处。让我们也来尝尝各种不同风味的热带水果。

种类与选购方法

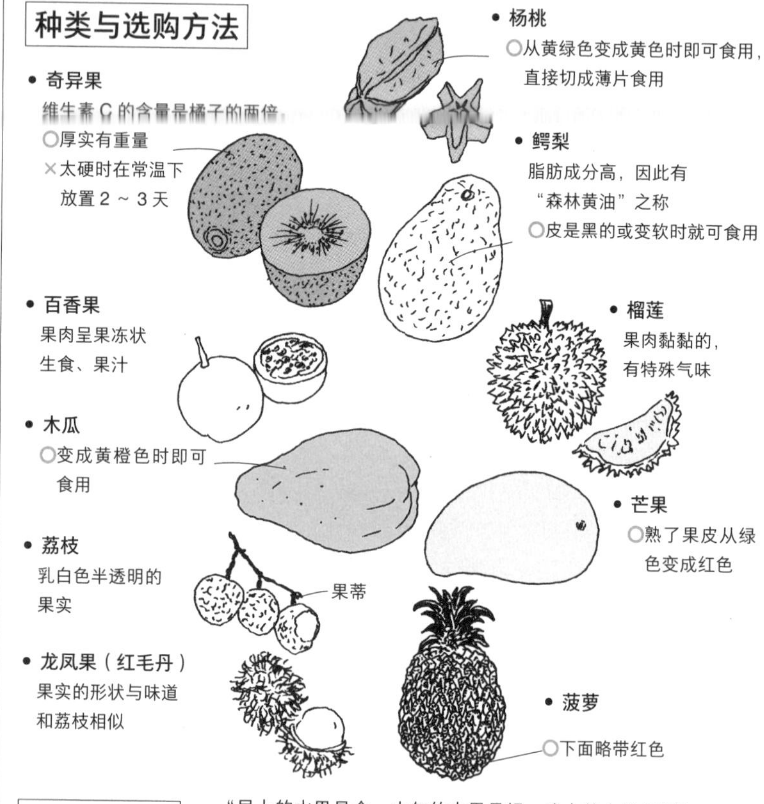

- **奇异果**
  维生素 C 的含量是橘子的两倍
  ○厚实有重量
  ×太硬时在常温下放置 2 ～ 3 天
- **杨桃**
  ○从黄绿色变成黄色时即可食用，直接切成薄片食用
- **鳄梨**
  脂肪成分高，因此有“森林黄油”之称
  ○皮是黑的或变软时就可食用
- **百香果**
  果肉呈果冻状
  生食、果汁
- **榴莲**
  果肉黏黏的，有特殊气味
- **木瓜**
  ○变成黄橙色时即可食用
- **芒果**
  ○熟了果皮从绿色变成红色
- **荔枝**
  乳白色半透明的果实
  果蒂
- **龙凤果（红毛丹）**
  果实的形状与味道和荔枝相似
- **菠萝**
  ○下面略带红色

美味的要诀

“早上的水果是金，中午的水果是银，晚上的水果是铜”
早上维生素吸收的速度较快，吃了水果会觉得神清气爽。

- 荔枝先冰过以后，从果蒂处剥开食用。
- 金钻菠萝的果心较其他品种细嫩，可以食用。
- 菠萝、木瓜、奇异果有助于肉类的消化。
  （含有蛋白质分解酶）
- 榴莲的果肉可以冷冻保存。

切水果的方法

• 鳄梨

①沿着中心线切到种子切一圈

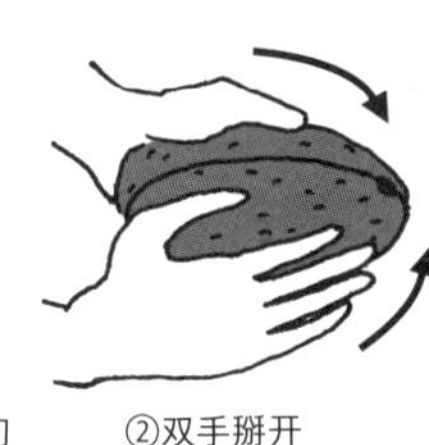

②双手掰开

③有种子的那侧切一半取出种子

皮削掉，蘸芥末、酱油就很好吃

• 芒果

剖面图

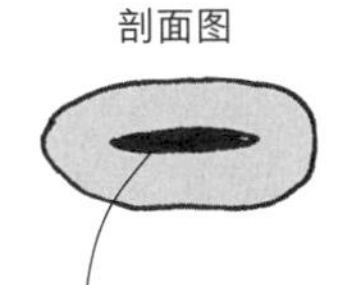

芒果的种子是平的

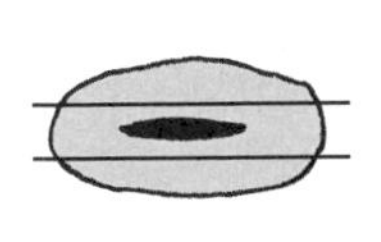

①避开种子上下切下果肉

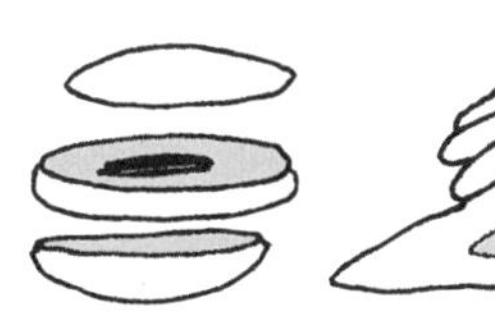

②果实的上下两半，用手剥皮，剥下种子周围的皮，挖出种子

• 木瓜

切一半，用汤匙挖出种子

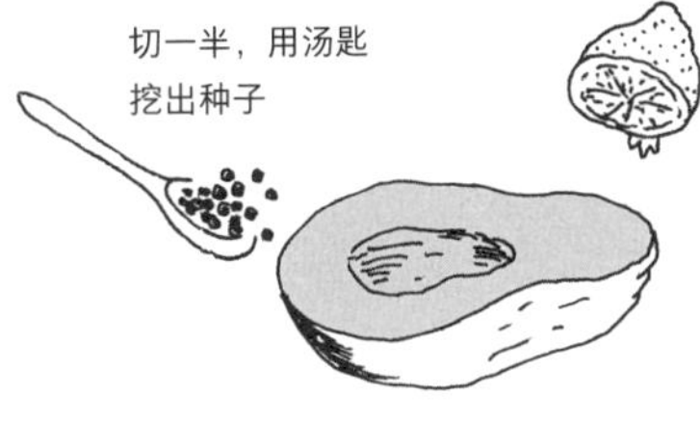

依喜好滴几滴柠檬汁，用汤匙挖着吃

要诀 底部切掉一点，比较容易放平

• 奇异果

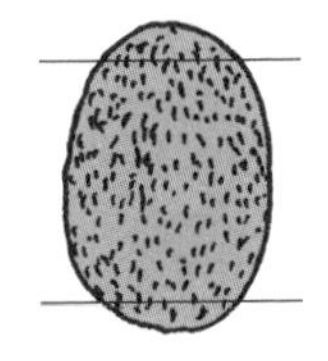

①上下切下

②从上到下削皮

③切成约 0.5 厘米的圆片

水果干——选购方法与食用方法

新鲜不耐放的水果，经过干燥以后即可延长食用期限。虽然外观与风味改变，但是另有一番滋味。

种类

- **蜜李**
  西洋李干燥制成的
  含有丰富的维生素与膳食纤维

- **菠萝干**
  比新鲜菠萝更甘甜
  甜点、内馅材料

- **葡萄干**
  比生鲜的葡萄更甜，含有丰富的铁质与矿物质，可以预防便秘

- **杏桃干**
  将杏桃切成两半后取出种子干燥制成
  甜点、糖浆、肉料理配料

美味的还原法

蜜李或杏桃泡在热红茶、葡萄干泡在莱姆酒 30 分钟～1 小时，风味更佳。

动手做做看

- **葡萄干蛋糕**

●材料＜2 人份＞
蛋糕粉…1/2 袋
葡萄干…50 克（依喜好的量）
水或蛋…适量

①蛋糕粉添加标识的水量（或蛋液）搅拌开。
②加葡萄干。
③平底锅预热，加油，烤蛋糕。

- **奶油奶酪蜜李**

●材料
无核的大粒蜜李…10 个
奶油奶酪……………5 大匙

蜜李用热水还原之后，将奶油奶酪充填在种子的部位，整成圆形即完成。

—— 食材入门 ——

加工食品

使用新鲜食材是最基本的烹调重点，但是新鲜食材却不是随手可得的。食材加工技术的进步，不但延长了食材的保存期限，也让食材更方便使用。只要注意确认食品安全，加工食品就是非常方便实用的食材。

罐头食品——选购方法与烹调要诀

罐头食品是长期保存食品中的代表。虽然罐头食品的保存期限较长，但还是要注意阅读标识，正确使用。

确认食用期限

※ 食用期限请参阅 P.326

罐盖上的数字就是保存期限。

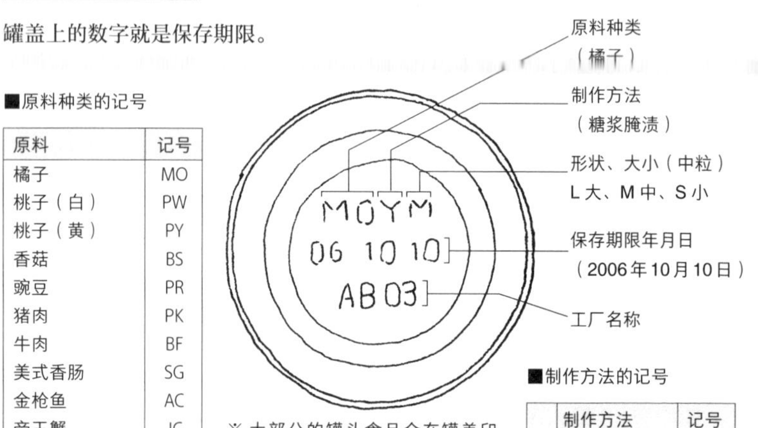

■原料种类的记号

原料	记号
橘子	MO
桃子（白）	PW
桃子（黄）	PY
香菇	BS
豌豆	PR
猪肉	PK
牛肉	BF
美式香肠	SG
金枪鱼	AC
帝王蟹	JC
蛤蜊	BC

※ 大部分的罐头食品会在罐盖印保存期限，在罐身印食用方法或成分等产品信息

■制作方法的记号

	制作方法	记号
水产	水煮（生鲜充填）	N
	调味	C
	盐渍	L
	橄榄油腌渍	O
	番茄腌渍	T
	熏制	S
果实	糖浆腌渍	Y
	固形充填	D
蔬菜	水煮	W
	调味	C
肉	水煮	N
	调味	C

食用期限“美味且可食用的期间”

并不是过期就不能食用，但是要确认下述几项重点。

□有无生锈。

□罐子有无鼓起。

□按下是否陷落。

罐头食品的 3 大禁忌

1. 生锈
2. 高温（阳光直射）
3. 湿气

保存时避免高温潮湿的环境。

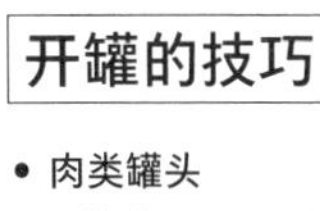

开罐的技巧

• **肉类罐头**

沿着罐子周围开比较容易。开罐之前将罐子放进热水泡一下会比较容易取出里面的食材

将罐子较大的一侧抽出

• **水煮罐**

先开一点将里面的水倒出来，以避免开罐时里面的食材流出来

• **一般的罐头**

盖子不要全部切开，留下一点，这样比较容易掀开盖子

• **芦笋罐头**

（参阅 P.237）

动手做做看

• **干贝萝卜沙拉**

●材料＜ 4 人份＞

萝卜………1/2 根
干贝罐头…1 个
沙拉酱……3 ～ 4 大匙
酱油………少许

依喜好加酱油。

①打开干贝罐头，将水沥干，放进碗里。

②萝卜切丝，吃之前用沙拉酱拌过。

• **牛肉饭**

●材料＜ 2 人份＞

牛肉罐头…1 个
冷饭………2 碗
酱油………1 大匙

①用平底锅加热牛肉罐头。
②冷饭解冻后加入锅内一起炒。
③完成后淋酱油即可食用。酱油依喜好添加。

瓶装食品——选购方法与烹调要诀

与罐装食品一样是将食材密封杀菌后制成的加工食品。瓶装食品会受到阳光照射的影响而使内容物变色，了解特征就可以安心食用。

确认食用期限

有 6 位数的标识也有 8 位数的标识。

060520（2006年5月20日）　2006.10.20（2006年10月20日）

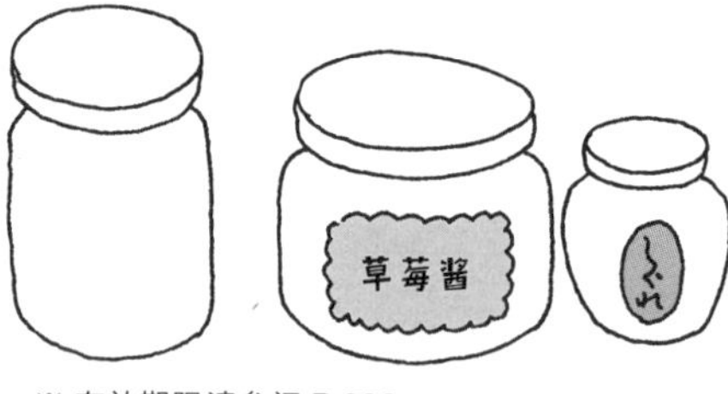

※ 有效期限请参阅 P.326

●瓶子打不开的时候

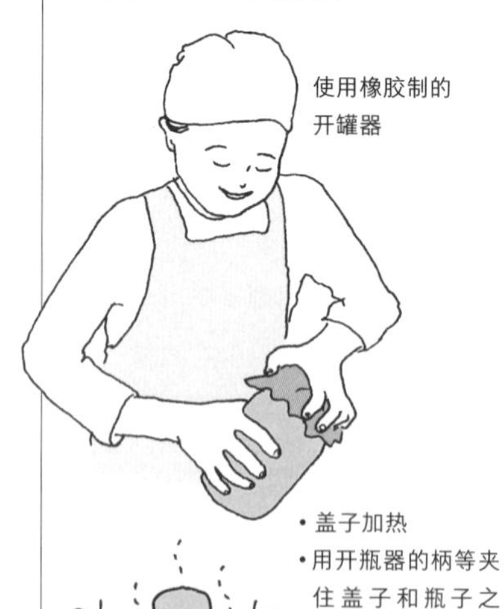

- 盖子加热
- 用开瓶器的柄等夹住盖子和瓶子之间，让空气进去

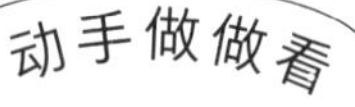

- **金针菇意大利面**

●材料 < 1 人份 >

金针菇瓶装罐头…1 瓶
意大利面…………约 100 克
黄油………………1 大匙

①煮意大利面。（参阅 P.149）
②煮好的面加上金针菇。
③拌黄油即可食用。

真空包装食品——选购方法与烹调要诀

将食品完全密封后加压加热杀菌（真空杀菌）制成的加工食品。目前市面上的真空食品种类愈来愈多样化。

种类

别忘了确认食用期限！

- 平面真空袋

- 立体真空袋

- 真空盒包装
- 微波炉专用
（无铝箔包装）

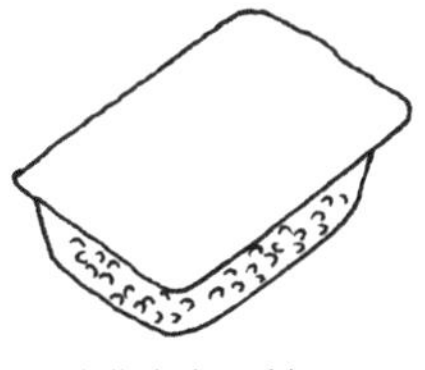

×有伤痕或是破损
×鼓起

美味的要诀

- 真空包装的食品只要不开封就可以重复加热，但是重复加热以后味道会变差。
- 热过之后，一旦开封就要一次食用完毕。

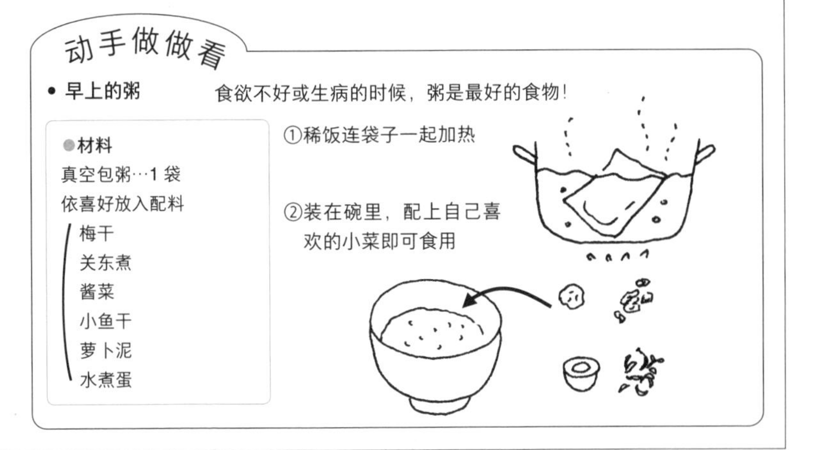

冷冻食品——选购方法与烹调要诀

为了能够长期保存而采取急速冷冻方法制成的冷冻食品，是现代人饮食生活中的要角。一个人用餐时，冷冻食品是快速又方便的选择。

种类

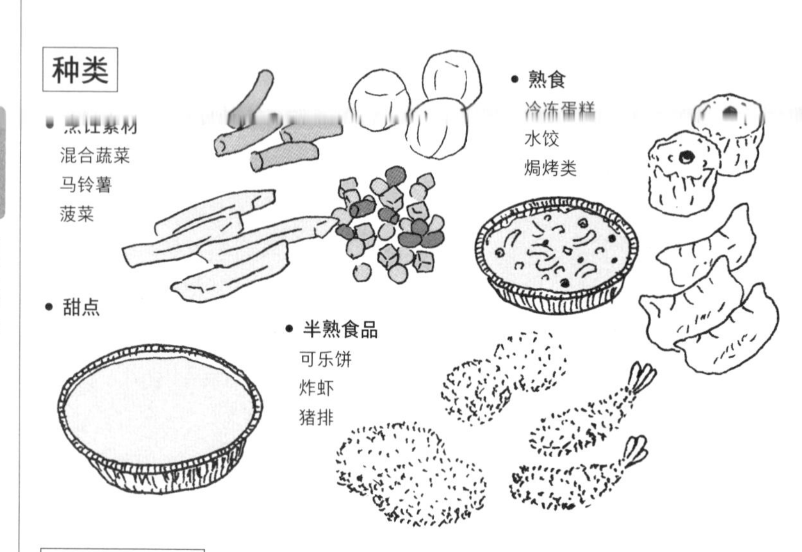

- **烹饪素材**
  混合蔬菜
  马铃薯
  菠菜
- **熟食**
  冷冻蛋糕
  水饺
  焗烤类
- **甜点**
- **半熟食品**
  可乐饼
  炸虾
  猪排

购买的重点

在商店里零下 18℃以下的展示冰柜中保存，确认食用期限！

○确认冷冻温度为零下 18℃以下
×枯萎干缩

美味的要诀

- **冷冻蔬菜**

80%是经过烫煮后制成的。
不要过度加热

- **附有冰衣（一层薄冰）的海鲜类食品种类**

解冻后会出水，下面
垫纸巾吸收水分

- **生鱼片**

半解冻状态下
切片

- **肉类**

用微波炉解冻时，下面
垫筷子以减少肉品和微
波炉的接触面

保存

- 解冻后不要再冰回去。
- 以零下 18℃以下保存。（1 ~ 2 个月食用完毕）
- 冰箱门贴“冷冻食品内容”的字条。

动手做做看

- **煎冷冻汉堡**

①汉堡不解冻直接放进平底锅，每个加
30ml 的水，大火加热

②沸腾后加盖
以小火加热
4 ~ 5 分钟，
将汤汁倒出

●材料 < 1 人份 >

冷冻汉堡……1 个
配料的蔬菜…适量
酱汁…………2 大匙
番茄酱………1 大匙
酒、酱油……少许

③两面煎到肉汁渗出
④取出汉堡，在锅内的肉汁中加酱汁、番茄酱、酒，煮成泥状
⑤装盘，汉堡淋上酱料

速食食品——烹调要诀与轻松的烹调法

不费功夫马上可以食用的速食食品，本来是部队的战备粮时。如今不是战时，市面上出售的速食食品反而更加种类繁多。

种类

确认食用期限！

- **主食**
  速食面
  杯面
  饭
- **副食**
  茶碗蒸
  味噌汤
  猪肉汤

- **点心**
  松饼粉
  煎饼
- **调味料**
  速食汤包
  汤块
  加工食品
- **饮料类**
  即溶咖啡

×阳光直射
×包装塌陷

美味的要诀

- 常吃速食食品容易造成营养不均衡，所以要注意补充营养。
  速食面＋蔬菜　速食味噌汤＋豆腐
- 组合搭配更能提升美味。
  炒饭＋蛋　拉面＋蛋＋叉烧肉
- 自己调味，更加美味。
- 保存在阴暗的场所。

食材

加工食品

轻松的烹调法

快速的增加营养、增加美味!

●即食乌冬面

①烫煮冷冻乌冬面　②放上萝卜泥　③加上葱等佐料菜，再加柴鱼

●材料 < 1 人份 >
冷冻乌冬面…1 袋
萝卜泥………足够的量
柴鱼包………1 袋
葱……………适量

●年糕鸡蛋咸粥

①先把水烧开，加入速食包里的汤料
②用烤箱烤年糕
③加上切碎的葱等佐料菜，再加米饭

●材料 < 1 人份 >
速食汤料包…1 袋
冷饭…………1 碗
年糕…………1 ～ 2 个
葱、鱼板、香菜…适量
蛋……………1 个

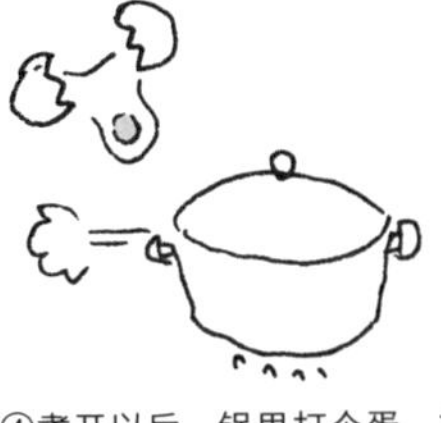

④煮开以后，锅里打个蛋，加热约 1 分钟

● 速食食品 ●

方便也有缺点

想吃的时候马上可以上桌，这是速食食品方便的地方。
但是热量或脂肪过量，很容易造成营养失衡，所以经常食用会导致营养不均衡的结果。

皮的包法——饺子、烧卖、馄饨

●饺子

①皮的周围蘸水

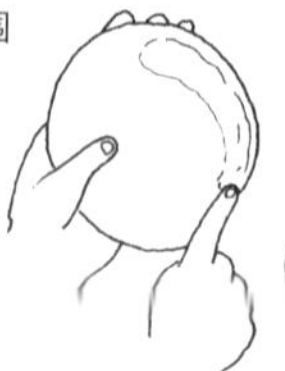

②中央放 1 匙馅料

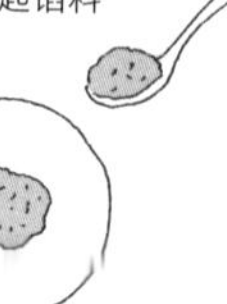

③对折，正中间压下，捏紧

④对着自己的这一面向中间挤捏，左右做出 2 ~ 3 褶

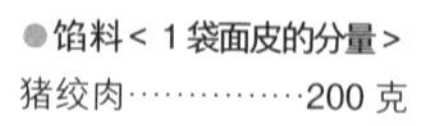

●馅料＜ 1 袋面皮的分量＞

猪绞肉……………200 克
白菜（或卷心菜）
…………3 ~ 4 片（切碎）
酱油………1 大匙
生姜………1 节（磨成泥）
酒…………1 大匙
芝麻油……2 大匙

＜烹调法＞
煎、煮

●烧卖

①把食指和拇指围成一个圈，馄饨皮放在上面，中间加一匙馅料
②用黄油刀向下推入，表面压平
③底部轻轻压平，食指与拇指轻轻整成圆形，然后放一颗豌豆在上面

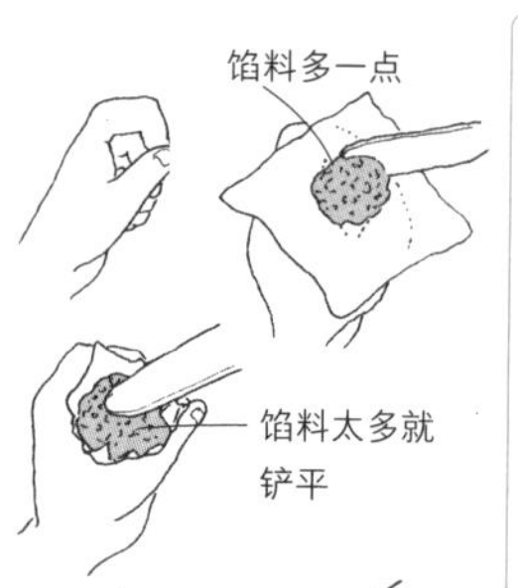

把面皮放在小酒杯里，也可以轻松做出烧卖

●馅料＜ 1 袋面皮的分量＞

猪绞肉……………250 克
洋葱………………1 个（切碎）
泡好的干香菇
……………2 ~ 3 个（切碎）
烧卖皮……………1 包
豌豆………………适量
酱油………………1 大匙
芝麻油……………1 小匙
淀粉………………3 大匙

＜烹调法＞
蒸

●馄饨

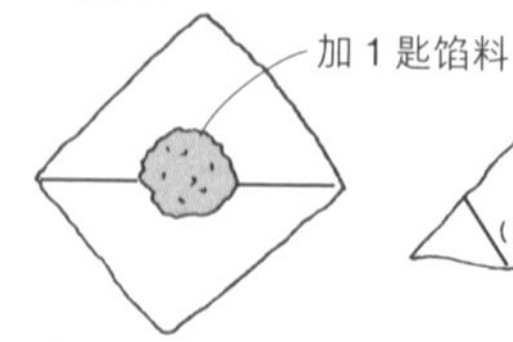

①皮的周围蘸水，中间加馅料

②对折成三角形，压紧，皮捏紧

③两边蘸水折起

●馅料＜ 1 袋面皮的分量＞

猪绞肉……200 克
青葱………1/2 根
生姜………1 节（磨成泥）
酒…………1 大匙

＜烹调法＞
煮汤、油炸

调味料

食材本身的品质很重要，调味时不可或缺的调味料更是烹饪的魔法师。只要在用量或用的时间点上稍加一点巧思，就能让烹调出的菜肴风味完全不同。

盐——主要作用与使用的要诀

盐在古代曾经是代替金钱用来缴税的重要物资。现在，盐更是我们生存不可或缺的食材。

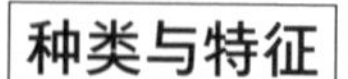

种类与特征

- **精制盐**
  氯化钠 99.5% 以上，加入碳酸镁，不易潮湿。颗粒较细。适合所有烹调方式
- **粗盐**
  含有矿物质，厚实的盐味。
  腌渍、做面包
- **餐桌食盐**
  实施防水加工，不易受潮。餐桌用餐时的调味圣品。
  水煮蛋、沙拉
- **食盐**
  氯化钠 99% 以上，适合所有烹调方式
- **天然盐**
  用海水蒸煮出的盐。
  另外还有锅炒盐、曝晒盐、岩盐等，矿物质含量与口味各不相同

主要作用

盐的作用！

1. 抑制微生物

2. 去腥味

鱼或肉

（参阅 P.57）

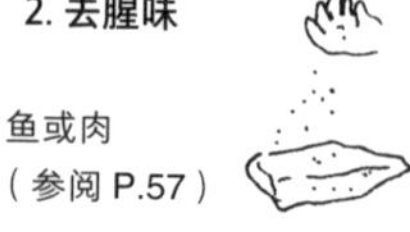

3. 让食物的色泽更鲜艳

4. 去苦味

5. 去水分

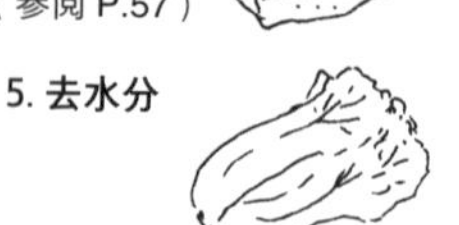

6. 调味

7. 去刺

秋葵等

8. 增加面粉的黏性

做面包

9. 去除滑腻

红薯等

什么是 1% 的盐？

材料 100 克中含盐 1 克 =1% 的盐

用盐调味时

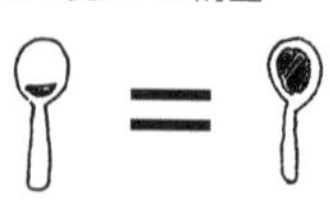

盐 1 克（1/5 小匙）＝ 酱油 7 克（1小匙以上）＝ 味噌 8 克（半大匙以下）

※ 参阅 P.86“调味料与盐分的比例”

糖——主要作用与使用的要诀

最常用来做调味用的糖是砂糖，是从甘蔗中提炼而来。另外，甜菜也是糖的主要来源。

种类与特征

- **细砂糖**
  去除不纯物质制成的白蔗糖，容易溶解。
  烹饪、甜点、饮料

- **三温糖**
  纯度较低，但是甜味浓郁。
  煮汤、关东煮、传统甜点

- **冰糖**
  砂糖粗结晶制成的。
  溶解较慢，适合做水果酒等

- **白糖**
  纯度高，无色透明。
  饮料、甜点

- **极细砂糖**
  甜味清爽。
  饮料

- **黄糖**
  适合用来增添颜色与风味。
  煮菜、糖果

砂糖变硬

将面包或是柑橘类的皮（白色的部分向下）放在砂糖上面，放置约 1 天即可溶解。
放在密闭容器中可防止变干硬。

主要作用

1. 产生甜味

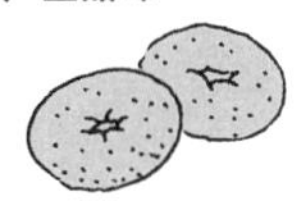

2. 增添色泽感

3. 不易腐败

4. 让食材产生烧烤的颜色

5. 让肉变软

加热温度与变化

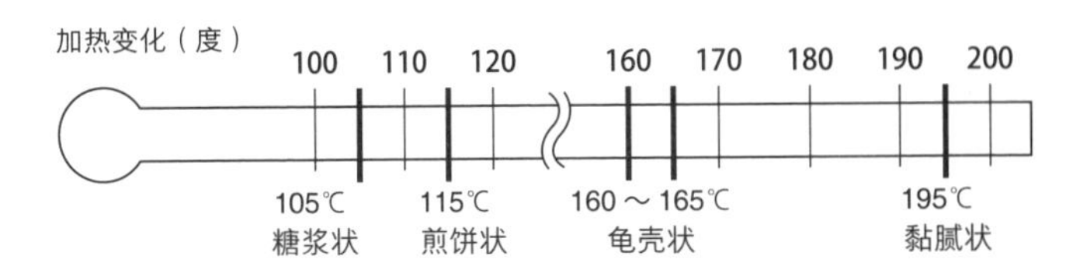

味噌——主要作用与使用的要诀

用大豆、米、麦的曲发酵制成的调味料，依照曲的种类可以分为米味噌、麦味噌、豆味噌。曲愈多愈甘甜。

种类与特征

- **米味噌**
  使用米曲制成的味噌。80%的味噌是米味噌。信州味噌、仙台味噌、越后味噌等

- **豆味噌**
  用豆曲加盐熟成制作的味噌。八丁味噌、三州味噌等

- **麦味噌**
  使用大麦或裸麦的麦曲为原料，其中混合大豆与盐发酵制成

< 味噌的种类与特征 >

种类	名称	曲	食盐（%）
甜味噌	西京味噌	米	5～7
辣味噌（白）	信州味噌	米	11～13
辣味噌（红）	仙台味噌、越后味噌	米	11～13
麦味噌	田舍味噌	麦	10～12
豆味噌	八丁味噌、三州味噌	豆	10～12

主要作用与使用的要诀

- 搭配鱼肉使用可以消除腥味。
- 加热时间太长会失去香味。
- 搭配两种以上的味噌使用，味道会浓郁。
- 颗粒状的味噌先研磨后再使用。
- 表面用保鲜膜包好，保存于阴暗的场所。

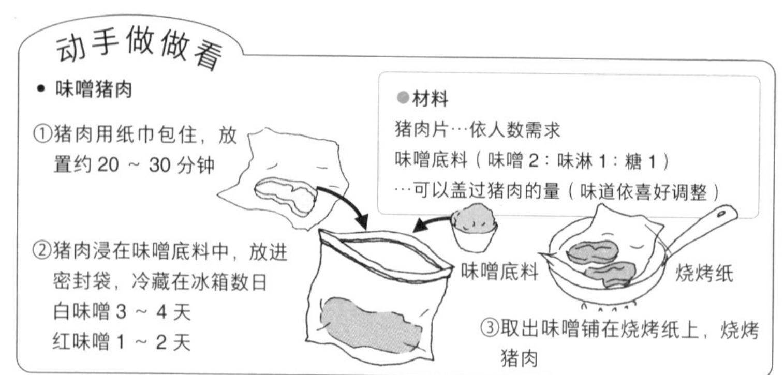

酱油——主要作用与使用的要诀

大豆发酵制成的酱油具有增添美味、色泽、香味、咸味的作用，是中式、日式料理不可或缺的调味料。

种类与特征

- **一般酱油**
  我们平常使用的酱油，适合各种烹调方式

- **白酱油**
  短期熟成，颜色较淡的酱油。
  甘味、香味俱佳。
  汤的调味、茶碗蒸

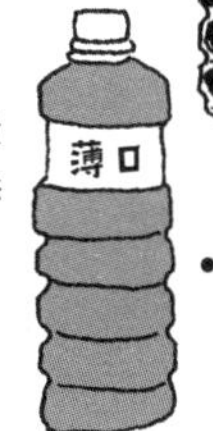

- **薄盐酱油**
  颜色较淡，盐分含量较低，适合用来增添食材颜色。
  汤的调味

- **再发酵酱油**
  一般酱油加入曲再发酵制成的。颜色、味道都较浓。
  生鱼片

- **壶底油**
  颜色深浓，盐分、香味都较淡。
  适合做照烧或蘸酱

主要作用

1. 让食物呈现深浓的颜色或增添香味

炒饭最后从锅边加入酱油

2. 让食材表面呈现光泽

牛蒡等

3. 延长保存期限

酱油腌渍等

4. 增添香味

烤鱼要食用时，加一点酱油

使用的要诀

- 容易渗入食材让食材凝固，所以尽量在最后再加。
- 和昆布或柴鱼一起使用，更能增添风味。
- 与空气接触氧化后，风味会变差，一开封就要放进冰箱。
  常备大约 1 个月的使用量，可以随时使用。

醋——主要作用与使用的要诀

醋是酸味的调味料。但是不仅是调味，其中还含有消除造成身体疲累的乳酸，具有杀菌等多种功能。

种类与特征

●酿造醋 以谷物、果实、酒精为原料，醋酸发酵制成的。

<谷物醋>

以米、玉米、小麦等谷物为原料制成，适合各种烹调方式

- **米醋**

  以米为原料，口感温顺。

  醋味料理

<水果醋>

- **苹果醋**

  以苹果汁或苹果酒为原料。酸味清爽。

  西式料理、饮料

- **黑醋**

  完全熟成制成的，颜色深浓。

  调味料、蘸酱

- **糙米醋**

  以糙米为原料。

  醋味料理、饮料醋

- **柑橘醋**

  有酸味的柑橘类榨汁，代替醋使用。

  火锅、日式沙拉

●进口醋

- **意大利黑醋**

  以葡萄果汁或酒为原料。

  沙拉酱、蘸酱

- **巴萨米黑醋**

  意大利黑醋的一种。使用木桶培养熟成，香味非常丰富的醋

- **合成醋**

  添加酿造醋50%以上

- **加工醋**

  · 水果加工醋

  · 调合醋

主要作用

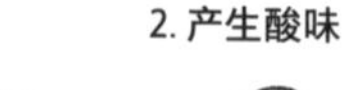

1. 杀菌

浸醋等

2. 产生酸味

醋味料理等

3. 漂白

莲藕等

4. 防腐

酸黄瓜等

5. 防止破坏维生素C

萝卜泥等

6. 让食材变软

煮昆布等

7. 让蛋白质凝固

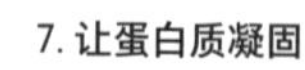

水煮蛋、荷包蛋

8. 去滑

   红薯等

9. 去除涩味

   牛蒡、独活

10. 增添色泽

    生姜、醋渍梅干

使用调味料时

●善加利用调味料！

1. 做味道要平均渗入食材里外的炖煮食物时，要等到食材都变软之后再加调味料。
2. 芋类等味道不易渗入的食材，尽早以调味汁液熬煮。
3. 果酱或煮豆等需加入大量砂糖时，为防止快速脱水，分数次加入糖。
4. 做味道可以不渗入食材的肉类烹调或烤鱼时，在烧烤前再调味。
5. 做味道要渗入食材的油炸食物时，要先将食材浸泡在调味汁液中，让味道深入食材再烹调。
6. 为了去腥使用味噌时，要一开始就加入。
7. 要产生香味时，最后再放。
8. 糖比盐先加入。因为糖分子较大，渗透较慢。

分数次加入糖

果酱或煮豆

烧烤之前数分钟再撒盐

烧烤鱼

动手做做看

● 连骨头都软嫩的醋烧沙丁鱼

●材料 < 4 人份 >
沙丁鱼…5 ~ 6 尾
昆布…约 15 厘米
青葱…2 根（切成 5 厘米长度）
依喜好加入姜丝或梅干
醋…1/2 杯
调味汁（酱油、糖、酒…各 1/2 杯
　　　　色拉油…1/3 杯

①沙丁鱼去头与肠（参阅 P.176），昆布加入锅中

②加入葱（姜、梅干），加入搅拌均匀的调味液，加入醋

③大火煮开后关小火，盖锅盖煮 1 ~ 2 小时，慢慢煮，煮到汤汁变少

油——主要作用与使用的要诀

油分为动物性与植物性两种，这里要告诉大家如何分别使用各种油脂及使用的要诀。

种类与特征

● 植物性　以谷物为原料的油品

- **色拉油**
  用种子油或大豆油等两种以上的原料混合制成的油

- **芝麻油**
  香味浓郁。
  炒菜、天妇罗

- **玉米油**
  玉米胚芽制成的。
  不易氧化。
  酱汁、腌渍、油炸

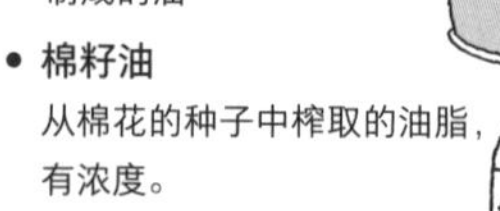

- **棉籽油**
  从棉花的种子中榨取的油脂，有浓度。
  搭配色拉油、沙拉酱、酱汁使用

- **葵花油**
  原料来自于向日葵的种子。
  煎、煮、炒菜

- **橄榄油**
  从橄榄的果实中榨取的油。
  意大利料理、炒菜、沙拉酱

● 动物性

牛的脂肪、猪的脂肪、鱼的脂肪等，富含卡路里

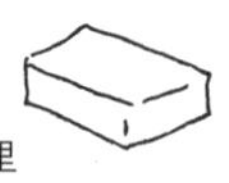

主要作用

1. 增添风味，口感滑顺

炒菜

2. 高温短时间的烹调

油炸、炒菜

3. 防水

三明治的底层黄油

4. 做成奶油

鲜奶油、冰淇淋

5. 防止粘黏

炒肉之前先拌一下

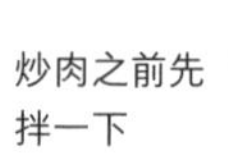

油脂类的处理重点

- 避免阳光直射与高温。
- 减少与空气接触。
- 加热不要超过200℃。
- 废油会阻塞排水管，不要倒进下水池。
  报纸吸干之后，放入可燃性垃圾。

● “油”与“脂”的不同 ●

常温下固态的是“脂”，液态的就是“油”。
“脂”大多是动物性，“油”大部分是植物性。
摄取的标准比例
植物性2：动物性1

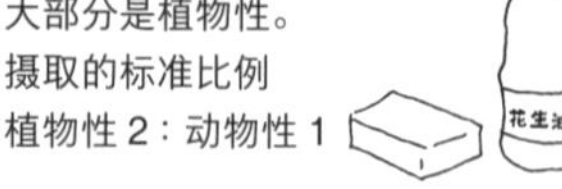

调味料

沙拉酱——使用的要诀

适合拌蔬菜、鱼、肉等各种料理。你也可以试看看用蛋、油、醋自制沙拉酱。

种类

瓶装

比塑料管装的保存效果更好

• 塑胶管装

保存

开瓶后容易氧化，盖子要盖紧放在冰箱保存。0℃以下、30℃以上会产生分离的状态，要特别注意。

如何利用剩下的沙拉酱

色拉油与醋依喜好的分量加入，盖上瓶盖，上下摇动

这样就可以变成沙拉蘸酱

动手做做看

• 自制沙拉酱

①蛋黄与盐放在碗里，打到蛋黄变硬

②将一半分量的油慢慢加入，依相同方向搅拌

③醋加1～2滴，充分搅拌，油像拉丝般一点一点加入，再搅拌。重复做一次

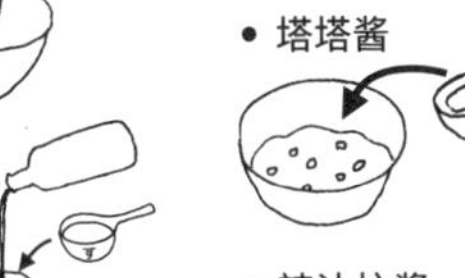

●材料

蛋黄…1个　色拉油…1杯
醋……1大匙　盐………1小匙
糖……少许

• “加料沙拉酱”各种沙拉酱

• 塔塔酱

＋水煮蛋、洋葱、荷兰芹碎屑

炸海鲜的蘸酱

• 辣沙拉酱

＋胡椒粒、迷迭香等

搭配煎鱼

• 薄荷沙拉酱

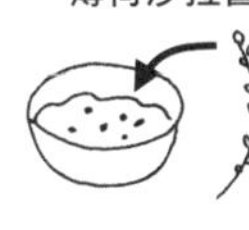

＋芥末、鳀鱼等

搭配炒猪肉或三明治

不失败的要诀

1. 使用新蛋并保持常温
2. 油一点一点的加
3. 以同方向打蛋

酱汁——使用方法与手工自制

说到酱汁，大家就会想到牛排酱（伍斯特酱）或猪排酱等。和食材一起烧煮的汁液或烧烤时的蘸酱都是酱汁。这里要告诉烹饪的初学者如何分辨使用酱汁，以及如何自制酱汁。

种类与特征
（市面贩售的酱汁）

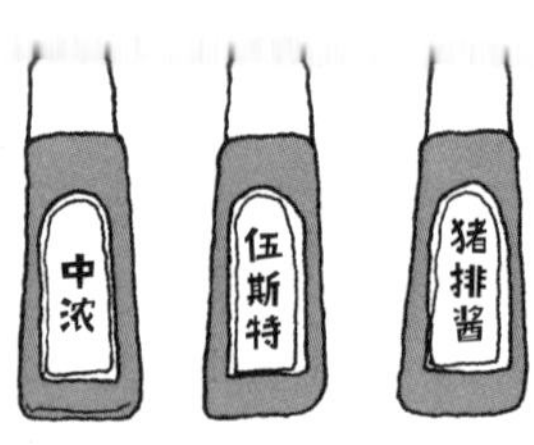

- **伍斯特酱**
  蔬菜、水果、醋、糖等加入调味料与辛香料熬煮的酱汁
- **中浓酱汁**
  伍斯特酱与猪排酱调合后，味道与浓度介于二者之间。
  炸食、西式餐点
- **猪排酱**
  （浓酱汁）
  浓厚有甜味。
  猪肉料理
- **番茄汁（膏状）**
  将番茄浓缩汁煮成膏状。
  水分变少，方便使用。
  炖煮、法式开胃小菜
- **番茄汁（素材）**
  番茄加热或是生番茄压榨制成的番茄浓缩汁。
  肉类酱汁、汤
- **番茄酱**
  番茄酱汁的代表。
  在番茄汁中加入辛香料或是盐、糖、醋、洋葱、大蒜等，浓缩制成。
  蛋料理、肉料理

- **辣椒酱**
  番茄汁加辣椒、盐、醋等。
  章鱼料理、披萨
- **白酱**
  使用黄油、面粉、牛奶做成的酱汁。
  焗烤、炖煮

使用的要诀

- 番茄酱只要开盖就要放进冰箱冷藏。
- 番茄汁或是番茄酱汁容易腐坏，
  开盖之后要尽快用完。
- 伍斯特酱加番茄酱即可做成棕色酱汁。
- 剩下的番茄汁煮过可以延长保存数日。

向手工酱汁挑战

一次做好，放进冰箱即可随时取用。

●棕色酱汁

①黄油溶化在单柄锅中，小火炒洋葱炒到变成透明色

②撒上面粉，炒到变成透明色

●材料
洋葱…………1 个（切丝）
（荷兰芹或是胡萝卜切碎）
面粉…………4 大匙
西式酱汁……4 杯（汤块 1 个）
红酒…………1 杯黄油…2 大匙
番茄汁………1/2 杯
伍斯特酱…2 大匙
月桂叶………1 片糖…1 大匙
盐、胡椒……少许

※ 炖肉或盖饭

③剩下材料除了糖、盐、胡椒以外全部加进去，小火煮到剩一半的量

④过滤后加糖、盐、胡椒调味

●白色酱汁

①黄油溶化在单柄锅中，加入面粉，小火搅拌避免焦掉

②搅拌 2 ~ 3 分钟直到面粉完全均匀、没有面粉块之后，关火。锅子放在湿布上，加入牛奶

●材料
黄油………2 大匙
面粉………2 大匙
牛奶………2 杯
盐、胡椒…少许
（也可加白酒…少许）

※ 奶油炖肉、焗烤、起士焗烤或意大利面等

用打蛋器快速搅拌

③小火，用打蛋器快速搅拌避免结块。等到滑顺之后用木勺搅拌，加胡椒与盐，煮成泥状
（加白酒味道更浓郁）

味淋、料理酒——主要作用与使用的要诀

酒不是只能喝，也是非常好的调味料。日式料理不可或缺的就是“味淋”，它和酒精类调味料不同。

种类与特征

- **本味淋**
  糯米与米曲或烧酒混合熟成。标准纯味淋的酒精成分是 13%

- **味淋风调味料**
  在浓的糖类液体中加入调味料，与味淋相似。酒精成分只有 1%，颜色与味道不及味淋

- **料理酒**
  酒精成分与日本酒不相上下。因为已经添加 2% 盐，不适合直接饮用

- **料理用白酒**
  西式烹饪中经常加酒，料理酒是西洋料理不可缺少的调味料，其中也有加入盐分的料理酒

- **米酒**
  以米为原料，甜味较少，可以让食材变软，具有去腥的功能

主要作用

1. 防止煮碎

酒精具有让材料紧实的功能。
有些食材加了酒会变得较硬

2. 产生光泽

与酱油反应会产生漂亮的烧烤光泽

3. 让食物更甘甜

糖 1 小匙 = 味淋 3 小匙

甜味是糖的 1/3

4. 去腥味

酒有消除鱼腥味的功能，即使煮过效果还是可以持续

5. 增加美味

有糖没有的美味成分

本味淋的煮法

酒精成分较高时会让食材变硬，煮一下让酒精挥发掉。（参阅 P.31“烧酒”）

中式调味料——种类与特征

中式料理使用调味料，种类繁多。这些能增添色香味的调味料，在一般的超市都能买到。

种类与特征

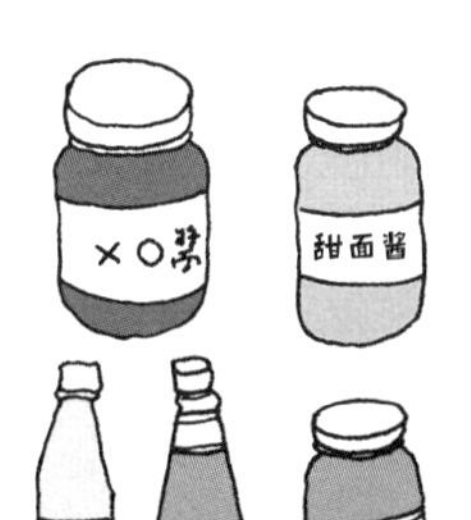

- **XO 酱**

  用干贝或中式火腿、辣椒熬煮出浓郁口味的混合调味料。

  浓汤、炒面、炒菜

- **辣油**

  芝麻油加辣椒制成的。适合做一般面食点心的蘸酱

- **海鲜酱**

  用贝类煮过之后浓缩加调味料制成的酱汁。

  少量即可产生独特风味的酱汁。开封之后要密封放进冰箱保存。

  炒菜

- **甜面酱**

  面粉加曲发酵制成的，有甜味的酱料。

  炒菜、炖煮

- **豆瓣酱**

  蒸过的毛豆发酵后加辣椒和小麦等做成的辣椒酱。

  炒菜、拌菜、汤汁加味

● 中式料理的地方菜特色 ●

上海菜： 着重于食材原味，颜色较淡白，调味偏甜。

四川菜： 使用豆瓣酱与着重辣味。

广东菜： 使用鱼贝类制成的酱汁调味，几乎所有肉类食材都可入菜，变化丰富。

北京菜： 多是大火快炒。最有名的是北京烤鸭。

动手做做看

- **中式酱味的卷心菜炒猪肉**

①用色拉油炒猪肉与卷心菜，炒到猪肉变白色

②大火炒葱与蒜，加调味料 A，再用酱油与糖调整味道

③将①倒回，摇动锅子让菜入味，并且收干水分

● 材料 < 2 人份 >

卷心菜……4 ~ 5 片

猪里脊肉…肉丝 200 克

大蒜…1 瓣（切碎）

青葱…1 根（切碎）

调味料 A
- 甜面酱…1 大匙
- 豆瓣酱…1 小匙
- 酒………2 大匙

酱油……1 大匙

糖………2 小匙

辛香料（香草与辣味植物）——灵活运用的方法

辛香料由具有浓郁味道的植物叶子或根部制成，只要一点点就能让食物具有独特风味。

辛香料分为生鲜使用的与干燥后使用的。

作用与种类

1. 增添香味

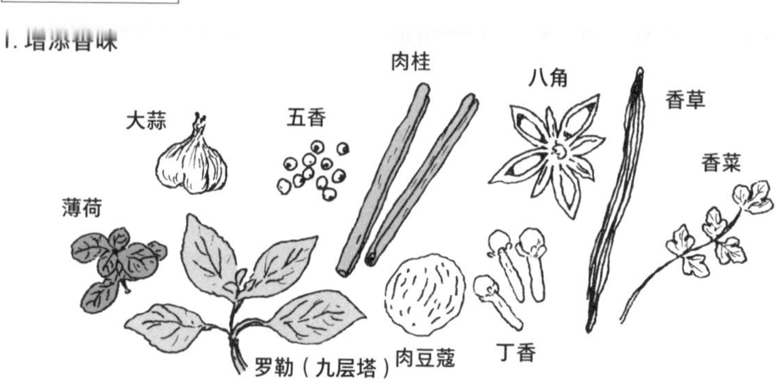

2. 消除臭味

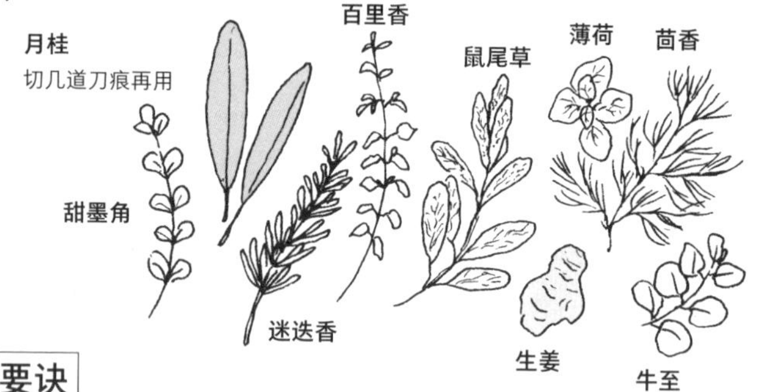

使用的要诀

- 使用新鲜的草本植物要洗净、沥干再使用。
- 第一次使用时，少量使用。
- 先从胡椒、蒜、肉豆蔻等开始使用。
- 学会如何使用以后再混合其他辛香料一起使用。
- 香料植物保存时用纸巾包起来，置入密闭容器里放进冰箱。

使用的时间与目的

- **直接使用**
  去除鱼肉的臭味或是腌渍。
  （以原来的形状压碎使用）
- **香料包**
  熬煮咖喱或炖肉时，
  或是炒菜时使用。
- **加工辛香料**
  胡椒、干燥罗勒或蒜粉等，可以用来调味或增添食物美味。

3. 辣味辛香料

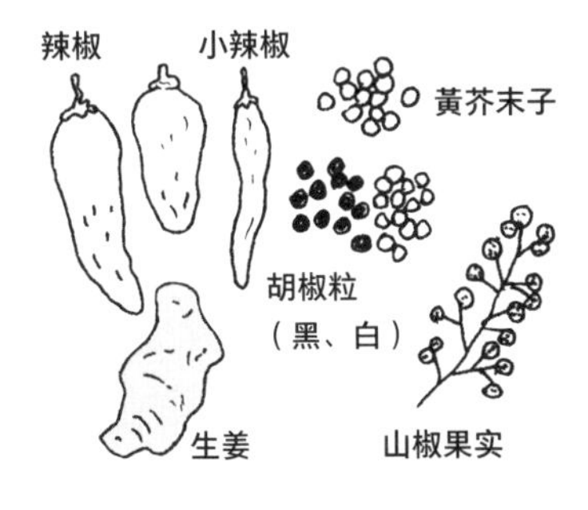

4. 增添色彩

红椒（粉末）
增添红色

番红花
（花的雌蕊干燥制成）
增添黄色

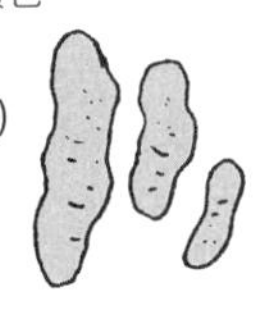

姜黄（粉末）
咖喱的黄色

5. 日式料理用的辛香料

动手做做看

用剩的草本植物就可以做了

- **草本醋**
  百里香、迷迭香、薄荷等加入酒醋中，烹调鱼贝类时，可以消除腥味，做出清爽的口味。

- **草本油**
  橄榄油中加入一点罗勒、蒜、胡椒。可沾面包食用。

沙拉酱汁——灵活运用的方法、做法

搭配生菜的沙拉酱汁，是让沙拉可口的重要角色。妥善运用沙拉酱汁，就能轻松达到增添菜肴美味的目的。市面上可以买到各种沙拉酱汁，但是自己动手做更具有独特风味。

种类与特征

- **法式沙拉酱**

  最基本的沙拉酱。色拉油加白醋调制而成。不论生鲜蔬菜或鱼贝类都适合

- **意式沙拉酱**

  橄榄油加罗勒与[illegible]加[illegible]

- **日式沙拉酱**

  使用米醋与酱油制成

- **中式沙拉酱**

  使用芝麻油与芝麻调制而成

法式沙拉酱的做法

● 材料

色拉油……………150ml

醋……50ml　盐…1 小匙

胡椒…少许　糖…少许

①醋中加盐、胡椒、糖，摇动溶解。

②加入色拉油中，充分摇动。

※ 要吃之前再加在沙拉上。

保存在冰箱里

动手做做看

- **分量十足的炸鸡块沙拉**

①炸鸡块用微波炉加热

②将洋葱放在炸鸡块上面

③黄芥末酱与法式沙拉酱汁拌在一起，淋在炸鸡块上即可食用

● 材料 < 4 人份 >

炸鸡块（冷冻）…8 ~ 10 个

洋葱………………1 个（切丝）

黄芥末酱…………1 大匙

法式沙拉酱汁……适量

酱汁的做法

法式沙拉酱加入其他调味料即可制成各种不同口味的酱汁。

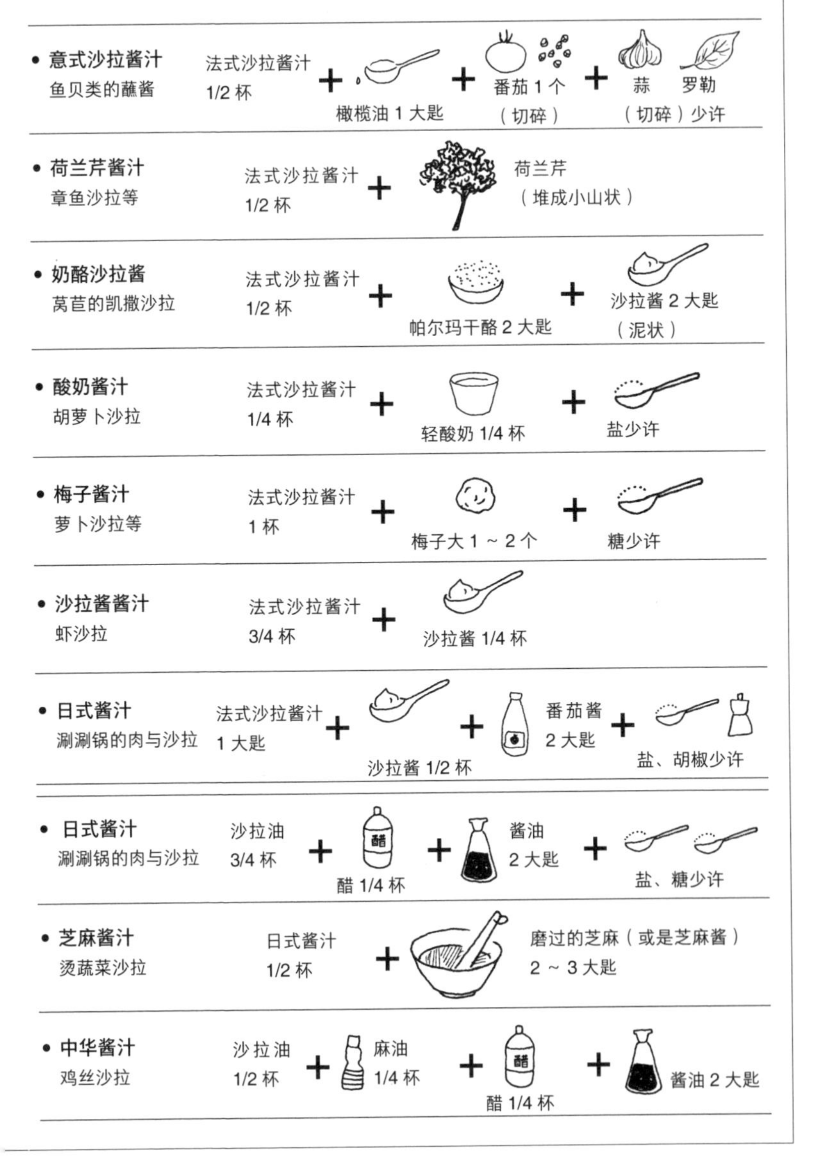

地方特色调味料与食材——种类与使用方法

地方特色料理指的是东南亚或是非洲、中南美洲等地区的料理，具有独特风味或使用独特口味的香料。

种类与特征

●非洲

库斯库斯

面粉做成颗粒状，蒸过干燥后制成的食物。可以淋上肉或鱼熬煮的酱汁食用

●东南亚

米纸以米粉为原料，用水沾湿，剥开食用

鱼露

盐渍小鱼制成的薄水状酱汁。泰国料理必备的酱汁

●中南美

墨西哥玉米饼

玉米粉做成的薄片饼。里面可以包各种食材食用

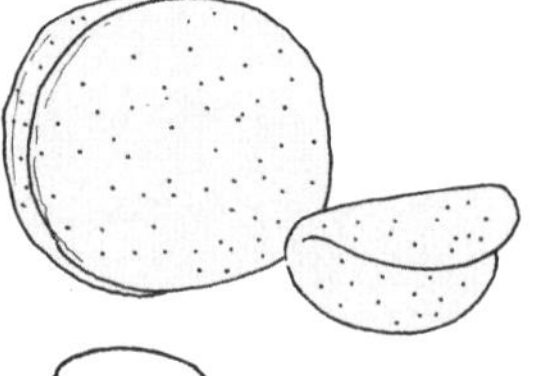

椰奶

椰子的胚乳加水制成。

咖喱、甜点

莎莎酱

墨西哥的辣酱。

墨西哥饼、肉料理

古玛沙拉

印度品牌的辣酱。

咖喱、肉料理

动手做做看

- **越南春卷**

①米纸两面喷水，一张张撕开

②煮猪肉与豆芽、米粉用热水烫过，切成约5厘米长，韭菜也切成同等长度

③把馅料放进米纸中间

④将酱汁料调拌在一起，放进微波炉中加热约10秒

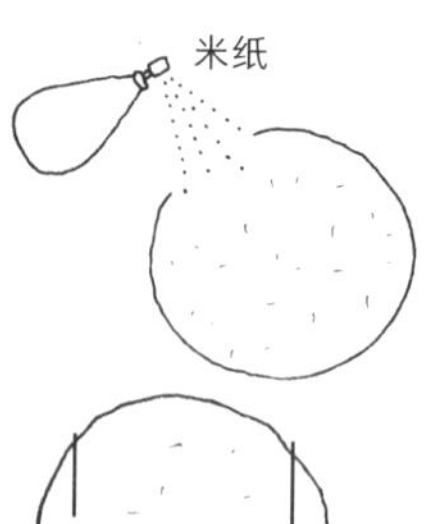

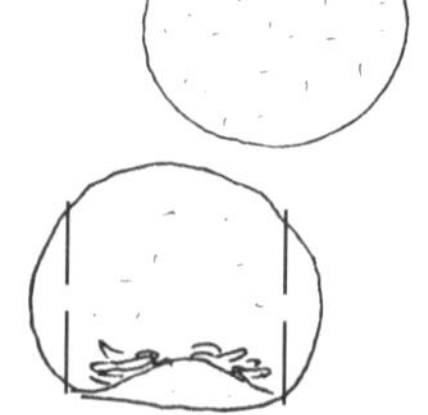

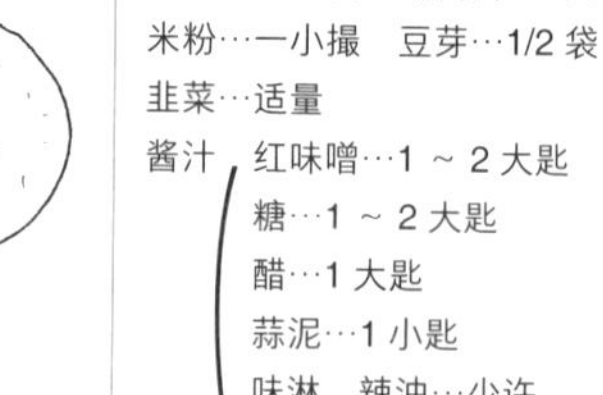

●材料 < 4 人份 >

米纸…约 8 片　涮肉片…100 克

米粉…一小撮　豆芽…1/2 袋

韭菜…适量

酱汁　红味噌…1 ～ 2 大匙

糖…1 ～ 2 大匙

醋…1 大匙

蒜泥…1 小匙

味淋、辣油…少许

依喜好加鱼露…少许

春卷蘸酱汁食用

饮料

一杯热腾腾的红茶，配上点心，来个悠闲的下午茶如何？饮料是人体补充水分不可或缺的重要食品，但是现在市面上出售的饮料大多含有大量的糖分，过度摄取反而有碍身体健康。

日本茶——好喝的冲泡法

种类众多的日本茶，除了一般常见的煎茶之外，还有玉露、烘焙茶、抹茶等。每种茶叶都有最适合的冲泡方式，这里就来介绍日本茶的泡法。

什么是日本茶?

日本茶是将茶叶的嫩叶与芽蒸煮后干燥制成的。

日本茶的三大成分包括儿茶素、咖啡因、茶氨酸，除此之外还含有维生素 C 及 B 群、矿物质，具有除臭效果与防癌效果。

• 保存的要诀

最怕与空气接触及高温。

开封后要注意隔绝空气，将袋口折紧后放进茶叶罐中保存。长期保存时，密封后冷冻保存。装进罐里，当茶叶量变少以后，中间再加个盖子压紧，再盖起来。彻底隔离空气是茶叶保存的重点。

煎茶的泡法

煎茶是日本茶的代表，喜欢苦味的人以 80 ~ 90℃的高温水冲泡，喜欢甜味的人以 50 ~ 60℃水冲泡。

①放进茶叶

每人份约 3 克

②壶中加热水约八分满

先把水倒进杯中，水温稍低之后再灌进壶中，这样比较能够带出甘甜味

③闷 2 ~ 3 分钟再注入杯中

倒到一滴不剩再回冲

饮用时双手握住茶杯慢慢喝

玉露的泡法

玉露就如同其名，味道与香味都非常甘甜。泡茶的要诀是低温慢慢冲泡。

①沸腾的开水倒进壶中，先温壶。

②将热水注入杯中，先温杯。

③将杯中的水移到茶盅中降温。

④在壶中加入每人约 3 克的茶叶，从茶盅中将水倒入。

⑤等待 2 ~ 3 分钟后，倒入杯中。

小杯

没有小杯时，可以使用小酒杯代替

茶盅

降低水温用的

烘焙茶的泡法

茶叶是使用大火烘焙制成的。使用高温的热水才能带出茶香味。

直接将沸腾的开水注入壶中。

抹茶的泡法

茶叶蒸煮干燥后制成粉末。不必拘泥于规矩，自己大胆尝试泡茶方法。

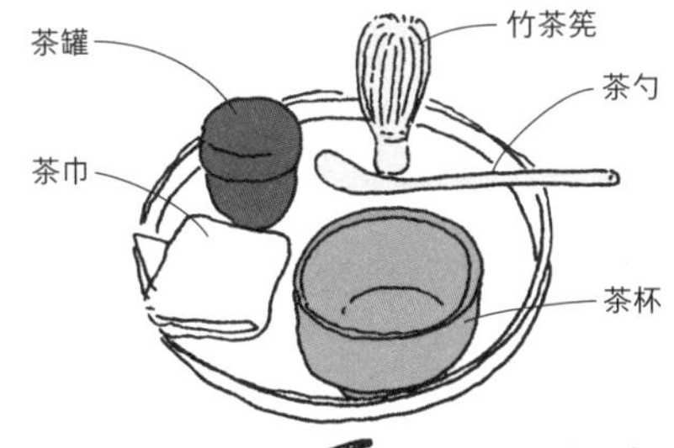

①茶杯中加入热水，用竹茶筅刷一下

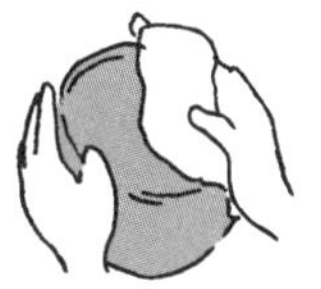

②倒掉热水，用茶巾擦干水分

③加入茶勺约 1 勺半的抹茶粉

④加入热水（80 ~ 90℃）40 ~ 50ml（大约 3 口的量）

⑤竹茶筅垂直，快速前后搅拌打出泡沫。秘诀是手腕快速用力

喝的时候，先吃一点甜点再喝 3 口。使用有漂亮图案的茶杯，图案转到前面，喝的时候避开图案。

动手做做看

- 即席烘焙茶

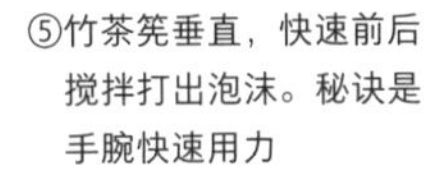

将受潮的茶叶放在平底锅中用炉火烘焙，这样旧茶就可以变成好喝的烘焙茶。

烘茶时散发的茶香味，会让房间变得芳香宜人。

咖啡——好喝的冲泡法

从古至今咖啡特殊的香味一直吸引着人们。咖啡中含有咖啡因，可以振奋精神、减轻疲劳，还有帮助消化的功能。

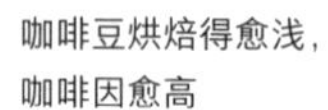

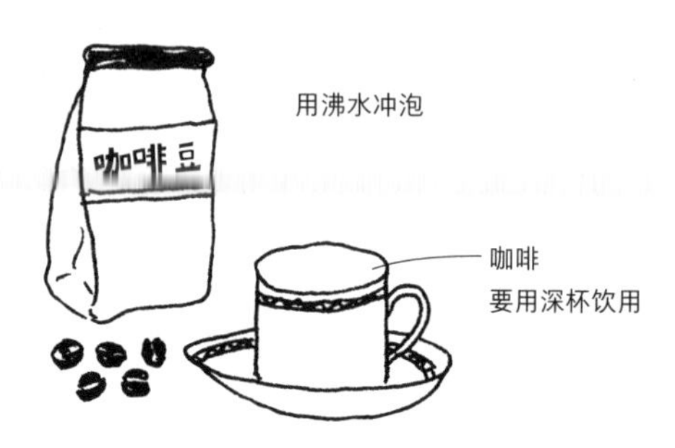

冲泡咖啡的方法
（日式滤泡法）

水流过滤纸的速度非常快，所以要慢慢的注水。

①磨好的咖啡粉每人份约 1 匙

②热水烧开，注入咖啡粉

要诀 滤纸可以两张叠在一起使用

③以从中心向外画圆圈的方式慢慢加入热水。冲到起泡泡，这样香味更浓郁

④温杯后再注入咖啡

端杯子时使用自己惯用的手，调羹用完放在杯后。
饮用时不要出声。
端咖啡杯时不要翘起小指。

●如何冲泡好喝的三合一咖啡

- 热水冲好的三合一咖啡，再放进微波炉中加热 30 秒

粉末全部溶解，味道更香浓

- 用锅烧咖啡水时，沸腾前关火

红茶——好喝的冲泡法

要放松心情的时候，来杯加果汁的热红茶如何？

红茶是茶叶发酵制成的，含有丹宁酸、咖啡因与少量的维生素 B 群。

茶叶装入罐中以防止潮湿，并且尽量在 6 个月以内使用完毕。

茶袋保存于密闭容器内，最好于 3 个月以内使用完毕。

红茶用浅杯品尝

红茶的冲泡方式

用刚汲取的水才能冲泡出好喝的红茶。水中的空气可以带出红茶的香味。

①热水沸腾 2 ~ 3 分钟

②温壶与温杯

③将茶叶放进壶中

1 茶匙茶叶 × 人数 + 1 茶匙的茶叶

④将热水一次注入壶中，茶叶较少时闷 2 ~ 3 分钟，较多时闷 3 ~ 4 分钟

⑤使用滤茶网将茶水倒进杯中，再依个人喜好加入奶精、糖、柠檬等

- **冰红茶**

  减少热水的量，做出比热红茶浓两倍的红茶，壶中先加入冰块再加入红茶

- **茶袋**

  用盘子当杯盖闷住

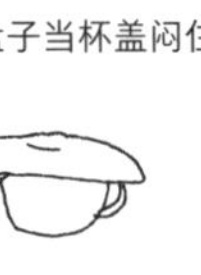

花茶的冲泡方法

薄荷、鼠尾草、洋甘橘、柠檬草、木槿等都可以泡成花茶，不论干燥或生鲜都可以使用。

泡花茶时使用玻璃或陶器等非金属的茶壶。

生鲜的花草轻轻用手搓揉，依喜好调整用量

注入热水，闷 3 ~ 5 分钟

饮用水——妥善处理的方法

为了确保饮用水的安全，大家对于自来水、水源保护及水质管理的要求愈来愈严格。虽然市面上到处都可以买得到矿泉水，但使用矿泉水之前，还是必须了解安全用水的原则。

水是被污染的

受到工厂排水或化学肥料、农药等污染的水，含有许多有机物（腐植酸）。这种物质与自来水消毒用的氯反应后，会产生一种被称为三氯甲烷的致癌物质。为了消毒愈来愈污浊的水，氯的用量也愈来愈大。

水源受环境污染，这不是一般家庭可以解决的问题，必

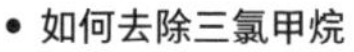
须着眼于根本的问题点

● 如何去除三氯甲烷

水沸腾 15 分钟以上，具有去除氯及三氯甲烷的效果

饮料

矿泉水的种类与选购方法

虽然统称为矿泉水，但是有些瓶装水含有矿物质，有些瓶装水却只是把自来水装在瓶里，选购时要多加注意。

●天然水

就如同原本不杀菌即可饮用的天然水一般，经过谨慎的环境管理后取得的原水。自来水厂的水必须经过沉淀、过滤、加热杀菌后才能回到天然水的洁净状态。欧洲有些国家设有严格的水源保护计划，天然水可生饮。

●矿泉水

汲取地下矿物成分的地下水。地下水又分为矿物成分较多的矿泉水与较少的天然水。

<矿泉水的分类>

天然水	以采自特定水源的地下水为原水，不经过沉淀、过滤、加热杀菌以外的处理。
天然矿泉水	天然水中，溶解出地层中矿物质的地下水。
矿泉水	以天然矿泉水为原水，经过矿物调整及混合复数矿泉水制成。
瓶装水 饮用水	不是天然水、天然矿泉水、矿泉水，而是人工处理的水。

饮食的安全与健康

为了将世界各地的食材送到我们的餐桌前面，保持食物颜色、味道和新鲜度，食物中会添加各种添加剂或是使用各种防腐的方法。现在这个时代虽然品尝各地的美食是件容易的事，但也因此要特别注意饮食的安全。为确保饮食的安全，必须具备基本的知识与智慧。

农药与化学肥料——辨识与去除的方法

“农药”使用的目的，是为了杀死作物上的害虫或抑制杂草生长，而促进作物生长使用的是“肥料”。农药或是化学肥料会影响人体的健康，所以我们自己必须懂得如何保护自己。

看清楚标识

●什么是有机农产品

“原则上不使用化学肥料与农药”“两年以上不使用禁用的农药或化学肥料的水田或旱田栽培的农作物”等，才可以贴上政府核可的“有机农产品”标章。

有机 JAS 标章

●什么是特别栽培农作物

使用化学肥料或农药的量低于过去用量 50%的农作物。必须经过政府认证。

特别栽培农产作物认证标章

（例：东京都）

●环保农场

使用堆肥或拟定减少化学肥料及农药计画，并以减少两成以上为目标的农场。必须经由政府认证。

日本环保农场标章

农药的去除方法

1. 用水冲洗

水溶性农药可以用大量的水冲洗干净

2. 去皮

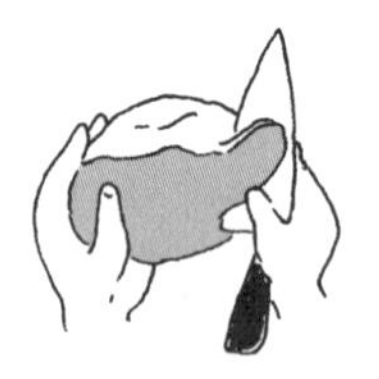

3. 油溶性的农药要靠烹调去除

煮

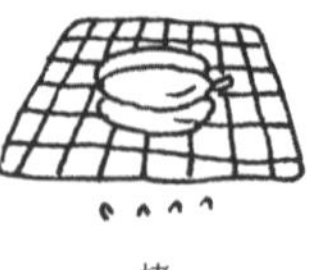

烤

炸

炒

各种不同食品的农药去除方法

- **蔬菜**

  连皮使用时，用刷子刷干净

味噌腌渍萝卜等，腌渍有释出农药的作用

- **叶菜类**

  冲水 5 分钟以上，煮过将汤汁倒掉（P.33）再冲水

- **黄瓜**

  抹盐以后在板子上搓揉，然后用水冲洗

- **香蕉**

  从头切掉大约 2 厘米

- **水果**

  用水冲洗，不要使用清洁剂或盐水，因为这样农药反而会渗入

- **柠檬**

  皮要洗干净，热水冲洗可以去除挥发性农药

- **果皮有蜡**

  苹果等果皮上的蜡用烧酒拭去

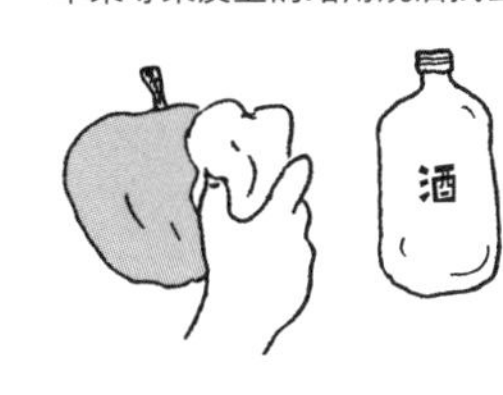

家里使用的杀虫剂

注意家庭使用的喷雾式杀虫剂要避免沾到食物

什么是“收获后处理”？

什么是“收获后处理”？

是指“收成后”散布的农药。

运输时间较长的进口农产品，即使标识为有机农产品还是可能残留这种农药。

认清生产者，选择当地生产的有机农产品是选购的要诀。

食品标识——标识的解读方法

你会看食品安全标识吗？你知道安全标识代表什么意思吗？现在就告诉大家食品标识该如何解读。

标识的解读方法

看清楚真正的样子与特性！

标识是依食品不同决定的，

依法规定必须明列食品标识。

×原材料中愈多不知名者愈不可靠。

××加工愈多者，原料的产地愈无法辨识。

●生鲜食品的标识

1. 不是用袋子包装的蔬菜或鱼肉类

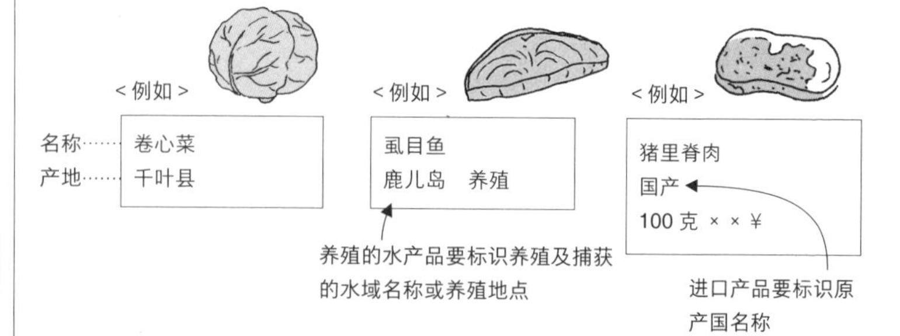

2. 用袋子包装的鱼或肉

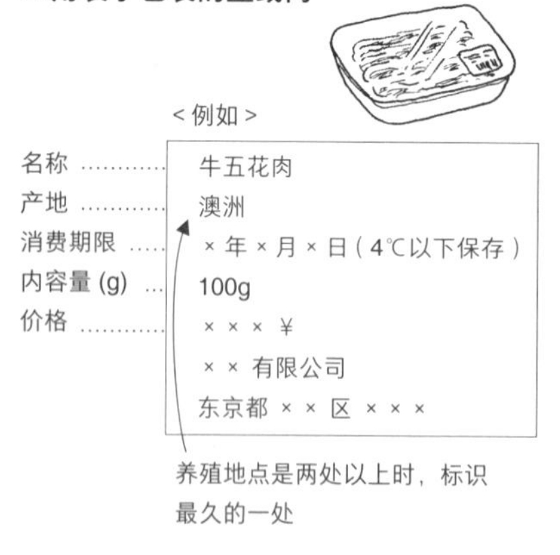

< 例如 >

金枪鱼（生鱼片用）
韩国（太平洋）解冻
× 年 × 月 × 日（10℃以下保存）
× × × ¥
× × 食品有限公司
× × 县 × × 市 × × — ×

冷冻的食品要标识解冻说明，但是两种以上一起包装贩售时，可以省略标识

饮食的安全与健康

3. 加工食品

• 国产品

< 例如 >

名称	豆果子
	原料名称花生、米粉、淀粉、植物油、酱油（包含小麦）、食盐、调味料、食用色素
内容物	100 克
保存方法	避免阳光直接照射，常温保存
制造者	××县××市××—×× ××食品有限公司

从含量较多的顺序排下来，请确认！

• 进口加工食品

< 例如 >

名称	天然奶酪
原料名称	牛奶
原料乳种类	牛
内容量	100 克
食用期限	090701
保存方法	要冷藏（约 5℃）
原产国名	法国
进口商	××食品有限公司 东京都××区××—×
加工厂商	××股份有限公司 ××县××市××—×

2009年7月1日

重新包装时要标识加工厂商

国外加工品一定要填写原产国名，不论是哪一国的原料，重新包装时要填写加工厂商名称

●原料原产地名的标识义务项目

• 哪些加工食品必须标识原产地

鳗鱼（蒲烧、生烤）、裙带菜（干燥、盐藏）、腌渍农产品（梅干、腌咸菜等）、冷冻蔬菜（混合蔬菜等）、柴鱼、盐渍鲭鱼干、盐渍竹荚鱼干

< 例如 >

名称蒲烧鳗	
原料名称	鳗鱼（中国） 酱油（含小麦）、 味淋、糖

日本加工品的原料不一定是日本的

●酒精物质标识

酒精过敏的人要注意酒精含量！

• 一定要标识的 5 项农产品

• 建议标识的产品

鲍鱼、鱿鱼、鲑鱼卵、虾、蟹、鲑鱼、鲭鱼、牛肉、大豆、鸡肉、猪肉、松茸、栗子、橘子、奇异果、桃子、红薯、苹果等

食品添加物——妥善处理的方法

为了延长食品的保存期限或是提升食品的品质、让食品的外观及香味更吸引人，加工食品中经常使用各种食品添加物。选购加工食品时一定要看清楚标识，谨慎选购。

4 类食品添加物

1. 指定添加物…由政府确认安全性与有效性后指定。
2. 现有的添加物…长年使用的天然添加物，政府认可。
3. 天然香料…动植物制成的香料。
4. 一般食品添加物…以着色为目的使用食品为添加物等。
   （以果汁或是章鱼的墨汁着色等）

总之，食品添加物的种类繁多，有超过 1500 种以上。

慎选食品添加物

- 尽量选择食品添加物少的加工食品。
- 避免防腐剂、着色剂、保存剂等。
- 避免人工甘味。
  阿斯巴甜等
- 注意添加量会随季节而改变。
- 避免着色剂较多的加工食品。
  红色 3102 号、黄色 45 号、蓝色 12 号等。

● 加工食品的危险添加物 ●

最好避免的 3 大危险添加物

1. 防霉剂
磷苯基苯酚 (OPP)、
腐绝 (thiabendazole 缩写 TBZ)

2. 保存剂
己二烯酸、安息香酸等

3. 发色剂
亚硝酸钠等

●购买之前先确认

□名称
□原料名称
□食品添加物
□会引起过敏的食品
□内容量
□食用及保存期限
□保存方法
□制造厂商
□进口商品的原产地与进口商、原料原产地

“标识是食品的自我介绍”
虽然信息有限，却是认识该食品最好的方法。

食物中毒——预防与对策

不是只有夏季或梅雨季节才会发生食物中毒，也不是只有外食才会发生食物中毒，在家中也有可能发生。大家必须懂得如何预防食物中毒。

食物中毒的种类

※ 正确的洗手方法请参阅 P.128

食物中毒的种类	原 因
因为细菌引起的食物中毒	肠炎弧菌、沙门杆菌、病原性大肠菌、葡萄球菌、肉毒杆菌、O-157（肠管出血性）等
病毒引起的食物中毒	诺罗病毒等
自然毒素引起的食物中毒	毒菇、马铃薯芽、霉菌、河豚、蛤蜊、牡蛎等
化学物质引起的食物中毒	农药（杀虫剂、防腐剂等）的误用、残留农药、残留有害性金属的食品污染等
过敏性食物中毒	因为微生物产生的组织氨

＊腹痛或腹泻、呕吐等症状出现时，要立即就医。

预防食物中毒的方法

3 个原则“不制造原因、不给予机会增殖、努力消灭”

1. 买菜时，最后再买生鲜食品。回家以后马上放进冰箱。
2. 冷藏室保持 10℃以下、冷冻室保持零下 15℃的低温。大部分的细菌在 10℃以下，增殖速度就会减缓，零下 15℃以下就会停止增殖。
3. 碰触鱼、肉、蛋前后都要洗手。
4. 烹调中上洗手间或是擤过鼻子后都要洗手。
5. 菜刀、砧板使用前后都要仔细洗过。

在毒素还未发生前先消灭!

6. 食品加热要熟透。大部分的食物中毒病菌以 75℃加热 1 分钟以上都可以消灭。

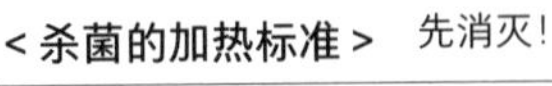

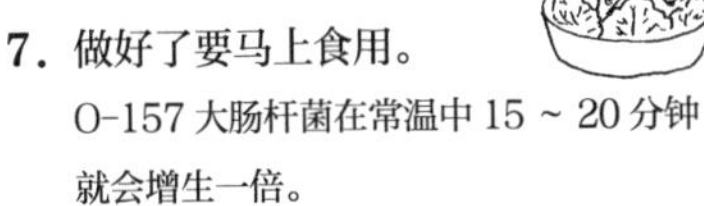

7. 做好了要马上食用。O-157 大肠杆菌在常温中 15 ~ 20 分钟就会增生一倍。

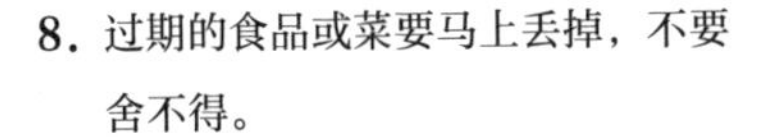

8. 过期的食品或菜要马上丢掉，不要舍不得。

9. 抹布、刷子、菜瓜布要常清洗。

<杀菌的加热标准>

	食物中心温度	加热时间
O-157	75℃以上	1 分钟以上
肠炎弧菌	70℃以上	1 分钟以上
沙门氏杆菌	75℃以上	1 分钟以上
肉毒杆菌	100℃以上	10 分钟以上
葡萄球菌	62℃以上	30 分钟以上
诺罗病毒	85℃以上	1 分钟以上

期限标识与食品寿命——保存的基准

要随时都能享受安全美味的食品，别忘了注意期限标识，并且用自己的各种感官确认食品的安全。

食用期限与保存期限

- **食用期限**

  较不易腐败的食品可食用的期限。
  过了食用期限不一定要马上丢弃。
  可以先用自己的五官确认是否安全再决定是否丢弃。

- **保存期限**

  容易腐败的食品可使用的期限。
  从制造日期起算超过 5 天就会发生品质劣化的食品。
  过了期限就不要使用。

全部都是在不开封的情况下依标识方法保存时，
美味且可食用的期限。

食品的寿命

以眼、鼻或手、舌判断！

- **牛奶**

  开封后尽早食用完毕。发生酸味或臭味、结块等都是危险的信号

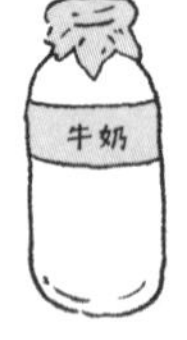

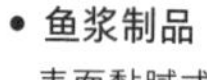

- **鱼浆制品**

  表面黏腻或出现丝状物就是腐坏的征兆。
  白色的食品变黄或出现酸味都是腐坏的征兆

- **酸奶**

  虽然乳酸菌可以抑制杂菌的增生，但是发现味道较平常苦或酸味异常时就要注意了。10℃以下冷藏保存，上面的乳清营养丰富，不要丢弃

- **面包**

  干松、发霉、酸味都是危险的讯号
  不要放进冷藏室，放进冷冻室保存可以保存两周

- **纳豆**

出现氨臭味就表现坏掉了。纳豆放太久，表面会出现黏腻或黑色斑点，这时就不要食用了。冷藏保存大约 7 ~ 10 天，冷冻保存大约 3 个月

- **味噌**

白色霉状物是酵母，安全上没有问题，但是味道会变差

用鼻与眼确认

表面是干的且没有香味，这种味噌就不好吃了

- **干面条**

受潮了可以曝晒大约半天。制造后，通常情况下，机械制面可保存两年，手工拉面可以保存 4 年。超过保存期限味道会变差。严禁受潮、浮出油渍、发霉

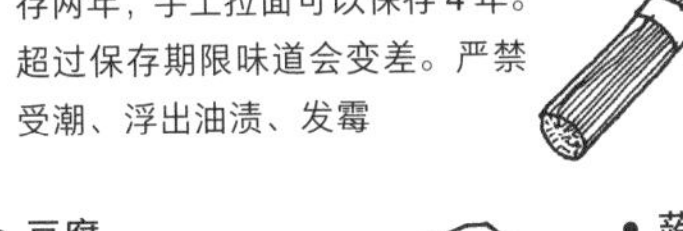

- **豆腐**

表面黏黏的、水水的，是变坏的征兆。开封后泡在水里冷藏可以保存两天。真空包装的豆腐，开封后一样泡在水里可以保存 4 天

- **蒟蒻**

出现恶臭、没有弹性、滑腻、溶解状都不可食用

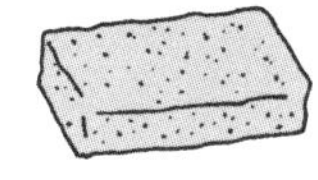

- **醋**

调味醋、纯米醋都是开封后就要放进冰箱

酸味和香味容易散发掉

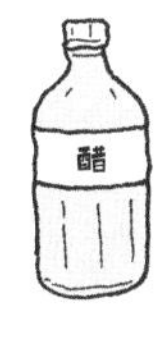

- **干香菇**

黑色斑点或发霉就不行

- **果汁**

开封后尽早食用完毕

- **日本茶**

茶叶出现色斑或发黄就不好喝了

- **红茶**

开封后可以保存 2 ~ 3 个月，要注意是否发霉

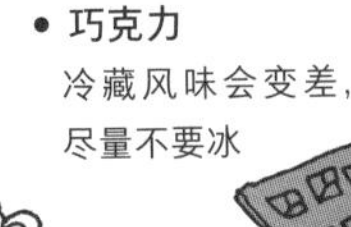

- **巧克力**

冷藏风味会变差，尽量不要冰

- **咖啡**

开封后，咖啡豆保存 1 个月、咖啡粉保存 7 ~ 10 天

- **清酒**

不会坏，但是受到阳光直射会变酸

- **小点心**

开封后即容易变质，尽早食用完毕

- **色拉油**

开封后必须避免油品产生恶臭或黑色斑点。油炸时泡沫不会消失也不行

保健食品与生技食品——种类与选购方法

最近市面上出现许多对身体健康有益或高营养成分的食品，还有一些是应用先进科技转基因创造出来的食品。面对这些特殊的食品，我们应该如何选购？

什么是保健食品？

所谓健康食品可以分为下述几种。

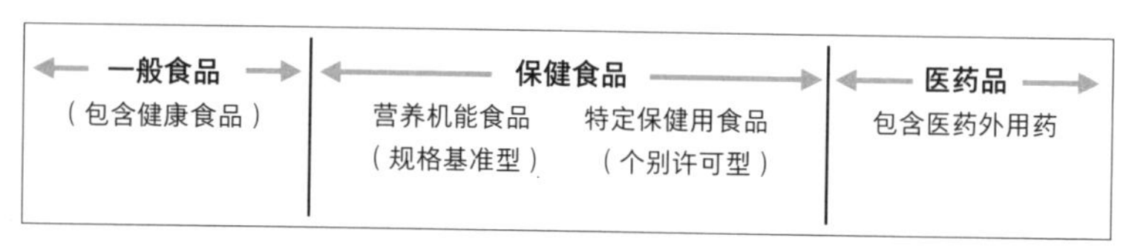

1. 营养机能食品

以补充、补给营养成分为目的的食品。虽然依法规定必须有清楚的成分标识，但是不须取得医药类的上市许可。

2. 特定保健用食品

对于血压、胆固醇或身体状况具有调整功效等，含有特定保健用途的成分的食品。在日本必须取得日本厚生劳动省的许可与承认。

什么是特殊用途食品？

适合病中或必须限制饮食者食用的食品、婴幼儿的配方奶粉，以及针对老年人提供的食品等。在日本必须取得日本厚生劳动省的许可。

不可以过度依赖营养保健食品，还是要保持均衡的饮食！

注意不要被标识欺骗！

别被这样的食品标识欺骗！

最顶级的瘦身食品	传说具有 × × 功效	癌症的特效药
不要相信最顶级、绝对等最高级的说法。	不要相信没有根据的传言或暗示性的宣传话语。	必须经由医师诊断治疗的疾病，不要过度相信偏方。

什么是生技食品？

生技食品就是利用生物科技开发出的食品。其中最具代表性的就是基因重组食品，其中有许多还未证实其安全性，依法规定必须标识清楚。

转基因食品（GMO）的标识

经过人工转基因的改良品种。

●对象农产品与加工品

对象农产品	加工品
大豆（毛豆、大豆芽等）	豆腐、纳豆、豆浆、黄豆粉、味噌
马铃薯	零食、冷冻马铃薯
玉米	玉米片、爆米花等
油菜	
棉籽	

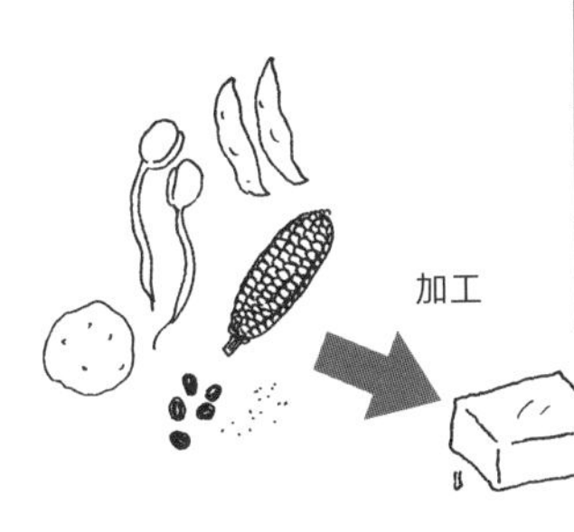

●转基因食品的 3 种标识

1. **转基因食品** 有标识义务 （例）“大豆（转基因食品）”
实施分别生产与流通管理的转基因食品。

2. **未区分转基因食品** 有标识义务 （例）“大豆（未区分转基因食品）”
未区分转基因食品与非转基因食品。

3. **非转基因食品** 有标识义务 （例）“大豆（非转基因食品）”
实施分别生产与流通管理的非转基因食品。

便当——安全美味的制作要诀

只要掌握要诀，做出美味又安全的便当并不困难。自己动手做的便当更是别有一番风味。

好吃的制作要诀

1. 不要装太满

装太紧、太多，味道会混在一起

2. 注意配菜的颜色

别忘了红、黄、绿3色的搭配

打开的瞬间立即挑起食欲

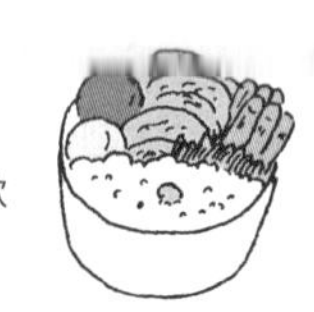

3. 倾注心意

冷掉以后还是可以享受美味

4. 减少汤汁

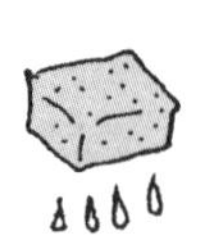

5. 增添一点花样

创意的装饰，可以增添食欲

防止食物腐败的要诀

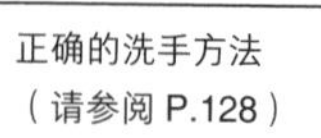

正确的洗手方法
（请参阅 P.128）

烹调之前一定要把手洗干净！

1. 饭菜凉了以后再装进便当。

蒸气会产生水分，潮湿温暖的环境会成为细菌的温床

梅干也等到饭冷了以后再放上去

2. 饭团要保持透气良好

3. 水果尽量保持完整

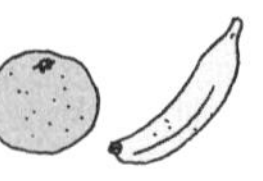

切口是腐败的开始

4. 冷冻食品装进便当之前先微波一下

肉类食品很容易变坏，要特别注意

5. 便当盖的沟槽要清洗干净

取下橡胶条，洗干净沟槽

6. 蔬菜尽量炒过再装便当

用油炒过之后水分就会减少，这样比较不容易坏，分量也会减少

便当美味的技巧

- **与冷冻毛巾或茶同装可以减少便当菜变坏的机会**

- **三明治要冷冻**

  果酱三明治

  （水分较多的蔬菜三明治不适合装便当）

- **生鲜蔬菜要吃的时候夹面包一起吃**

  先用纸巾另外包起来

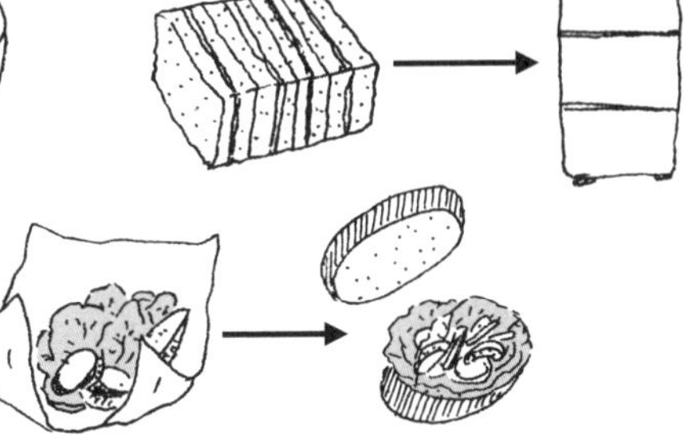

- **不必蘸盐吃的水煮蛋**

  蛋先泡一夜盐水再煮，煮好就可以直接装便当了

- **调味料用保鲜膜或塑料瓶另外装**

  要吃的时候再用牙签戳洞挤出

- **煎的食物比炸的更适合装便当**

  油炸…味道容易走味

  煎的…比较容易久放，炸鸡块也可以装便当

- **意大利面煮硬一点**

  只要淋色拉油或拌沙拉酱，经过一段时间之后就会变软

- **饭团的海苔另外放**

  海苔要吃的时候再卷在饭团上比较松脆

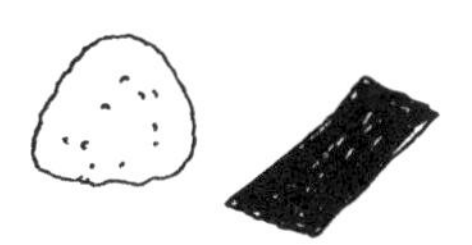

- **牙签和调味料放在茶袋里**

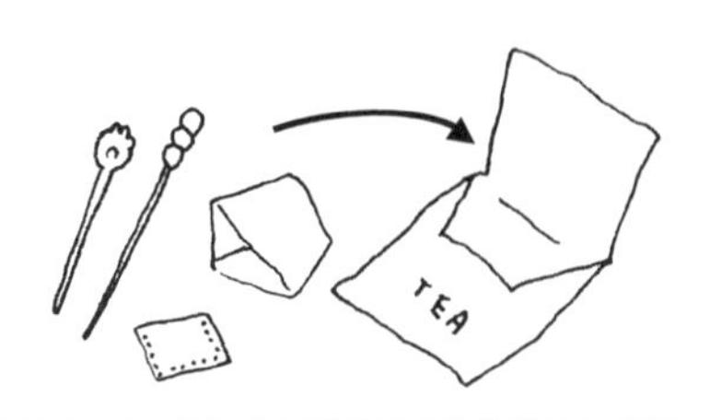

慢食——传统的手工美食

你听过“慢食”吗？它是以自然、环保的方式取得食材，鼓励大众将传统、手工制作的菜肴做为日常饮食的一部分，放慢饮食的节奏，享受各地的特殊风味。

什么是国际慢食运动？

1986年意大利美食专栏作家卡罗·佩特里尼向世人呼吁：“即使在最繁忙的时候，也不要忘记家乡的美食。”这场唤醒人们抵抗速食的“慢食运动”由此兴起。

●慢食的三大目标

1. 保护可能消失的传统食材或菜肴，维护高品质的饮食。
2. 保护提供好食材的生产者。
3. 包括儿童在内，对消费者提供饮食的教育。

许多具有历史或文化背景的传统饮食，随着时间的流逝，已经逐渐失传。让我们再一次重新认识传统的饮食文化吧。

●享用当令新鲜的食材

冬季菠菜的营养价值比夏季好。选择当令食材享用。

●享用道地的“乡土美食”

乡土美食是取材于当地的食材，体现着当地生活与气候。

红烧肉（冲绳）

石狩锅（北海道）

烤米卷（秋田）

皿钵料理（高知）

●节庆饮食

节庆随着四季的变化都各自有着流传已久的美食文化。

（请参阅 P. 350 ~ 353）

新年…杂烩

节分（立春前一天）…撒豆子

女儿节…海鲜汤

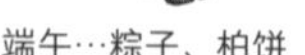

端午…粽子、柏饼

中秋…丸子

除夕…跨年面

防灾食品——准备清单

我们生活的地球，随时都可能发生台风、地震、水灾、停电等意外的事故。所以，平常至少要准备一些防灾的粮食。

救命的“防灾食品”！

●水

一天只要饮用 3 升的水，就算大约 3 周不进食仍能维持生命。

养成就寝前水壶里留 1 杯水的习惯

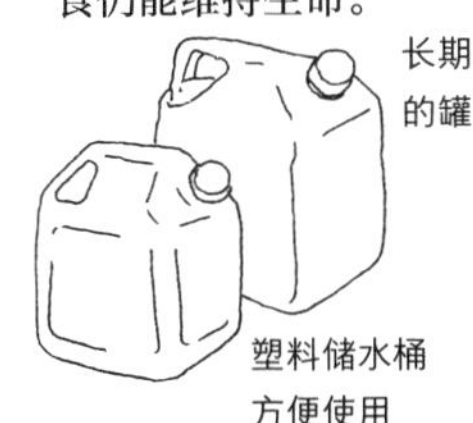

长期保存用的罐装饮用水

保特瓶 2 升装 至少 3 瓶以上

洗澡剩下来的水也要留下来

马桶里的水是自来水，紧急时也可以使用

●燃料

水、电、煤气中，受灾损害最难复原的就是煤气，如果有桌上型煤气炉与煤气罐就比较方便。

别忘了预备煤气罐

●食品

一旦遭受天然灾害可能 1 个星期都会断粮，所以至少要预备 1 个星期到 1 个月份的防灾食品才比较放心。

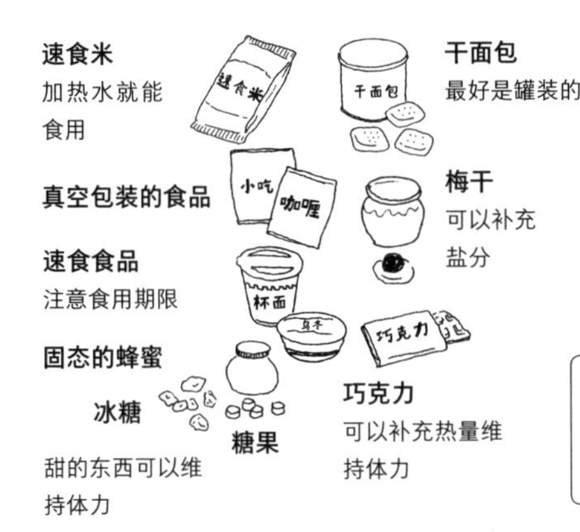

干面包
最好是罐装的

梅干
可以补充盐分

巧克力
可以补充热量维持体力

奶粉
营养价值高且易消化，就算家里没有小孩也要预备一罐奶粉

军用罐头
可以保存 25 年

● 每半年检查一次 ●

食用期限快到的食品，可以当作灾害训练，实际使用桌上煤气炉与储备水来试煮防灾食品。

营养与节食——基础知识

维持健康的身体是件非常重要的事。讲到人体必需的营养虽然是门大学问，但是为了维持健康、美好的生活，最好还是具备一点基础的知识。

什么是营养素?

就是提供我们生活必需的活动能源所需的养分。我们每天摄取的饮食就是营养素的来源，其中 6 大营养素更是人体不可或缺的。

● 6 个基础营养要素

1. 蛋白质

蛋白质与氨基酸的组合排列形成了我们人体的组织，尤其氨基酸中的亮氨酸、丝氨酸、羟脯氨酸、天门冬氨酸、麸氨酸、酪氨酸、甘氨酸、丙氨酸、胱氨酸等更是人体不可或缺的养分。

2. 脂肪

人体就算不活动光是呼吸也需要能源，能源的来源就是脂肪。虽然能源还有其他的来源，但是脂肪就像是存款一样，可以预先存起来。过度的囤积脂肪是不好的，但是适度的脂肪是人体必须的。

3. 碳水化合物

碳水化合物包括糖质与食物纤维。糖质是身体的能源，食物纤维可以促进肠子蠕动，达到预防便秘的效果，二者都是人体不可或缺的物质。

4. 矿物质

人体必须的矿物质包括钙、铁、钠、钾等将近 30 种，其中最多就是钙，成人的体内大约有 1 千克钙质。不仅是牙齿与骨骼的来源，也可以达到缓解肌肉紧张及减缓对刺激的反应，是人体必要的物质。

5. 维生素 C

20 多种维生素之中的一种。颜色淡的蔬菜或水果中含有维生素 C，虽然具有调整体质的功效，但由于是水溶性的故不易储存，必须每天摄取。

6. 胡萝卜素

黄绿色蔬菜或深色蔬菜含有大量的胡萝卜素，人体摄取后转变为维生素 A，是骨骼与牙齿发育所不可或缺的元素。是脂溶性的，以油脂烹调较容易吸收。

节食

●成长期节食是件危险的事

为了维持身材的苗条而限制饮食的量或种类，就是节食。但是，并不是每个人都适合节食。有下述情况者可向医生咨询商讨节食事宜。

- 医师宣布为肥胖者。
- 睡觉的时候会短暂停止呼吸者。
- 肝功能障碍者。
- 可能罹患成人型糖尿病者。

成长期节食可能会发生下述情况：**贫血、骨骼发育不良、身体虚弱、荷尔蒙失调等**

饮食生活检查表

检视自己是否有下述情况

☐偏重于少数几种食物（目标是 1 天食材为 30 种）

☐经常食用以炒或炸等方式制作的油腻的食物

☐经常吃零食或喝果汁

☐喜好咸的食物（学龄期为 1 天约 7 克盐）

☐有一餐没一餐

如果有 3 个以上就要注意改善了。

●营养问答题●

Q1. 杯面或速食面 1 杯的盐分是多少？

Q2.10 片薯片的能量大约等于多少白饭？

Q3. 要运动多久才能消耗掉 1 块炸鸡的热量？

答案：A1. 5 ~ 6 克　A2. 约 1 碗白饭　A3. 9 ~ 11 岁的学龄儿童要踢球 20 ~ 35 分钟或游泳 20 ~ 40 分钟

洗碗——餐具的清洗方法

喜欢做菜，但是洗碗可就……很多人都有这样的想法。有没有什么方法可以轻松又快速地洗碗呢?

洗碗的基本

下述物品请勿放进洗碗盆中清洗。

刀具

玻璃食器
容易打破或是割破手

汤匙与叉子
污垢容易进入缝隙之间

油腻的餐具

●快速洗碗的要诀

要诀 1 **在污垢硬化之前赶快清洗或泡水。**

要诀 2 **油污先用纸巾擦拭干净。**

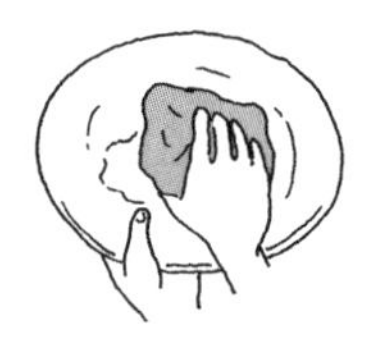

用纸或布擦完丢弃比较方便

要诀 3 **洗少量碗盘时用海绵沾清洁剂清洗。**

洗较多碗盘时，用盆子接水倒入清洁剂清洗

要诀 4 **注意洗的顺序。**

污垢少的先洗 ➡ 再洗污垢多的

重要的先洗 ➡ 再洗每天用的

容易碎的先洗 ➡ 再洗坚固的
（玻璃或漆器）

要诀 5 **碗盘下面的沟槽也别忘了清洗干净。**

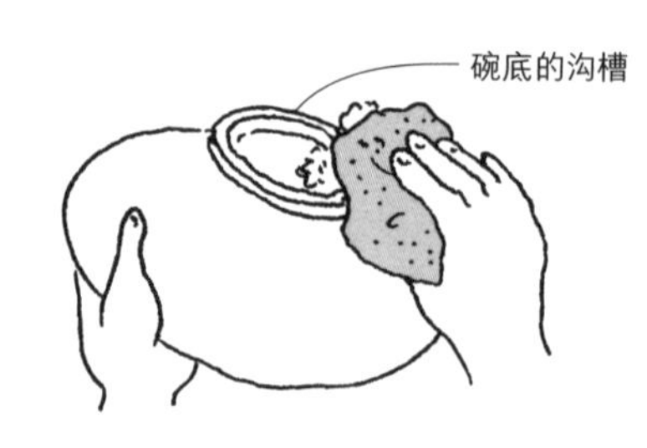

饮食的安全与健康

清洗用具的使用方法

- **有柄刷子**

  洗热的餐具或厨具非常方便
  清洗铁制的平底锅

- **无柄刷子**

  刷缝之间容易藏污纳垢，要时常用漂白剂消毒。
  清洗筛子、锅子等

- **海绵**

  选择手掌握住即可挤干水分的大小，薄的比较方便。使用完了以后，挤干晾晒。
  清洗砧板等

- **不锈钢刷**

  不生锈的不锈钢刷也很好用，但是容易刮伤餐具。
  去除顽垢、黏腻的污垢

- **杯瓶刷**

  可以清洗海绵无法洗到的角落。
  清洗瓶底、壶口等

- **美耐皿树脂海绵**

  切成用过就丢弃的小块。
  去除烧焦的痕迹、顽固油污

厨房清洁剂的使用方法

- **脂肪酸类、非脂肪酸类清洁剂**

  脂肪酸类采用动物油脂或肥皂成分，作用温和，对于严重的油垢要先溶解于温水中再清洗比较有效。非脂肪酸是高级酒精类的合成清洁剂。虽然清洁效果较佳，但伤手

- **去污粉**

  适合去除焦垢或茶垢，但是容易磨伤餐具表面

木铲等

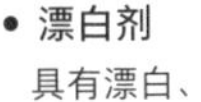

- **盐**

可以防止玻璃起雾

- **漂白剂**

  具有漂白、除菌、脱臭等效果。
  不能使用于金属或漆器。
  氧化类比较方便使用，碱性类要先详细阅读说明书再使用。
  清洗餐具篮、洗碗盆、抹布架等

- **小苏打（碳酸氢钠）**

  湿海绵蘸取小苏打粉使用。可用于金银铝以外的金属磨亮或是清除玻璃的茶垢

厨房垃圾——丢弃方法与处理原则

只要有人的地方就有垃圾。煮出来的菜愈精致，垃圾就愈多。如果不加以节制，后代子孙恐怕得生活在被垃圾山环绕的环境中。

丢垃圾的基本

1. 保持干净
2. 保持安全
3. 尽量缩小
4. 尽量减少
5. 遵守规定

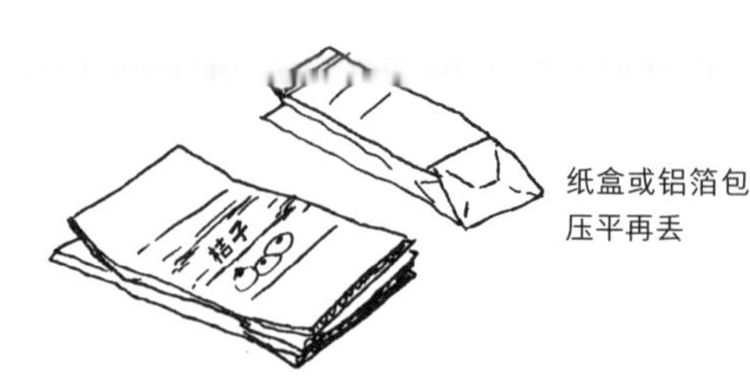

纸盒或铝箔包压平再丢

●可燃性垃圾

厨余

要沥干水分

油污

先将报纸或破布装在塑料袋中，然后将油倒进去，连同塑料袋一起丢掉

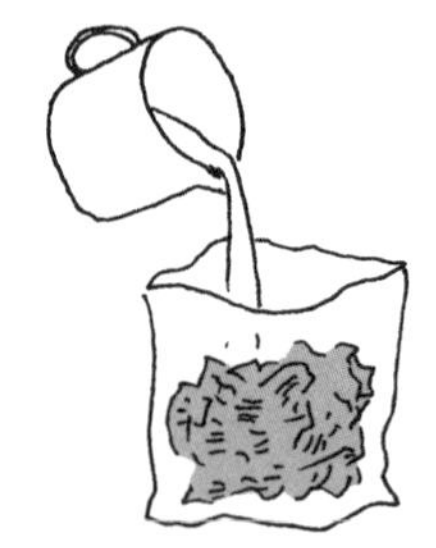

●不可燃垃圾

玻璃、陶器、日光灯等

用报纸包起来再丢弃，并且标识为玻璃物件，避免割伤人

喷雾罐

把内容物用光再丢

刀具

包好，标识为危险物再丢弃

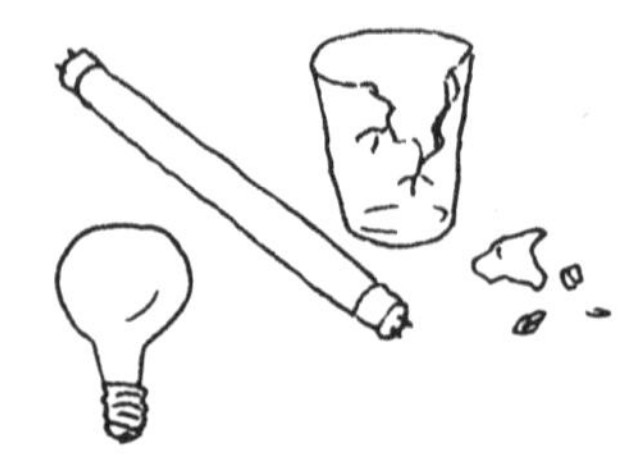

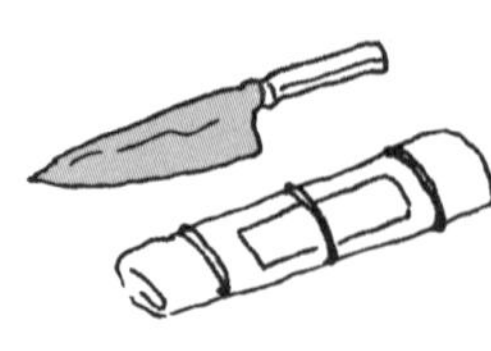

处理垃圾的小技巧

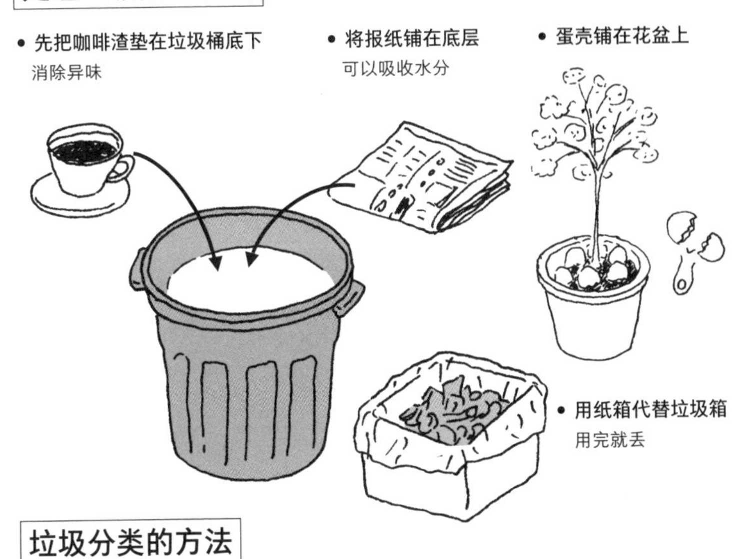

垃圾分类的方法

各地区垃圾分类的规定不大相同，详细的垃圾分类方法请上各县市政府网站查询。

●一般的区分标准

可燃性垃圾 （燃烧垃圾）	厨余、纸张、塑料垃圾（有些地方塑胶垃圾不算可燃性垃圾）
不可燃垃圾 （掩埋处理）	玻璃、陶器、金属等
有害垃圾	干电池、体温计、日光灯、打火机、刀具、喷雾罐、灯泡，以及含水银的、有爆炸危险性的、会伤人的物品等
资源回收	报纸、纸箱、杂志、纸类、瓶、罐、塑料瓶、衣物
回收品	食器、空瓶、空罐、牛奶盒、蛋盒等 各地方规定不一
大型垃圾	依大小，有些要付回收金

身体欠佳时的饮食——做法

爸爸妈妈疲累或健康不佳时，你也可以试试看做些营养补给品给他们尝尝，让他们赶快恢复精神。

姜粥

…提振食欲、止咳、发汗

①锅里倒入芝麻油，炒切碎的姜与葱

②加进饭与鸡汤，加水调整浓度

③煮开之后加酱油调味。最后打个蛋

●材料＜1人份＞

姜……………1节
葱…………1/2根
饭…………1碗
鸡汤………适量
（鸡汤块亦可）
蛋…………1个
芝麻油………少许
盐、酱油…少许

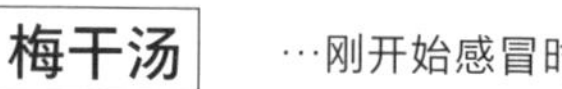

梅干汤

…刚开始感冒时

将食材装进碗里，加热水，盖盖子。大约5分钟即完成

●材料＜1人份＞

梅干……………1个
葱………………约10厘米（切成小粒）
蒜、姜…………各一节（磨成泥状）

梅干茶

…胃不舒服、宿醉

热蜂蜜

…刚开始感冒时

蛋酒

…就寝前

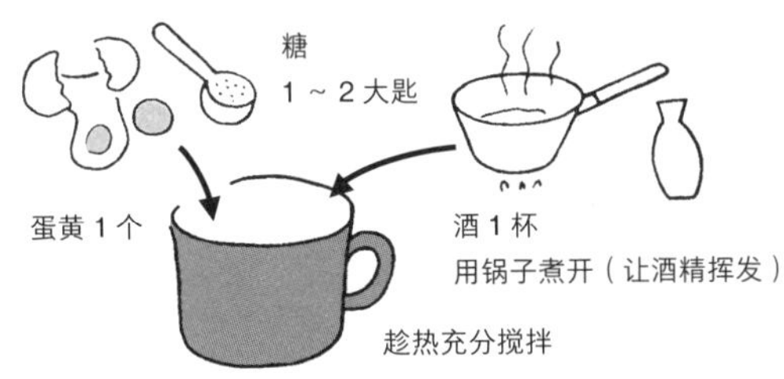

鸡汤面

…肚子不舒服时

①水沸腾，加入鸡汤块与鸡肉煮熟。
②加入煮好的面。
③煮好之后加酱油与盐调味，打个蛋。

●材料 < 1 人份 >
鸡汤块…2 杯分量
鸡肋条…1 条（切成适当大小）
细面……1 把（煮好）
蛋………1 个
盐、酱油…少许

雪霁豆腐

…雪霁豆腐

①水煮开加入豆腐。
②加入萝卜泥，煮开。
③水果醋加入浅葱，萝卜泥与豆腐蘸酱食用。

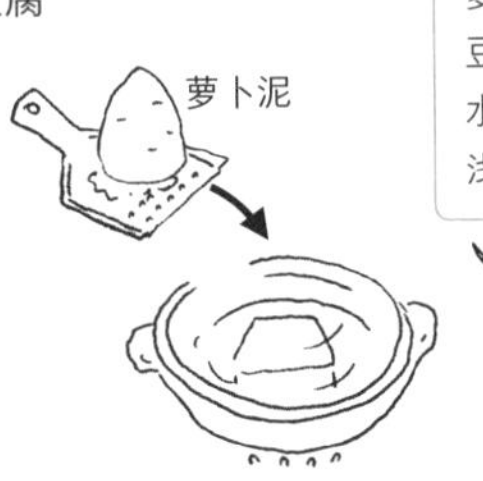

●材料 < 1 人份 >
萝卜泥…1 ~ 2 杯
豆腐……1 个
水果醋…适量
浅葱……少许（切小段）

“食物相克”的说法是谣传、还是真的？

农历上有许多相克食物的说法，如：“毛蟹＋柑橘”会软脚、“蜂蜜＋豆花”会中毒、“牛奶＋菠菜”会腹泻这些说法究竟有没有根据呢？还只是传言？

至今发现其中很多都是没有科学根据的

古代农业社会，医疗不发达，食物中毒的危险性比现在高出许多，为了防止万一发生食物中毒会丧命，所以才衍生出许多食物相克的传言。流传至今，经过实验证明，许多流传中的相克食物一起食用其实并没有什么不好的影响。

●常被传为相克的食物

“鳗鱼与梅干”

“西瓜与炸虾”

“螃蟹与柿子”

“蛤蜊与橘子”

过去因为脂肪含量较高的鳗鱼容易引起消化不良，未熟的梅干较酸涩。同时在没有冰箱的时代，夏天的水果很容易引起食物中毒，搭配油脂或水分较多的食物，就容易引起肚子不舒服的症状。

搭配在一起食用就容易引起肚子不舒服的食物大致可以分为下述几种。

- 脂肪容易酸化、不易消化的…………炸虾、鳗鱼
- 容易变质的……………………………螃蟹、西瓜、橘子
- 容易产生毒素的………………………菇类

虽然不必太过恐慌，但是如果几项不利的条件正好都出现，也可能会发生吃了肚子不舒服的现象。

快乐的烹饪时间

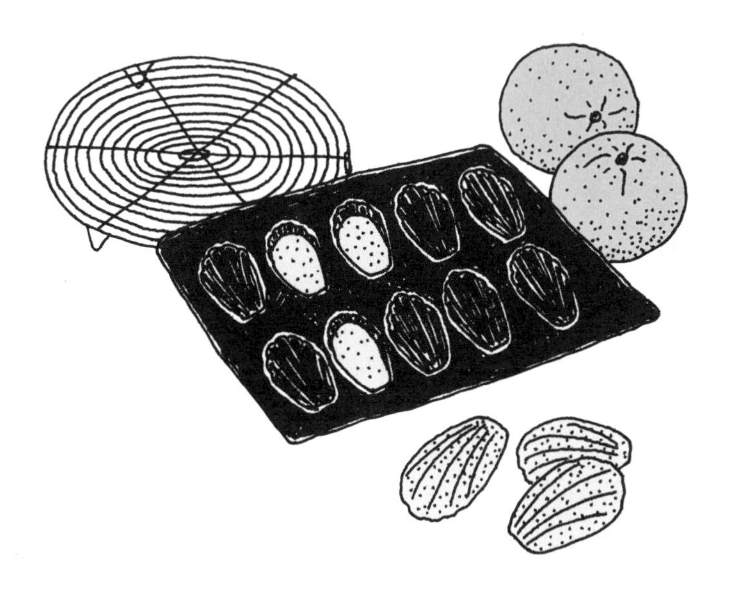

烹饪这件事是两个人比一个人开心、三个人比二个人快乐，不知道为什么，一样的东西，大家聚在一起就觉得更好吃。让大家聚在一起愉快用餐的食谱、提升欢乐气氛的创意、有妈妈味道的手工食品等，只要稍微用一点心就可以让烹饪充满乐趣。

宴会菜单——共享欢乐时光！

就算不擅长烹饪的人也不必担心。大家一起动手就可以轻松享受宴会的乐趣。

户外烤肉的菜单

植物生长的地方不要直接生火。
用火之后一定要彻底熄灭火源，并且收拾干净。

除了在家享受烹饪的乐趣外，河边露营地、住家附近的公园也处处可见烤肉的人群。户外聚餐更能尽情享受欢乐的气氛。

- **简单的烤肉**
  将肉片和烤肉酱放进塑料袋中，用手搓揉后再烧烤就可以了

- **素烧**
  烫过的玉米、香菇、饭团、甜不辣等直接火烤

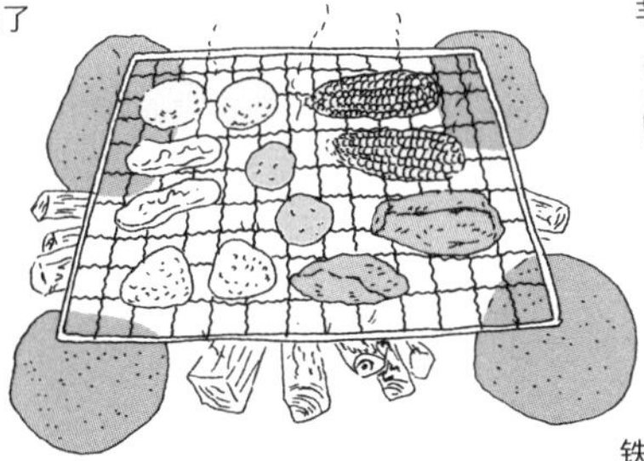

- **铝箔包食材火烤**
  用铝箔纸把食材包起来再烤
  芋头、红薯、肉、鱼

铁板

- **新鲜蔬菜的串烧**
  黄瓜、西芹、胡萝卜

- **铁板炒面**
  ※ 做法参阅 P.10

●点火的安全与要诀

- **火柴**
  擦的方向和火柴棒一致，向没有人的方向擦出去

- **打火机**
  先确认火焰的方向

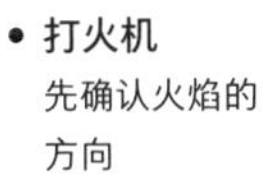

- **生火的要诀**
  利用干牛奶盒或卷在一起的报纸点火

●生火的方法

①先把火生在火种上
（杉木的叶子或报纸）

②将火移到细的枯树枝上

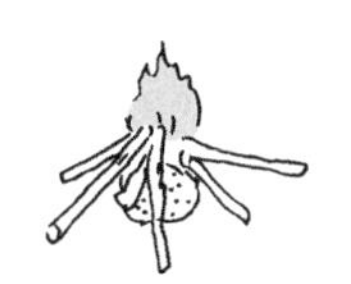

③再加上粗的树枝

餐桌的装饰——东西方的创意

通常我们顶多在餐桌上摆上鲜花来装饰。其实只要加一点创意，就能让用餐的气氛增色不少。

和食的摆设技巧

不要直接把餐盘或餐具放在桌上，先铺上餐垫或餐垫纸

将不同颜色的餐垫重叠在一起，再稍微分开一点露出底色

●从筷子的摆放表现季节的气氛

利用花、枫叶、树枝、松叶等做成筷托

●自己折出筷子袋

家人的生日或特殊节庆时，手工自制筷子袋，一点小创意就能够让餐桌充满祝福与喜庆的气氛。

用缎带或丝带打结更显得华丽

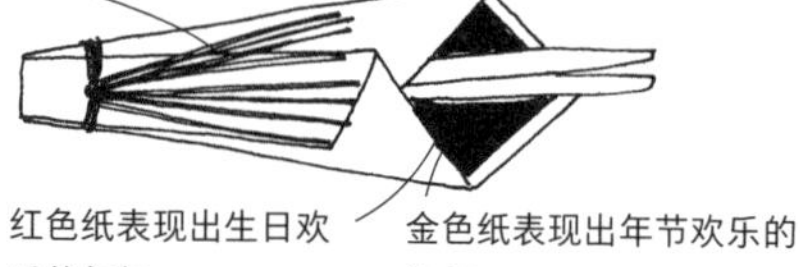

红色纸表现出生日欢乐的气氛

金色纸表现出年节欢乐的气氛

①长方形的纸如图折叠

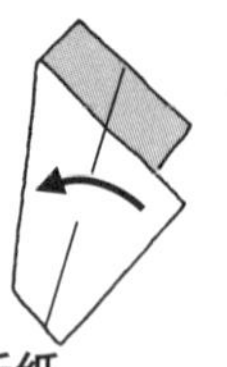

②前端向相反侧折进去一点

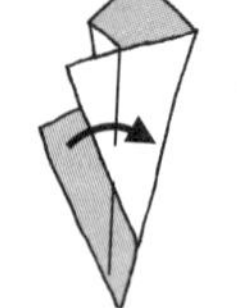

③前端部分向后折

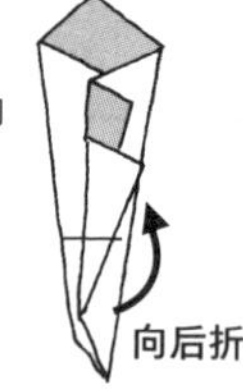

●点心装饰的折纸

小点心装盘时不要只把点心放在盘子里，可以折纸增添摆盘的内容。

对折

错开一点

鹤

①折三角

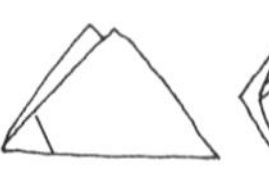

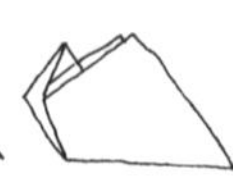

②角向内侧压下

③前面折成鹤头的样子

西餐的摆饰技巧

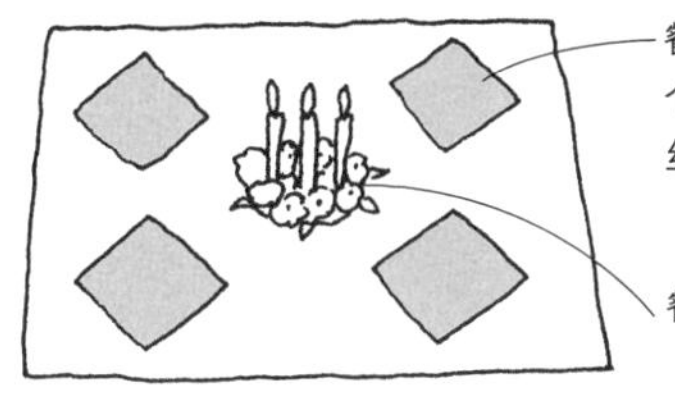

餐桌上先铺上每个人的餐垫或蕾丝纸

餐桌中间摆花或蜡烛

●名牌

每个人的座位名牌。

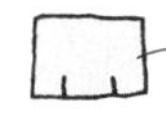

厚纸切割 2 刀，夹在杯子上

木塞上插根牙签，名片夹在牙签上

●酒瓶

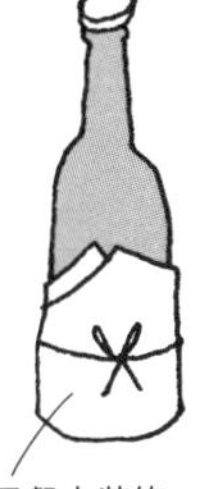

用餐巾装饰

●刀、叉、筷子等

用餐巾包起来再插在杯子里装饰得像花一样。

圣诞节用红绿色、过年用红金色

●纸巾的折叠法

基本

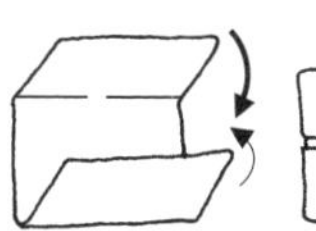

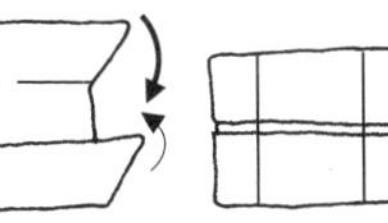

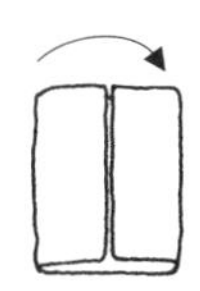

刀叉套

折四折

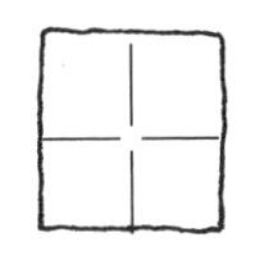

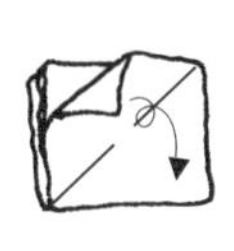

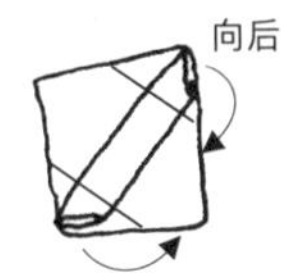

花冠

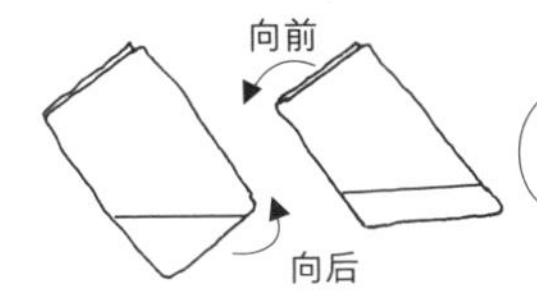

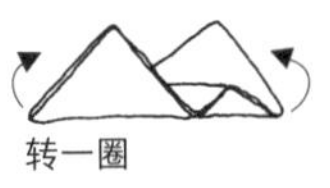

餐桌礼仪——享受愉快的用餐时光

或许有人觉得礼仪是件麻烦的事，但是其实并不困难，只要稍微用点心就能让用餐时光更加愉快。

基本礼仪

注意让同桌的人保持愉快的心情用餐。

1．不要发出吃东西的声音。

2．不要挥舞筷子、刀具，不要边吃边玩或做出让别人困扰的事。

3．和大家一起愉快的用餐。

和食的礼仪

太过于注重餐桌礼仪或许会因为流于形式而显得过度拘谨。用餐最重要的到底还是享受美食，遵守用餐礼仪时别忘了享受用餐的愉快与美味。

●三菜一汤的用餐法

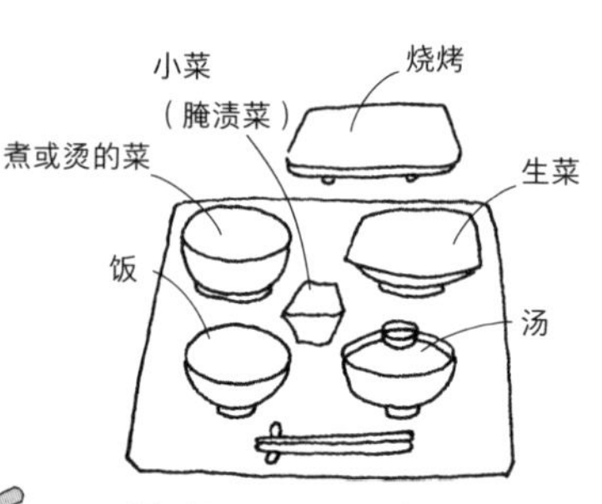

一汤…汤

三菜…烧烤、生菜、煮或烫的菜

●筷子的握法

像握铅笔一般握住其中一根筷子，再夹住下面那根筷子，动上面那根筷子，这样比较容易夹取食物

●打开汤碗的盖子

汤碗盖子打不开时，用一手握住汤碗的两侧，让空气进去再开盖子

喝一口汤之后，

菜与饭轮流吃，不要只吃配菜。

热食趁热吃，冷食趁冷吃。

原则上端起饭碗吃。

西餐的礼仪

原则上除了饮料杯之外，其他碗盘都不可以端起。
刀叉从放在外侧的开始使用。

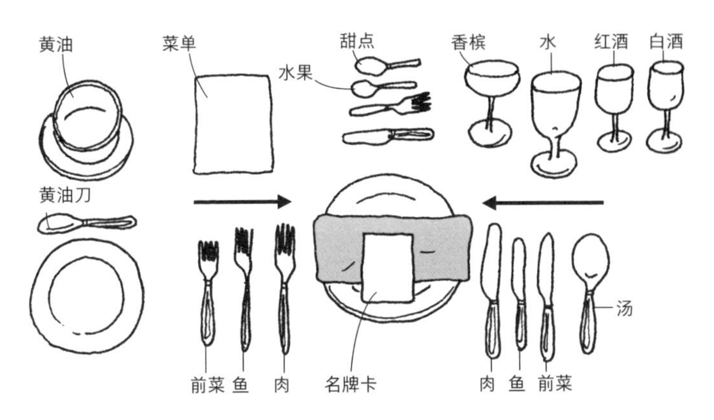

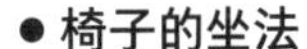

● 椅子的坐法

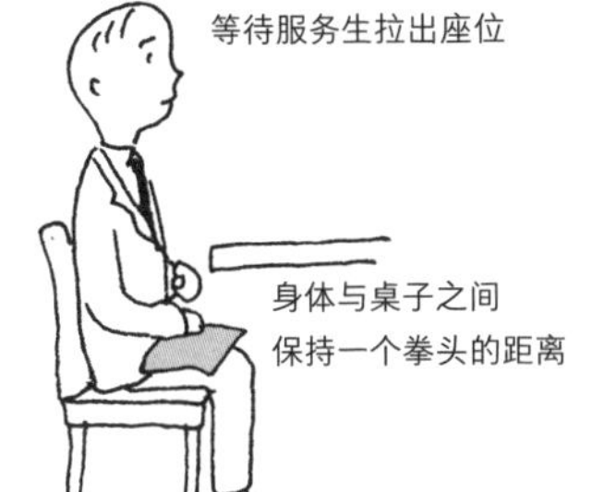

●刀叉摆放的讯息

用餐中

用完餐

●喝汤的方法

汤匙向外舀汤，
不要大口喝汤，
一口一口慢慢喝

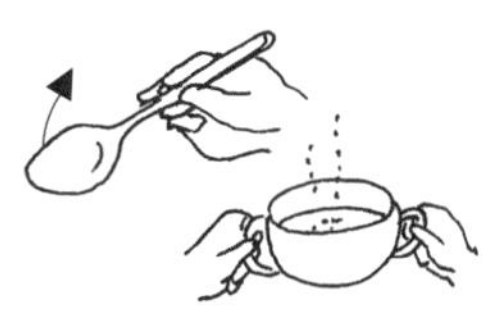

有把手的汤杯可
以拿起来喝

●餐巾的使用方法

餐巾在用餐当中是用来擦手或
擦嘴用的
点餐后餐点还没上之前，折一半
放在膝盖上

餐巾或叉子掉地
时，请服务生捡
起来

途中离席时放在
椅子上

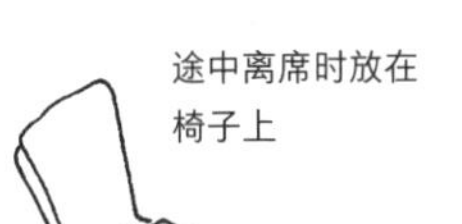

用餐完毕折好
放在桌上

用餐巾擦嘴时，
用一角擦即可，
不要拿餐巾擦脸
或鼻子

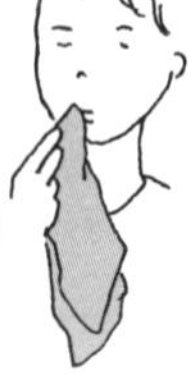

快乐的节庆食物 I ——日本的饮食文化（冬~春）

随着天气的变化，一年四季都有不同的节庆。同时，各个节庆也有应景的食品。流传已久的节庆饮食文化更为年节增添气氛。

新年

●节庆料理

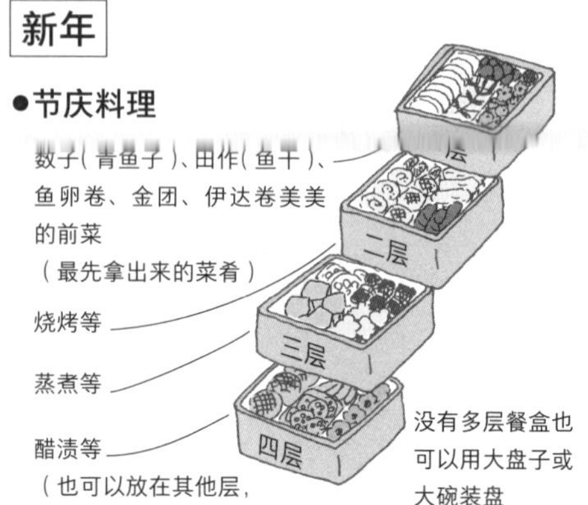

把佳肴装在层层叠起的餐盒中的节庆料理，是从江户时代开始流传的。年菜主要是可以久放，冷了依然美味，并可博得好兆头的菜。

●博取好兆头的年菜●

八头（成为首领）、田作（丰收）、数子（取多子之意）、金团（财产）、红白烧肉（庆贺）、虾（长寿）等，使用代表好兆头的食材制做。

●镜饼

新年时供奉在神龛或地板中间等家中重要位置的大小二层的年糕，是代表好兆头的装饰品

●镜割

新年供奉的镜饼，到 1 月 11 日这一天就要开镜，也就是用手或木槌将镜饼掰开，祈求一年的幸福。为求好兆头，不可以用刀切割

草粥

（1月7日）

1 月 7 日这一天要吃用春天七草做成的粥。

无法备齐七草也没关系，用现有的蔬菜做成综合蔬菜粥即可。

<动手做做看>

①剩饭放进筛子里，用水洗过之后去除黏腻。
②锅里烧开水，放进饭。
③沸腾之后将配菜用的蔬菜切碎加入。
④用盐调味即完成。

●春天七草●

是指“水芹、荠菜、鼠曲草、繁缕、蔓菁、萝卜、稻槎菜”等 7 种植物。

节分

（立春的前一天，2 月 2、3、4 日左右）

把鬼赶出去，把福迎进来，
边说“鬼出去、福进来”边撒豆子。

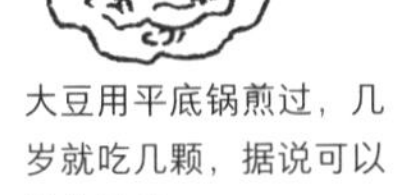

大豆用平底锅煎过，几岁就吃几颗，据说可以保佑健康

女儿节

（3 月 3 日）

安置人形娃娃的摆饰，祈求家中的女儿平安长大。喝蛤蜊汤、吃包了鳝鱼的散寿司等，以当季新鲜食材庆祝女儿节的到来。

< 动手做做看 >

- 雏霰（女儿节供奉的红白米糖）
  烤箱以 130℃将剩饭烘干，炸过之后蘸糖

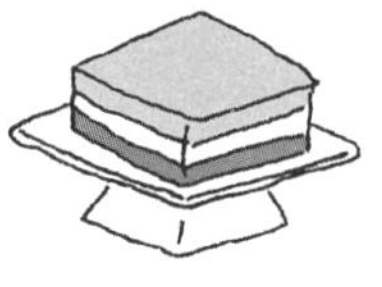

花见

4 月是樱花盛开的季节，就像站在美丽的樱花树下一般，将做好的米糖撒在便当里。

< 动手做做看 >

- 盐渍樱花

①将七分开的八重樱花放进筛子里，泡水洗干净，沥干水分。
②放进容器里，撒盐后盖起来（樱花 100 克加盐 20 克）
③出水以后用筛子沥干水分
④用塑料袋将花装进去，加梅子醋淹过樱花

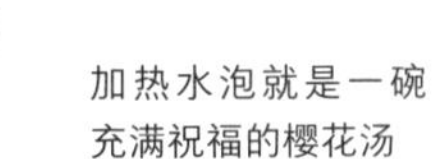

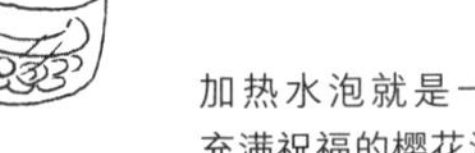

⑤放到冰箱约 1 周之后，把花撒在筛子上，日晒 2 ~ 3 天，再撒盐，装进密封容器，放入冰箱保存

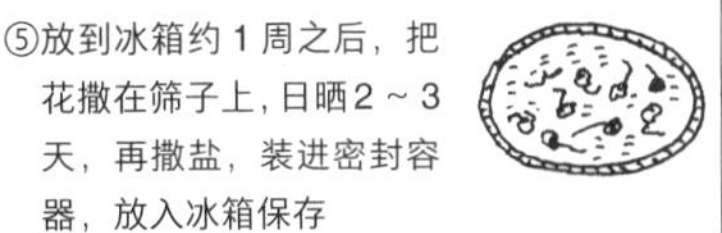

加热水泡就是一碗充满祝福的樱花汤

端午节

（5月5日）

日本的端午节其实是男儿节。这一天有男孩的家庭要挂上鲤鱼旗并且摆出武者人形，祈祷男孩健康长大，并将菖蒲叶放进浴缸入浴净身。

吃柏饼与粽子

快乐的节庆食物Ⅱ——日本的饮食文化（夏~秋）

七夕　（7月7日）

牛郎和织女一年一度在银河相会的日子。据说在这一天“把心愿写在5色的纸卡上就可以实现”“收集芋头叶上的梅雨水磨成墨写在纸卡上，事情就会顺利”。

< 动手做做看 >

- **七夕炒面**

  把面当成银河，这就是七夕炒面。
  准备各种不同的佐料菜，沾面汁就可以食用。
  也可以配上盐搓过的黄瓜、柴鱼、白芝麻、蛋皮丝、秋葵切片、鱼卵卷切片、纳豆等。

土用之丑日　（7月20日前后）

土用指的是立春、立夏、立秋、立冬的前18天。尤其是立夏之前的土用之丑日最为有名，日本人习惯在这个节日里吃鳗鱼，因此这一天又称为“鳗鱼日”，也是每年鳗鱼最畅销的一天。

盂兰盆节　（7月或8月的13日~16日）

日本的盂兰盆节是祭拜祖先的日子。祭祀的物品是黄瓜或茄子做成的牛、马等动物。

（寓意祖先乘坐黄瓜做的马，将行李放在茄子做的牛背上，慢慢地回来）

重阳节　（9月9日）

“九”是代表阳的数字，因此9月9日被称为重阳，也叫作“重九”或“登高节”。秋天是菊花盛开的季节，所以这一天有喝菊酒、吃栗子饭的习俗。

< 动手做做看 >

- **菊花餐**

  ①菊花连蒂摘下
  ②取花瓣洗干净
  ③在加醋的热水里烫过，
  可用于汤、蔬菜汤、醋渍

中秋 （8月或9月15日前后）

中秋夜除了赏月之外，还要吃丸子，用菅芒花与桔梗等秋天的植物装饰房间。

敬老节 （接近9月15日的星期一）

从室町时代开始就有以敬老节祝贺长寿的习俗。这一天，你也给你的爷爷奶奶祝福吧！

贺寿	60岁	还历	这一年正好是出生后一甲子。回到自己出生那一年的干支，所以如同回到婴儿时期一般，这一天要吃庆祝火锅。
	70岁	古稀	古稀出自于中国的诗句“人生七十古来稀”。
	77岁	喜寿	日语中喜这个字的草书体是三个七字叠在一起，所以称为喜寿。
	88岁	米寿	八十八合在一起就是米字，所以称为米寿。
	99岁	白寿	一百去一，因此是白寿。
	（100岁是百寿、108岁是茶寿、111岁是皇寿）		

七五三节 （11月15日）

男孩子3岁与5岁、女孩子3岁与7岁时，要在这一天祭拜祖先，祈求平安长大。

千岁糖
红白色长长的糖
寓意着祝福

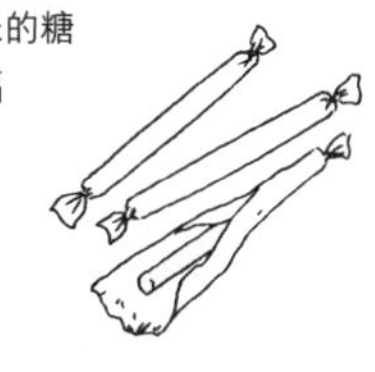

冬至 （12月22日前后）

一年中日照最短的一天。在这一天有吃南瓜的风俗。冬至这天泡柚子水，据说可以一年都不生病。
用橘子代替柚子也可以，你也在这一天享受悠闲泡澡的乐趣吧。

除夕 （12月31日）

这一天有吃长寿面以祈求长的习惯寿。

※ 节庆的习俗各地不同

卷寿司——基本与花式卷法、装饰卷法

就算什么都没有，只要有卷寿司就可以享受到宴会的气氛。就算没有卷帘，用蒸布也可以卷出漂亮的卷寿司。

寿司饭的做法

刚煮好的饭加调味醋搅拌。

3 杯米加 3 杯水一起煮。

（新米的水可以少一点，旧米的水要多一点）

加大约 5 厘米的昆布会让煮出来的饭更好吃

调味醋
醋…4 大匙
糖…2 大匙
盐…约 1 小匙
用小火溶解糖

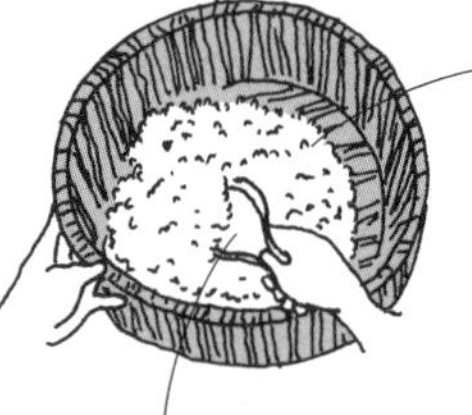

卷寿司的基本方法

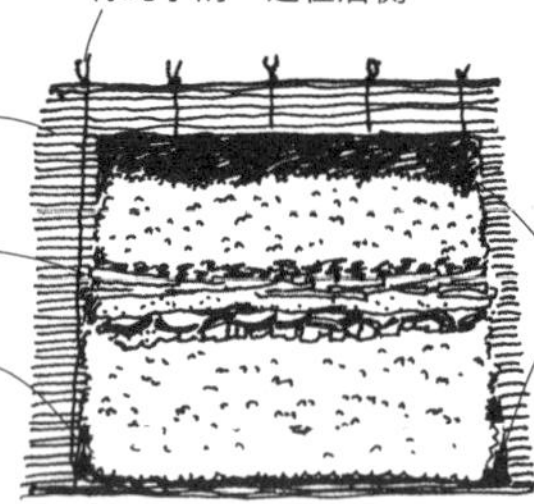
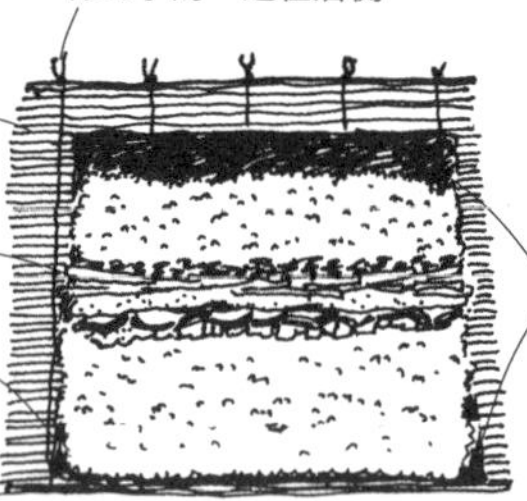

①将卷帘包住寿司，用手指按住配料，让配料和里面的寿司饭靠在一起

②从上面轻压，整理一下配料

③卷帘抬起，卷到后面海苔的边缘，海苔的接缝向下，手掌成隧道状，一边拉紧，一边整型

花式卷法的技巧

花式卷法使用一半的海苔

切海苔的秘诀是用菜刀压切

只要在基本卷法上发挥一点小创意就非常有趣。

●花卷寿司

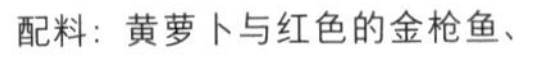

配料：黄萝卜与红色的金枪鱼、粉红色的胧豆腐等做出漂亮的花式寿司。

把寿司整型成三角形或方形，组合成漂亮的花式寿司

①配料配合海苔长度，切成棒状

②半片的海苔铺上大约饭碗八分满的饭，配料放在正中间

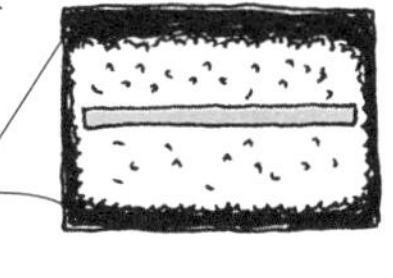

前面 0.5 厘米、后面 1 厘米，保留海苔边缘

③卷卷帘（参阅左页）

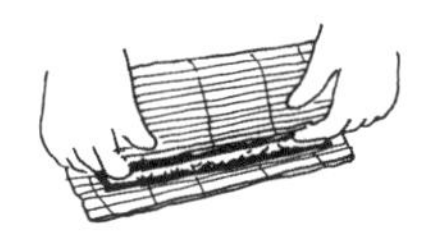

④海苔的接缝弄尖，整型成水滴状。排成花形就完成了

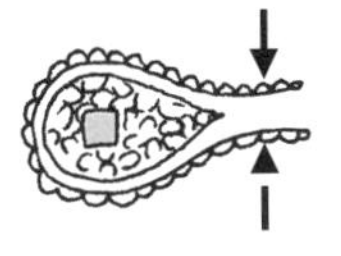

以排成花形的细卷为中心，也可以做成粗卷

避免卷寿司失败的要诀

- 寿司饭沾水醋（水 + 少许醋制成）再铺在海苔上。

  不要用手涂寿司饭。

- 配料放在寿司饭中央，排列时注意左右粗细相同。
- 寿司饭正中间较低，后侧较高。
- 配料的汤汁要沥干。
- 不要装太多配料。
- 寿司饭对面不要铺满海苔。
- 寿司饭卷在一起时要压紧。

  卷好时就不能再压了。

甜点——西式甜点、日式甜点轻松做

做甜点的时候，心中总是充满着幸福的感觉。为家人或朋友做甜点，和亲爱的人一起享用甜点，这是最幸福开心的事了。

果冻奶酪蛋糕

●材料
蜂蜜蛋糕…1 条
奶油奶酪…1 块
水果………适量
（香蕉、奇异果、草莓、蓝莓等）

①蜂蜜蛋糕从中间切成上下两层

②奶油奶酪在常温下放软，涂在蜂蜜蛋糕上

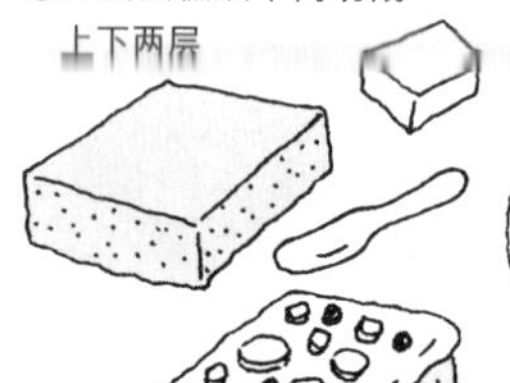

③水果切小块，放在蛋糕上，再叠一层蛋糕

④顶面涂奶油奶酪，再把水果像宝石一样放上去

切成小块就可食用

果冻的基本

※ 半大匙的果冻粉可以做成大约一碗的果冻。

●材料 < 10 个的分量 >
果冻粉…15 克（1.5 大匙）
水………4 大匙（果冻粉 2 ～ 3 倍）

水………2 碗
橙汁…1/2 杯
糖………40 克（依喜好增减）
柠檬汁…1/2 个

①果冻粉加入 2 ～ 3 倍的水里

要诀 1　一定要在水里加入果冻粉，如果在果冻粉里加水，粉会结成块

要诀 2　太黏就要搅拌

②锅里加水，加热到体温的温度，加入糖溶解

③加入柠檬汁

④加入黏稠状的果冻，搅拌溶解

要诀 3　不要煮沸

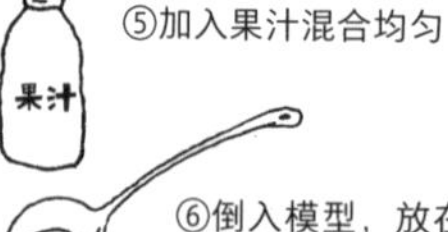

⑤加入果汁混合均匀

⑥倒入模型，放在冰箱冷藏 20 ～ 30 分钟

可以改变果汁的种类或是加入牛奶、豆浆、酸奶等，试试不同口味

手工饼干

先把烤箱预热到 200℃

●材料

面粉……2 杯

小苏打…1/4 小匙

黄油……约 100 克

酸奶……1/2 杯

糖………3/4 杯

蛋………1 个

①黄油装进塑料袋，用手从袋子上面搓揉使黄油变软

②加糖混合

③加蛋搓揉

④加酸奶搓揉

⑤面粉与小苏打粉先混合后再加入袋中，袋口压紧，充分搓揉到均匀

⑥袋口用橡皮筋绑好，下面剪个开口

⑦烤箱的烤盘铺上烘焙纸，在烘焙纸上挤出一朵朵的黄油花

要诀 烤的时候饼干会膨胀，所以先预留两倍的空间

⑧在已经预热的烤箱中烤 15 ~ 20 分钟，烤到变成焦黄。烤好后先放在竹篮里，冷却以后再放进瓶子或罐子里保存

用微波炉轻松做日式牛皮糖

①耐热容器（适用微波炉的容器）中加入白玉粉（糯米粉），加水，用汤匙搅拌到完全散开

●材料

白玉粉（糯米粉）1/2 杯

水…………………1/2 杯

糖…………………1/2 杯

淀粉………………1/2 杯

②加糖混合

③盖上保鲜膜，用微波炉加热两分钟，仔细搅拌，重复两次

④在金属制的盘子上撒淀粉，再把③放上去，再撒淀粉

⑤手沾淀粉把糯米团搓成圆形，包上草莓、果酱、甘纳豆、红豆馅等，再撒上糖或糖粉，可以尝试不同口味

放进冰箱会变硬，所以不要放进冰箱。变硬之后可以再用烤箱烤软，味道一样美味可口

很烫，请小心避免烫伤

用水果做果酱与酱汁

水果除了可以生吃之外，不论煎、煮、炒、炸，各种烹调方法都可以使用水果入菜。试试看用水果做出自己的创意料理。

不失败的果酱做法

利用水果的甘甜亲自动手做出美味可口的果酱。利用微波炉，你也可以做出绝不失败的果酱。

●草莓果酱

●材料
草莓……6 ~ 7 个
糖………大约草莓一半的重量
柠檬汁…1/2 个的分量

①草莓洗好去蒂，为避免满出来，装进大一点的碗里。
②糖和柠檬汁调和后加保鲜膜，微波炉加热 3 分钟。
③混合均匀之后不加保鲜膜再微波 3 分钟。反复做，直到全部变成果酱状。中途产生的杂质要捞出。

热的时候就放进密闭容器，待冷却后再放进冰箱。
请在 1 个月以内食用完毕。糖多放一点可以延长保存期限。

●苹果果酱

●材料
苹果（红玉）………1 ~ 2 个
糖…………大约苹果一半的量
柠檬汁…………1/2 个的分量

①苹果连皮榨成泥。
②加糖以后包上保鲜膜，用微波炉加热。溢出来之前取出，拌匀。
③加柠檬汁再包保鲜膜反覆加热 1 ~ 2 分钟，直到变成适当硬度。

水果酱汁的做法

●蓝莓酱汁

●材料

蓝莓……………100克

枫糖浆……………适量

①蓝莓洗干净，沥干水分，用汤匙背压碎。

②放入玻璃瓶里，再加入枫糖浆。

冰箱保存3～4天。可淋在冰淇淋、蛋糕、酸奶、水果上食用。枫糖浆最好先用小锅加热

水果加热烹调的要诀

生

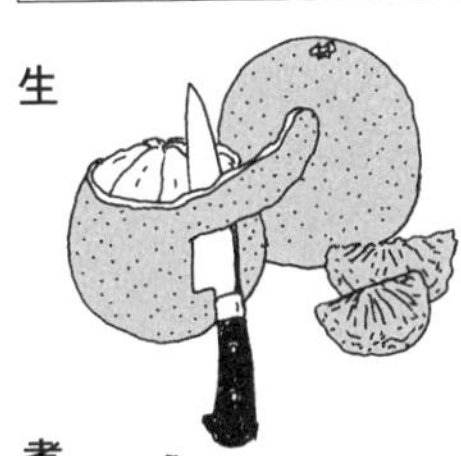

煮

烤

罐头

- 酸味且含胶质的柠檬或橘子等柑橘类水果最适合做成果酱。
- 含胶质较少的草莓或桃子做果酱时一定要加入柠檬汁。
- 连皮一起使用时，先用约60℃的水烫过，去除皮上的蜡质。
- 煮水果时开始用小火，等到水分渗出来以后再用大火，去除汤垢后再用小火煮。
- 酸味的生鲜水果适合做成果酱或酱汁。
- 苹果或梨加糖和水熬煮。
- 香蕉或苹果加黄油与肉桂，黄油经过加热后，味道更香浓。
- 水果罐头连糖水一起用锅熬煮就可以煮成酱汁或糖渍水果。
- 制作果酱时，如果加糖的量和水果的量一样多时，大约可以保存一年，糖放得愈少，保存的期限愈短。

厨房菜园——栽培与食用

有许多植物适合栽种在厨房里，茎口中吃完以后还可以继续生长。栽种之后可以采下搭配沙拉食用。你也可以试试在厨房开辟一处迷你的家庭小菜园。

水耕栽培与技巧

• 水耕栽培的要诀 •

1. 容器要保持清洁
2. 水要勤于更换避免腐臭
3. 避免干掉

• 芝麻芽

先将厨房纸巾或面纸沾湿，垫在容器的底部。芝麻不要重叠地撒在面纸上，避免阳光直射，以喷雾的方式 1 天浇 1 ~ 2 次水。

室温达到 25℃左右时，10 ~ 15 天就可以长到 5 ~ 6 厘米的可食用程度，用手摘取即可做成醋渍或是沙拉

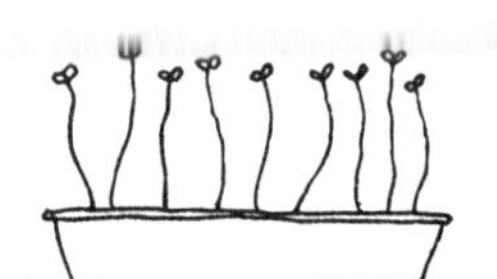

• 萝卜芽

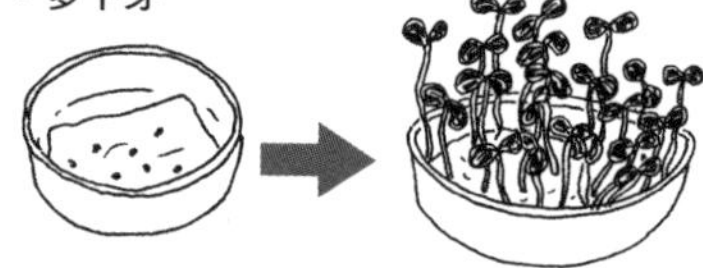

室温 15℃以上随时都可以播种。约 10 天即展开双叶，可供食用。可加在汤里或豆腐上面做为佐料菜

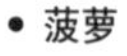

• 菠萝

菠萝叶子连一小部分的果肉一起切掉，种植在透水性佳的河砂或鹿沼土里。夏天到 10 月左右种植在室外，冬天移到室内光线充足的地方

• 鳄梨

种子周围的油气擦干净。较尖的部位朝上，下面的三角插上牙签，底部放在瓶口并接触水面。放在采光的温暖室内，换水放置 1 ~ 2 个月，发芽之后移到土里种植

• 胡萝卜

胡萝卜的头大约 3 ~ 4 厘米浸水，即会长出叶子。叶子可以炒着吃

（萝卜也是一样）

• 市售的水培蔬菜

连着湿海绵一起贩售的三叶芹菜或豆苗等，保留 2 ~ 3 厘米后将前端切下食用。连着海绵的部分还可以继续生长

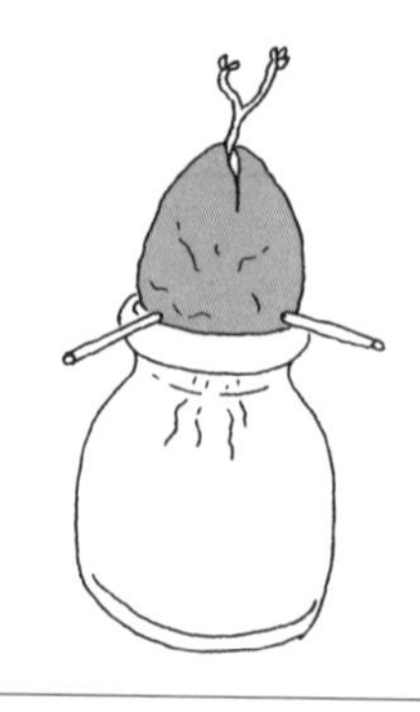

• 红薯

长出根与芽的红薯，只要沾水，根与芽就会继续生长。藤蔓长了以后切下沾水，藤蔓还会长出根部，虽然有特殊味道，但是油炒后可以食用

芋类或洋葱等球根类都可以水耕栽培

香草植物的厨房菜园

店里买来的苗种可以种在窗边试试看

容易栽植又有香味的香草植物，是最适合厨房菜园栽种的植物。

• 薄荷

半日照的环境下就可以生长得非常茂密。
长出来的薄荷叶摘下可以泡茶（参阅 P.317），或是搭配冰淇淋、点心等

叶子长得太茂盛的时候，摘下倒挂风干，做成薄荷干叶

• 迷迭香

手碰到叶子就很香，在厨房种植一盆迷迭香，随时都可取用，非常方便

动手做做看

• 香草烤鸡肉

①一点薄荷叶加上较多的迷迭香，淋上橄榄油，腌渍鸡胸肉 1 ~ 2 小时。（肉用叉子叉几个洞）
②放在平底锅翻面烧烤，用胡椒调味即可。

手工干燥食品——做法

在没有冰箱的时代，人们借助太阳曝晒让食品延长保存期限。现在我们也能轻松做出可以长期保存的食品。

萝卜干

经过曝晒以后的萝卜干甘甜，含有丰富的维生素D，比生鲜的萝卜更美味可口。

①萝卜洗干净，去皮后切成片状

②切丝

③放在筛子上，在日照良好通风的地方放置约 1 ~ 2 周，经常用手搓揉、翻动，直至晒干

放入密闭容器里保存。
要使用时泡水还原，可以用油炒或炸、煮。

蔬菜干

萝卜或芜菁的叶子也可以晒干使用，非常方便。

①叶子上的脏污洗干净之后，用热水汆烫

②不要泡水，直接沥干水

③用线或铁丝穿过，放在通风良好的屋檐下晒大约 1 周，直至完全干燥

使用时用热水还原，可以做味噌汤或炒菜

食物保存的智慧

只要没有空气、水和适当的温度，让食物腐败的微生物就不能生存。使用调味料达到脱水目的的食物保存方法是人类早就知道的智慧。

盐	利用强大的脱水作用达到防腐的效果。长期保存的食品必须添加食品 15% ~ 20% 以上的盐分。
糖	糖也具有强大的脱水作用，添加糖量达到食材 65% 以上时，食材可保存 1 年以上。
酱油	其中含有的盐分与乳酸可以预防食材变质，煮过再使用效果更好。
醋	具有强效的杀菌力，几乎可以杀死所有的细菌，但是要注意食品产生的水分会逐渐减弱其杀菌力。
味噌	盐分较高的辣味噌防腐效果更好。 辣味噌可以保存食物长达 1 年，甜味噌大概是 1 周以内。
酒	酒精度达 35℃以上时即可达到保存效果。水分较高的食材和糖一起加入效果更好。

快乐的烹饪时间

柿干

“桃、栗三年，柿八年”，意思是说柿子成熟要等待非常久的时间。虽然如此，即使是没有熟的涩柿子也是非常珍贵的。

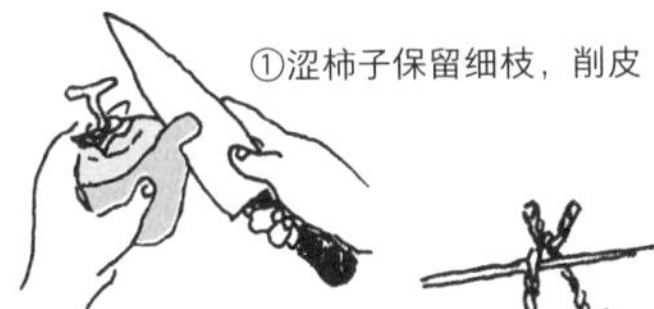

①涩柿子保留细枝，削皮

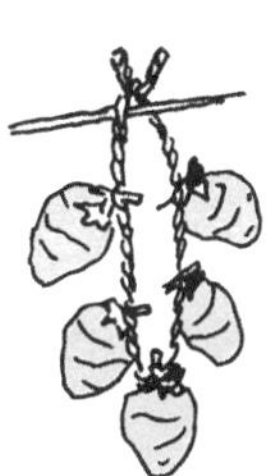

②用绳子或线一个一个穿过细枝串起来，放在通风良好且不会淋雨的地方晒干。

③表面产生皱纹之后，用手搓揉一下让里面的肉变软，此过程重复两次

④经过 1 个月就可以拆下绳子，排列在报纸上，上面再盖上报纸，放置 1 天

（去除种子时，从果实的凹缝处用针将其挑出）

⑤加工完成后放在通风良好的地方保存

可以直接和腌萝卜拌在一起，或和炸蔬菜等一起食用

干豆饼

冬天干燥时期是做干燥食品最好的时机。

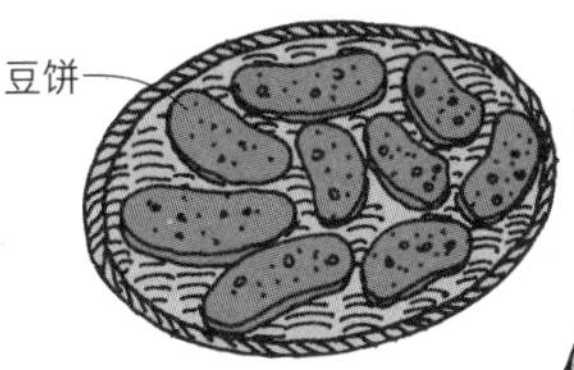

可烤、也可炸来吃

切薄片，晒干至出现裂缝

干米饭

①剩下的白米饭，沥干

②装进筛子里，晒太阳，晒到全干即完成。装进罐里保存

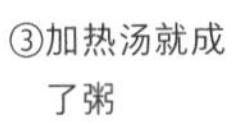

③加热汤就成了粥

动手做做看

- 霞粥

①用 180 ℃的油炸干米饭，要避免焦掉

②加糖 3 大匙、水 3 大匙小火熬煮，做成糖霜状

③趁热把糖霜和干米饭拌在一起

随手做出腌渍菜与梅干——做法

蔬菜等食材用盐或味噌腌渍后，可以延长保存期限。甚至有些食材发酵之后比生鲜的味道更棒。腌渍的方法很多，有些腌后即可食用，有些则是愈腌愈够味。

随手做出腌渍小菜

●一夜渍

茄子或黄瓜切薄片，加盐 1 小匙，再加切碎的昆布和辣椒等，混在一起，压上重物，放进冰箱冰一晚

压重物

用小一号的碗装满水压在上面

●味噌渍

①黄瓜用叉子叉洞，味道比较容易渗透

②把红味噌、曲味噌、麦味噌等涂在黄瓜上，装进塑料袋中

③从上面轻搓，放进冰箱冰 1 天

●腌黄瓜片

①黄瓜 2 根切薄片，装进塑料袋中。

②加入盐 2 小匙、糖 1 小匙搓揉

（不要用普通的糖，用粗糖比较好）

变软之后依喜好滴 1 ~ 2 滴酱油食用

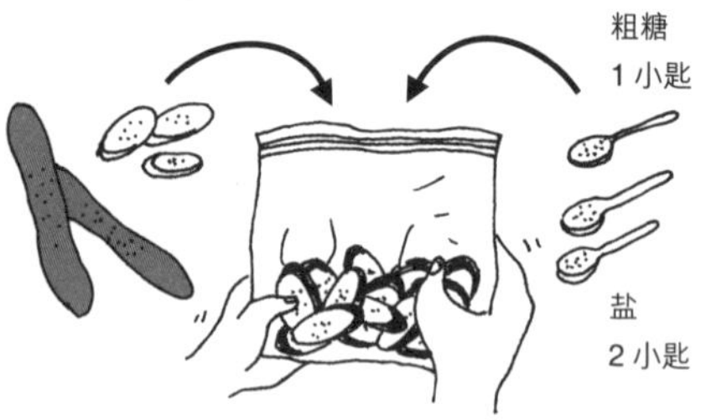

● 腌渍菜自由配 ●

依照腌黄瓜的方法，各种蔬菜都可以腌渍。

萝卜叶抹盐

洋葱与芹菜抹盐

加入柠檬薄片一起抹盐

菜花抹盐

卷心菜抹盐

腌梅干

从 6 月上旬到下旬开始收成的梅子

●材料

成熟的梅子…2 千克
粗盐………250 ～ 300 克
（大约是梅子的 15%）
重物……2 千克
红紫苏…3 ～ 4 把
粗盐……3 ～ 4 大匙

①梅子泡一夜水，去除表面的浮垢（让果实容易入味）

②放在筛子上沥干水分

③用竹签去蒂，抹盐，放进容器里

④盖上重物压住，放置数日。盐溶解出水以后（白梅醋），放在阴暗场所保存

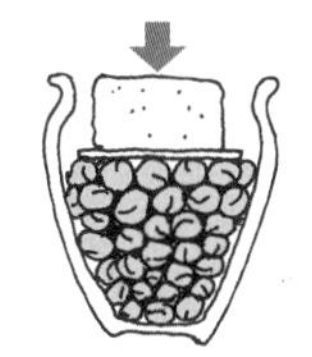

⑤摘下红紫苏叶子，放在大碗里，加盐搓揉，挤出紫色的汁垢后倒掉

⑥挤去汁垢的紫苏中加入大约两杯白梅醋，轻轻搓揉做成红梅醋

⑦将红梅醋加入腌渍的梅子容器中，减轻上面压物的重量，趁 7 月下旬的好天气腌渍

⑧把梅子和轻挤过水的紫苏放在筛子上，经常翻动梅子，晒 4 ～ 5 天。
梅醋加保鲜膜晒 1 天太阳

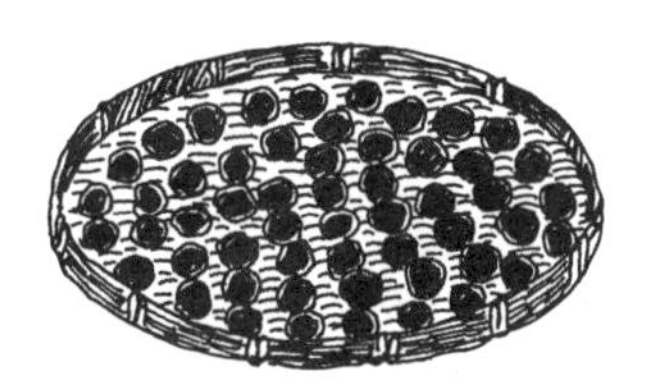

⑨冷却后把梅子与梅醋装回罈里，以盘子之类的器皿压住

梅醋形成后拿掉压住的器皿，
保存于阴暗的场所，
等到 10 月即可食用

●腌渍紫苏的利用法

自制紫苏粉

将腌渍紫苏放在筛子上晒干，用微波炉微波（20 克约 5 分钟），装在塑料袋中磨成粉。

腌渍菜

茄子、黄瓜、茗荷等用盐腌渍，沥干之后，再用腌渍梅子的紫苏与梅醋腌到入味。

●梅醋的利用法●

- 热水或冷水冲泡成梅子汁
- 当水果醋用
- 加糖变成日式酱汁

腌渍藠头——基本的盐渍与应用

藠头的盛产期是 6 月，看到店里排满沾有泥土的藠头就知道 6 月到了。藠头最简单的做法就是盐渍，进阶的做法是甘醋或酱油腌渍。

各种调味藠头

●材料

带泥的藠头…2 千克

粗盐…………200 克

（藠头的 10%以上）

（洗过的藠头不耐放，要用热水烫过之后，用甘醋腌渍处理后才能久放）

①用水边冲边搓洗，剔除沾土的外皮。

②用筛子捞出，沥干水分，须根不要切掉

（切掉须根容易变质）

③在清洁容器里撒盐，放入藠头，再撒盐、放藠头，一层层交互放入

④直接放置就会逐渐出水，大约放 1 周即可食用。盐渍藠头可以保存大约 1 年

取出要食用的量用水冲洗去盐，喜欢咸味的人，水稍微冲一下即可

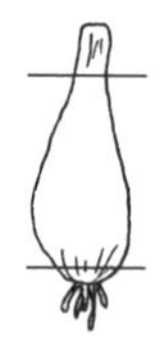

切掉须根与茎，放在筛子上沥水，大约放个半天

基本的盐渍藠头

将去盐的藠头腌渍成各种口味

●家常口味的甘醋腌渍

米醋 1 杯与冰糖（砂糖）160 克煮化。加入去盐的藠头，以及去种子的辣椒 1 根。冷了就可以食用

●清爽的酱油腌渍

加酱油盖过藠头

●粉红梅醋腌渍藠头

加红梅醋（P.365）盖过藠头

米糠味噌——米糠腌料的做法与要诀

米糠中含有丰富的维生素与矿物质。光是用米糠腌渍就能够提升蔬菜中的营养。比起生菜沙拉，米糠腌渍的蔬菜热量更低，可以吃到更多蔬菜的营养。

米糠腌料的做法

●材料

米糠……………………………1 千克

盐（加入做豆腐的卤水）…1 杯

面包………1 片　辣椒……1 根

昆布…10 厘米正方形　水…4 杯

菜叶（卷心菜、白菜、萝卜叶等水分较多者）

①水加盐煮开，放冷。

②米糠一半的量与切碎的面包加入盐水搅拌。剩下的米糠一点一点加进，搅拌到变成味噌膏状。

③加入辣椒与昆布，从底部开始搅拌。

④将菜叶浸在米糠味噌里（抛渍法）。每天从底部大幅搅拌一次，取出菜叶丢掉，再放进新的菜叶，重复 3 ~ 4 次直到味道渗入。

容器内侧擦拭干净，盖上盖子

米糠腌渍

食材充分洗净之后再腌渍

- **黄瓜**
  去蒂，抹盐。腌渍一晚，第二天再食用

- **茄子**
  去蒂，抹盐
  （想快点吃可以纵切成两半）
  腌渍一晚，第二天再食用

- **萝卜**
  切成适当长度，纵切两半。（急着吃可以再对切）因为米糠腌料是湿的，所以萝卜不要剥皮

- **胡萝卜**
  比较不容易入味，所以要剥皮，纵切成一半抹盐

- **芹菜**
  直接腌渍白色茎部，前一晚上腌渍，隔天即可食用

- **卷心菜**
  去除破损的叶片，整颗洗净，沥干。整颗腌渍，从外面开始吃

米糠腌渍的要诀

- 就算里面没有放食材也要每天翻搅，保持新鲜。
- 要腌渍新菜时，先把里面所有旧菜取出再放进新菜，最后再把米糠腌料盖回原来的样子。

手工味噌——做法

味噌的做法

超市可以买到做味噌的材料包，使用非常方便

①大豆加 3 倍水预泡一夜

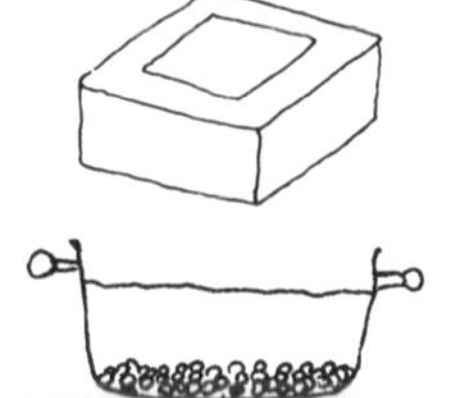

●材料

干燥大豆…1.2 千克
米糠………1.2 千克
盐…500 克（大豆的 40 ~ 50%）
覆盖用盐…约 2 杯

②开始时用大火，沸腾后转小火，捞出汤垢之后再煮 2 ~ 3 小时

煮到用手指压碎的程度

③把大豆用筛子捞出。（预留一点汤汁）
稍冷之后再放进塑料袋，用酒瓶压碎

完全看不出豆子的形状

④米糠捣碎，与盐拌在一起

⑤压碎的大豆冷却至体温的温度后与④搅拌在一起做成味噌球，
太硬可用汤汁调整浓度

用手揉成球状

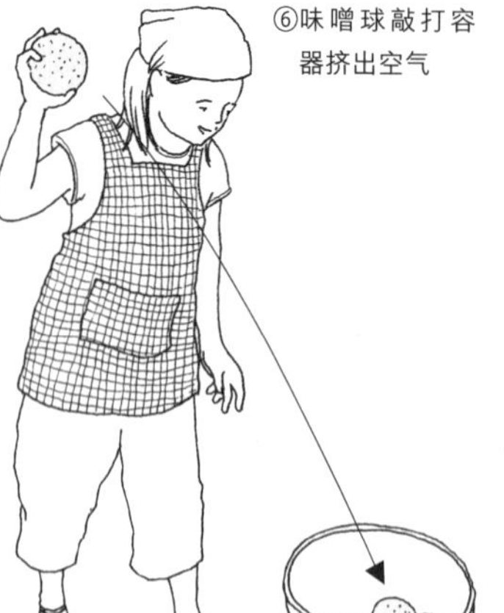

⑥味噌球敲打容器挤出空气

⑦最后从上面按压，消除空隙压平

⑧用保鲜膜完全覆盖味噌，上面撒盐密封

撒盐密封是为了防止发霉

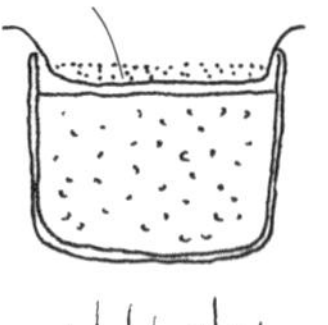

⑨盖上盖子，保存于通风良好的阴暗场所约 10 个月，即做成米味噌

使用麦曲或豆曲即可做成麦味噌或豆味噌

资料篇

调味的基准

●炊煮米饭

	米	水	盐	酱油	酒	其他
樱花饭（酱油饭）	2杯	2杯		2大匙	大1匙	
蔬菜饭	2杯	米加一成	3/4小匙			蔬菜（生）100克 盐1/3小匙
地瓜饭	2杯	米加一成	3/4小匙	1大匙		地瓜100克
小米饭	2杯	米加一成	3/4小匙		1大匙	小米1杯
竹笋饭	2杯	2杯	2/3小匙	1大匙	2大匙	煮竹笋100 克 油豆腐1片
香菇饭	2杯	米加一成	1/2小匙	1大匙	1大匙	香菇100克 昆布5厘米
梅干饭	2杯	2杯			1大匙	梅干3个 鱼干3大匙、芝麻2大匙
毛豆饭	2杯	2杯	2/3小匙	1/2大匙	1大匙	煮毛豆1/2杯 油豆腐1片、芝麻2大匙
什锦饭	2杯	2杯	1小匙			黄油50克 虾、鸡肉等
红饭	糯米1杯 梗米1杯	红豆汤汁 米增加 1～2成	1/2小匙			煮红豆1/2杯
寿司饭（散寿司）	2杯	2杯	其他	昆布5厘米 调合醋…盐1小匙、醋3大匙、糖1大匙以上		

小匙 =5ml、大匙 =15ml、杯 =200ml

资料篇

●燉煮

	食材	盐	糖	酱油	水或高汤	酒、味淋	其他
煮鱼	鱼1片		1/2～1 小匙	1大匙	水 1大匙	1大匙	
煮什锦	鱼贝、肉、蔬菜 200克		1大匙	淹过食材	水 1～2大匙		
糖煮	加热的地瓜 400克	1/2 小匙	5大匙		水 1/2～1杯	味淋 2大匙	
味噌煮	鱼4片		2小匙	1大匙	水 淹过食材	酒 2大匙	味噌 3大匙
关东煮	4人份	1/3 小匙	2～3 小匙	2～3 大匙	高汤2杯		
黑豆	干燥豆2杯	1小匙	2杯	4大匙	水5杯		
熬煮	4人份	1小匙	2～3大匙	3～4 大匙	高汤 淹过食材	味淋 1大匙	

●烧烤

	食材	盐	糖	酱油	水或高汤	酒、味淋	其他
盐烤鱼	鱼片1片 鱼1尾	1/3小匙 1/2匙					
照烧	鱼片1片		1小匙	1大匙		味淋 1大匙	
味噌腌渍	鱼、肉1人份		1小匙	1大匙			味噌 1～2大匙
薄烧蛋	蛋1个	1/8 小匙	1小匙				沙拉油 少许
厚烧蛋	蛋5个	1/2 小匙	3大匙	1/2 大匙	高汤 5～7大匙		沙拉油 少许
蛋包饭	蛋2个	1/3 小匙					沙拉油 少许
黄油烧烤	鱼80～100克 肉60～80克	1/3小匙 1/3小匙	其他 黄油1大匙、面粉1小匙、胡椒少许				

味道可依个人喜好增减

加热时间的基准

<肉>

烧烤	炒牛肉	肉片	大火2～6分钟
	汉堡	绞肉	大火➡小火 单面8～10分钟
	照烧	厚切猪肉	中火4～6分钟
	炒鸡肉	鸡肉块或鸡腿肉	大火➡小火 单面15～20分钟
	小饺	猪绞肉	大火1分钟→中火5分钟
炸	猪排	猪里脊肉、腰内肉	高温5～6分钟
	鸡块	鸡腿肉	中温4～5分钟
煮	咖哩、炖肉	牛五花、大腿肉	沸腾后小火30分钟
	水煮	带鸡骨的肉片	沸腾后小火20～40分钟
	红烧	猪肉块或腿肉	沸腾后小火30分钟
蒸	酒蒸	鸡胸肉	大火20分钟
	烧卖	猪绞肉	中火8～10分钟

<鱼>

烧烤	盐烤	鱼片	（网）大火的远火8～10分钟
		整尾鱼	（网）大火的远火12～15分钟
	裹面粉烧烤	鱼片	4～5分钟
	黄油烧烤	整尾鱼	单面5～6分钟
	照烧（平底锅）	鱼片	大火➡小火 单面6～8分钟
	包铝箔烧烤	鱼贝类	15分钟
油炸	天妇罗	鱼贝类	高温1～2分钟
		什锦	高温3分钟
	煎烤	牡蛎	高温1分钟
	裹面衣油炸	鲽鱼	中温➡高温6分钟
煮	煮	鱼片	中火5～10分钟
		整尾鱼	中火15～20分钟
	味噌煮	鱼片	中火➡小火 10～15分钟
	酒蒸煮	文蛤、海瓜子	大火2～3分钟

加热时间是以煮出汤垢为准

< 蛋 >

煎	荷包蛋	小火2～3分钟
	蛋包饭	大火30秒～1分钟
蒸	茶碗蒸	大火➡小火 12～13分钟

※ 煮蛋的时间参阅 P.204。

< 蔬菜 >

烤	烤茄子	（网烤）5～6分钟（平底锅）10～12分钟	
炸	薯饼	地瓜（切碎）	低温➡中温 4～5分钟
	可乐饼	马铃薯	高温2分钟
煮	煮芋泥	芋类	中火20分钟
	煮汤	卷心菜	小火20分钟
	煮烂	南瓜	中火25分钟
	大锅煮	萝卜	中火30～35分钟
	烫煮	叶菜类蔬菜、香菇	中火2～3分钟
蒸	蒸芋头		中火20～30分钟
烫	菠菜、小松菜		水沸腾后加入烫1～3分钟
	卷心菜、白菜、菜花、芦笋、独活等		水沸腾后加入烫2～4分钟

< 豆子、豆腐 >

烤	铁板豆腐	中火5～6分钟
煮	黑豆煮烂（浸一夜水）	小火3～4分钟
	汤豆腐	小火10分钟（沸腾后1分钟）
焖煮	红豆（浸一夜水）	中火40～60分钟
	毛豆	中火6～8分钟

< 谷类 >

烤	焗烤	（烤箱）200℃　8～10分钟
炸	春卷（生鲜馅料）	低温➡中温4～5分钟

※ 煮饭的时间参阅 P.34 ～ 35

※ 烫面的时间请参考包装袋的说明

冷藏、冷冻保存的基准

●冷藏保存（温度保持 5℃左右）

种类	食品名称	保存时间	保存条件
肉	绞肉	1～2天	买回来以后拆掉包装，将每次用量用保鲜膜加铝箔包好保存。放进低温保鲜室可以延长保存日数。
	牛肉	3～4天	
	猪肉	2～3天	
	鸡肉	1～2天	
鱼	生鱼片	1天	保鲜膜包好再用铝箔纸包起来保存。
	鱼片	2～3天	放进低温保鲜室可以延长保存日数。
	整尾鱼	2～3天	去除内洗干净以后用保鲜膜包起来储存。 放进低温保鲜室可以延长保存日数。
	剖开的鱼	3～4天	保鲜膜包装保存。 放进低温保鲜室可以延长保存日数。
加工品	火腿、香肠	3～4天	保鲜膜加铝箔纸包起来保存。
	鱼板、竹轮	5～6天（整个）	放进低温保鲜室可以延长保存日数。
	豆腐	2天	加水放进密封容器。
乳制品	牛乳	制造日起5～6天	开封后两天使用完毕。
	乳酸饮料	开封后1～2周	瓶栓密封。
	奶油	开封后2周	完全密封保存。
	奶酪	开封后2周	用保鲜膜等封住切口后再放进冰箱。

●冷冻保存（重点是温度必须保持约零下 18℃）

种类	食品名称	保存重点	保存时间
鱼	整尾鱼	洗干净后沥干，用塑料袋包好冷冻。	2～3周
	盐渍鲭鱼	不要切开用保鲜膜包好，包塑料袋冷冻。	2个月
	文蛤、海瓜子	壳吐砂后洗干净，摆在金属制的盘中冷冻。 结冻之后放进塑料袋中再冷冻。	2个月
	虾	泥肠和头去掉，洗干净沥干水分，放进塑料袋。	1个月
	明太子	每半副用保鲜膜包好，放进密闭容器里冷冻。	2个月
	虾蛄	每次用量用保鲜膜平整包好，放进冷冻库。	2个月
	咸鱼	每尾用保鲜膜密封包好，放进塑料袋冷冻。	1个月

种类	食品名称	保存重点	保存时间
肉	绞肉	用保鲜膜铺平包好后放进塑料袋冷冻。	1个月
	薄肉片	每次用量用保鲜膜铺平包好后放进塑料袋冷冻。	1个月
	厚肉片	每片用保鲜膜包好冷冻。	1个月
	火腿、香肠	每次用量用保鲜膜包好后放进塑料袋冷冻。	1个月
蔬菜	葱	切小段后，每次用量用保鲜膜包好冷冻。	2～3个周
	生姜	打成泥以后用制冰盒做成小块状，放进塑料袋冷冻。	1个月
	芹菜	整把冷冻后用塑料袋保存，尽量放平。	3周
	胡萝卜	切好烫煮后，放进塑料袋冷冻。	2个月
	豌豆荚	去筋搓盐，烫过，放进塑料袋冷冻。	1个月
	菜花	分成小株，烫过，沥干，放进塑料袋冷冻。	1个月
	生鲜香菇	伞与干分别放进塑料袋中，挤出空气。	2周
	番茄	每2～3个分进塑料袋中，放进冰箱冷冻。	1个月
	菠菜	烫过，沥干，切成适当大小，分成每次用量。 在密闭容器中排好，放进冰箱冷冻。	2～3周
	萝卜	打成泥后沥干水分，放进塑料袋中，铺平冷冻。	1个月
	玉米	每支玉米分别用保鲜膜包好，放进塑料袋冷冻。	1个月
	毛豆	搓盐，烫煮2～3分钟，沥干水分，放进塑料袋。	1个月
	香蕉	剥皮后用保鲜膜包好冷冻。	1个月
	葡萄	每粒仔细洗过后，沥干水分，放进塑料袋。	1～2个月
谷类	饭	每碗饭铺在保鲜膜上，包好后冷冻。	1个月
	面包	每片用保鲜膜包好后冷冻。	2个月
	面	每份装进塑料袋中，挤出袋中空气后冷冻。	1个月
加工食品	汉堡	烧烤冷却，每个用保鲜膜包好后放进塑料袋冷冻。	2～3周
	卷心菜卷	整形，排列在塑料袋中冷冻。	2～3周
	纳豆	整个容器包保鲜膜后冷冻。	1个月
	饺子	排在金属盘上，用保鲜膜包好冷冻。	1个月
	茶、咖啡	买进来的茶袋直接包保鲜膜后冷冻。 咖啡豆放进塑料袋中，密封后冷冻。	4～6个月

食品标识

● 无公害农产品

无公害农产品生产过程中允许使用农药和化肥，但不能使用国家禁止使用的高毒、高残留农药。

● 绿色食品

绿色食品在生产过程中允许使用农药和化肥，但对用量和残留量的规定通常比无公害标准要严格。

● 有机食品

有机食品在其生产加工过程中禁止使用农药、化肥、激素等人工合成物质，并且不允许使用基因工程技术。

● 农产品地理标志

指标识农产品来源于特定地域，产品品质和相关特征主要取决于自然生态环境和历史人文因素，并以地域名称冠名的特有农产品标志。

● 保健食品

具有特定保健功能的食品。它适宜于特定人群食用，能调节机体功能，但不以治疗疾病为目的。

● 转基因食品

中国对转基因产品实行按目录定性强制标识制度，食品产品中含有转基因成分的，要在包装上标明“转基因标识”。

索引

【七画】

【八画】

【十二画】

【十三画】

【十四画】

【十五画】

【十六画】

【十七画】

【十八画】

【十九画】

料理

【十一画】

【十二画】

【十三画】

【十四画】

【十五画】

【十六画】

【十九画】

【二十画】

后记

距今大约 9 年前出版了《生活图鉴》一书，之后就开始撰写《料理图鉴》。写完上一本书总觉得意犹未尽，心中一直浮现应该写一本有关"饮食"书的念头。这是因为当时看到周遭的大学生、年轻人或学童们的饮食乱象。饮食是生命的根源，"自己做饭吃"是求生的本能，这样的本能却逐渐被时代的洪流吞没，这让我感到忧心不已。不但如此，包括我本身在内，许多家长在忙碌的生活中牺牲了和孩子一起轻松享受亲子相处的时间，带着孩子一起认识重要的饮食常识与智慧、并将传统的饮食文化传承给孩子的机会也愈来愈少。这样的危机感迫在眼前，于是诞生了《料理图鉴》。现在，不均衡的饮食习惯更快速入侵我们的生活之中，不吃早餐就上学的孩子也逐渐增多。幼稚园的孩童或小学生一个人吃着速食杯面或便利超商的便当，这样的景象随处可见。随着国际化的发展，狂牛症、禽流感、残留农药等饮食生活的危险性，也愈来愈接近我们。人的一生当中大约要吃 8 万餐左右的饭。要吃得健康、吃得开心、吃得安全，自己必须慎选食材，并且依需要自己做饭，从饮食生活开始学习独立，这对现代人来说是不可或缺的谋生本能。从慎选食材开始，到了解基本的烹饪要诀与生活智慧，《料理图鉴》希望能够代替忙碌的父母，将这些谋生必备的知识传递给下一代，成为烹饪新手最佳的秘密武器。从小学生到大学生甚至是成人，希望本书能成为烹饪新鲜人最佳的良师益友。最后谨对为本书辛苦绘制 3000 多幅插画的平野惠理子老师致上最深的谢意。

越智登代子

Illustrated Guide to Food and Cooking
Text by TOYOKO OCHI
Illustrated by ERIKO HIRANO

图书在版编目（CIP）数据

料理图鉴 /（日）越智登代子著；（日）平野惠理子绘；杨晓婷译 . -- 长沙：湖南美术出版社，2018.9（2024.11 重印）
ISBN 978-7-5356-7623-8

Ⅰ．①料… Ⅱ．①越… ②平… ③杨… Ⅲ．①烹饪－方法 Ⅳ．①TS972.11

中国版本图书馆 CIP 数据核字 (2018) 第 081646 号

LIAOLI TUJIAN
料理图鉴

出 版 人：黄　啸
著　　者：［日］越智登代子
绘　　者：［日］平野惠理子
译　　者：杨晓婷
选题策划：后浪出版公司
出版统筹：吴兴元
编辑统筹：王　頔
特约编辑：李志丹
责任编辑：贺澧沙
营销推广：ONEBOOK
装帧制造：墨白空间
出版发行：湖南美术出版社（长沙市东二环一段 622 号）
　　　　　后浪出版公司
印　　刷：天津裕同印刷有限公司（天津宝坻经济开发区宝中道 30 号）
开　　本：787 × 1092　1/32
字　　数：150 千字
印　　张：12
版　　次：2018 年 9 月第 1 版
书　　号：ISBN 978-7-5356-7623-8
印　　次：2024 年 11 月第 12 次印刷
定　　价：70.00 元

读者服务：reader@hinabook.com 188-1142-1266
投稿服务：onebook@hinabook.com 133-6631-2326
直销服务：buy@hinabook.com 133-6657-3072
网上订购：https://hinabook.tmall.com/（天猫官方直营店）

当季食材

鱼贝类

春

鰆鱼
干鲉
鲱鱼
真鲷
鳟鱼
白鱼
海瓜子
文蛤
蝾螺

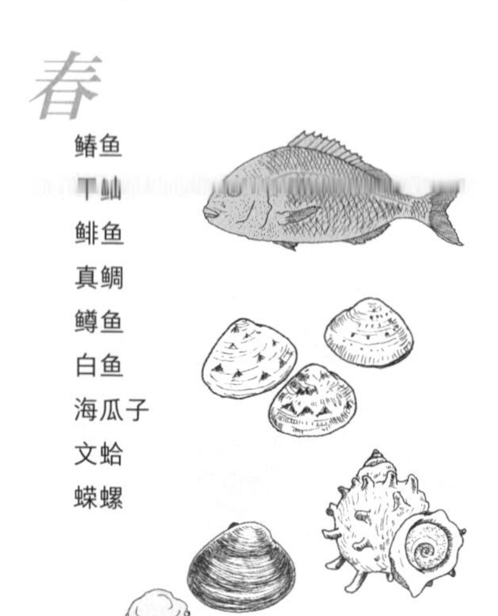

夏

竹荚鱼
梭鲑
香鱼
鳝鱼
鳗鱼
海水鳗
鲈鱼
鲣鱼（初生的鲣鱼）
蚬
沙肠鱼
日本鱿

鲍鱼
海胆

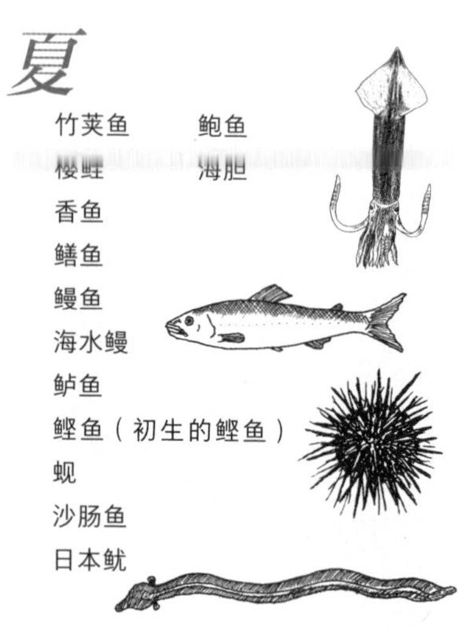

秋

秋刀鱼
沙丁鱼
吻仔鱼
鲑鱼
鳟鱼
鲤鱼
鲭鱼
白带鱼
虾蛄
鲣鱼（回游的鲣鱼）

冬

鮟鱇鱼
河豚
鳕鱼
鰤鱼
青花鱼
金目鲷
鲽鱼
鲆鱼
叉牙鱼
松叶蟹
车虾

甜虾
干贝
蚬（寒蚬）
牡蛎

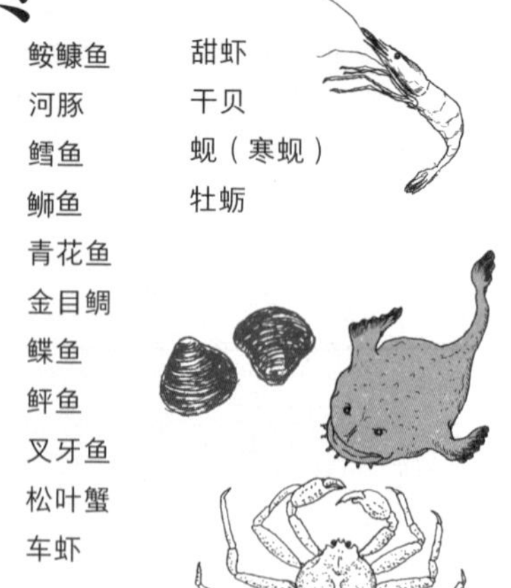

鱼贝类或蔬菜类等产量丰盛的季节，就称为“当季”。